地球物理学基础

（增订版）

下　册

傅承义　陈运泰　祁贵仲　著

科学出版社

北　京

内 容 简 介

《地球物理学基础》(增订版)是在 1985 年《地球物理学基础》(第一版)基础上增补、修订的新版，是有关固体地球物理学基础理论与应用研究的专著. 它的主要读者对象是地球物理专业高年级大学生及相关专业的研究生. 书中涉及内容广泛，除概论外，包括：地球的形状和重力场，地球的转动，地球的年龄、能源和温度分布，地磁场、古地磁场及其成因，地电场和地球电磁感应，天然地震及其预测，地震波的传播，地球的振荡，地震位错和震源物理，地球内部构造等 11 个专题. 书中对所涉及问题的物理概念阐述清楚、简洁、明了，数学公式推导详尽，有助于读者深化对研究问题所涉物理概念的准确理解与结果的正确运用.

本书既可以作为初入门学生的向导，又可以作为高年级学生进一步深造的基础，还可以为对本书内容有兴趣的广大读者，提供广泛了解其他学科领域、增加相关知识的有益参考.

审图号：GS 京（2024）0109 号

图书在版编目（CIP）数据

地球物理学基础: 全 2 册/傅承义，陈运泰，祁贵仲著. --增订本. --北京: 科学出版社, 2024.11
ISBN 978-7-03-078127-7

Ⅰ. ①地… Ⅱ. ①傅…②陈…③祁… Ⅲ. ①地球物理学 Ⅳ. ①P3

中国国家版本馆 CIP 数据核字(2024)第 043835 号

责任编辑：韩 鹏 崔 妍 张井飞/责任校对：何艳萍
责任印制：赵 博/封面设计：图阅盛世

科学出版社 出版
北京东黄城根北街 16 号
邮政编码：100717
http://www.sciencep.com
北京厚诚则铭印刷科技有限公司印刷
科学出版社发行 各地新华书店经销
*
2024 年 11 月第 一 版 开本：787×1092 1/16
2025 年 4 月第二次印刷 印张：57 插页：6
字数：1 328 000
定价：398.00 元（上、下册）
（如有印装质量问题，我社负责调换）

第一版序

近二十年来，固体地球物理学有了飞跃的发展. 十几年前出版的地球物理教科书，有不小一部分现在都需要重写. 我国这方面的教材也是未能赶上时代. 1979 年，中国科学技术大学研究生院要为地球物理专业的研究生开一门地球物理学基础课，我们借此机会将以前的讲义彻底地改写一遍，本书就是根据这份讲义加以补充而写成的. 书中尽可能地介绍了最近十几年的最重要的成果. 由于这是一门基础课，而科学的进展是有一定的继承性和连续性的，旧的经典性理论仍应给予应有的位置. 这样，作为讲授一学年的教科书，材料就太多了. 如何取舍，很大程度上避免不了作者的主观判断. 如果不当，希望读者指出，以便再版时修订.

地球物理学可以看作是一门应用物理学. 本书是从这个观点来写的. 所以不回避较严格的物理和数学的论证，但是我们极力避免不必要的抽象和繁琐哲学. 具有我国理工科大学一般数、理知识的读者阅读本书应无困难.

本书是集体编著的，内容的安排和基本观点是一起讨论的；但在具体编写时，为了便于分工，一、二、四、八、十二章主要由傅承义执笔；三、九、十、十一章主要由陈运泰执笔；五、六、七章由祁贵仲执笔. 本书在出版过程中，曾得到吴文京和铁安两同志的协助；杨晓莲同志绘制了全书的图件. 谨此致谢.

傅承义

1983 年 12 月，北京

增订版前言

《地球物理学基础》一书自 1985 年出版至今，已历经近四十年．其间，曾于 1991 年因教学需求第二次印刷，迄今也已三十余年．

近四十年来，固体地球物理学有了很大的发展，为了适应这一发展，我们在原书的基础上，做了大量的修改和补充，以反映固体地球物理学在近四十年来的发展．

本书是为地球物理专业的高年级大学生和研究生而写的，由于科学的进展具有一定的继承性和连续性，经典理论的介绍和阐述不可避免地占有一定的位置，如"序"所提到的，作为一学年的教科书，是否已太多了．如何取舍在很大的程度上避免不了作者的主观判断．

为方便使用，本书分为上、下两册．上册包括第一章概论，第二章地球的形状和重力场，第三章地球的转动，第四章地球的年龄、能源和温度分布，第五章地磁场，第六章古地磁场及其成因，以及第七章地电场和地球电磁感应．下册包括第八章天然地震及其预测，第九章地震波的传播，第十章地球的振荡，第十一章地震位错和震源物理，以及第十二章地球内部构造．

和第一版一样，本书是按照作为一门应用物理学的地球物理学的观点来写的，物理概念力求准确、简明、清晰，数学推演尽量具体、简洁，具有理、工科大学数、理知识的读者阅读本书应无困难．

在增订版出版过程中，得到许多专家学者的协助，他们是：詹志佳、高玉芬、王亶文、李世愚、许力生；刘新美、李利芝在全书的打字、图件的绘制及编辑上给予许多帮助．在这里作者向他们表示衷心的感谢．

陈运泰 祁贵仲

2021 年 10 月 9 日

目　录

第八章 天然地震及其预测

8.1 地震·地震学·地震科学

8.1.1 地震

我们脚下的大地并不是平静的. 有时, 地面会突然自动地振动起来, 振动持续一会儿后便渐渐地平静下来, 这就是地震. 地震引起的地面振动称为"地震动". 如果地震动很强烈, 便会造成房倒屋塌、山崩地裂, 给人类生命和财产带来巨大的危害.

很多地震, 在相当广阔的区域内可同时感觉到, 但最强烈的地震动只限于某一较小的范围内, 并且离这个范围越远, 地震动变得越弱, 以致在很远的地方就感觉不到了. 这是因为在地震动最强烈处的地下, 发生了急剧的变动, 由它产生的地震动以波动形式向四面八方传播开来而震撼大地. 这种波动称为地震波. 所以地震即大地震动, 是能量从地球内部某一有限区域内突然释放出来而引起的急剧变动, 以及由此而产生的地震波现象.

在希腊文中, 主管地震之神称为 "$\Sigma\varepsilon\iota\sigma\mu\acute{o}\varsigma$ (塞依斯莫斯) ", 地震称为 "$\sigma\varepsilon\iota\sigma\mu\acute{o}\varsigma\ \tau\varepsilon\sigma\ \gamma\varepsilon\sigma$ (seismos tes ges) ", 意为大地震动; 在拉丁文中称为 "*terrae motus*", 也是大地震动之意. 在欧美及俄罗斯的语文中, 地震一词均来自于"大地""震动"这两个单词构成的"大地震动"意义相当的词.

8.1.2 地震学

顾名思义, 地震学是研究地震动及其相关现象的一门科学. "地震学 (seismology) "一词源自两个希腊文单词 "$\sigma\varepsilon\iota\sigma\mu\acute{o}\varsigma$ (seismos) " (地震动) 和 "$\lambda o\gamma o\sigma$ (logos) " (科学), 是现代地震学的奠基人之一、爱尔兰工程师、地震学家罗伯特·马利特 (Robert Mallet, 1810—1881) 于 1858 年引入的. 从而地震学 $\sigma\varepsilon\iota\sigma\mu o\lambda o\gamma\iota\alpha$ (seismology) 一词意为大地震动的科学, 即地震的科学. 在欧美俄语文字中, 与地震学 (seismology) [英, 美]一词类似的词 (如 *sismologie*[法], *sismología*[意], *seismologie*[德], *sismología*[西], *sismologia*[葡], *seismologie* [荷], сейсмология[俄], 等等) 也是从 19 世纪中叶起才开始使用的.

从地震震源辐射出、经过地球介质传播到地震台的地震波, 既携带着地震震源的讯息, 也携带着震源至地震台之间的地球介质的讯息 (图 8.1). 因此, 传统上, 作为固体地球物理学的一个重要分支, 作为研究地震的一门科学, 地震学所研究的问题有两个: 一个是研究地震的震源, 另一个是研究地球的结构. 前者即研究发生地震的源 ("震源") 本身的发生、发展与活动规律, 地震震源的物理过程, 地震波的辐射等问题及其在地震预测、预防和减轻地震灾害以及国防建设和国家安全 (如侦测地下核爆炸) 等方面的应用 ("避害"); 后者即研究震源辐射出的地震波在地球内部的传播, 以及利用天然地震或人工方法激发的地震波作为一种探测手段, 探测、研究地球内部结构、组成和物理状态,地球作为一颗行星的历史，地球的构造演化以及勘探地下油气等自然资源等问题（"兴利"）. 地震学是汇集强烈的社会需求(防震减灾、资源勘探、公共安全、保卫和平等)驱动与探索大自然奥秘的好奇心驱动于一身的一门应用物理学.

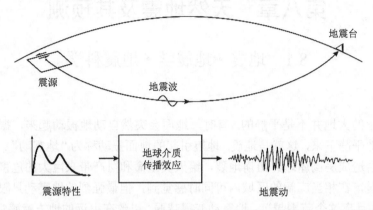

图 8.1　地震波携带着震源与震源至地震台之间的地球介质的讯息示意图

由地震所引起的地面位移的幅度，其数量级小至纳米(nm)(1 nm=10^{-9} m)，大至数十米(约 10^1 m)，跨越 11 个数量级.

由地震所引起的地面运动的加速度的幅度，其数量级小至 $10^{-7}g$，大至 $1g$(g 是重力加速度，$1g$=9.81 m/s^2)，跨越 8 个数量级.

与地震有关的形变和波动现象涉及很宽的尺度范围、波长范围与周期范围. 图 8.2 按照与地震有关的形变的周期或持续时间(若是周期性现象则指周期，若不是周期性现象则指持续时间)由短至长增加的顺序表示与地震有关的各种不同尺度的形变(称为"与地震有关的形变的谱"或"地震现象谱"). 可以看出，与地震有关的形变短至 10^{-3}s，长至百年(约 10^9s)，跨越 13 个数量级. 地球介质的非均匀性和流变性按照形变的时间尺度的不同以多种方式影响着这个形变和波动，出现于地震轮回的不同阶段中，即：在两次大地震之间以及大地震前的长期的板块运动中,应力缓慢地积累(分别称为震间阶段和震前阶段)；通过一次或多次地震及其余震突然释放能量，应力因发生地震破裂而重新分布(称为同震阶段)；应力和形变在震后至下一个轮回开始之前通过中期时间尺度的物理过程进行缓慢的调整(称为震后阶段).

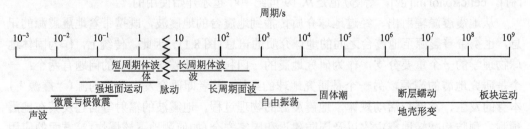

图 8.2　地震现象谱

8.1.3　地震科学

和地球科学中的许多学科一样，对地震及其相关现象的研究具有多学科相互渗透、交叉融合的性质. 作为物理学与天文学、地质学、大地测量学、工程科学、岩石力学、复杂系统科学、信息科学技术等诸多自然科学与技术科学的边缘科学，地震学产生了诸如月震学、金星震学、行星震学、地外震学、日震学、地震构造学、地震地质学、零频地震学(大地测量学中的相应分支学科称为地震大地测量学)、数字地震学、计算地震学、地震水文学、工程地震学(工程学中的相应分支学科称为地震工程学)等新兴交叉学科. 作为一门自然科学，地震学与诸如经济学、政治学、法学、管理科学甚至哲学等社会科学乃至心理学的相互渗透与交叉融合，产生了诸如社会地震学(社会学中的相应分支学科称为地震社会学)、法律地震学等交叉学科. 当前，地震学已从以研究地震震源本身以及地球内部结构为主的"传统的""经典的"地震学(seismology)演化为现代的地震科学(earthquake science). 与此同时，"传统的""经典的"地震学也因地震观测技术的进步、数字技术的引进、计算技术的快速发展与高性能计算机的广泛应用，在地球内部结构和震源破裂过程反演、地震波场模拟、地震参量测定等地震学传统的研究领域取得了革命性的进步. 地震学在地球内部精细结构探测、地震危险性评估、工程地震设防、核爆炸地震监测等领域起着越来越重要的作用，在地球物理学乃至地球科学广阔领域中占有显著的地位.

8.2　地震的宏观现象

8.2.1　微观地震学·宏观地震学

在地震学中，微观地震学指的是主要通过仪器观测与数理方法研究地震的地震学分支学科. 宏观地震学是相对于微观地震学而言的，指的是在地震现场采用宏观方法(即不借助仪器的方法)对人的感官能直接感知的地震现象，即地震所造成的各种破坏及地震前后出现的其他各种现象(如建筑物与基础设施的损坏、地貌变化、地裂缝、烟囱倒塌、喷砂、冒水、山崩、滑坡、井泉变异、湖震、海啸等)进行考察、调查研究的地震学分支学科.

8.2.2　地震的影响：直接影响与间接影响

地震的影响指与地震有关的宏观现象，包括直接影响与间接影响两种. 直接影响又称为原生地震影响，主要指与地震成因直接有关的宏观现象，例如发震断层(又称地震成因断层)的断裂错动(图 8.3)、区域性的翘曲、大块地面的倾斜、升降或变形，悬崖、地面裂缝、海岸升降、海岸线改变以及火山喷发等对地形的影响. 直接影响往往在极震区才能见到. 研究地震的直接影响具有很重要的意义，它有助于我们认识地震的成因和过程，推断并解释构造运动.

间接影响又称为次生地震影响，主要指由于地震产生的弹性波传播时在地面上引起的震动而造成的一切后果，如山崩、地滑、建筑物的破坏毁坏、湖水激荡，滞后性滑坡、泥石流、山崩、砂土液化、地面沉陷、地下水位变化、火灾、人的感觉等，以及由于地震造成的社会秩序混乱、生产停滞、家庭破坏、生活困苦等所造成的人们心理损伤的影响.

图 8.3　发震断层出露到地表面

1957 年 12 月 4 日蒙古国戈壁阿尔泰地震(矩震级 $M_W8.1$，面波震级 $M_S8.0$，震中位置：45.2°N，99.2°E)中，作为地震震源的地下大块岩体的断裂错动(发震断层)出露到地表面

一般在极震区以外所观察的现象大都属于间接影响这一类. 间接影响对于说明地震的成因虽非主要依据，但它们与人民生命、财产的安全两者都有密切关系，因此也同样为人们所重视，特别为工程建筑人员所重视. 直接影响与间接影响有时并不是一眼就可以区别的，例如地裂，既可以是直接影响，也可以为间接影响. 在野外实地调查中如何鉴别直接影响和间接影响，是一个非常重要的问题，地震学家需要与地质学家互相配合. 将原生影响与次生影响混淆不清，是野外地震工作中常易犯的错误之一.

8.2.3　构造地震的直接影响

构造地震是地层内大块岩体的断裂和错动所造成的，因此断层的形成和活动是构造地震最主要的原生现象. 识别断层的方法有：根据各种地质构造或地貌的形态；对比岩层岩相；遥感(航空摄影等)；识别断层湖；对比植物生长情况等.

在地质学中，通常将断层分为正断层、逆断层、逆冲断层、走滑断层等. 在地震学中，采用与地质学相同的术语(图 8.4). 所谓正断层即正滑断层、张性断层、重力断层，系指上盘沿断层面倾斜方向、相对于下盘向下滑动的倾滑断层. 所谓逆断层即逆滑断层、压性断层，系指上盘沿断层面倾斜方向、相对于下盘向上滑动的倾滑断层；倾角小于、等于 45°的逆断层又称逆冲断层，简称冲断层. 需要注意的是，国际上以冲断层表示倾角小于、等于 45°的逆断层，但在我国过去的文献中，有人把它用于表示倾角 30°左右或更小的逆断层(称为低角度逆断层)；有人又把它用于表示倾角大于 45°的逆断层. 走滑断层即平移断层、扭断层、横断层、撕裂断层、捩断层，系指断层面的两盘沿水平方向相对滑动的断层. 走滑断层又可分为左旋走滑断层与右旋走滑断层. 所谓左旋走滑断层,意即人站在断层的一盘观看另一盘的运动向左(或者说，反时针方向)的走滑断层；所谓右旋走滑断层则反之.

图 8.4　地震断层分为正断层、逆断层、冲断层、走滑断层等

　　实际的地震断层很少像教科书上所画的那样整齐. 和地震成因有关的断层常常很长，而且在很大距离上有相当一致的走向. 例如，1906 年 4 月 18 日美国旧金山地震(矩震级 $M_W7.9$，面波震级 $M_S8.3$)是因为圣安德烈斯(San Andreas)断层的重新活动而引起的. 这条断层的长度在 435 km 以上，走向几乎是一条直线，地震时，断层的水平移动最大处有 7 m，但上下移动却很小. 又如，1897 年 6 月 12 日印度阿萨姆(Assam) $M_S8.3$ 地震[发震时间 11:06 UTC(协调世界时)，震中位置 26.0°N，91.0°E，死亡 1500 人]时，最大断层的长度在 20 km 以上，走向也几乎呈一直线，上下错动最大达 12 m，但水平位移并不显著. 实际上，一个大地震的发生往往是与整个断层带相联系，判别大的断层带主要靠地质工作. 大块地层的倾斜和移动有时也与地震的发生有关，最著名的一个例子是 1923 年 9 月 1 日日本关东大地震($M_W7.9$，$M_S8.3$). 远在关东大地震前数年就已观测到有缓慢的地面倾斜运动；快到地震时倾斜运动的速度加快，震后，地倾斜仍持续了一个时期. 然而大块地层的倾斜与地震之间是否有普遍联系，因观测不够多，还不能肯定. 地面高度的变化可用大地测量方法来测定，不过这种测量需要高度的精密性. 在原生现象中还有由于地层的挤压形成的土岗或地歪(earth lurches)现象，有时还会形成隆起带或蚯蚓状土壤(mole track). 另外，大地震后在某些非火山地区也会出现温泉，但这可能是间接效应，其成因尚不清楚.

8.2.4　地震对建筑物的影响

　　地震对建筑物以及各种基础设施(如桥梁、管线、铁道、篱笆、道路、沟渠等)的影响是工程地震学的主要课题. 许多地震都是因为建筑物倒塌而造成人员伤亡，如 1906 年 4 月 18 日美国旧金山地震($M_W7.9$，$M_S8.3$)，1976 年 7 月 28 日中国河北唐山地震($M_W7.6$，$M_S7.8$)，1988 年 12 月 7 日亚美尼亚地震($M_W6.9$)，1964 年 3 月 28 日(当地时间)美国阿拉斯加地震($M_W9.2$)，1999 年 9 月 21 日中国台湾集集地震($M_W7.6$，$M_S7.7$)，以及 2001年 1 月 26 日印度古杰拉特(Gujarat)地震($M_W7.7$, $M_S7.8$)，等等，都是因为建筑物倒塌而造成人员伤亡. 在唐山地震中，唐山市 97%以上的建筑物倒塌. 在亚美尼亚地震中，由于在亚美尼亚的城镇中十分普遍的石块承重墙建筑，这种类型的建筑由于侧向缺乏或没有连接物和桁条将整个建筑连为一体，极不抗震. 美国阿拉斯加地震引发山体大滑坡，摧毁了许多房屋. 中国台湾集集地震由于地壳缩短造成房屋破坏倒塌. 印度古杰拉特地震则造成整幢大楼倒塌.

地震对建筑物及基础设施的影响与许多因素有关，首先，与建筑物以及基础设施的类型和结构有关，譬如对土房与木房其影响就各异，一般来说，房屋建筑在垂直方向耐震性较强，而水平方向较弱，因而房屋的毁坏往往是水平力作用的结果；其次，与建筑物以及基础设施的地基和所在的环境有关，例如在疏松的土上和在坚固岩石上的建筑物，受地震的影响显然不同；在平地抑或是在山坡，建筑物的稳定性也是有差别的.

地震还会引起砂土的液化，使得房屋或建筑物的地基失效. 图 8.5 是 1964 年 6 月 16日在日本新潟(音 xì)发生的 $M_W7.6$ 地震致使砂土液化、地基失效、大楼歪斜倒下的情况. 新潟地震是比阪神地震还要大的一个地震，震级达到了 $M_W7.6$. 新潟市在 20 世纪 60 年代建的高层楼房考虑了抗震问题，楼房的整体性都比较好，在这次地震中，没有因地震而坍塌，但是有些楼房却出现了地基失效问题. 含水砂土在地震波的晃动下变得像流沙一样能够滑动，这种现象称为砂土液化. 地下水位较高也是砂土液化的原因之一. 由图 8.5 可以看到，照片中的楼房因为砂土液化，地基失效，像火柴盒一样整体地歪斜倒下. 当时在这座楼房里的人得以幸运地从窗子里爬出，成功地逃生. 有的楼房虽然没有完全倾倒，但已转过 20°—30°的角度，不能再居住.

图 8.5　1964 年 6 月 16 日日本新潟 $M_W7.6$ 地震致使砂土液化、地基失效、大楼歪斜倒下

地震对建筑物的影响与地震本身的大小，以及位移、速度、加速度等都有关，但其中究竟哪个因素是主要的，已争论多年，目前还有争论；除此以外，还与地震的持续作用时间、地震重复次数有关.

8.2.5 地震的间接影响

地震的间接影响按照其持续特性可以分为持久性(以前称为永久性)间接影响与暂态性间接影响两类.

持久性间接影响包括：山崩、地滑、滑坡(滑塌、流动、崩落、倾倒)，砂丘、柱子或管道抬升等；对建筑物、烟囱、窗户、墙壁灰泥的毁坏；未固定的物件位移、旋转、翻倒、掉落、沿水平或垂直方向抛出、湖水激荡，人的感觉、时钟停摆或变速、冰川受影响、水中的鱼死亡、缆线断裂等. 一般在极震区以外所观察的现象大都均属于这一类.

在次生的、持久性的间接影响中，最常见的是崩滑和地裂. 崩滑可以有几种不同的情况：

①在坡度很大的地方或峻峭的山崖上，崩滑是因为地震使土、石的位置超过了它的休止角. 我国西北黄土高原地带常有这种现象.

②地震有时使某处的水源大量增加，从而使山坡上疏松的土、石在浸水后发生流动，产生泥石流.

③地震所产生的挤压也可以使表面覆盖层发生滑动和变形，在铁道经过的地方可以使铁轨发生弯曲.

图 8.6 显示在 1995 年 1 月 16 日日本阪神地震(M_W6.9, M_S6.8)中，铁轨严重扭曲的情况. 图 8.7 是 1992 年 6 月 28 日美国加州兰德斯(Landers)地震(M_W7.3, M_S7.5)发生后在地面上看到的地震引起的地表破裂(简称地裂). 地表破裂也有许多种类. 除了原生的宽大裂缝外，更多的地表破裂是地震所产生的结果. 在河岸两边，特别是湿地，地震后常会出现与河岸大致平行的断续裂缝，这种裂缝是河岸的特殊地形造成的. 远离山边或河岸的平地上也可能发生裂缝，它们长度较大，而且大致平行地排列，可能是大振幅面波所造成的. 裂缝产生的原因很多，未必都是由于地震，特别是在流水侵蚀的地方，虽无地震也可能发生裂缝. 因此在利用地裂缝估计地震强度时，需特别小心.

图 8.6　地震致使铁轨弯曲

1995 年 1 月 16 日日本阪神地震(M_W6.9, M_S6.8)致使铁轨严重扭曲

图 8.7　地震引起地表破裂

1992 年 6 月 28 日美国加州兰德斯(Landers)地震(M_W7.3, M_S7.5)引起的地表破裂

除了地裂缝外，地震后还常出现喷砂、冒水的现象(图 8.8)．这是冲积层受挤压的结果．大地震后常出现海底电缆折断的现象．海底电线折断可能是断层所致，也可能是浊流所致．其他诸如地震时的声光现象、人的感觉、器皿的动摇等均属间接影响．

(a)　　　　　　　　　　　　　　　(b)　　　　　　　　　　　　　　　(c)

图 8.8　地震引起的喷砂、冒水现象

(a) 1966 年 3 月 8 日河北邢台隆尧 M_S6.8 地震时出现的冒水口沿北东方向展布；(b) 1966 年 3 月 22 日河北邢台宁晋 M_S7.2 地震时在同一地点又发生了冒水现象；(c) 1989 年 10 月 17 日(当地时间)美国洛马普列塔(Loma Prieta)地震(M_W6.9, M_S7.1)时出现喷砂、冒水现象

还有一个值得注意的现象为海啸．海啸又称为津浪，也是地震的一种间接影响．海啸在海湾的狭口处由于速度降低常形成高达数十丈的波峰，以至冲击上岸造成巨大的危害．日本和美国夏威夷常受海啸之害．2011 年 3 月 11 日日本东北 M_W9.2 地震引发特大海啸，极具破坏性的海浪在震后 15—20 min 就到达最近的海岸，浪高(海啸高度)超过 7 m，有的地方达到 30 m，部分海岸地区海水向内陆入侵了 5 km，造成了毁灭性的破坏．

关于海啸形成的机制，到目前为止仍在争论中，一般的看法认为海啸是地震时海底大块地壳发生错动所引起的，但这种看法还有问题．事实上，有些地震如 1922 年 11 月 11 日智利 M_W8.7 地震和 1939 年 12 月 26 日土耳其埃尔津詹(Erzincan)M_W7.7 地震，它们的震中均位于大陆上，但却伴随着海啸．也有些地震其震中在海底但并没有观测到海啸．

在海啸来到前，近海岸处常有海水后退现象。在日本，人民有时就借此作为海啸即将来临的信号；在近年发生的大地震引发的大海啸中，例如在 2004 年 12 月 26 日印尼苏门答腊-安达曼 $M_W9.2$ 特大地震引发的印度洋特大海啸中也有由于掌握了这一知识而免受大海啸灾难的生动实例. 不过，不可将这一认识绝对化，理论与实践均表明，也有海啸来到之前不出现海水后退的情况.

暂态性的间接影响，如肉眼可见的地面上的波动(称为"可见波")，如：感觉得到的摇动，门窗的框架吱吱嘎嘎作响、桥梁和高层建筑摇动、倾斜，未固定的物件强烈摇动、发出格格声，以及恶心、惊吓、恐怖、动物(例如鸟)惊吓、树摇动、静止和行驶中的汽车受到扰动、地声、地光、地震云、闪光，等等.

可见波是可见地震波的简称，系目击者报告称在大地震震中区看到的长周期、短波长的缓慢地面波动.

地震声，又称地声、地鸣，系地震发生时传入空气中的一小部分地震波能量转换成人能听得见的气压波能量而形成的声音.

地震云系与地震的发生可能有关联的特殊云层现象.

地光系地震光现象的简称，是与地震的发生可能有关联的、可能是由于地震过程中应力的积累和释放引起的震前或震时，以及在地震序列期间人们用肉眼观察到的天空的异常发光现象. 类似的现象在地震危险区也曾观测到过，但没有随即发生与之相联系的地震活动. 这些现象可能是由于地壳中局部的高应力水平引起的，高应力水平随后以不发生灾难性的岩石破裂而释放，也可能通过发生地震而释放，但因地震太远或太迟发生，与观测到的地[震]光联系不上.

目前地震学家对地震光、地震云等现象及其物理机制以及与其相关的电磁现象尚无共识.

8.2.6 地震灾害

地震是一种会给人类造成巨大的人员伤亡和财产损失的自然现象. 1976 年 7 月 28 日在我国河北唐山地区发生了 $M_W7.6(M_S7.8)$ 地震，造成了 24.3 万人死亡，16.4 万人受重伤(仅唐山市区终身残疾的就达 1700 多人)；毁坏公产房屋 1479 万 m^2，倒塌民房 530 万间；唐山市几乎夷为平地，97%以上的建筑倒塌，全市交通、通信、供水、供电中断，直接经济损失达人民币 133 亿元.

我国是一个多地震的国家，1920 年 12 月 16 日在甘肃海原(今宁夏海原)发生了 $M_W8.3(M_S8.5)$ 地震，这次地震造成了大约 23 万余人死亡，震惊朝野. 1966 年 3 月 8 日，在我国河北省邢台地区隆尧县发生了 $M_S6.8$ 地震. 接着，在 3 月 8 日隆尧 $M_S6.8$ 地震震中稍北的宁晋县境内于 3 月 22 日又发生了 $M_S7.2$ 地震；3 月 26 日在宁晋县的百尺口一带再次发生 $M_S6.2$ 地震. 邢台地震是 1949 年新中国成立后发生在我国人口稠密地区的地震. 地震造成了 8064 人的死亡，38451 人受伤，倒塌房屋 508 万余间，受灾面积达 23000 km^2，经济损失达 10 亿人民币. 图 8.9 是河北邢台地震造成的公路桥梁破坏的情况.

图 8.9　1966 年 3 月 22 日河北邢台 $M_W7.4(M_S7.2)$ 地震造成的桥梁破坏

　　1995 年 1 月 16 日在日本的大阪和神户地区发生了地震($M_W6.9, M_S6.8$)，震中位于兵库县南部，按照震中位置称为兵库县南部地震. 地震在大阪和神户地区造成了巨大的人员伤亡和财产损失，所以又称为阪神地震.

　　图 8.10 是 1995 年 1 月 16 日日本阪神地震造成高速公路桥倾倒破坏的情景.

图 8.10　1995 年 1 月 16 日日本阪神 $M_W6.9(M_S6.8)$ 地震
地震造成高速公路桥倾倒破坏的情景

　　图 8.11 是 1989 年 10 月 17 日 17 时 04 分 15 秒当地时间即美国太平洋时间[10 月 18 日 00 时 04 分 15 秒协调世界时(UTC)]美国加州洛马普列塔(Loma Prieta)地震($M_W6.9$, $M_S7.1$)造成的高速公路桥崩塌破坏的情景.

　　1999 年 9 月 21 日中国台湾发生了 $M_W7.6$(地方震级 $M_L7.3$)地震，这次地震的震中在台湾中部的集集镇，所以称作集集地震(Jiji earthquake, Chi-Chi earthquake)(图 8.12). 地震致使整个台湾地区都发生了剧烈的地震动. 图 8.12a 是集集地震震中位置图，图 8.12b 是我国台湾地区地震(1900—1999)震源分布图；图 8.12c 是台湾及邻域大地构造图. 研究表明，台湾地区地震的发生是菲律宾板块和欧亚板块相对运动、相互作用的结果.

图 8.11 1989 年 10 月 17 日（当地时间）美国加州洛马普列塔（Loma Prieta）M_W6.9（M_S7.1）地震
地震造成高速公路桥崩塌破坏

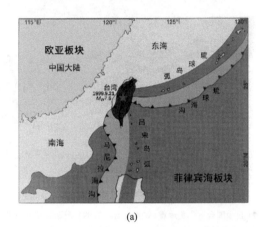

(a)

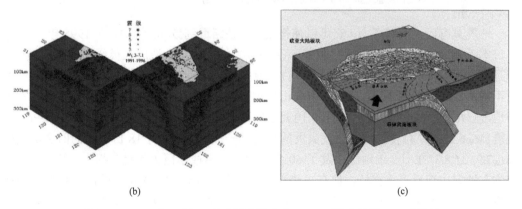

(b)　　　　　　　　　　　　　(c)

图 8.12 1999 年 9 月 21 日中国台湾集集 M_W7.6（地方震级 M_L7.3）地震
(a)震中位置图；(b)台湾地区地震（1900—1999）震源分布图；(c)台湾及邻域大地构造图

台湾集集地震造成了 2470 多人死亡，1 万多人受伤，房屋倒塌 1 万多栋，无家可归人员多达 10 多万人，经济损失高达 118 亿美元. 它是 100 多年来发生在台湾的、震中位于台湾岛内的震级最大的一次地震. 1935 年 4 月 20 日协调世界时（UTC）（当地时间 4 月

21 日)在台湾苗栗发生过一次地震,震级 $M_S7.1$. 在苗栗地震中,有 3400 多人死亡,12000
多人受伤. 与苗栗 $M_S7.1$ 地震相比,1999 年台湾集集 $M_W7.6$ 地震灾情更为严重. 地震造
成了震区公共设施的严重破坏,房屋破坏倒塌,山体崩滑、水坝破坏. 特别是地震造成
台中县石冈水坝破坏,将长达 700 多米的水坝震垮,使这个水坝的北部抬升了约 2.1 m,
而南部却抬升了约 9.8 m,南、北落差约 7.7 m,水坝的 18 个闸门中有 3 个闸门断裂,
致使供应台湾中部地区 200 多万居民生活用水的水库蓄水在一夜间全部流光,水库见底,
造成了台湾中部地区居民的用水困难. 集集地震的发震断层通过台湾中部的南投县雾峰
乡中、小学共用的操场,造成了地面大规模的扭曲,使跑道相对的两边拱起了大约 1.7 m
高(图 8.13).

图 8.13　集集地震发震断层穿过操场将跑道拱起

1999 年 9 月 21 日中国台湾集集地震($M_W7.6, M_S7.7$)的发震断层穿过南投县雾峰乡中、小学共用的
操场,将操场的跑道拱起,造成了地面大规模的扭曲,跑道的一边相对于另一边拱起约 1.7 m 高

地震具有巨大的破坏力,它可以使得公路、铁路遭到破坏. 例如,在 1995 年 1 月 16
日日本阪神地震中,铁轨严重扭曲变形(图 8.6). 地震不但会造成人员伤亡和财产损失,
而且还会引发火灾,进一步加剧人员伤亡和财产损失. 地震引发火灾加重灾情的例子屡
见不鲜. 如 1906 年 4 月 18 日美国旧金山地震($M_W7.9, M_S8.3$),1995 年 1 月 16 日日本阪
神地震($M_W6.9, M_S6.8$),以及 1989 年 10 月 17 日(当地时间)美国洛马普列塔(Loma Prieta)
地震($M_W6.9, M_S7.1$)便是地震引发火灾的著名例子. 1906 年 4 月 18 日发生的旧金山地震
($M_W7.9, M_S8.3$)在旧金山地区引发了 60 多处大火,造成了巨大的经济损失. 虽然一些建
筑物在地震中遭受严重破坏,但在火势蔓延之前多数建筑物并无可见的严重损坏,是地
震引发火灾加重灾情的典型例子. 1923 年 9 月 1 日发生的日本关东大地震($M_W7.9, M_S8.0$)
造成 14 万人死亡,其中约 10 万人死于地震引发的大火. 阪神地震在多处引发火灾,加
重了人员伤亡和财产损失. 1989 年 10 月 18 日 00 时 04 分 15 秒[协调世界时(UTC),当
地时间是美国太平洋时间 10 月 17 日 17 时 04 分 15 秒]在美国旧金山湾区洛马普列塔
(Loma Prieta)发生了 $M_W6.9(M_S7.1)$ 地震,震中(37.04° N, 121.88° W)位于圣克鲁斯山
洛马普列塔山峰所在地区,震源深度 18 km. 震中位于圣克鲁斯(Santa Cruz)东北 14 km,
旧金山南南东 96 km. 洛马普列塔地震是自 1906 年 4 月 18 日美国旧金山地震($M_W7.9$,

$M_S8.3$)以来在旧金山湾区发生的最大地震. 地震使正在旧金山湾区举行的世界棒球锦标赛第三场洛斯加托斯(Los Gatos)、沃森维尔(Watsonville)和圣克鲁斯比赛未能按期举行, 故又称世界(棒球)锦标赛地震[The (Baseball) World Series Earthquake]. 震中区包括洛斯加托斯, 长约 50 km、宽约 25 km, 地震烈度(修订的麦卡利烈度即 MM 烈度)为Ⅷ度. 烈度最大的地区位于震中北西—北北西面的旧金山和奥克兰, 达Ⅸ度. 震中区内 2500 余座建筑物倒塌, 4000 余座严重受损, 好几条高速公路多处被震断毁坏, 一些立交桥坍塌, 通向洛杉矶市区及其他地区的 11 条主干道被迫关闭, 直接和间接死亡 63 人(其中多数是因为高速公路被震断毁坏所致), 9000 多人受伤, 25000 人无家可归. 地震还造成煤气管和自来水管爆裂, 火灾四起. 该市大部分地区断电停水, 约 4 万户住宅断水, 5.2 万户断电, 3.5 万户断煤气. 地震还造成电信中断, 使通信网络出现严重阻塞. 累计经济损失高达 60 多亿美元(有的研究者的估计甚至高达 300 亿美元).

全球著名的破坏性地震

本书末尾的附表中列出了公元前 2222 年至公元 2014 年全球著名的破坏性地震. 地震资料参考了中外著名的地球物理学家、勘探地球物理学家顾功叙(1908—1992)、谢毓寿(1917—2008)、闵子群(1930—)、宇津德治(Utsu, T., 1930—2004)、恩达尔(E. R. Engdahl)和维拉塞诺(A. Villasenor)等著名专家学者编纂的地震目录以及国内外一些网站的地震资讯. 从表中可看到这些地震各具特点: 或者是最早有历史记载, 或者是伤亡人数巨大, 或者是造成了重大经济损失或社会影响, 等等. 历史地震的发震时间, 统一使用格里历(Gregorian calendar). 格里历是格里哥里历的简称, 它是公元 1582 年 10 月 5 日开始实施的. 为读者使用方便起见, 在此之前的地震, 加括号附注相应的儒略历(Julian calendar). 儒略历是公元前 46 年朱利斯(旧译"儒略")·凯撒(Julius Caesar)即凯撒大帝制定的、用于取代古罗马使用的阴历的历法. 儒略历规定每 4 年一闰, 即闰年比平常年份多一天, 为 366 天, 以计及实际上一年是大约 365¼ 天, 若每年按 365 天算, 4 年便少算大约 1 天引起的问题. 历史地震的震中烈度, 通常由宏观地震资料予以估计, 其震级(M) 则由震中烈度与震级的经验关系推算, 具有相当大的不确定性, 能够精确到¼级就已经很不错了. 通常以¼级为级差, 如 6 级至 7 级分为 6 级, 6¼级, 6½级, 6¾级, 7 级, 等等. 在这里, 6¼级指 6 又¼级, 不写为 6.25 级或 6.3 级; 6½级指 6 又½级, 不写为 6.5 级; 6¾级指 6 又¾级, 不写为 6.75 级或 6.8 级, 等等. 如前已述, 有仪器记录以来的地震一般列出其面波震级 M_S; 在有矩震级 M_W 测定结果时, 则列出其矩震级.

8.3 地震的特点——猝不及防的突发性与巨大的破坏力

作为一种自然现象, 地震最引人注目的特点是它的猝不及防的突发性与巨大的破坏力. 关于这一点, 古人根据经验早已认识到. 早在 2000 多年前,《诗经·小雅·十月之交》中就有关于地震的突发性及其破坏力的生动描述:

烨烨震电, 不宁不令. 百川沸腾, 山冢崒崩.

高岸为谷, 深谷为陵. 哀今之人, 胡憯莫惩?!

据古诗词专家考证, 诗的题目中的"十月"系"七月"之印误. 诗中, "不宁"指地不宁，即地动；"不令"是不预先通告人们周知，即突如其来. 翻译成白话文，就是：

　　耀眼的雷霆闪电，

　　地震突如其来.

　　无数江河在沸腾，

　　山峰碎裂崩塌.

　　高耸的崖岸陷落为山谷，

　　深邃的山谷隆升为丘陵.

　　可怜今天的人啊，

　　为何竟不知自省？！

　　诗中惊叹地震突如其来，势如闪电，力足以令山川变易，是地震猝不及防的突发性及巨大的破坏力的生动写照.

　　我国的古人如此，外国的古人亦然. 这里举一个例子. 1835 年 3 月 5 日，伟大的博物学家、进化论的创始人查尔斯·达尔文 (Darwin, Charles, 1809—1882) 在他乘坐贝格尔 (Beagle, H. M. S.) 号 (又称小猎犬号) 轮船进行著名的环球旅行中，途经智利康塞普西翁 (Concepcion)，经历了半个月前 (1835 年 2 月 20 日) 发生的智利康塞普西翁-瓦尔帕莱索 (Valparaiso) M8.1 地震的多次余震 (表 8.1). 达尔文以进化论的创始人闻名于世，但可能由于进化论耀眼的光辉使得他也是现在称为"地震地质学"的先驱者之一这件事鲜为人知. 康塞普西翁-瓦尔帕莱索大地震破坏的景象给予达尔文强烈的震撼. 达尔文写道："通常在几百年才能完成的变迁，在这里只用了一分钟. 这样巨大场面所引起的惊愕情绪，似乎还甚于对于受灾居民的同情心……".

表 8.1 　智利康塞普西翁-瓦尔帕莱索地震

年-月-日	时:分(UTC)	纬度/(°)	经度/(°)	深度/km	震级 M	死亡人数	备注
1835-02-20	15:30	−36.0	−73.0		8.1	不计其数	智利康塞普西翁-瓦尔帕莱索智利；
1939-01-25	3:32	−36.3	−72.3		7.8	28,000	震中烈度 I_0=X 智利
2010-02-27	06:34:11	−36.122	−72.898	23±9	M_W8.8	523	马乌莱比奥-比奥

注：纬度、经度正号分别表示北纬、东经，负号分别表示南纬、西经；UTC：协调世界时.

8.4 　地震的一些特征

　　地面是不平静的，总在发生着微小的震动，称为脉动 (microseism). 脉动的周期由百分之几秒到几十秒. 产生脉动的原因很多，有自然的原因，如天气或气压的变化，海浪对海岸的冲击，等等；也有人为的原因，如交通运输或工业振动，等等. 地震是在这样的脉动背景上发生的. 地震大小相差悬殊，可小到人们不能感觉，也可大到震撼山岳. 天然地震所释放的震动能量可相差十几个数量级. 震动的频率范围也很宽. 大地震低频成分的周期可达一小时，小地震的高频成分与脉动很难区别. 但一般来说，地震的频率主要是在几十赫兹 (Hz) 至几十分之一赫兹的范围. 振幅可小于光波的波长. 地震的频谱组成和地震的大小有关：地震越大，低频成分越多.

　　大地震有时仿佛是突如其来的，造成严重的灾难. 唐山大地震就是一例. 但有些大地震是有前震或其他前兆的. 中等强度以上的地震之后多数有余震. 一般认为这是因为一大块地层在地震时发生断错，由一种平衡状态转到另一种平衡状态时，必然要经过一个调整阶段. 余震就是这种调整的结果，不过这个调整过程的具体物理机制现在还没有弄清楚.

　　地下发生地震时最先发生破裂的点称为震源(hypocenter, seismic source)，震源在地面上的投影称为震中(epicentre)(图 8.14). 震源其实不是一个点，而是地面下三维空间中的一个区域，所以震中也不是一个点而是地面二维空间中的一个区域，称为震中区(epicentral area). 地面上震动最厉害的地方称为极震区(meizoseismal area). 极震区常常就是震中区，但因为地面震动的程度除了与震源的特性有关以外，还与地面的土质条件有关，极震区也可能不在震中区，或不单是在震中区. 地震大多数发生在 0—70km(一说 60 km，亦有说 80 km)的深度，叫作浅源地震(shallow-focus earthquake)，简称浅震. 浅震可以浅到几千米深. 地震也可以发生在深度 70 km(或 60 km，80 km)以下，直到 700 km(一说 680 km)的深度. 发生在 70—300 km(一说 350 km)深度范围内的地震称为中源地震(intermediate-depth earthquake)，发生在 300—700 km 深度范围内的地震称为深源地震(deep-focus earthquake)，简称深震. 在浅源地震、中源地震与深源地震中，破坏性最大的一般是浅震.

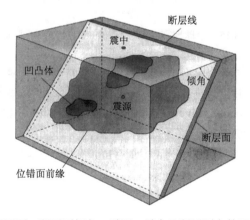

图 8.14　地震断层面、断层面倾角、震源、震中及断层面上的凹凸体等地震参量

8.5　全球地震活动性

8.5.1　地震的空间分布

　　地震在全球的分布是不均匀的，但也不是随机的，有的地方地震多，有的地方地震少，但从长时期看，地震活动程度各地大有差别，地震多的地区称为地震区(seismic zone). 地震区的震中常呈带状分布，所以也称为地震带(seismic belt). 地震区(带)的划分现在还没有公认的定量标准，所以它们的边界多少带有任意性.

图 8.15 是经过国际地震中心（International Seismological Centre，缩写为 ISC）重新定位的 1964—2014 年全球地震活动性图. 图中，经过重新定位的地震按照震源深度（h）着色：浅色表示浅源地震（$h<70$ km）；灰色表示中源地震（70 km$<h<$350 km）；深色表示深源地震（$h\geqslant 350$ km）.

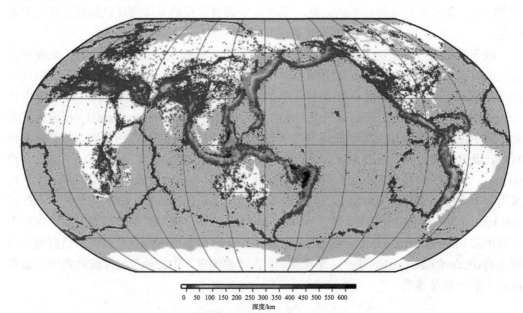

图 8.15　全球地震活动性（1964—2014 年）（见彩插）

全球性的地震带有三条：环太平洋地震带（Circum-Pacific seismic belt）和欧亚地震带（Euro-Asia seismic belt）[又称阿尔卑斯地震带（Alps seismic belt）]是众所熟知的. 后来又发现沿各大洋中脊（mid-ocean ridge，缩写为 MOR）（又称海岭）也有密集的地震活动，但最强的洋中脊地震不超过 7 级. 这条地震带称为洋中脊地震带（mid-ocean ridge seismic belt），又称海岭地震带，它在大洋里绵亘 8 万 km 以上，是地球上最长的一条破裂带. 在全球地震震中分布图上，这三个条带是非常触目的. 它们与地震的成因显然有关系.

8.5.2　地震的时间分布

地震在时间上的分布也是不均匀的. 通常用地震频次（earthquake frequency，又称地震频度、地震频率）表示地震的时间分布. 地震频次是单位时间内某一地区、某一震级范围内的地震数. 根据对全球地震频次-震级的最新统计（表 8.2），在 1900—1999 年的 100 年期间，全球的地震频次（年均地震数）是（表 8.2 第 3 列）：震级 $M\geqslant 8.0$ 的地震 0.7 个（或者说，平均约 3 年 2 个），$7.5\leqslant M<8.0$ 的地震 3 个，$7.0\leqslant M<7.5$ 的地震 12 个，$6.5\leqslant M<7.0$ 的地震 22 个，$6.0\leqslant M<6.5$ 的地震 62 个，$5.5\leqslant M<6.0$ 的地震 164 个，等等. 全球的累计地震频次（cumulative earthquake frequency，年均累计地震数）是（表 8.2 第 5 列）：震级 $M\geqslant 8.0$ 的地震 0.7 个（或者说，平均约 3 年 2 个），$M\geqslant 7.5$ 的地震 4 个，$M\geqslant 7.0$ 的地震 16 个，$M\geqslant 6.5$ 的地震 38 个，$M\geqslant 6.0$ 的地震 100 个，$M\geqslant 5.5$ 的地震 264 个，等等. 需

要特别说明的是，在表 8.2 中，震级 $M<6.5$ 的地震数是根据 1964—1999 年的资料计算得出的，因为 1964 年后，由于世界标准地震台网(World Wide Standard Seismograph Network, 缩写为 WWSSN)的建立，全球震级 $5.5 \leqslant M<6.5$ 的地震才得到较好的记录.

表 8.2　1900—1999 年全球地震频次–震级分布统计

地震频次			累积地震频次	
$\leqslant M<$		地震数/年	$M \geqslant$	累积地震数/年
5.5	6.0	164	5.5	264
6.0	6.5	62	6.0	100
6.5	7.0	22	6.5	38
7.0	7.5	12	7.0	16
7.5	8.0	3	7.5	4
8.0		0.7	8.0	0.7

全球每年发生的地震数颇有起伏(图 8.16). 若按时间间隔为 1 年计算(图 8.16a)，每年发生的地震数起伏较大. 尤其是起算震级越小，起伏越大. 在图 8.16 中，按照起算震

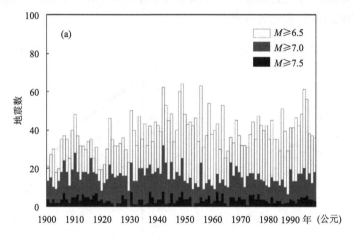

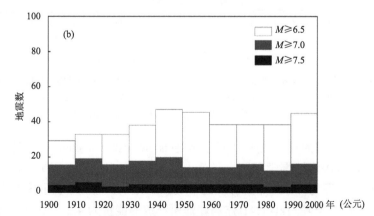

图 8.16　全球每年地震数

(a) 1 年时间间隔的年均地震数；(b) 10 年时间间隔的年均地震数

级依次为 $M{\geqslant}6.5$，$M{\geqslant}7.0$，$M{\geqslant}7.5$，颜色依次由白色变为深色，起伏由最大变为较大、最小. 但是，若按 10 年时间间隔计算的年均地震数，起伏便比按时间间隔为 1 年计算的平均每年的地震数小（图 8.16b）. 这说明，在论及某个地区或全球地震活动性强弱时，应当明确所涉及的时间间隔的长短，以及所论及的地震震级的大小. 时间间隔越短，震级越小，起伏越大；反之，起伏越小.

图 8.17a 与图 8.17b 分别表示历史（1900—1963）与现今（1964—1999）地震活动性的地震频次与震级关系图. 其中，空心圆圈是震级 $M{\pm}\delta M/2$ 的年地震频次（每年的地震次数）的对数，δM 为震级区间，实心圆圈是震级大于、等于 M 的年地震频次（称为累计地震频次）的对数. 这里，震级区间 δM 取 0.1 级. 除了全球每年释放的地震波能量有起伏外，各个地区的地震活动性随时间的变化也很大. 在有些地区，较大地震会在原地点附近重复发生，但时间间隔并不均匀. 地震活动具有间歇性（intermittence），但并无固定的周期. 许多大地震都伴随着地面上可见的断层，其中有的是新产生的断层，有的是旧断层复活. 断层若发生在覆盖层，也可能是地震震动的结果；但若发生在基岩，这就与地震的成因有联系，所以通常称为地震成因断层. 也有些地震并不伴随着地震断裂. 根据断层成因假设，常被解释为断层没有达到地面，是盲断层（blind fault）. 不过，这种说法是不严格的. 有无不伴随断层的地震？实尚可存疑！

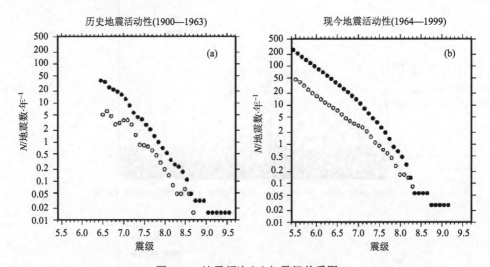

图 8.17　地震频次（N）与震级关系图

(a)历史地震（1900—1963）频次与震级关系图；(b)现今地震（1964—1999）频次与震级关系图.
空心圆圈表示震级 $M{\pm}\delta M/2$ 的年地震频次（年地震数）的对数，实心圆圈表示震级大于、
等于 M 的年累计地震频数（年累计地震数）的对数. 震级区间 δM 取 0.1 级

一次 M_S=8.0 地震的辐射能[地震辐射能（seismic radiated energy）的简称]约为 $6.3{\times}10^{16}$ 焦耳（J）. 在核爆炸地震学（nuclear explosion seismology）中，通常用与三硝基甲苯（trinitrotoluene，缩写为 TNT）炸药等价的千吨（kt）或百万吨（Mt）表示核爆炸所释放的能量（辐射能）. 一次 1 千吨（1kt）TNT 炸药爆炸所释放的能量为 $4.2{\times}10^{12}$J，或者说，一次 1 百万吨（1Mt）级的核爆炸所释放的能量为 $4.2{\times}10^{15}$J. 作为比较，一次 5 百万吨（5Mt）

级的核爆炸(如1971年阿拉斯加(Alaska)阿姆契特加(Amchitka)的核爆炸)所释放的能量为 2.1×10^{16}J, 相当于一次面波震级 M_S7.7 地震. 1906 年旧金山大地震的地震辐射能约为 3×10^{16}J, 这个能量相当于一次 7.1 百万吨(7.1Mt)的核爆炸释放的能量. 远远大于 1945 年投掷在广岛的原子弹(0.012Mt 即 12kt)的地震辐射能. 迄今记录到的最大地震是 1960 年智利大地震(矩震级 M_W9.5), 其地震辐射能约为 10^{19}J, 相当于一次 2400Mt 的核爆炸. 这个数字比迄今为止全世界做过的所有核爆炸所释放能量的总和(其中最大的一次达到大约 58Mt)也大得多. 大约 90%地震的辐射能是由 $M_S\geqslant7.0$ 大地震释放出来的. 全球在一年内发生的地震的辐射能约为 10^{18}—10^{19}J. 近年来, 人类所消耗的能量增长很快, 人类在一年内所消耗的能量的最新估计值约为 3×10^{20}J. 作为比较, 我们看到, 这个数值已经超过了全球在一年内发生的地震辐射能的总和.

　　地震辐射能的对数与震级成正比. 震级增加 1 级, 地震辐射能增加约 32 倍; 震级增加 2 级, 地震辐射能增加约 1000 倍. 但是, 如图 8.17 所示, 地震的频次则随震级的增大而减小, 其对数与震级呈斜率为负(接近于−1)的线性关系. 这样一来, 地震主要是通过大地震释放能量的. 一次 8.5 级大地震所释放的能量相当于一年内所有震级比它小的其他地震释放的能量的总和. 从图 8.17 便可很清楚地直观地看清这点. 图 8.18 将地震与其他现象做了对比, 图左面的纵坐标表示震级, 以矩震级 M_W 为标度, 图右面的纵坐标以对数尺度表示与 1 kg TNT 炸药等效的释放的能量(以焦耳为单位).

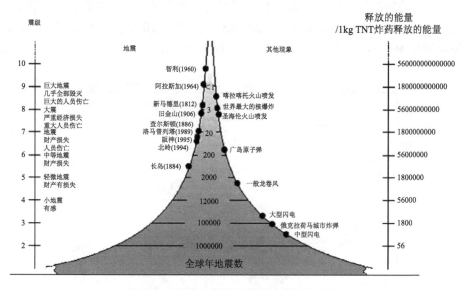

图 8.18　地震与其他现象释放的能量对比

8.6　中国地震活动性

　　与全球地震活动不同, 我国大陆大部分地区(即除了台湾地区及青藏高原以外地区), 都不在全球两大地震带——环太平洋地震带与欧亚地震带上, 既不在环太平洋地震带上,也不在欧亚地震带上,更不在它们的交汇处(欧亚地震带与环太平洋地震带在南亚、东南亚缅甸弧,巽他岛弧以东相连接或交汇). 环太平洋地震带位于我国大陆东面,其西支经我国台湾岛,欧亚地震带位于我国南面,经我国青藏高原南部直到南亚、东南亚缅甸弧,巽他岛弧,与环太平洋地震带相连接. 除了台湾地区及青藏高原的地震外,我国的地震主要属板内地震. 受太平洋板块、印度板块和菲律宾板块作用的影响,我国大陆华北、西北、西南以及东南沿海等地区地震断裂带十分发育,地震活动比较活跃. 我国大陆地震的地震活动具有弥散性的特点,但破坏性的地震大都聚集在一定的狭窄地带(图 8.19). 在这些地带内大小地震发生的时间、强度和空间分布都有一些共性,并与地质构造有些关系,特别是强烈地震活动与板块内部的构造带有关. 在我国,除了构造地震外,还有诱发地震(触发地震)和矿山地震.

8.6.1 我国地震活动的特点

我国的地震活动具有频次高、分布广、强度大、震源浅、地震活动时空分布不均匀等特点. 图 8.19 与图 8.20 分别是公元前 780 年—公元 2010 年 12 月我国震级 $M \geqslant 6.0$ 地震震中分布图与 2009 年 1 月 1 日—2017 年 12 月 31 日我国 $M \geqslant 2.0$ 地震震中分布图,它们清楚地显示出我国是一个多地震和多强烈地震的国家,具有频次高与分布广的特点. 自公元前 1831 年起我国有地震的历史记载或记录以来,至今共记到 $M \geqslant 6.0$ 地震 800 多次,是地震活动频次相当高的国家. 自 20 世纪有仪器记录以来,我国平均每年发生 $M \geqslant 6.0$ 地震 6 次,其中 $M \geqslant 7.0$ 地震 1 次,$M \geqslant 8.0$ 地震平均 10 年左右 1 次. 我国大陆地区,平均每年发生 $M \geqslant 5.0$ 地震 19 次、$M \geqslant 6.0$ 地震 4 次,$M \geqslant 7.0$ 地震每 3 年发生 2 次.

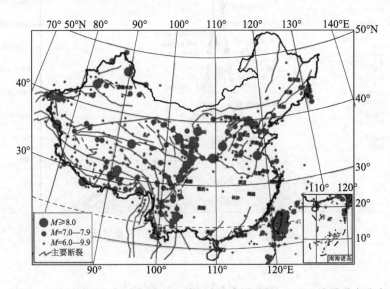

图 8.19　公元前 780 年—公元 2010 年 12 月我国震级 $M \geqslant 6.0$ 地震震中分布

我国的地震活动具有分布广的特点,6 级以上地震遍布于除浙江、贵州和香港、澳门特别行政区以外的所有省(自治区、直辖市),其中 18 个省(自治区、直辖市)均发生过

$M \geqslant 7.0$ 地震, 约占全国省 (自治区、直辖市) $M \geqslant 7.0$ 地震的 60%. 即使是浙江、贵州两省, 历史上也都发生过 $M \geqslant 6.0$ 地震.

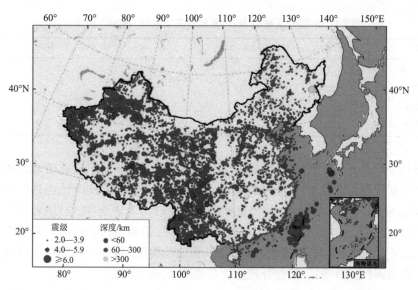

图 8.20　2009 年 1 月 1 日—2017 年 12 月 31 日我国震级 $M \geqslant 2.0$ 地震震中分布

我国大陆地区的地震活动主要分布在青藏高原、新疆及华北地区, 而东北、华东、华南等地区分布较少. 台湾地区是我国地震活动最频繁的地区, 1900—1988 年全国发生的 548 次 $M \geqslant 6.0$ 的地震中, 台湾地区就有 211 次, 占 38.5%.

我国地震在全球地震活动中占有重要地位, 地震活动不仅频次高, 分布面积广, 而且强度亦大. 20 世纪以来, 全球共发生 17 个 $M_W \geqslant 8.5$ 的特大地震, 1950 年 8 月 15 日我国西藏察隅 $M_W 8.6$ 地震便名列其中.

我国地震还具有震源浅的特点. 除东北、台湾和新疆的帕米尔地区一带有少数中源地震和深源地震以外, 我国绝大部分地区、绝大多数地震属浅源地震, 震源深度都在 40 km 以内. 尤其是我国大陆东部地区, 震源更浅, 深度一般在 30 km 之内, 西部地区则在 50—60 km 之内. 中源地震则分布在靠近新疆的帕米尔地区 (100—160 km) 和台湾附近 (最深达 120 km); 深源地震很少, 只发生在吉林、黑龙江东部的边境地区.

我国大陆的地震活动, 在空间分布上具有明显的不均匀性, 强震分布具有西多东少的突出特点. 我国大陆地区的绝大多数强震主要分布在 107°E 以西的西部广大地区, 而东部地区则很少. 107°E 以西的西部地区, 由于受印度板块的碰撞的影响, 地震活动的强度和频次都大于东部地区. 表 8.3 给出 20 世纪以来我国 $M \geqslant 7.0$ 地震的分区统计. 从表中可以看到, 我国大陆内部的地震活动是不均匀的, 各地震区 (带) 有明显的差别. 就我国大陆地区而言, 近 90% 的 $M \geqslant 7.0$ 地震发生在西部, 西部地区释放的地震能量占我国大陆地区释放的地震能量的 95% 以上. 在全国各省 (自治区、直辖市) 中, 地震活动水平最高的是台湾地区, $M \geqslant 7.0$ 地震发生率占全国总数的 40% 以上, $M \geqslant 6.0$ 地震发生率占全国总数的 53% 以上; 在其他各省 (自治区、直辖市) 中, 发生 $M \geqslant 6.0$ 地震次数大于 5 次的还有西藏、新疆、云南、四川、青海、河北等，以上 7 个省（自治区）集中了 1949 年以来发生的绝大多数强震，其中 $M \geqslant 6.0$ 地震占 90% 以上，$M \geqslant 7.0$ 地震占 87% 以上.

表 8.3　中国分区震级 $M \geqslant 7.0$ 地震频次统计（1900—1980 年）

地区	7.0—7.4	7.5—7.9	8.0—8.5	8.5—8.9	总和
大陆东部	5	1	0	0	6
大陆西部	22	11	5	2	40
台湾地区	22	3	2	0	27
其他地区	1	1	0	0	2

地震活动空间不均匀性最明显的表现是地震成带分布. 按照地震活动性和地质构造特征，可以把我国划分成 23 条强震活动带（图 8.21）. 其中，"南北地震带"由滇南的元江向北经过西昌、松潘、海原、银川直到内蒙古嶝口；"华北（拗陷）地震带"由河南安阳往东北经过邢台、北京直到三河；"汾渭地震带"沿着汾河和渭河，是我国文化发达最早、地震历史资料最为丰富的地区. 至于其他的地震带，包括众所熟知的郯城-庐江（地震）带[简称郯庐（地震）带]，其划分范围，各家有不小的分歧.

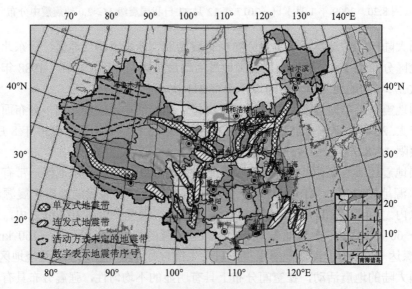

图 8.21　我国地震活动带的分布图

单发式地震带：1.郯城-庐江带；2.燕山带；3.山西带；4.渭河平原带；5.银川带；6.六盘山带；7.滇东带；8.西藏察隅带；9.西藏中部带；10.东南沿海带. 连发式地震带：11.河北平原带；12.河西走廊带；13.天水-兰州带；14.武都-马边带；15.康定-甘孜带；16.安宁河谷带；17.腾冲-澜沧带；18.台湾西部带；19.台湾东部带. 活动方式未定的地震带：20.滇西带；21.塔里木南缘带；22.南天山带；23.北天山带

我国地震活动在时间分布上也是不均匀的. 表现为地震活动高潮和低潮在时间上交替出现. 在有些地区，如山西（地震）带和滇东（地震）带，较大地震会在原地点附近重复发生，但时间间隔并不均匀. 如前已述，我国地震活动具有间歇性（intermittence），但并无固定的周期(图 8.22).

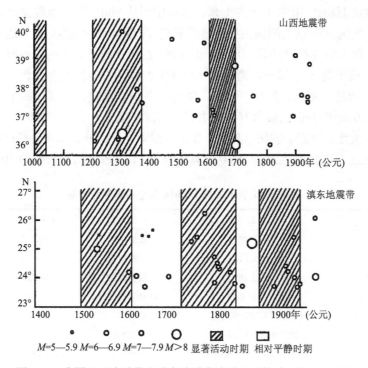

图 8.22　我国山西地震带和滇东地震带地震活动的时、空、强分布

因此，我国的地震活动，可用频次高、强度大、分布广、震源浅、地震活动时空分布不均匀等特点予以概括. 显而易见，对我国地震活动频次高、强度大、分布广、震源浅、地震活动时空分布不均匀等特点的研究，对于预防和减轻地震灾害具有重要的意义.

8.6.2　我国地震灾害的特点

我国地震活动频次高、强度大、分布广、震源浅、地震活动时空分布不均匀等特点，使我国成为世界上地震灾害最为严重的国家. 我国的陆地面积仅占全球陆地面积的 1/15，即 6%左右；人口占全球人口的 1/5，即 20%左右，然而发生于我国陆地的地震竟占全球陆地地震的 1/3 左右，即 33%左右.

我国地震灾害的基本特点是：成灾的地震多、灾害重、预报难、设防差、易麻痹. 我国是一个震灾严重的国家. 根据统计(表 8.4)，自公元 856 年至 2016 年全球因地震造成的人员死亡超过 11000 人的 10 次地震中，我国竟占了 3 次(图 8.23)；在 20 世纪，全球两次导致 20 万人及以上死亡的强烈地震都发生在我国，一次是 1920 年 12 月 16 日甘肃海原(今宁夏海原)$M_W8.3$($M_S8.5$)地震，造成了大约 23 万多人死亡；一次是 1976 年 7 月 28 日河北唐山 $M_S7.6$ 地震，造成 24.2 万人死亡，16.4 万重伤. 在地震引起的人员伤亡方面，与国际上发达国家的"零伤亡"相比，我国也是处于发展中国家水平. 从造成人员死亡来看，地震灾害堪称是群灾之首.

在我国，自 1949 年至 2007 年，共有 100 多次破坏性地震袭击了 22 个省(自治区、

直辖市)，涉及东部地区 14 个省份，造成 27 万余人丧生，占全国各类灾害死亡人数的
54%，地震成灾面积达 30 多万平方千米，房屋倒塌达 700 万间. 地震灾害造成的损失令
人触目惊心. 我国 60% 以上的国土处于地震烈度 VI 度以上的地区，有 8 亿人口居住在农
村，其中 6.5 亿人居住在高地震烈度区. 遭受过 $M \geqslant 8.0$ 地震袭击的城市有北京、银川、
天水、临汾、临沂等 5 个城市；遭受过 $M \geqslant 7.0$ 地震袭击的城市有台北、唐山、兰州、
昆明、海口、西昌、泉州、丽江、包头、喀什、东川、康定、大理、库车等 14 个城市；
遭受过 $M \geqslant 6.0$ 地震袭击的城市有乌鲁木齐、天津、太原、淄博、咸阳、西安、厦门、
汕头、大同、大连、白银、安阳、丹东、保山、绵阳、三门峡、漳州、扬州等 18 个城市.
我国城市 50 km 范围内发生过 $M \geqslant 5.0$ 地震的有 71 个，占全国城市数的 10%.

表 8.4　公元 856 年至 2016 年全球最致命地震

序数	年月	位置	构造背景	震级 M_W	死亡人数/万人
1	1556.1	中国陕西华县	板块内部	8.0(M_S8¼)	83
2	2010.1	海地太子港	转换断层	7.0	31.6
3	1976.7	中国河北唐山	板块内部	7.6(M_S7.8)	24.3
4	138.8	叙利亚阿勒颇	碰撞/转换边界		23
5	2004.12	印尼苏门答腊-安达曼	孕震区*	9.2	22.8
6	856.12	希腊科林斯-伊朗达姆甘	板内/碰撞边界		20
7	1920.12	中国甘肃海原(今宁夏海原)	板块内部	8.3(M_S8.5)	20(23.6)
8	893.3	伊朗阿尔达比勒-印度	板内/碰撞边界		18
9	1923.9	日本关东	孕震区	7.9(M_S8.2)	14.3
10	1948.5	土库曼斯坦阿什哈巴德	板内/碰撞边界	7.3	11

*孕震区在这里特指俯冲带中最有可能发生灾害性地震的部分区域.

图 8.23　公元 856 年至 2016 年全球最致命地震震中位置

在 20 世纪的后 50 年，全国共发生 $M \geqslant 8.0$ 地震 3 次；我国大陆地区共发生 $M \geqslant 7.0$
地震 35 次，平均每年发生约 0.7 次；$M \geqslant 6.0$ 地震 194 次，平均每年发生近 4 次. 与近

100 年的地震活动平均水平(大于等于 7 级的年均值为 0.66 次，$M \geqslant 6.0$ 的年均值为 3.6 次)相比较，20 世纪后 50 年强震活动水平高于前 50 年的活动水平.

我国地震灾害的上述基本特征为地震工作布局和确定监测预报及预防工作的重点地区提供了重要的事实依据.

8.7　地震成因概述

为什么会发生地震? 也就是说，地震的成因是什么?

当前比较重要的地震成因假说有以下三种：断层成因说、相变成因说和岩浆冲击成因说，其中以断层成因说最为人所重视.

8.7.1　断层成因说

地震是地下某处在极短时间内释放出大量能量的结果. 大块地层的断裂正好起到这样的作用. 地下岩石受到长期的构造作用积累了应变能. 岩石断裂时，应变能全部地或部分地释放出来，便产生地震. 这种地震称为构造地震. 由这种简单的基本概念出发，断层成因假说已经历了几个发展阶段，即由简单的弹性回跳模式发展到岩石断错理论，又进入研究震源断裂的物理过程. 这些理论将在以后介绍. 此处仅指出一个极简单的推论：岩石在一定的外界条件下所能积累的应变能密度是有限的. 超过这个限度就要发生断裂，至少对于浅层的脆性岩石是如此. 一个地区构造应力场的变化是以地质的时间尺度来衡量的，所以在千百年间可以认为构造应力场是恒定的. 即使一个大地震可以改变局部地区应力分布，但很难想象可以改变区域性的应力状态. 这种情况必然导致以下的结果：首先，应力在某处集中，发生了断裂和地震，释放了相当的应变能；然后，断层又固结起来，应变能又重新积累，以后又发生地震. 这就说明了地震的重复性和间歇性. 地震发生后，局部地区的应力分布和应力集中的条件难免有所变化，又因为岩石强度各处不同，所以地震的重复时间和发生的地点一般是不相同的. 这就说明了地震的非周期性，但原地重复和间隔相近的情况也不是不可能的，不过罕见而已.

由此看来，一个地震活动全过程可以显示出四个阶段：①应力积累期；②活动加速期；③能量释放期；④应力调整期(图 8.24). 这几个阶段都可以实际观测到，不过在某个地区，不一定四个阶段全都表现得很明显.

8.7.2　相变成因说

在地面以下，温度和压强都是随深度而增加的. 岩石在几十千米深度以下的温度、压强条件下，一般说是不能发生弹性断裂的. 于是断层成因假说对于较深的地震就难以解释. 相变成因说认为当地下的温度和压强达到一定的临界点时，岩石所含矿物的结晶状态可能发生突然的变化，从而使岩石的体积也发生突然变化. 这样就可以产生地震. 然而这个假说有一定的困难，因为必须有极大块岩石同时发生相变，然后才可能产生这样的效果，而这是极不可能的. 若各岩石的相变只是次第发生的，则只能产生岩层的变形，而不能产生地震. 另一方面，地震仪记录到的深源地震的初动符号也表现有弹性断裂的迹象, 说明深源地震也可能是弹性断裂产生的. 这一点, 自从板块大地构造学说提出后, 已得到很好的解释. 地震的相变成因说现正失去重要的依据.

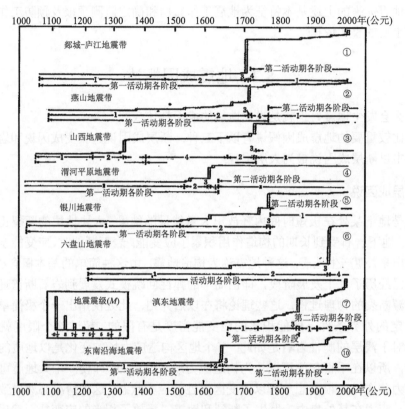

图 8.24　我国一些地震带地震活动性的阶段性

纵轴是应变释放量, 横轴是时间; 图中①, ②……与图 8.21 中的地震带编号相对应

8.7.3　岩浆冲击成因说

　　岩浆冲击说在日本比较受重视, 因为那个地区的岩浆活动相当普遍, 而火山地震也可以说是岩浆冲击的一种结果. 火山地震一般强度不大. 有人认为较大的火山地震其实也是构造地震, 不过由火山将其触发而已. 断层地震和岩浆冲击的地震有一个基本不同之点: 前者是内能的释放, 后者则是外力的冲击, 但对岩浆触发的构造地震来说, 则两种方式兼而有之. 岩浆的动能似乎并不很大. 无论哪种成因的大地震, 其所释放的震动能量主要都来源于岩层的应变能.

　　根据统计, 地球每年所释放出的地震波能量其数量级约为 10^{25} 尔格 (erg), 设地震波能量占地震总能量的百分之一, 则地球每年由于地震所消失的能量其数量级约为 10^{27} 尔格. 但地球每年仅由放射性物质衰变所产生的能量至少比这个数值高一个数量级. 所以地震的能源不难解释. 地球不是僵死的. 它不但受日、月的外力作用, 其内力也在发展, 因此产生各种运动. 地球形状和重力场的观测表明地球内部不是处于静平衡状态, 而是存在着应力差, 即是说, 存在着剪切应力, 所以发生地震断裂和其他地质构造运动的条

件是存在的. 但是这个应力差在地球内部怎样分布及其产生的机制仍很不清楚. 所谓的
"力源"问题, 在地球科学中迄今还是一个很有争论的问题. 许多作者曾提出一些定性
的假说, 但都经不起定量的考验. 如果说地震的基本成因是由于板块构造运动, 那么后
者的力源也还是一个尚未解决的问题.

8.8 地震的强度——烈度

表示地震的强弱有两种方法: 一种是表示地震本身的大小, 它的量度叫作震级. 震
级是地震固有的属性, 与所释放的震动能量有关系, 但与观测点的远近或地面土质的情
况无关. 另一种是表示地震影响或破坏的大小, 它的量度叫作地震烈度 (seismic
intensity), 简称烈度. 烈度不但与地震本身的大小有关, 而且与观测点的距离、土质情
况、建筑物的类型等都有关系. 震级和烈度都是表示地震强弱, 但概念不同, 且时常
混淆.

地震的影响可表现在人的感觉、器物的动态、建筑物的损坏情况、自然环境的变化
等等. 少数人感到地动与许多人惊逃户外, 吊灯摇摆与桌椅翻倒, 粉墙上发生裂纹与山
墙倒塌, 土地上出现裂缝与山石劈裂, 等等, 它们所反映的地震强度显然是不同的. 这
些现象都是可以在地震现场直接调查, 无须借助精密的仪器, 称为宏观现象. 将易见的
宏观现象按照它们所反映的地震强度分成若干类, 每类中的现象都反映差不多相等的强
度, 因而可以称为等效的. 按照强弱的顺序, 每类可以指定一个数字, 这就是烈度. 将反
映不同烈度的宏观现象按照烈度的顺序分类, 列成一个表, 就称为烈度表. 一个地震发
生后, 调查者可按照烈度表中的现象在现场确定各地点所反映的烈度. 烈度是随地而异
的. 在地图上, 将烈度相同的地点用曲线连起来, 这就构成一个等震线图. 等震线的间隔
一般是一度. 应当指出, 烈度是根据现场的宏观现象而估定的. 它是一个定性的描述, 而
不是一个精确的物理量. 若能将烈度估定到半度就已经很不错了, 写出更精确的数值,
实际上是没有意义的. 在抗震设计中, 时常需要更精确的物理量. 然而这必须用仪器去测
量, 不是宏观的现场调查所能做到的. 根据等震线的形状, 有时对震源断层的取向和产
状得到一些启发; 根据等震线间隔的疏密, 有时可以估计震源的深度. 但是, 这只是在
极简单的地质情况和地震不大时, 才是可能的.

烈度表从 16 世纪就开始有人使用. 起初很简单, 以后逐渐详细, 包罗的现象也越来
越多. 现在国际上最通用的烈度表共分 12 度 (但 10 度和 7 度的表仍有人用), 即是说,
可以将地震的影响由不用仪器所能感到的最轻微的地动直到最严重的山崩地陷, 分成 12
个等级, 用罗马数字 (Ⅰ—Ⅻ) 或阿拉伯数字 (1—12) 表示. 因此烈度的最小值是Ⅰ, 最大
值是Ⅻ. 它不可能有负值. 在这一点上, 烈度与震级是不同的. 表 8.5 是适合于欧美地区
的修订的麦加利 (Mercalli, G.) 烈度表, 简称 MM 烈度表, MM 表. 表 8.6 是适用于我国
国情的中国地震烈度表.

表 8.5　修订的麦加利(Mercalli, G.)烈度表

I	除少数在特别有利条件下的人感觉外，一般均无感觉
II	只有少数静止的，特别是在高楼上的人有感觉，精密悬挂物可能摇动
III	户内的、特别是住在高楼上的人显著地感觉，但许多人不知道这是地震. 停着的汽车有轻微的摇动. 有像载重汽车驶过那样的振动. 可以估计振动的持续时间
IV	白天户内许多人感觉，户外很少人感觉. 夜间有些人被惊醒，碟子、窗户、门摇动、墙壁裂隙作响. 有像载重汽车驶过那样的振动. 停着的汽车显著地摇动
V	几乎每个人都感觉，许多人惊醒. 有些碟子、窗户等破裂；墙上泥灰有少量坍裂；不稳的物体翻倒. 有时可看到树木、电线杆和其他高物体的摇动. 钟会停摆
VI	所有人皆感觉；许多人惊逃户外. 有些重的家具移动位置；墙上泥灰有少量脱落，或有少数烟囱被损坏. 一般损坏轻微
VII	人人惊逃户外. 设计和建造良好的房屋损坏不大；普通的建筑物有轻微到中等程度的损坏；设计和建筑较差的建筑物有相当大的损坏；有些烟囱破裂. 正在驾驶汽车的人可以感觉到
VIII	特别设计的建筑物有相当程度的损坏；一般坚固程度的建筑物有相当的损坏，并有部分坍塌；不良结构的建筑物则损坏很大. 建筑骨架间的填垫物被抛出. 烟囱、工厂的烟道、石柱、石碑、墙都倒塌. 很重的家具翻倒. 喷出少量的砂和泥浆. 正在驾驶汽车的人有不安的感觉
IX	特别设计的建筑物有相当程度的损坏；良好设计的建筑骨架歪斜；坚固的房屋损坏很大，并部分坍塌. 许多房屋从地基上移开. 有显著的地裂. 地下管道破裂
X	一些建筑良好的木结构被毁；大多数石造建筑物和建筑骨架连同地基均被毁坏；有很厉害的地裂. 铁轨弯曲. 在河岸和陡坡上有相当程度的塌方、砂和泥浆移动. 水漫出堤岸
XI	即使有的话也只留下个别石造建筑物. 桥梁毁坏. 地面出现宽阔的裂缝. 地下管道完全不能使用. 在潮湿的土中出现地陷和塌方. 铁轨剧烈地变曲
XII	全部被毁. 地表面上出现可见波动. 视线和水平线歪曲. 物体被抛向空中

表 8.6　中国地震烈度表(简表)

I	无感，仅仪器能记录到
II	微有感，个别非常敏感、完全静止中的人有感，个别较高楼层中的人有感觉
III	少有感，室内少数人在静止中有感，少数较高楼层中的人有明显感觉；悬挂物轻微摆动
IV	多有感，室内大多数人，少数人睡梦中惊醒，室外少数人有感；悬挂物摆动，不稳器皿作响
V	惊醒，室外大多数人有感，多数人睡梦中惊醒，少数人惊逃户外，家畜不宁；门窗作响. 悬挂物大幅度晃动，少数架上小物品、个别顶部沉重或放置不稳定器物摇动或翻倒，水晃动并从盛满的容器中溢出，墙壁表面出现裂纹
VI	惊慌，多数人站立不稳，多数人惊逃户外，家畜外逃；少数轻家具和物品移动，少数顶部沉重的器物翻倒；简陋棚舍损坏，个别桥梁挡块破坏，个别拱桥主拱圈出现裂缝及桥台开裂；个别主变压器跳闸，个别老旧支线管道有破坏，局部水压下降；河岸和松软土地出现裂缝，饱和砂层出现喷砂冒水；个别独立砖烟囱轻度裂缝，陡坎滑坡
VII	大多数人惊逃户外，骑自行车的人有感觉，行驶中的汽车驾乘人员有感觉；物品从架子上掉落，多数顶部沉重的器物翻倒，少数家具倾倒；少数梁桥挡块破坏，个别拱桥主拱圈出现明显裂缝和变形以及少数桥台开裂；个别变压器的套管破坏，个别瓷柱型高压电气设备破坏；少数支线管道破坏，局部停水；房屋损坏，房屋轻微损坏，牌坊，烟囱损坏，地表出现裂缝及喷砂冒水；河岸出现塌方，饱和砂层常见喷砂冒水，松软土地上地裂缝较多；大多数独立砖烟囱中等破坏
VIII	多数人摇晃颠簸，行走困难，除重家具外，室内物品大多数倾倒或移位；少数桥梁体移位、开裂及多数挡块破坏，少数拱桥主拱圈开裂严重；少数变压器的套管破坏，个别或少数瓷柱型高压电气设备破坏；多数支线管道及少数干线管道破坏，部分区域停水；干硬土地上出现裂缝，饱和砂层绝大多数喷砂冒水；大多数独立砖烟囱严重破坏

续表

IX	行动的人摔倒；个别梁桥桥墩局部压溃或落梁，个别拱桥垮塌或濒于垮塌；多数变压器套管破坏、少数变压器移位，少数瓷柱型高压电气设备破坏；各类供水管道破坏、渗漏广泛发生，大范围停水；干硬土地上多处出现裂缝，可见基岩裂缝、错动，滑坡、塌方常见；独立砖烟囱多数倒塌
X	骑自行车的人会摔倒，处不稳状态的人会摔离原地，有抛起感；个别梁桥桥墩压溃或折断，少数落梁，少数拱桥垮塌或濒于垮塌；绝大多数变压器移位、脱轨，套管断裂漏油，多数瓷柱型高压电气设备破坏；供水管网毁坏，全区域停水；山崩和地震断裂出现；大多数独立砖烟囱从根部破坏或倒毁
XI	毁灭，房屋大量倒塌，路基堤岸大段崩毁，地表产生很大变化
XII	山川易景，一切建筑物普遍毁坏，地形剧烈变化，动植物遭毁灭

图 8.25 给出了 1989 年 10 月 17 日（当地时间）美国洛马普列塔（Loma Prieta）地震（M_W6.9, M_S7.1）烈度分布图，图 8.26 给出了 1970 年 1 月 5 日我国云南通海地震（M_S7.7）烈度分布图.

图 8.25　1989 年 10 月 17 日（当地时间）美国洛马普列塔（Loma Prieta）地震（M_W6.9, M_S7.1）
烈度分布图（见彩插）

图中，白色五角星表示地震震中，烈度（美国使用的修订的麦加利烈度）以罗马字表示. 震中烈度达Ⅷ度，
最大烈度区大体上就是震中所在地点，但其他地震的情形未必都如此

烈度主要是反映地震所造成的破坏情况，对于采取抗震措施是很有用的；但烈度不能完全地反映地震本身的大小，而地震本身的大小却是研究地球的构造运动和能量释放的极重要的数据，所以对此也必须有一种量度. 这种量度便是震级.

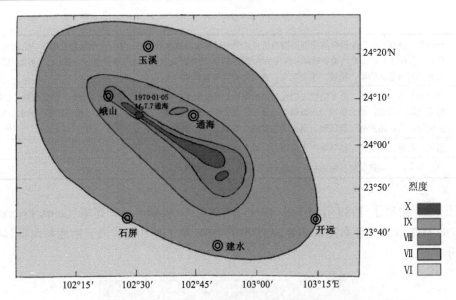

图 8.26　1970 年 1 月 5 日我国云南通海 M_S7.7 地震烈度分布图（见彩插）

罗马字表示中国地震烈度值

8.9　地震的强度——震级

地震的震级（earthquake magnitude），简称震级（magnitude），是衡量地震本身大小，即与观测地点无关的一个量. 在地震学家知道如何对地震定位之后，紧接着研究的问题就是如何衡量地震的大小. 无论是从科学的角度，还是从社会需求的角度，衡量地震的大小都是一件意义重大的基础性工作.

衡量一个地震的大小最好的办法是确定其地震矩及震源谱的总体特征. 但是，为测定地震矩和震源谱，需要对地震体波或面波的波形作模拟或反演. 从实用的角度看，需要有一种测定地震大小的简便易行的方法，例如用某个震相如地震体波（P 波或 S 波）的振幅来测定地震的大小. 可是，用体波的振幅和波形的特征来衡量地震的大小是有缺点的，因为远场体波的波形与地震矩随时间的变化率即地震矩率（seismic moment rate）成正比，所以，即使是地震矩相同的地震，如果其断层错动的时间历程（time history）即震源时间函数（source time function）不同，所产生的远场体波的波形、振幅也会很不相同. 并且，不同型号的地震仪，其频带各不相同，它们记录下来的同一震相的波形、振幅也各不相同. 尽管如此，迄今仍然普遍采用通过对振幅的测量来确定地震的大小——震级，这是因为：① 测定震级的方法简便易行；② 震级是在比较狭窄的、频率较高的频段测定地震的大小，例如下面将提及的地方性震级是在 1 赫兹（Hz）左右的频段测定地震的大小，而这个频段正好常是（虽然不一定总是）大多数建筑物与结构物遭受地震破坏的频段.

震级是通过测量地震波中的某个震相的振幅来衡量地震相对大小的一个量，它是美国里克特（Richter, Charles Francis, 1900—1985）在美国古登堡（Gutenberg, Beno, 1889—1960）的建议下，在 1930 年代初提出与发展起来的. 在里克特之前，在 1920 年代末至 1930

年代初，只有日本和达清夫(Wadati, Kiyoo, 1902—1995)用过类似的方法确定日本地震大小的工作. 震级(magnitude)这个术语，则是美国伍德(Wood, Harry Oscar, 1879—1958)建议里克特采用的，以区别于烈度(intensity)这一表示地震在不同地点的影响或破坏大小的量. 在地震学中，在不致引起混淆时，标量地震矩(scalar seismic moment)简称地震矩(seismic moment). 标量地震矩有别于地震矩张量(seismic moment tensor)，它是由地震断层的面积、断层的平均滑动量(平均错距)与断层面附近介质的剪切模量三者的乘积定义的、衡量地震大小的物理量. 地震矩这一术语是日本安芸敬一(Aki, Ketti, 1930—2005)基于他对 1964 年 6 月 16 日日本新潟(Niigata) $M_W7.5$ 地震的研究，于 1966 年首次提出的. 地震矩既可以通过波长远大于震源尺度的地震波远场位移谱测定，也可以用近场地震波、地质与大地测量等资料测定. 安芸敬一用各种不同资料测定了 1964 年 6 月 16 日日本新潟(Niigata) $M_W7.5$ 地震的地震矩，结果非常一致. 安芸敬一的这一结果对于地震起源于断层的学说("断层说")是一个相当有力的、定量的支持. 从 1935 年里克特第一次测定震级发展到 1966 年安芸敬一提出并测定地震矩，其间经历了 30 余年. 矩震级(moment magnitude)则是日裔美国金森博雄(Kanamori, Hiroo, 1936—)、德国普尔卡鲁(Purcaru, George, 1939—2016)和贝克海默(Berckehemer, Hans, 1926—2014)，以及美国汉克斯(Hanks, Thomas C.)和金森博雄于 1977—1982 年期间提出的. 从 1966 年地震矩概念的提出与实测到 1977—1979 年矩震级标度的提出，其间又过了 10 余年.

　　震级标度基于两个基本假设. 第一个假设是，已知震源与观测点，两个大小不同的地震，平均而言，较大的地震引起的地面震动的振幅也较大；第二个假设是，从震源至观测点的地震波的几何扩散和衰减，统计地看，是已知的，因此可以此据此预知在观测点的地面震动的振幅. 根据这两个基本假设，可以定义震级标度的一般公式.

　　测定震级通常需要测定某一地震波震相的地动位移振幅和其周期；对振幅随震中距和震源深度的变化作校正；对与地壳结构、近地表岩石的性质、地表覆盖层如土壤的疏松程度、地形等因素引起的放大有关、与方位无关的效应作校正(台站校正)；对与震源区所在处的岩性不同所引起的差异作校正(区域性震源校正，简称震源校正). 通常对振幅或振幅除以周期取对数. 对振幅取对数是考虑到地震所产生的地震波振幅变化范围很大：地震仪记录的、由地震所引起的地面位移的振幅其数量级小可到纳米(nm)，1 nm= 10^{-9}m，大可到数十米($\sim 10^1$m)，跨越 11 个数量级，取对数之后便得到以数量级为 1 的数表示的震级，使用相当方便. 对振幅除以周期取对数是考虑到地震能量与地动速度的平方(即地动位移振幅除以周期的平方)成正比. 此外，为了克服因为震源辐射地震波的辐射图形、破裂扩展的方向性以及异常的传播路径效应造成的偏差，要对方位覆盖尽量宽广和震中距分布尽量均匀的多台测定结果作平均. 当前最基本的、国际上普遍使用的震级标度有四种：地方性震级 M_L，体波震级 m_b，面波震级 M_S 和矩震级 M_W. 此外，还有一些震级标度，虽然不是国际上推荐使用的标度，但在实际工作中也很有用，如：能量震级 M_e，持续时间震级 M_d，地幔震级 M_m，宽带和 P 波谱震级，短周期 P 波震级，短周期 PKP 波震级，Lg 波震级 M_{bLg}，宏观地震震级 M_{ms}，高频矩震级，海啸震级 M_t，等等.

8.10　地方震级

第一个震级标度是里克特根据古登堡建议在 20 世纪 30 年代提出并发展起来的. 促使里克特提出震级标度的动机是当时他正在编纂美国加州的第一份地震目录. 该目录包括数百个地震, 地震的大小变化范围很大, 从几乎是无感地震直至大地震. 里克特意识到, 要表示地震的大小一定得用某种客观的、测定其大小的方法. 在研究南加州浅源地方性地震时, 里克特注意到这样一个事实: 若将一个地震在各不同距离的台站上所产生的地震记录的最大振幅的对数与相应的震中距作图, 则不同大小的地震所给出的最大振幅的对数与震中距的关系曲线都相似, 并且近似地是平行的(图 8.27). 即对于 A_0 与 A_1 两个地震, 它们产生的地震记录的最大振幅的对数之差是与震中距无关的常数.

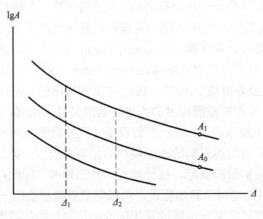

图 8.27　地方震级 M_L 的定义

若取 A_0 为标准地震即"参考事件(reference event)"的最大振幅, 则任一地震 A_1 的"地方性震级(local magnitude)" M_L 即为 A_1 与 A_0 这两个地震的最大振幅的对数之差. A_1 与 A_0 这两个地震的最大振幅必须在同一距离用同样的地震仪测得. 标准地震的选取原则上是任意的, 但最好是能使一般的地震震级都是正值, 因而不宜太大. 里克特所选的标准地震是在震中距 100 km 的地点记录到的地震波水平分量最大记录振幅(所谓记录振幅即直接从地震图上测量得到的振幅)为 1 微米(μm)时 $M_L=0$ 的地震(1 μm=10^{-6} m). 所用的地震仪是当时在美国南加州普遍使用、但现在早已不再使用的著名的短周期地震仪, 叫作伍德-安德森地震仪(Wood-Anderson seismograph), 又称伍德-安德森扭力地震计(Wood-Anderson torsion seismometer). 伍德-安德森地震仪的常数为: 摆的固有周期 0.8 s, 放大率 2800, 阻尼常数 0.8. 不过这只是长期沿用的说法. 20 世纪末, 通过对伍德-安德森地震仪重新标定, 得出的结果是: 放大率 2880±60, 阻尼常数 0.69. 这就是说, 长期沿用放大率为 2800 导致低估震级达 0.13 震级单位!若不是在震中距 100 km 处测定, 那么须根据量规曲线来测定. 量规曲线也称作"量规函数(calibration function)", 它是根据实测数据整理出来的.

　　图 8.28 是测定里克特地方性震级 M_L 的一个实例. 运用该图可以用查图代替计算,简便快捷地测定地方性地震(简称地方震)的震级. 步骤如下: ① 用 S 波与 P 波到达地震仪的时间差("S-P 时间"或"S-P", 读为"S 减 P 时间"或"S 减 P")查图, 得到距震源的距离 Δ(图 8.28 左边). 在这个实例中, S-P=24 s, 查图得: Δ=220 km. ② 在地震图上测量得到地震波的最大记录振幅 A=23 mm. ③ 连接图 8.28 左边表示震中距 Δ=220 km 的点与右边表示地震波最大记录振幅 A=23 mm 的点, 得一直线, 由该直线与图的中部表示震级标度的竖线的交点可读出 M_L=5.0. 需要说明的是, 实际上, 步骤①与步骤②的先后顺序是可以互换的.

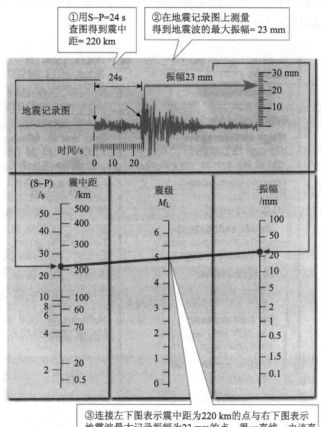

图 8.28　测定里克特地方性震级 M_L 的一个实例

　　里克特于 1935 年最先提出的地方震级即原始形式的地方震级, 也称作里氏震级(Richter magnitude)或里氏(震级)标度(Richter scale), 通常用 M_L 表示. 不过, 现在也有人用 M_l 表示里氏震级. M_l 的下角标 l 与 M_L 的下角标 L 都是表示地方性(local)的意思, 只是由于在地震学中已用符号 L 表示长周期面波, 为了避免与特指的面波震级相混淆, 才改用 M_l. 顾名思义, 里氏震级是地方性的, 只适合于地方性距离至近区域性距离(震中距 $\Delta \leqslant 1000$ km)记录到的地震(严格地说, 即 30 km$\leqslant \Delta \leqslant 600$ km 的地震). 无论是在其发源地美国加州，还是在世界各地，早已不再使用原始形式的地方性震级——里氏震级.
因为世界上大多数地震并不发生于加州，而世界各地的地壳结构(厚度、速度、衰减等结
构)与加州的地壳结构不同，有的甚至差别很大，所以原始形式的地方性震级的量规函数
不是唯一的、可用作国际标准的量规函数. 此外，伍德-安德森地震仪也早已几乎绝迹(不
过由于近年来数字记录的宽频带地震仪的布设和仿真技术的发展，这一因素并非是致命
的). 尽管如此，地方性震级 M_L(但并非是原始形式的地方性震级——里氏震级)仍然被
换算成里氏震级，并被用于报告地方性地震(地方震)的大小，因为许多(低于大约 20 层
的中、低层)建筑物、结构物的共振频率在 1—10 Hz(固有周期 0.1—10 s)范围内，十分
接近于伍德-安德森地震仪的自由振动的频率(1/0.8 s=1.25 Hz)，因此 M_L 常常能较好地
反映地震引起的建筑物、结构物破坏的程度.

8.11　体 波 震 级

　　虽然地方性震级 M_L 很有用，但受到所采用的地震仪的类型及所适用的震中距范围
的限制，无法用它来测定全球范围的远震的震级. 在远震距离上，P 波是清晰的震相；同
时，对于深源地震，面波不发育，所以古登堡和里克特采用体波(P，PP，S)，通常是 P
波来确定震级，称为体波震级(body wave magnitude) m_b. 有时也将体波震级写成 m 并称
之为统一震级(unified magnitude). 几乎所有的地震，无论距离远近，无论震源深浅，都
可以在地震图上较清楚地识别 P 波等体波震相. 对于爆炸源，特别是地下核爆炸，P 波都
很清楚，因此用体波测定地震的大小具有广泛的应用.

　　古登堡和里克特基于理论计算，对振幅作了几何扩散和衰减校正(只与距离有关)，
再调整震源深度. 测定体波震级时要考虑地震体波随震中距 Δ 和震源深度 h 的衰减，这
就是量规函数 $Q(\Delta, h)$. 量规函数 $Q(\Delta, h)$ 是按体波的振幅随深度的变化作理论计算并根
据实测数据计算得到的. 震中距 Δ 以度(°)计，1°≈111.22 km. 图 8.29 是确定体波震级 m_b
的量规函数 $Q(\Delta, h)$. 由图可见，震中距 $\Delta \geqslant 30°$ 即远震距离(teleseismic distance)时，校正
值随 Δ 和 h 的变化相当均匀. 但是，在所谓的上地幔距离(upper mantle distance)即 13°
$\leqslant \Delta \leqslant 30°$时，校正值随 Δ 和 h 的变化相当复杂，特别是在震中距减小到 Δ=20°时，校正
值大幅度下降. 这是因为地震波走时曲线在 Δ=20°的地方出现了所谓的上地幔三分支
(upper mantle triplications)现象，导致波的振幅急剧增大. 测定体波震级 m_b 时，由于震源
辐射地震波的方位依赖性(辐射图形和破裂扩展的方向性)以及深度震相(由具有一定深
度的震源产生的震相)等因素使得波形变得很复杂，因此通常需要测量头 5 s 的 P 波记录，
以包括周期小于 3 s(一般是 1 s)的体波记录. 即使如此，因为全球地震台网和许多区域
性地震台网的地震仪的峰值响应大多数在 1 s 左右，许多大地震的最大振幅在初至波到
达 5 s 之后才出现，所以对一个地震而言，各个地震台对 m_b 的测定结果差别可达±0.3 震
级单位. 因此，必须对方位覆盖尽量宽广和震中距分布尽量均匀的大量台站的测定结果
进行平均才能得到该地震的震级.

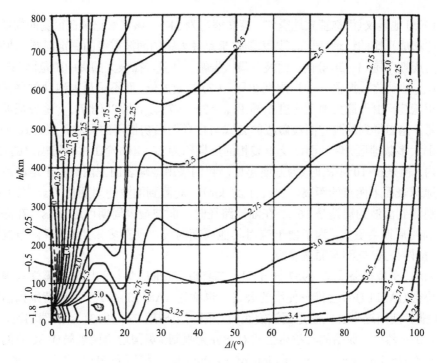

图 8.29　体波震级 m_b 的量规函数 $Q(\Delta, h)$

有时候, 中周期-长周期(宽频带)地震仪记录的、周期 4 s 至 20 s 的中、长周期体波记录也用来确定体波震级, 称为长周期体波震级或中-长周期体波震级, 记为 m_B. 通常 m_B 测的是最大的体波, 如 P, PP, S 波等震相.

测定长周期体波震级 m_B 与体波震级 m_b 所用的波(震相)的周期不同, 所测量的最大振幅的方法也不同. 因此, m_B 和 m_b 是截然不同的, 虽同属体波震级, 但并非同一震级标度.

8.12　面波震级

1945 年, 古登堡和里克特提出将测定地方性震级 M_L 的方法推广到远震. 在远震的地震记录图上, 最大的振幅是面波. 对于 $\Delta > 2000$ km 的浅源地震, 面波水平振幅最大值的周期一般都在 20 s 左右, 这个周期 20 s 左右的面波是与瑞利(Rayleigh, John Williom Strutt, Lord, 1842—1919)波群速度频散曲线极小值相联系的艾里(Airy)震相.

古登堡当初用的面波周期是(20±2) s 左右, 适合于以海洋传播路径为主的面波震级的测定, 现在用的周期范围略大一点, 为(20±3) s 左右. 自从古登堡提出面波震级标度以来, 世界各地的地震学家根据各自区域的特点提出了一些面波震级的计算方法. 日本气象厅(JMA)根据古登堡的面波震级计算方法和日本的区域特性, 用 5 s 周期的地震波来测定区域地震的震级, 该震级与古登堡的 M_S 震级做过很好的校准. 捷克斯洛伐克与苏联的地震学家运用基尔诺斯(Кирнос, Димитрий Питрович, Kirnos, Dimitry Petrovich

1905—1995)地震仪(简称基式地震仪, 英文缩写为 SK), 该仪器记录在很宽的周期范围内与地动位移成正比的记录, 研究了以大陆传播路径为主的面波震级的测定问题. 他们发现, 在很宽的周期范围(3—30 s)内, 面波有最大振幅; 并且, 在很大的震中距范围(2°—160°)内 $(A/T)_{max}$ 地动位移振幅 A 除以周期 T 即 (A/T) 的最大值、而不是最大地动位移振幅 A_{max} 的结果很稳定. 由于最大地动速度振幅 $V_{max}=2\pi(A/T)_{max}$, 所以 $(A/T)_{max}$ 是表征波群能量的一个量. 他们得到的测定面波震级的公式与古登堡当初使用的面波震级公式有所不同.

对于大多数地区, 瑞利面波艾里震相的周期约为 20 s, 的确在古登堡规定的(20±2) s的范围内. 但是在 10° 距离时(为方便起见, 我们采用地球表面上两点对于地心所张的角度表示地球表面上两点的距离, 1°≈111.22 km), 观测到面波的周期是 7 s, 在 100° 的距离时, 观测到面波的周期是 16 s. 在陆地路径时, 面波最大周期可达 28 s, 在海洋路径时观测到的周期会更大. 为了便于应用其他周期的波, 现在多采用莫斯科-布拉格公式(简称布拉格公式)来测定面波震级.

莫斯科-布拉格公式是 1967 年于瑞士苏黎世(Zürich)举行的国际地震学与地球内部物理学协会(IASPEI)大会推荐使用的公式, 也称为 IASPEI 公式. 需要特别指出的是, IASPEI 推荐使用这个公式测定面波震级时, 限制用周期 $T=(20±3)$ s 的瑞利波, 且 20° ≤ $\varDelta$ ≤160°; 然而, 原始的布拉格公式对此并无限制. 美国地质调查局(USGS)的 "地震初步测定"(Preliminary Determination of Earthquakes, 缩写为 PDE)报告从 1968 年起开始用面波震级测定较大地震的震级, 记作 M_S(PDE). 设在英国的国际地震中心(International Seismological Centre, 缩写为 ISC), 从 1978 年起也开始用面波震级测定较大地震的震级, 记作 M_S(ISC). 在 1975 年前, M_S(PDE)用 $T=(20±2)$ s 的面波(不限于瑞利波)水平分量的 M_S(ISC)测定震级; 在 1975 年后也用面波垂直分量测定较大地震的震级. M_S(ISC)则用 10 s ≤ T ≤ 60 s, 5° ≤ $\varDelta$ ≤160° 的面波测定震级, 既用水平分量也用垂直分量. 所以就面波震级而言, 尽管原始的莫斯科-布拉格公式、IASPEI 公式以及 USGS/PDE 与 ISC 所用的公式形式上都一样, 但所测定的物理量的内涵(波形、波的周期范围、分量、适用的震中距范围等)不尽相同, 所以用这三个公式对同一地震测得的 M_S 便可能会有一些不同.

8.13　我国使用的震级

我国地震学、地球物理学的先驱者之一李善邦先生(1902—1980)根据里克特地方性震级的定义和公式, 结合我国地震台网短周期地震仪和中长周期地震仪的频率特性, 建立了适合我国的量规函数. 但该项研究成果在他生前一直都没有正式发表, 在他 1980 年去世后, 于 1981 年才出版的专著《中国地震》中对这方面的工作做了描述.

1956 年以前, 我国的地震报告都不测定震级. 自 1957 年至 1965 年年底, 我国的地震报告采用苏联索洛维也夫(Соловьев, Сергеи Лионидович, 1930—1994)和谢巴林(Шебалин, Николай Виссарионович, 1927—1996)提出的面波震级计算公式测定震级. 1966 年 1 月以后, 采用郭履灿(1932—2021)于 1971 年提出的、以北京白家疃地震台为基准的面波震级计算公式测定面波震级. 震中距在 1°< $\varDelta$ <130° 内, 使用地震面波周期 T

在 3 s≤T≤25 s 内；Δ 是震中距，以度(°)为单位. 郭履灿 1971 年提出的、以北京白家疃地震台为基准的面波震级计算公式测定面波震级公式沿用至今.

1985 年以后，我国 763 型长周期地震台网建成并投入使用，并选用垂直向瑞利波的振幅与周期之比的最大值测定面波震级 M_{S7}.

在体波震级计算上，我国采用 P 或 PP 波垂直向质点运动最大速度计算 m_b 和 m_B，使用的计算公式都是古登堡(Gutenberg, Beno, 1889—1960)1945 年提出的体波震级计算公式. 测定 m_b 使用的是短周期 DD-1 型地震仪的记录，测定 m_B 使用的是中长周期基式地震仪(SK)或 DK-1 型地震仪的记录.

郭履灿于 1981 年提出的计算公式与古登堡提出的计算公式相比较，除了震中距范围不完全相同外，其公式右边的数值因子也不同：分别为 3.5 与 3.3. 需要特别指出的是，郭履灿于 1981 年提出的公式是作为与古登堡 1945 年面波震级 M_S 衔接而提出的. 从原理上讲，用我国地震资料采用白家疃地震台为基准的面波震级计算公式计算面波震级理当得出与用全球地震资料、采用古登堡 1945 年面波震级计算公式得出的面波震级一致的震级. 但是，后来的研究表明，按这个公式测定的 M_S 与 ISC 测定的 M_S(ISC)有高达 0.2 级的系统偏差，而在 10°—20°范围内却又偏小.

以上介绍了我国地震台网日常资料分析处理中常用的三种震级，即地方性震级(M_L)，面波震级(M_S 和 M_{S7})，以及体波震级(m_b 和 m_B). 考虑到不同震级测量的方法不同，使用的仪器也不同，因此在我国地震台网的震级测定中，不同的震级之间一律不进行换算. 但是在地震活动性分析，特别是在地震预测研究中，通常需要使用经验公式将不同的震级换算成统一的一种震级. 然而，不同的研究者使用的经验公式常不相同，给地震分析与研究工作带来诸多不便. 为了得出我国地震台网测定的 M_L, M_S, M_{S7}, m_b 和 m_B 之间比较可靠的经验关系式，刘瑞丰等于 2007 年利用中国地震台网 1983—2004 年的观测资料，对中国地震局地球物理研究所测定的地方性震级 M_L，面波震级 M_S 与 M_{S7}，长周期体波震级 m_B 以及短周期体波震级 m_b，计算了中国地震台网不同震级之间的经验关系式. 结果表明：① 由于不同的震级标度反映的是地震波在不同周期范围内辐射地震波能量的大小，因此对于不同大小的地震，使用不同的震级标度才能较客观地描述地震的大小. 当震中距小于 1000 km 时，用地方性震级 M_L 可以较好地测定近震的震级；当地震的震级 M<4.5 时，各种震级标度之间相差不大；当 4.5<M<6.0 时，m_B>M_S，即 M_S 标度低估了较小地震的震级，因此用 m_B 可以较好地测定较小地震的震级；当 M>6.0 时，M_S>m_B>m_b，即 m_B 与 m_b 标度低估了较大地震的震级，用 M_S 可以较好地测定出较大地震(6.0<M<8.5)的震级；当 M>8.5 时，M_S 出现饱和现象，不能正确地反映大地震的大小. ② 在我国境内，当震中距 Δ<1000 km 时，地方性震级 M_L 与区域性面波震级 M_S 基本一致，在实际应用中无需对它们进行震级的换算. ③ 虽然 M_S 与 M_{S7} 同为面波震级，但由于所使用的仪器和计算公式不同，M_S 比 M_{S7} 系统地偏高 0.2—0.3 震级单位. ④对于长周期体波震级 m_B 和短周期体波震级 m_b，虽然使用的计算公式形式相同，但由于使用的地震波周期不同，对于 m_B=4.0 左右的地震，m_B 和 m_b 几乎相等；而对于 m_B≥4.5 的地震，m_B>m_b.

8.14 震级的饱和

作为地震相对大小的一种量度，震级有两大优点：① 简便易行. 它是直接由地震图上测量得到的，无须进行繁琐的地震信号处理和计算. ② 通俗实用. 它采用数量级为 1 的无量纲的数来表示地震的大小，于是：$M<1$，称为极微震(ultra microearthquake)；$1 \leqslant M<3$，微震(microearthquake)；$3 \leqslant M<5$，小震(small earthquake, minor earthquake)；$5 \leqslant M<7$，中震(moderate earthquake)；$M \geqslant 7$，大震(large earthquake, maJor earthquake)；$M \geqslant 8$ 的大震又称为巨大地震(great earthquake)；等等. 简单明了，贴近公众. 不过，地震"大""小"的称谓有一定的随意性，以上给出的只是普遍接受和使用的形容词，出自不同的考虑与偏好，还有其他的称谓. 例如，$M \leqslant 3$ 的地震一般是无感地震，于是有人称之为微震；也有人称 $5 \leqslant M<6$ 为中震(moderate earthquake)；$6 \leqslant M<7$ 为强震(strong earthquake)；$7 \leqslant M<8$ 为大震(major earthquake)；$M \geqslant 8$ 为巨大地震(great earthquake)；$M \geqslant 9$ 为特大地震(mega earthquake)；等等.

但是，作为对地震大小的一种量度，震级也有其缺点. 其主要缺点也可概括为两点：① 震级标度完全是经验性的，与地震发生的物理过程并没有直接的联系，物理意义不清楚. 或者说，震级这个参量没有物理基础！最突出的例证就是在震级的定义中连量纲都是不对的. 在震级量规函数中，震级是通过对振幅或振幅与周期的比值 T 取对数求得的. 然而，众所周知，只能对无量纲的量取对数. 此外，通常人们误以为震级是衡量地震能量的，实际上没有直接地量度震源的全部机械能，如同最强的一阵风并不是整个风暴全部能量的可靠量度. ② 测定结果的一致性存在问题. 这个问题包括两方面. 一方面是，由于上文已提及的辐射图形的方向性以及震源破裂扩展的方向性，震级的测定结果随台站方位的不同而有显著的差别，虽然这个差别可通过对大量台站的测定结果平均得以减小. 另一方面是，M_S 和 m_b 标度原本是作为适用范围不同、但与 M_L 衔接的震级标度提出的，所以对同一地震如果这三种震级标度都能使用时，理当给出同样的测定结果. 不幸的是，情况常常不是这样. 更有甚者，体波震级与面波震级并不能正确地反映大地震的大小.

1945 年，古登堡(Gutenberg, Beno, 1889—1960)将上面提到的 M_L, M_S 和 m_b 三者的加权的和简单地用 m 表示，因为他当时认为这三种震级标度是等价的，并且试图将 m 用作统一震级. 但是，随后很快地他便发现事实并非如此，m_b 与 M_S 只有在震级 m 大约等于 $6\frac{3}{4}$ 时才是一致的. 当 $m<6\frac{3}{4}$ 时，$m_b>M_S$，用 m_b 可以较好地测定地震的震级；当 $m>6\frac{3}{4}$ 时，$m_b<M_S$，用 M_S 可以较好地测定地震的震级. M_S 标度在 $m<6\frac{3}{4}$ 时低估了较小的地震的震级，但在 $6\frac{3}{4}<m<8$ 的震级范围内可以较好地测定出较大地震的震级. 不过，当 $m>8$ 时，M_S 便不能正确地反映大地震的大小. 当体波震级 m_b 达到 6.2 左右、面波震级 M_S 达到 8.3 左右时，所测定的震级不再能正确地反映地震大小的情况是一种普遍的现象，这种现象称为震级饱和(magnitude saturation).

日本宇津德治(Utsu, T.)系统地总结了各种震级标度的测定结果(图 8.30). 图 8.30 的横坐标是矩震级 M_W，纵坐标是各种震级标度 M 与 M_W 之差. 在图 8.30 所表示的 $M-M_W$

与 M_W 的关系图中，$M-M_W=0$ 表示两种震级标度给出一致的结果；$M-M_W<0$ 表示该标度给出低于 M_W 的测定结果即震级饱和；当曲线的斜率为-1 时，则表明该震级标度达到完全饱和. 图中 M_{JMA} 是日本气象厅（JMA）震级.

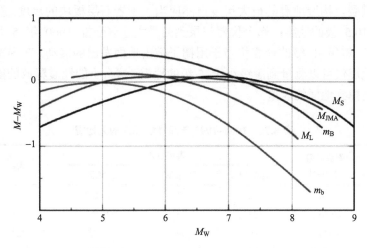

图 8.30 震级之差的 $M-M_W$ 与 M_W 的关系曲线

震级饱和现象是由于典型的地震信号的位移谱是由拐角频率(corner frequency)表征的，当频率高于拐角频率时，位移振幅谱迅速减小. 当地震越大时，拐角频率向低频方向移动. 于是，当以某一震级标度测定某一地震的震级时，若该震级标度用于测定震级的频率高于拐角频率时，该震级标度便出现饱和. 基于短周期地震仪记录的地震图测定震级的标度，其周期愈小，相应的饱和震级愈小. 例如，当矩震级 M_W 分别大于 6.0, 6.5, 7.0 和 8.0 时，体波震级 m_b，地方性震级 M_L，长周期体波震级 m_B 和面波震级 M_S 分别开始饱和；它们分别于 6.5, 7.0, 7.5 和 8.5 达到完全饱和. 实际观测结果表明，$m_b>6.5$，$M_L>7.0$，$m_B>7.5$ 和 $M_S>8.5$ 的情形十分罕见.

震级饱和现象是震级标度与频率有关的反映. 为了客观地衡量地震的大小，需要有一种震级标度，它不会像上述的 m_b，M_L，m_B 和 M_S 那样出现饱和的情况.

矩震级就是不会饱和的震级标度.

8.15　矩　震　级

矩震级是一种不会饱和的震级标度. 国际著名地震学家日本-美国金森博雄(Kanamori, Hiroo, 1936—)，德国普尔卡鲁(Purcaru, George Emil, 1939—2016)和德国贝克海姆(Berckhemer, H., 1926—2014)，美国汉克斯(Hanks, Thomas)于 1977—1982 年根据地震矩 M_0 与面波震级 M_S 的经验关系，定义一个完全是由地震矩决定的、新的震级标度.

新的震级标度由地震矩 M_0 与面波震级 M_S 的经验关系入手，得到面波震级 M_S 与地震矩 M_0 的经验关系. 然后定义一个完全是由地震矩决定的、新的震级标度 M_W. M_W 称为矩震级(moment magnitude). 矩震级不会饱和，因为它是由地震矩 M_0 通过由面波震级

M_S 与地震矩 M_0 的经验关系得到的新的震级标度的定义式计算出来的, 而地震矩不会饱和.

作为参考, 表 8.7 列出了 1904~1992 年间 $M_S \geqslant 8.0$ 的大地震的面波震级 M_S 及矩震级 M_W. 理论上讲, 震级值没有上或下限. 但是, 作为发生于有限的、非均匀的岩石层板块内部的脆性破裂, 构造地震的最大尺度自然应当小于岩石层板块的尺度. 实际上, 的确还没有超过 10.5 级的地震; 迄今仪器记录到的最大地震当推 1960 年 5 月 22 日智利 $M_W = 9.5$ 地震. 震级 –1 级的地震相当于用槌子敲击地面发出的震动. 在局部地区运作的非常灵敏的地震仪可以测量到震级小于 –2 级的地震. 这么小的地震释放的能量相当于一块砖头从桌上掉到地面的能量.

表 8.7a　1904~1992 年间 $M_S \geqslant 8.0$ 的大地震

日期 年-月-日	发震时刻 时-分-秒	震中位置			M_S	M_W
		纬度/°N	经度/°E	地区		
1904-6-25	21-00.5-	52	159	堪察加		
1905-4-4	00-50.0-	33	76	克什米尔东	8.1	
1905-7-9	09-40.4-	49	99	蒙古	8.4	8.4
1905-7-23	02-46.2-	49	98	蒙古	8.4	8.4
1906-1-31	15-36.0-	1	–81.5	厄瓜多尔	8.7	8.8
1906-4-18	13-12.0-	38	–123	加利福尼亚	8.3	7.9
1906-8-17	00-10.7-	51	179	阿留申群岛	8.2	
1906-8-17	00-40.0-	–33	–72	智利	8.4	8.2
1906-9-14	16-04.3-	–7	149	新不列颠	8.1	
1907-4-15	06-08.1-	17	–100	墨西哥	8.0	
1911-1-3	23-25.8-	43.5	77.5	土耳其斯坦	8.4	
1912-5-23	02-24.1-	21	97	缅甸	8.0	
1914-5-26	14-22.7-	–2	137	新几内亚西	8.0	
1915-5-1	05-00.0-	47	155	千岛群岛	8.0	
1917-6-26	05-49.7-	–15.5	–173	萨摩亚群岛	8.4	
1918-8-15	12-18.2-	5.5	123	棉兰老岛	8.0	
1918-9-7	17-16.2-	45.5	151.5	千岛群岛	8.2	
1919-4-30	07-17.1-	–19	–172.5	汤加群岛	8.2	
1920-6-5	04-21-28	23.5	122.7	台湾花莲东	8.0	
1920-12-16	12-05-53	36.8	104.9	甘肃靖远东	8.6	
1922-11-11	04-32.6-	–28.5	–70	智利	8.3	8.5
1923-2-3	16-01-41	54	161	堪察加	8.3	8.5
1923-9-1	02-58-36	35.25	139.5	日本关东	8.2	7.9
1924-4-14	16-20-23	6.5	126.5	棉兰老	8.3	
1928-12-1	04-06-10	–35	–72	智利	8.0	
1932-5-14	13-11-00	0.5	126	马鲁古海峡	8.0	
1932-6-3	10-36-50	19.5	–104.25	墨西哥	8.2	

续表

日期 年-月-日	发震时刻 时-分-秒	震中位置			M_S	M_W
		纬度/°N	经度/°E	地区		
1933-3-2	17-30-54	39.25	144.5	三陆海岸	8.5	8.4
1934-1-15	08-43-18	26.5	86.5	尼泊尔-印度	8.3	
1934-7-18	19-40-15	−11.75	166.5	圣克鲁斯群岛	8.1	
1938-2-1	19-04-18	−5.25	130.5	班达海	8.2	8.5
1938-11-10	20-18-43	55.5	−158.0	阿拉斯加	8.3	8.2
1939-4-30	02-55-30	−10.5	158.5	所罗门群岛	8.0	
1941-11-25	18-03-55	37.5	−18.5	北大西洋	8.2	
1942-8-24	22-50-27	−15.0	−76.0	秘鲁	8.2	
1944-12-7	04-35-42	33.75	136.0	日本东南海	8.0	8.1
1945-11-27	21-56-50	24.5	63.0	西巴基斯坦	8.0	
1946-8-4	17-51-05	19.25	−69.0	多米尼加共和国	8.0	
1946-12-20	19-19-05	32.5	134.5	南海道	8.2	8.1
1949-8-22	04-01-11	53.75	−133.25	夏洛特皇后群岛	8.1	8.1
1950-8-15	14-09-34	28.4	96.7	西藏察隅西南	8.6	8.6
1946-8-4	17-51-05	19.25	−69.0	多米尼加共和国	8.0	
1946-12-20	19-19-05	32.5	134.5	南海道	8.2	8.1
1951-11-18	09-35-50	31.1	91.4	西藏那曲县当雄	8.0	7.5
1952-3-4	01-22-43	42.5	143.0	日本十胜-隐歧	8.3	8.1
1952-11-4	16-58-26	52.75	159.5	堪察加	8.2	9.0
1957-3-9	14-22-28	51.3	−175.8	阿留申群岛	8.1	9.1
1957-12-4	03-37-48	45.2	99.2	蒙古	8.0	8.1
1958-11-6	22-58-06	44.4	148.6	千岛群岛	8.1	8.3
1960-5-22	19-11-14	−38.2	−72.6	智利	8.5	9.5
1963-10-13	05-17-51	44.9	149.6	千岛群岛	8.1	8.5
1964-3-28	03-36-14	61.1	−147.5	阿拉斯加	8.4	9.2
1965-2-4	05-01-22	51.3	178.6	阿留申群岛	8.2	8.7
1968-5-16	00-48-57	40.9	143.4	日本十胜-隐歧	8.1	8.2
1977-7-19	06-08-55	−11.2	118.4	松巴哇	8.1	8.3
1985-9-19	13-17-38	18.2	−102.6	墨西哥	8.1	8.0
1989-5-23	10-54-46	−52.3	160.6	麦夸尔群岛	8.2	8.2

表 8.7b $M_W \approx 8.0$ 的一些大地震

日期 年-月-日	发震时刻 时-分-秒	震中位置			M_S	M_W
		纬度/°N	经度/°E	地区		
1958-7-10	06-15-56	58.3	−136.5	阿拉斯加	7.9	7.7
1966-10-17	21-41-57	−10.7	−78.6	秘鲁	7.8	8.1
1969-8-11	21-27-36	43.4	147.8	千岛群岛	7.8	8.2
1970-5-31	20-23-28	−9.2	−78.8	秘鲁	7.6	7.9

日期 年-月-日	发震时刻 时-分-秒	震 中 位 置			M_S	M_W
		纬度/°N	经度/°E	地区		
1974-10-3	14-21-29	−12.2	−77.6	秘鲁	7.6	8.1
1975-5-26	09-11-52	36.0	−17.6	亚速尔	7.8	7.7
1976-8-16	16-11-05	6.2	124.1	棉兰老岛	7.8	8.1
1978-11-29	19-52-49	16.1	−96.6	墨西哥	7.6	7.6
1979-12-12	07-59-03	1.6	−79.4	哥伦比亚	7.6	8.2
1980-7-17	19-42-23	−12.5	165.9	圣克鲁斯群岛	7.7	7.9

8.16　地 震 预 测

8.16.1　地震预测概论

在众多的自然灾害中,特别是在造成人员伤亡方面,地震造成的死亡人数占各类自然灾害造成的死亡人数总数的 54%,地震灾害堪称众灾害之首,所以自 1870 年代后期现代地震学创立以来的 140 余年里,地震预测一直是地震学研究的主要问题之一,许多地震学家莫不苦思预测地震、预防与减轻地震灾害的方法. 特别是自 20 世纪 50 年代中期以来,作为一个非常具有现实意义的科学问题,地震预测一直是世界各国政府和地震学家深切关注的焦点. 我国傅承义院士(1909—2000)和刘恢先院士(1912—1992)早在1956 年就将"地震预测与工程抗震"写入 1956—1967 年科学技术发展远景规划第 33 项"天然地震的灾害及其防御"中,傅承义院士还在 1963 年以"有关地震预告的几个问题"为题在《科学通报》著文系统阐述地震预测的意义和实现地震预测的科学方法.

地震预测是公认的世界性的科学难题,是地球科学的一个宏伟的科学研究目标. 如能同时准确地预测出未来大地震的地点、时间和强度,无疑可以拯救数以万计生活在地震危险区人民的生命;并且,如果能预先采取恰当的防范措施,就有可能最大限度地减轻地震对建筑物等设施的破坏、减少地震造成的经济损失,保障社会的稳定和促进社会的和谐发展.

通过世界各国地震学家长期不懈的努力,地震预测,特别是中长期地震预测取得了一些有意义的进展. 但是地震预测是极具挑战性尚待解决的世界性的科学难题,目前尚处于初期的科学探索阶段,总体水平仍然不高,特别是短期与临震预测的水平与社会需求相距甚远.

地震预测指的是同时明确给出未来地震发生的地点、时间和大小(简称"地震三要素")及其区间,以及预测的可信程度. 地震预测通常分为长期(10 年以上)、中期(1—10年)、短期(1 日至数百日及 1 日以下). 有时还将短期预测细分为短期(10 日至数百日)和临震(1—10 日及 1 日以下)预测. 长、中、短、临地震预测的划分主要是根据(客观)需要,但却是人为(主观)地划分的,并不具有物理基础;界线既不是很明确,也并不完全统一. 在公众的语言中,甚至在专业人士中,对"地震预测"和"地震预报"通常不加区分,并且通常指的是这里所说的"地震短、临预测". 在国际上，一些地震学家把不符合上述定义的"预测""预报"等称为"预报"，亦称"概率性的(地震)预报"，而把符合上述定义的"预测"称为"确定性的(地震)预测". 若照这种说法，"长期预测"和"中期预测"便应当称为"长期预报"和"中期预报". 在我国，习惯于把科学家和研究单位对未来地震发生的地点、时间和大小所做的相关研究的结果称作"地震预测"，而把由政府主管部门依法发布的有关未来地震的警报称为"地震预报".

　　在评估地震预测时，"目标震级"的大小是很重要的. 因为小地震要比大地震多得多，因而更容易碰巧报对！在给定的地区和给定的时间段内要靠碰运气对应上一个 $M6.0$(读为 6.0 级)的地震并非易事，而靠碰运气"对应上"一个 $M5.0$ 的地震的"预测"还是很有可能的.

　　20 世纪 60 年代以来，地震预测，特别是中、长期预测取得了一些有意义的进展. 在长期预测方面，最突出的进展是：①在环太平洋地震带，几乎所有的大地震都发生在运用"地震空区"方法预先确定的空区内. ②运用"地震空区"方法，美国地震学家于 1984 年正式预报的帕克菲尔德(Parkfield)6 级地震，终于在比预测的时间(1988±4.3)年(即最晚在 1993 年初之前)晚了整整 11 年后的 2004 年 9 月 28 日 17 时 15 分 24 秒 UTC(协调世界时)发生. ③运用"地震空区"方法，美国地震学家成功地预报了 1989 年 10 月 18 日美国加州洛马普列塔(Loma Prieta)M_W6.9 地震(图 8.31). ④在我国，板内地震空区的识别也有一些成功的震例. 虽然地震长期预测有了上述进展，但是：①日本地震学家用"地震空区"方法预报的"东海大地震"从 1978 年迄今已 40 余年，但仍未发生；②洛马普列塔地震的实际情况与预报的并不准确地相符，仍然不能排除是碰运气碰上的；③帕克菲尔德地震比预测的时间晚了整整 11 年才发生(注意：它的"复发周期"才 22 年！). 这些情况表明，即使是发生于板块边界的、看上去很有规律的地震序列，准确地预报也是很困难的.

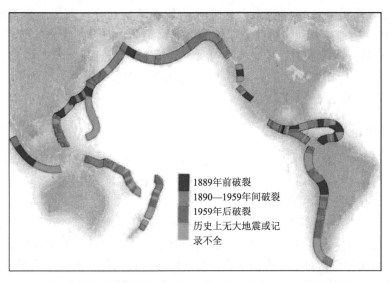

1889年前破裂
1890—1959年间破裂
1959年后破裂
历史上无大地震或记录不全

图 8.31　1989 年绘制的环太平洋地区的"地震空区"图(见彩插)

"地震空区"内的断层近期没有破裂，因此存在更大的地震危险性

在中期预测方面：①运用"应力影区"方法对许多地震序列做的回溯性研究取得了很有意义的结果；②日本地震学家运用关于地震活动性图像的"茂木模式"成功地预报了 1978 年墨西哥南部瓦哈卡(Oaxaca)M_W7.7 地震；③俄罗斯克依利斯-博罗克(Кейлис-Борок, В. И., 1921—2003)及其同事提出了一种称作强震发生"增加概率的时间"(Time of Increased Probability, 缩写为 TIP)的中期预测方法，对 2003 年 9 月 25 日日本北海道 M_W8.1 地震以及 2003 年 12 月 22 日美国加州中部圣西蒙(San Simeon)M_W6.5 地震做了预报，并取得了成功. 尽管地震中期预测取得了上述进展，但是仍然存在一些不容忽视的问题，如：①"应力影区"方法目前仍停留在回溯性研究阶段，尚未被用于地震预报试验；②迄今尚未对茂木模式以及克依利斯-博罗克方法进行过全面的检验；③预报瓦哈卡地震所依据的地震活动性图像前兆的真实性仍有疑问. 与中、长期地震预测的进展形成对照，短期与临震预测进展不大. 40 多年来，地震学家一直在致力于探索"确定性的地震前兆"，即任何一种可以在地震之前必被无一例外地观测到，并且一旦出现必无一例外地发生大地震的异常，但没有取得突破性的进展. 从 1989 年开始，国际地震学和地球内部物理学协会(International Association of Seismology and Physics of the Earth's Interior, 缩写为 IASPEI)下属的地震预测分委员会，组织了以该分委员会主席魏斯(Wyss, Max, 1937—)为首的专家小组对各国专家自己提名的"有意义的地震前兆"进行了两轮评审. "有意义的地震前兆"指的是"地震之前发生的、被认为是与该主震的孕震过程有关联的一种环境参数的、定量的、可测量的变化". 第一轮，1989—1990 年；第二轮，1991—1996 年. 两轮共评审了 37 项，其中只有 5 项被通过认定. 包括：①震前数小时至数月的前震；②震前数月至数年的"预震"；③强余震之前的地震"平静"；④震前地下水中氡气含量减少、水温下降；⑤震前地下水上升反映的地壳形变. 以上五项，即使被确认为"有意义的地震前兆"，并不意味着即可用以预报地震. 例如，前震无疑是地震的前兆，但是如何识别前震仍然是一个待解决的问题. 20 世纪 80 年代以后，国际上对地震前兆的研究重点转移到探索大地震前的暂态滑移前兆. 为此，美国地质调查局(USGS)在加州中部帕克菲尔德建立了地震预测试验场，布设了密集的地震观测台网与前兆观测台网以检测前震及其他各种可能的地震前兆. 但是，预报中的帕克菲尔德 M_W6.0 地震不但比预测的时间晚了整整 11 年才发生，而且在震前未检测到，至今也仍未分析出有地震前兆.

8.16.2　地震预测为什么这么难？

地震预测是公认的科学难题. 那么，它究竟难在哪里？它为什么那么难？概括地说，地震预测的困难主要有如下三点.

(1)地球内部的"不可入性"

"不可入性"源自希腊文"σεν μπορει να τεθει". 地球内部的"不可入性"在这里指的是人类目前还不能身临其境地深入到高温高压状态下直接观察或在固体地球内部设置台站、安装观测仪器对震源直接进行观测，而不是说人类不能利用天然的或者人为的震源激发的地震波或电磁波等手段穿过地球内部进行研究. 地震学家只能在地球表面(在许多情况下是在占地球表面面积仅约30%的陆地上)和距离地球表面很浅的地球内部

(至多是几千米至十几千米深的井下)，用相当稀疏、很不均匀的观测台网进行观测，利用由此获取的很不完整、很不充足、有时甚至还是很不精确的资料来反推(数学家称为"反演")地球内部的情况. 地球内部是很不均匀的，也不怎么"透明"，地震学家在地球表面上"看"地球内部连"雾里看花"都不及，他们好比是透过浓雾去看被哈哈镜扭曲了的地球内部的影像. 凡此种种都极大地限制了人类对震源所在环境及对震源本身的了解.

(2)大地震的"非频发性"

大地震是一种稀少的"非频发"事件，大地震的复发时间比人的寿命、比有现代仪器观测以来的时间长得多，限制了作为一门观测科学的地震学在对现象的观测和对经验规律的认知上的进展. 迄今对大地震之前的前兆现象的研究仍然处于对各个震例进行总结研究阶段，缺乏建立地震发生的理论所必需的切实可靠的经验规律，而经验规律的总结概括以及理论的建立验证都由于大地震是一种稀少的"非频发"事件而受到限制.

(3)地震物理过程的复杂性

地震是发生于极为复杂的地质环境中的一种自然现象，地震过程在从宏观直至微观的所有层次上都是极为复杂的物理过程. 地震前兆出现的复杂性和多变性可能与地震震源区地质环境的复杂性以及地震过程的高度非线性、复杂性密切相关.

8.16.3　地震的可预测性

地震预测是一个多世纪以来世界各国地震学家最为关注的目标之一. 在 20 世纪 70 年代，紧接着苏联报道了地震波波速比(纵波速度 V_P 与横波速度 V_S 的比值 V_P/V_S)在地震之前降低之后，美国在纽约兰山湖地区也观测到了震前波速比异常. 随之而来的大量有关震前波速异常、波速比异常等前兆现象的报道和膨胀-扩散模式、膨胀-失稳模式等有关地震前兆的物理机制的提出，以及 1975 年中国海城地震的成功预报使得国际地震学界对地震预测一度弥漫了极其乐观的情绪，甚至连国际上很有影响的地球物理学家也乐观地认为"即使对地震发生的物理机制了解得不是很透彻(如同天气、潮汐、火山喷发预测那样)，也可能对地震做出某种程度的预报". 当时，连许多著名的地球物理学家都深信：系统地进行短、临地震预测是可行的，不久就可对地震进行常规的预测，关键是布设足够的仪器以发现与测量地震前兆. 然而，很快就发现地震预测的观测基础和理论基础都有问题：对波速比异常重新做测量时发现原先报道的结果重复不了；对震后报道的大地测量、地球化学和电磁异常到底是不是与地震有关的前兆产生了疑问；由理论模式以及实验室做的岩石力学膨胀、微破裂和流体流动实验的结果得不出早些时候提出的前兆异常随时间变化的进程. 接着，运用经验性的地震预报方法未能对 1976 年中国唐山大地震做出短、临预报，到了 20 世纪80—90 年代，美国地震学家预报的圣安德烈斯断层上的帕克菲尔德地震、日本地震学家预报的日本"东海大地震"都没有发生(前者推迟了 11 年于 2004 年 9 月 28 日才发生，后者迄今已 50 余年还没有发生)，又使许多人感到悲观. 一个多世纪以来，对地震预测从十分乐观到极度悲观，什么观点都有，不同的观点一直争论不息，特别是近年来围绕着地震的可预测性屡次发生激烈的论争. 一些专家认为，地震系统与其他许多系统一样，都属于具有"自组织临界性"的系统，即在无临界长度标度的临界状态边缘涨落的系统. 从本质上说, 具有自组织临界性的现象是不可预测的, 而具有自组织临界性的系统中的临界现象普遍都遵从像地震学中的古登堡(Gutenberg, Beno, 1889—1960)-里克特(Richter, Charles Francis, 1900—1985)定律那样的幂律分布, 所以这些专家认为, 地震是一种自组织临界现象, 地震系统是具有"自组织临界性"的系统. 进一步他们推论, 既然自组织临界现象具有内禀的不可预测性, 所以地震是不可预测的; 既然地震预测很困难, 甚至是不可预测的, 那么就应当放弃它, 不再去研究它.

可是, 地震是不是一种自组织临界现象, 这不是一个靠"民主表决""少数服从多数"可以解决的问题! 多数人认为地震是一种自组织临界现象, 并不能说明地震就是一种自组织临界现象! 国际著名理论地球物理学家、地震学家, 美国诺波夫(Knopoff, Leon, 1926—2011)指出, 地震的自组织临界性的最重要的观测依据是由古登堡-里克特定律推导出的幂律, 但这只是一种表观现象, 所以由此出发得出的地震具有"标度不变性"的结论是一种错误的观念, 产生这种错误观念的原因是没有考虑到余震的效应. 诺波夫论证了: 地震现象并不是不存在特征尺度, 而是至少存在四个特征尺度. 耐人寻味的是, 许多认为"地震是不可预测的"研究者在研究地震的自组织临界性时运用的理论模型恰恰是认为"地震是可以预测的"的诺波夫和他的学生伯里季(Burridge, R.)在半个世纪前(1966 年)提出的著名的"伯里季-诺波夫(Burridge-Knopoff)弹簧-滑块模型"(简称 B-K 模型). 这些研究者以 B-K 模型或其他与 B-K 模型大同小异的、非常简单的、类似于地震的模型做的理论研究得出了"地震不可预测"的结论. 对地震预测持否定意见的盖勒(Geller, R. J.)概括说, 这些理论模拟采用的都是非常简单的类似于地震的模型, 唯其简单, 更表明对于一个确定性的模型来说是何等容易成为不可预测的, 因此没有理由认为这些理论研究得到的结论不适用于地震. 诺波夫则认为这些研究者滥用了他的模型(B-K 模型), 他认为, 这些研究者由于没有恰当地考虑地震的物理问题, 所以他们虽然模拟了某些现象, 但他们模拟的不是地震现象. 他指出, 地震表观上遵从的幂律对应的只是一种过渡现象, 而不是系统最终演化到的自组织临界状态; 地震现象是自组织(SO)的, 但并不临界(C). 地质构造复杂的几何性质使主震和余震遵从大致相同的、类似于分形的分布, 这使得人们很容易将它们混为一谈, 而不考虑幂律的可靠性问题, 从而简单地从幂律出发推出地震具有自组织临界性, 进而推出"地震不能预测"的结论. 诺波夫尖锐地指出主张"地震不可预测"的研究者在逻辑推理上的谬误. 他指出, 主张"地震不可预测"的研究者的逻辑推理好比说是:

哺乳动物(自组织临界现象)有四条腿(遵从幂律分布),

桌子(地震现象)也有四条腿(遵从幂律分布),

所以桌子(地震现象)也是一种哺乳动物(自组织临界现象)或

哺乳动物(自组织临界现象)也是桌子(地震现象).

对地震的可预测性这一与地震预测实践以及自然界的普适性定律密切相关的理论性问题的探讨或论争还在继续进行中. 既然地震的可预测性的困难源自人们不可能以高精度测量断层及其邻区的状态以及对于其中的物理定律仍然几乎一无所知, 那么如果这两方面的情况能有所改善, 将来做到提前几年的地震预测还是有可能的. 提前几年的地震预测的难度与气象学家目前做提前几小时的天气预报的难度相当,只不过做地震预测所需要的地球内部的信息远比做天气预报所需要的大气方面的信息复杂得多,而且也不易获取,因为这些信息都源自地下(地球内部的"不可入性").这样一来,对地震的可预测性的限制可能不是由于确定性的混沌理论内禀的限制,而是因为得不到足够大量的信息.

8.16.4　地震预测展望

(1)实现地震预测的科学途径

(i)依靠科技进步、依靠科学家群体

解决地震预测面临的困难的出路既不能单纯地依靠经验性方法,也不能置迫切的社会需求(特别是,与发达国家不同,发展中国家与欠发达国家对短临预测的需求更为迫切)于不顾,而单纯地指望几十年后基础研究的飞跃进展和重大突破.在这方面,地震预测与纯基础研究不完全一样.这就是:①时间上的"紧迫性",即必须在第一时间回答问题,不容犹豫,无可推诿;②对"震情"所掌握的信息的"不完全性";③决策的"高风险性".地震预测的上述特点既不意味着对地震预测可以降低严格的科学标准,也不意味着可以因为对地震认识不够充分、对震情所掌握的信息不够完全(极而言之,永远没有"充分""完全"的时候)而置地震预测于不顾.一个多世纪以来,经过几代地震学家的不懈努力,对地震的认识的确大有进步,然而不了解之处仍甚多.目前地震预测尚处于初期的科学探索阶段,地震预测的能力,特别是短、临地震预测的能力还是很低的,与迫切的社会需求相距甚远.解决这一既紧迫要求予以回答,又需要通过长期探索方能解决的地球科学难题唯有依靠科学与技术的进步、依靠科学家群体.一方面,科学家应当倾其所能把代表当前科技最高水平的知识用于地震预测;另一方面,科学家(作为一个群体,而不仅是某个个人)还应勇于负责任,把代表当前科技界最高认识水平的有关地震的信息(包括正、反两方面的信息)如实地传递给公众.

(ii)强化对地震及其前兆的观测

为了克服地震预测面临的观测上的困难,在地震观测与研究方面,应努力变"被动观测"为"主动观测",流动地震台网(台阵)与固定式的地震台网相配合以加密观测;不但利用天然地震震源,而且也运用人工震源对地球内部进行探测.在地震前兆的观测与研究方面,应继续强化对地震前兆现象的监测,拓宽对地震前兆的探索范围.地震前兆涉及地球物理、大地测量、地质、地球化学等众多的学科和广阔的领域.包括2004年美国帕克菲尔德地震预测试验在内的许多经验教训表明:按目前的思路、做法,可靠的地震前兆的确是很不容易检测出来.沿着已有的方向继续寻找地震前兆的努力固然不能轻言放弃,但是,另辟蹊径、提出新的思路、采用新的方法、探索新的前兆,应当予以提倡鼓励.20世纪90年代以来,空间对地观测技术和数字地震观测技术的进步,使得观测(现代地壳运动、地球内部结构、地震震源过程以及地震前兆的)技术,在分辨率、覆盖面、动态性等方面都有了飞跃式的发展,高新技术(如全球定位系统 GPS、卫星孔径雷达干涉测量术 InSAR 等空间大地测量技术,用于探测地震前兆的"地震卫星"等)在地球科学中的应用为地震预测研究带来了新的机遇,多学科协同配合和相互渗透是寻找发现与可靠地确定地震前兆的有力手段.

(iii) 坚持地震预测科学试验——地震预测试验场

地震前兆出现的复杂性和多变性可能与震源区的地质环境的复杂性密切相关. 因地而异，即在不同地震危险区采取不同的"战略"，各有侧重地检验与发展不同的预测方法，不但在科学上是合理的，而且在财政上也是经济的. 应汲取包括我国的地震预测试验场在内的世界各国的地震预测试验场的经验教训，特别要注意在一个地区成功的经验不一定适用于其他地区，就像 1975 年我国海城地震的经验性预报成功的经验不适用于1976 年唐山地震一样. 重视充分利用我国的地域优势，选准地区，通过地震预测试验场这样一种重要的、行之有效的方式，开展在严格、可控制条件下进行的、可用事先确定的、可操作的准则予以检验的地震预测科学试验研究；多学科互相配合，加密观测，监测、研究、预测预报三者密切结合，坚持不懈，可望获得在不同构造环境下断层活动、地形变、地震前兆、地震活动性等十分有价值的资料，从而有助于增进对地震的了解，攻克地震预测难关.

(iv) 系统地实施基础性、综合性的对地球内部及地震的观测、探测与研究计划

为了克服地震预测面临的观测上的困难，应当系统地实施基础性的、综合性的对地球内部及地震的观测、探测与研究计划：①强化对地震及其前兆的观测；②在地震活动地区进行以探测震源区为目的的科学钻探；③在断层带开挖探槽研究古地震；④在实验室中进行岩石样品在高温高压下的破裂实验；⑤利用计算机对地震过程做数值模拟；等等.

(v) 加强国内合作与国际合作

地震预测研究深受缺乏作为建立地震理论的基础的经验规律所需"样本"太少所造成的困难(大地震的"非频发性")的限制. 目前在刊登有关地震预测实践的论文的绝大多数学术刊物中几乎都不提供相关的原始资料，语焉不详，以致其他研究人员读了之后也无从作独立的检验与评估；此外，资料又不能共享. 这些因素加剧了上述困难. 应当正视并改变地震预测研究在实际上的封闭状况，广泛深入地开展国内、国际学术交流与合作；加强地震信息基础设施的建设，促成资料共享；充分利用信息时代的便利条件，建立没有围墙的、虚拟的、分布式的联合研究中心，使得从事地震预测的研究人员，地不分南北东西，人不分专业机构内外，都能使用仪器设备、获取观测资料、使用计算设施和资源、方便地与同行交流切磋等.

(2) 地震预测展望

自 20 世纪 60 年代以来，中期和长期地震预测取得了一些有意义的进展，如板块边界大地震空区的确认、"应力影区"、地震活动性图像、图像识别以及美国帕克菲尔德地震在预报期过了 11 年后终于发生等. 目前地震预测的总体水平，特别是短期与临震预测的水平仍然不高，与社会需求相差仍甚大. 地震预测作为一个既紧迫要求予以回答，又需要通过长期探索方能解决的地球科学难题尽管非常困难，但并非不可能；困难既不能作为放松或放弃地震预测研究的借口，也不能作为放弃地震预测研究、片面强调只要搞抗震设防的理由. 地震作为一种自然现象，是人类所居住的地球这颗太阳系中独特的行星生机勃勃的表现，它的发生是不可避免的；但是地震灾害，不但应当而且也是可以通过努力予以避免或减轻的. 面对地震灾害，地震学家要勇于迎接挑战，知难而进；要加强对地震发生规律及其致灾机理的研究，提高地震预测预报水平，增强防御与减轻地

震灾害的能力. 解决地震预测面临的困难的出路既不能单纯依靠经验性方法, 也不能置迫切的社会需求于不顾而坐等几十年后基础研究的飞跃进展和重大突破.

特别需要乐观地指出的是, 与半个世纪前的情况相比, 地震学家今天面临的科学难题依旧, 并未增加, 而是比先前暴露得更加清楚. 20 世纪 60 年代以来地震观测技术的进步、高新技术的发展与应用为地震预测预报研究带来了历史性的机遇. 依靠科技的进步强化对地震及其前兆的观测, 选准地点、开展并坚持以地震预测试验场为重要方式的地震预测预报科学试验, 坚持不懈地、系统地开展基础性的对地球内部及对地震的观测、探测与研究, 对实现地震预测的前景是可以审慎地乐观的.

参 考 文 献

布伦, K. E. 1965. 地震学引论. 朱传镇, 李钦祖译. 傅承义校. 北京: 科学出版社. 1-336.

陈运泰. 2003. 地震参数——数字地震学在地震预测中的应用. 北京: 地震出版社. 1-163.

陈运泰等. 2000. 数字地震学. 北京: 地震出版社. 1-171.

陈运泰等. 2001. 地震学今昔谈. 济南: 山东教育出版社. 1-163.

傅承义. 1963. 地壳物理讲义. 合肥: 中国科学技术大学地球物理系. 1-134.

傅承义. 1972. 大陆漂移、海底扩张和板块构造. 北京: 科学出版社. 1-69.

傅承义. 1972. 监视地下爆炸的地震方法. 北京: 科学技术情报研究所. 1-83.

傅承义. 1976. 地球十讲. 北京: 科学出版社. 1-181.

顾功叙. 1983. 中国地震目录(公元前 1831 年—公元 1969 年). 北京: 科学出版社. 1-894.

顾功叙. 1983. 中国地震目录(公元 1970—1979 年). 北京: 地震出版社. 1-334.

国家地震局震害防御司(编), 闵子群(主编). 1995. 中国历史强震目录(公元前 23 世纪—公元 1911 年).
　　北京: 地震出版社. 1-514.

金森博雄. 1991. 地震の物理. 東京: 岩波书店. 1-279.

李善邦. 1981. 中国地震. 北京: 地震出版社. 1-612.

李善邦. 2018. 中国地震(第二版). 北京: 地震出版社. 1-612.

理論地震動研究会. 1994. 地震動. その合成と波形処理. 東京: 鹿島出版会. 1-256.

刘瑞丰, 陈运泰, 任枭, 徐志国, 王晓欣, 邹立晔, 张立文. 2015. 震级的测定. 北京: 地震出版社.

谢毓寿, 蔡美彪. 1985. 中国地震历史资料汇编. 第一卷. 北京: 科学出版社. 1-227.

谢毓寿, 蔡美彪. 1985. 中国地震历史资料汇编. 第二卷. 北京: 科学出版社. 1-949.

谢毓寿, 蔡美彪. 1985. 中国地震历史资料汇编. 第四卷(上). 北京: 科学出版社. 1-729.

谢毓寿, 蔡美彪. 1986. 中国地震历史资料汇编. 第四卷(下). 北京: 科学出版社. 1-258.

谢毓寿, 蔡美彪. 1987. 中国地震历史资料汇编. 第三卷(上). 北京: 科学出版社. 1-540.

谢毓寿, 蔡美彪. 1987. 中国地震历史资料汇编. 第三卷(下). 北京: 科学出版社. 1-1427.

谢毓寿, 蔡美彪. 1988. 中国地震历史资料汇编. 第五卷. 北京: 科学出版社. 1-782.

宇津德治. 1990. 地震事典. 李裕澈, 卢振业, 丁鉴海, 李桂练译. 卢振恒校. 北京: 地震出版社.

Abercrombie, R., McGarr, A., Toro, G. D., Kanamori, H. 2006. *Earthquakes: Radiated Energy and the Physics of Faulting*. AGU Geophysical Monograph **170**, Washington, DC: AGU. 1-327.

Ahrens, T. J. 1995. *Global Earth Physics: A Handbook of Physical Constants*. Washington, DC: AGU. 1-376.

Aki, K., Richards, P. G. 1980. *Quantitative Seismology—Theory and Methods*. **1** & **2**. San Francisco: W. H.

Freeman. 1-932. 安芸敬一, 理查兹, P. G. 1986. 定量地震学. 第 1, 2 卷. 李钦祖, 邹其嘉等译. 北京: 地震出版社. 1-406, 1-620.

Barton, C. C., La Pointe, P. R. 1995. *Fractals in the Earth Sciences*. New York and London: Plenum Press.

Båth, M. 1973. *Introduction to Seismology*. 1st ed. Basel: Birkhäuser Verlag. 1-395.

Båth, M. 1979. *Introduction to Seismology*. 2nd rev. ed. Basel: Birkhäuser Verlag. 1-428. New York: Springer-Verlag. 1-338.

Bolt, B. A. 1993. *Earthquake and Geological Discovery*. New York: Scientific American Library.1-229. 博尔特, B. A. 地震九讲. 马杏垣, 吴刚, 余家傲, 石耑译. 石耀霖, 马丽, 谭先锋校. 北京: 地震出版社. 1-167.

Bormann, P. 2009. *IASPEI New Manual of Seismological Observatory Practice*(NMSOP-1; electronic edition). Potsdam: GeoForschungs Zentrum. **1&2.** 1-1, 250. 彼德 · 鲍曼. 2006. 新地震观测实践手册. 第 **1, 2** 卷. 中国地震局监测预报司译, 金严, 陈培善, 许忠淮等校. 北京: 地震出版社. 1-572, 573-1003.

Bullen, K. E. 1953. *An Introduction to the Theory of Seismology*. 2nd ed. Cambridge: Cambridge University Press.

Bullen, K. E., Bolt, B. A. 1985. *An Introduction to the Theory of Seismology*. 4th edition. Cambridge: Cambridge University Press. 1-500. 布伦, K. E, 博尔特, B. A. 1988. 地震学引论. 李钦祖, 邹其嘉译校. 北京: 地震出版社. 1-543.

Engdahl, E. R., Villasenor, A. 2002. Global seismicity: 1900-1999. *International Geophysics*, **81**: 665-690.

Gutenberg, B., Richter, C. F. 1954. *Seismicity of the Earth and Associated Phenomena*. 2nd edition. Princeton: Princeton University Press.1-310.

Kanamori, H., Boschi, E. 1983. *Earthquakes: Observation, Theory and Interpretation*. Amsterdam: North Holland Publishing Company. 1-471. 金森博雄, 博斯基, E. 1992. 地震: 观测、理论和解释. 柳百琪, 周冉等译, 陈运泰, 谢礼立等校. 北京: 地震出版社. 1-394.

Kárník, V. 1971. *Seismicity of European Area*. Part 2. Dordrecht, Holland: D. Reidel.1-218.

Kawasaki, I. 2006. *What Are Slow Earthquake*? Tokyo: NHK Publising Inc. 川崎一郎. 2013. 何谓慢地震——探索巨大地震预报的可能性. 陈会忠, 黄伟, 黄建平, 卢振恒等译, 郑斯华校. 北京: 地震出版社. 1-132.

Keilis-Borok, V. I., Soloviev, A. A. 2003. *Nonlinear Dynamics of the Lithosphere and Earthquake Prediction*. Heidelberg: Springer-Verlag.

Kozák, J., Wanick, I. 1987. *Physics of Fracturing and Seismic Energy Release*. Basel: Birkhäuser. 1-973.

Lay, T., Wallace, T. C. 1995. *Modern Global Seismology*. San Diego: Academic Press. 1-521.

Lee, W. H. K., Kanamori, H., Jennings, P. C., Kisslinger, C. 2002. *International Handbook of Earthquake and Engineering Seismology*. Part A. Amsterdam: Academic Press.1-936.

Lee, W. H. K., Kanamori, H., Jennings, P. C., Kisslinger, C. 2002. *International Handbook of Earthquake and Engineering Seismology*. Part B. Amsterdam: Academic Press. 937-1945.

Lowvie, W. 2007. *Fundamentals of Geophysics*. 2nd ed. Cambridge: Cambridge University Press. 1-381.

Mandelbrot, B. B. 1977. *Fractals: Form, Chance and Dimension*. San Francisco: W. H. Freeman. 1-365.

Mandelbrot, B. B. 1982. *The Fractal Geometry of Nature*. New York: W. H. Freeman. 1-468.

Meyers, R. A. 2009. *Encyclopedia of Complexity and Systems Science*. Vol.3. New York: Springer.

Nabarro, F. R. N. *Dislocations in Solids*, Vol.3, *Moving Dislocations*. Amsterdam: North-Holland Publishing.

Pruessner, G. 2012. *Self-orgarised Criticality: Theory, Models and Characterisation*. Cambridge: University Press.1-494.

Richter, C. F. 1958. *Elementary Seismology*. San Francisco: W. H. Freeman. 1-768.

Rundle, J. B., Turcotte, D. L., Klein, W. 2000. *GeoComplexity and the Physics of Earthquakes*. AGU Monograph 120, Washington, DC: Amer. Geophys. Union. 1-284.

Scholz, C. H. 2002. *The Mechanics of Earthquakes and Faulting*. 2nd edition. Cambridge: Cambridge University Press.

Schubert, G. *Treatise on Geophysics*. Vol. 4. In: Kanamori, H.（ed）. *Earthquake Seismology*. Amsterdam: North-Holland Publishing Company. 1-675.

Shearer, P. M. 1999. *Introduction to Seismology*. Cambridge: Cambridge University Press. 1-260. Sheaver, P. M. 2008. 地震学引论. 陈章立译, 赵翠萍, 王勤彩, 华卫校. 北京: 地震出版社. 1-208.

Stein, S., Wysession, M. 2003. *An Introduction to Seismology, Earthquakes, and Earth Structure*. Malden, MA: Blackwell Publishing. 1-498.

Turcotte, D. L. 1992. *Fractals and Chaos in Geology and Geophysics*. 1st edition. Cambridge: Cambridge University Press.1-221.

Udias, A. 1999. *Principles of Seismology*. Cambridge: Cambridge University Press. 1-475.

Udias, A., Madariaga, R., Bufon, E. 2014. *Source Mechnics of Earthquakes: Theory and Practice*. Cambridge: Cambridge University Press.1-302.

Utsu, T. 2002. A list of deadly earthquakes in the world. In: Lee, W. H. K., Kanamori, H., Jennings, P. C., Kisslinger, C. (eds). *International Handbook of Earthquake and Engineering. Seismology, Part A*. San Diego: Academic Press. 691-717.

Костров, Б. В. 1975. *Механика Очага Тектонического Землетрясения*. Москва: Издателвство « Наука», АН СССР. 1-176. 科斯特罗夫, Б. В. 1979. 构造地震震源力学. 冯德益, 刘建华, 汤泉译. 北京: 地震出版社. 1-204.

Саваренский, Е. Ф., Кирнос, Д. П. 1955. *Элемены Сейсмологии и Сейсмометрии*. Москова: Гос. Иэд. Технико-Теоретиеской Литературы. 1-543. 萨瓦连斯基, Е. Ф., 基尔诺斯, Д. П. 1958. 地震学与测震学. 中国科学院地球物理研究所地震组译. 北京: 地质出版社.1-552.

第九章　地震波的传播

从字面上讲，地震学就是研究地震的科学．到现在为止，人们对地球内部的了解主要来自地震学，因为人们不能直接达到地球内部，只能靠(天然的或人工的)地震激发的地震波来研究它．因此，地震学还包括对天然或人工震源所激发的地震波的研究以及对所有能从地震波传播得到的有关震源和地球的性质的研究．

当地震发生时，从震源辐射出各种类型的波，有些波通过地球内部传播，有些沿着表面传播．从这些波的走时或频散性质，可以确定地球内部的波速和深度的关系．在波传播过程中，在一些界面要发生反射和折射，于是，这些界面的位置和性质就可以借助于这些波的走时或振幅等特性加以确定．地震台记录到的地震波的性质还可以用来推断震源的性质——震源机制．通过对震源机制的研究，可以进一步了解产生这种机制的应力状况．最后，如果地震相当大，以至地球作为一个整体被激发起各种振型的振荡．地球振荡的性质和它的内部结构有关．研究大地震所激发的地球的振荡可以了解地球内部的性质．

我们将在本章和下一章讨论地震波的传播及地球的振荡问题．在讨论这个问题时，简单地把地球介质当作分层均匀、各向同性和完全弹性的连续介质．诚然，地球内的岩石含有晶体，而晶体由于其特殊的规则的结构，它的弹性显示出某种程度的对称性，但通常不是各向同性的．但是，可以想见，在一块大到足以包含许多晶体的岩石中，如果晶体在所有方向上的取向是杂乱无章的，那么在不同方向上岩石弹性性质的差异大部分将相互抵消掉．所以，在地震学里，一般情况下可以假定地球介质是各向同性的．在某些特殊情况下，例如在地球的表面区域，晶体的取向可能是有一定规则的．此时就不能再用各向同性的假定，而必须处理地震波在各向异性介质中的传播问题．

经验表明，除了地表层外，在不同地层中，岩石的性质是不同的，在同一地层中，岩石的不均匀性对于地震波的影响并不显著．因此，我们可以认为在同一地层中岩石的性质是均匀的．

地震波的传播速度很高，约每秒几千米，当它通过某一部分介质时，时间极为短促，以致介质的非完全弹性来不及表现出来．因此，对于持续时间很短暂的地震波来说，地球介质主要表现出完全弹性的性质．

上述情况说明，在地震波理论中，把地球介质当作均匀、各向同性和完全弹性介质来处理，只是一种简化的假定．实践证明，这种假定可以使分析大大简单，并且在多数情况下可以得到与观测结果颇为符合的结果(布列霍夫斯基赫，1960；布伦，1965；伊文等，1966；Garland, 1971; Jeffreys, 1972; Stacey, 1977; Piland, 1979)．自然，当上述假定偏离实际情况时，我们也还需要研究介质的不均匀性、各向异性和非完全弹性对波传播产生的效应，不过，目前我们暂不讨论它们．

9.1 弹 性 理 论

9.1.1 应力分析

(1)体力和面力

作用在物体上的力分成两类. 一类叫体力, 一类叫面力. 现在考虑图 9.1 所示的直角坐标系 $x_i(i=1, 2, 3)$ 中占据区域 R 的物体内的任意一个封闭的区域 V. P 是 V 中的一个点, δV 是在 P 点的体积元. 作用于 δV 的总的体力 $\tilde{F}_i$ (例如重力)是由物体以外的源引起的. 如果 $\lim\limits_{\delta V \to 0} \tilde{F}_i / \delta V$ 这个极限存在并与 δV 无关, 我们就把它定义为作用于 P 点的单位体积的体力, 记为

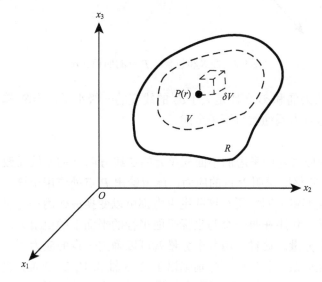

图 9.1 物体 R, 闭合体积 V 和点 $P(r)$

$$F_i = \lim_{\delta V \to 0} \tilde{F}_i / \delta V . \qquad (9.1)$$

面力是通过物体任意表面(包括界面)而作用的力. 它们是由邻近质点的相互作用而产生的. 图 9.2 中的 S 是 V 内的一个面, P 是其上的一个点, δS 是包含 P 点的面积元. 我们把 S 的一边记为 "+", 另一边记为 "–". "+" 的那边的质点作用于 "–" 的那边的质点的面力等效于作用于 P 点的一个单力 $\tilde{P}_i$ 和一对力偶 $\tilde{G}_i$. 我们定义在 P 点 "+" 边的质点通过 S 作用于 "–" 边的质点的单位面积的力为应力矢量 P_i:

$$P_i = \lim_{\delta S \to 0} \tilde{P}_i / \delta S . \qquad (9.2)$$

一般情况下, 这个极限是有限的、有意义的, 它和位置及其作用平面的取向有关, 即

$$P_i = P_i(r, v) / \delta S , \qquad (9.3)$$

v 是曲面 S 在 P 点的外法线, 即以由 "–" 边指向 "+" 边的法线为正方向. 所以, 我们把它叫作在 P 点作用于法线方向为 v 的面上的应力.

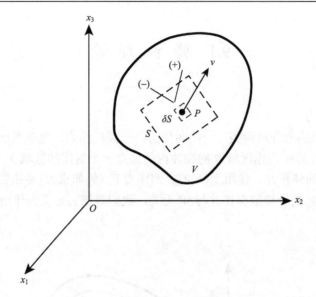

图 9.2　面 S 和包含了 P 点的面积元 δS

　　作用于 P 点的力偶和 δS 之比是关于 δS 的线度的一级小量,当 δS 趋于零时,这个比值趋于零. 因而这对力偶通常可不予考虑.

　　(2)应力张量

　　通常,P 点的应力随所考虑的小面积单元的法线方向 $\boldsymbol{\nu}$ 的不同而改变,而且一般与 $\boldsymbol{\nu}$ 成一角度. 为了完整地说明 P 点的应力,就得给出 P 点处作用于该点的所有平面上的曳引力. 然而,我们将证明,所有这些曳引力都可以变换成作用在与坐标平面平行的平面上的曳引力分量. 作用在每一个与坐标平面平行的平面上的曳引力,都可以分解为平行于坐标轴的三个分量. 这样,用九个分量就可以确定一点的应力.

　　取两个直角坐标系,其坐标轴分别记以 1, 2, 3 轴和 1′, 2′, 3′轴,基矢量分别记以 $\boldsymbol{e}_i$ 和 $\boldsymbol{e}_{k'}$. 考虑包含 P 点在内的一个小四面体(图 9.3),其三个面的内法线分别与 1,2,3 轴一致,而第四个面的外法线与 1′轴一致. 与四个面相应的面积分别为 δS_1, δS_2, δS_3 和 $\delta S_{1'}$. 以 p_{ij} 表示作用于和 i 轴垂直的面上的应力在 i 轴上的分量,以 $a_{ij'}$ 表示 i 轴与 j'轴之间夹角的余弦. 小四面体在体力(如重力)、界面上的曳引力和构成物体的质点的惯性作用下是平衡的. 以平行于 2′轴的分量为例. 除面力以外,其他力均与四面体体积成正比. 因此,若以 l 表示四面体的线度,则

$$p_{1'2'}\delta S_{1'} - p_{11}\delta S_1 a_{12'} - p_{12}\delta S_1 a_{12'} - p_{13}\delta S_1 a_{32'}$$
$$- p_{21}\delta S_2 a_{12'} - p_{22}\delta S_2 a_{22'} - p_{23}\delta S_2 a_{32'}$$
$$- p_{31}\delta S_3 a_{12'} - p_{32}\delta S_3 a_{22'} - p_{33}\delta S_3 a_{32'} = O(l^3).$$

两边除以 δS_1,并令 $l \to 0$,得

$$p_{1'2'}\delta S_{1'} = p_{11}a_{11'}a_{12'} + p_{12}a_{11'}a_{22'} + p_{13}a_{11'}a_{32'}$$
$$+ p_{21}a_{21'}a_{12'} + p_{22}a_{21'}a_{22'} + p_{23}a_{21'}a_{32'}$$
$$+ p_{31}a_{31'}a_{21'} + p_{32}a_{31'}a_{22'} + p_{33}a_{31'}a_{32'}$$
$$= \sum_{i=1}^{3}\sum_{j=1}^{3} a_{i1'}a_{i2'}p_{it}.$$

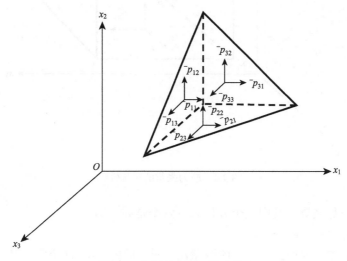

图 9.3　作用于小四面体上的力

对于法线方向为 $\boldsymbol{k}'$ 的小面积上的应力在 l' 方向上的分量应有类似的结果. 于是

$$p_{k'l'} = a_{ik'}a_{il'}p_{ij},\tag{9.4}$$

这里, 采用了哑指标下的求和约定, 即如果在某一项中某一下角标出现两次, 就等于该下角标依次取 1, 2, 3 的值而后将其相加.

因此, 用有九个分量的 p_{ij}(它与任一特定的点和时刻有关)就可完全确定通过 P 点任一小面积的应力. 这九个分量 p_{ij} 构成了 P 点的应力张量.

(3)应力张量的对称性

考虑一个通过 P 点的小平行六面体, 其三边 PA, PB, PC 分别平行于 1, 2, 3 轴, 长度为 δx_1, δx_2, δx_3.

由图 9.4 可见, 作用在平行于 Ox_2 轴的截面 $PADC$ 的应力在 1 方向的分量为 $-p_{21}$. 但这个应力分量对 PC 轴的力矩为零. 作用在 $BFEG$ 的应力在 1 方向的分量为 $\left(p_{21}+\dfrac{\partial p_{21}}{\partial x_2}\delta x_2\right)$, 它对 PC 轴的力矩为 $-\left(p_{21}+\dfrac{\partial p_{21}}{\partial x_2}\delta x_2\right)\delta x_1\delta x_2\delta x_3$. 略去高次项, 则为 $-p_{21}\delta x_1\delta x_2\delta x_3$. 而在垂直于 Ox_1 轴截面上的应力对 PC 的合力矩为 $p_{12}\delta x_1\delta x_2\delta x_3$. 其余的力(包括体力和惯性力)对 PC 的合力矩均为高次项. 由此推得 $p_{12}=p_{21}$. 类似地有 $p_{23}=p_{32}$ 及 $p_{13}=p_{31}$. 所以对所有的 i, j 有

$$p_{ij} = p_{ji},\tag{9.5}$$

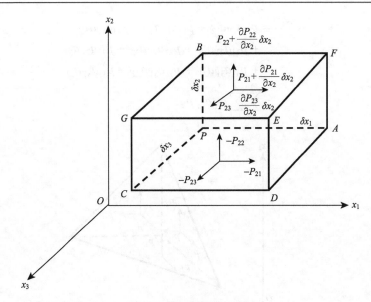

图 9.4　应力张量的对称性

即应力张量是对称张量，其中九个分量只有六个是独立的.

(4) 克朗内克(Kronecker) δ

以后，我们常常要用到一个二阶张量δ_{ij}，叫克朗内克δ. 这个张量是：

$$\delta_{ij} = 1, \qquad 若 i = j,$$
$$\delta_{ij} = 0, \qquad 若 i \neq j. \tag{9.6}$$

容易证明，克朗内克δ当坐标变换时是保持不变的. 因为

$$\delta_{ij} \boldsymbol{e}_i \boldsymbol{e}_j = \delta_{ij} a_{ik'} \boldsymbol{e}_{k'} a_{jl'} \boldsymbol{e}_{l'} = \delta_{ij} a_{ik'} \boldsymbol{e}_{k'} a_{jl'} \boldsymbol{e}_{l'}$$
$$= a_{jk'} a_{jl'} \boldsymbol{e}_{k'} \boldsymbol{e}_{l'} = a_{k'l'} \boldsymbol{e}_{k'} \boldsymbol{e}_{l'} = \delta_{k'l'} \boldsymbol{e}_{k'} \boldsymbol{e}_{l'}, \tag{9.7}$$

最后一步中运用了$a_{k'l'}=\delta_{k'l'}$的性质.

δ_{ij}和任一个任意阶张量的点乘仍等于该张量：

$$\delta_{ij} T_i = T_i , \tag{9.8}$$

其中T_i的下脚标i是任意一个张量 **T** 的分量的头一个下角标.

利用$a_{jk}=\delta_{jk}$的性质和上述公式很容易求得作用于法线方向为k'的面上的应力的三个分量. 为此，将式(9.4)中的l'换成l：

$$p_{k'l} = a_{ik'} a_{il} p_{ij} = a_{ik'} \delta_{jl} p_{ij} = a_{ik'} p_{ij} ,$$

将上式最左边l换成j，最右边j换成l，即得：

$$p_{k'j} = a_{ik'} p_{il} . \tag{9.9}$$

若以v_i代表$a_{ik'}$，以$p_i(v)$代表$p_{k'j}$，那么上式可改写成：

$$p_i(v) = v_i p_{ij} . \tag{9.10}$$

当然，通过直接分析也可以求得上式.

(5) 应力二次曲面

设 y_i 是以 P 为原点，坐标轴与 1, 2, 3 轴平行的坐标系中满足方程

$$p_{11}y_1^2 + p_{22}y_2^2 + p_{33}y_3^2 + 2p_{23}y_2y_3 + 2p_{31}y_3y_1 + 2p_{12}y_1y_2 = C \tag{9.11}$$

的流动坐标. 式中 C 为常数. 则上式称为 P 点的应力二次曲面. 按照哑指标下的求和的约定，上式可写为

$$p_{ij}y_iy_j = C . \tag{9.12}$$

设 1′, 2′, 3′ 轴是另一个以 P' 为原点的坐标系的轴，则因为坐标系 y_i 与 y_k 间有如下的变换关系：

$$y_i = a_{ik'}y_{k'} , \tag{9.13}$$

所以在新坐标系中二次曲面方程变为

$$p_{ij}a_{ik'}a_{jl'}y_{k'}y_{l'} = C ,$$

但由式 (9.4)，立即可得：

$$p_{k'l'}y_{k'}y_{l'} = C . \tag{9.14}$$

由上式可知，在任一组通过 P 的直角坐标系中的应力二次曲面方程里的系数便是 P 点处垂直于坐标轴的平面上的应力分量. 根据二次曲面理论，任一给定点上都有三个相互垂直的平面，这些平面上的应力的方向与其法向一致. 这三个应力称为 P 点上的主应力，相应的坐标轴称为 P 点的主应力轴. 知道了主应力的大小及主应力轴的方向，就完全确定了 P 点的应力张量.

由式 (9.10) 可以求得作用在法线方向为 $\boldsymbol{\nu}$ 的小平面上的应力的法向分量 (法向力) 为

$$p_\nu(\boldsymbol{\nu}) = p_i(\boldsymbol{\nu})\nu_i = \nu_i\nu_j p_{ij} . \tag{9.15}$$

如果 $\boldsymbol{\nu}$ 与 P 点至应力二次曲面上的动点的矢径的方向一致，则

$$\nu_i = \frac{y_i}{r} . \tag{9.16}$$

由以上两式及式 (9.12) 即得：

$$p_\nu(\boldsymbol{\nu}) = \frac{C}{2r^2} . \tag{9.17}$$

这说明，作用在法线方向为 $\boldsymbol{\nu}$ 的小平面上的应力的法向分量与应力二次曲面的矢径的平方成正比.

由二次曲面理论可得，应力二次曲面上的某点的法向 $\boldsymbol{n}$ 的方向余弦为

$$\frac{n_1}{y_ip_{i1}} = \frac{n_2}{y_ip_{i2}} = \frac{n_3}{y_ip_{i3}} . \tag{9.18}$$

对比式 (9.10) 和上式，可知 $\boldsymbol{n}$ 与 $\boldsymbol{p}(\boldsymbol{\nu})$ 是平行的.

根据上述性质，我们容易由应力二次曲面通过作图求得作用于任一小平面上的应力. 在图 9.5 中，$\boldsymbol{\nu}$ 表示某一小平面的法向. 设它与应力二次曲面相交于 A 点. 作应力二次曲面在 A 点的法矢量 $\boldsymbol{n}$. 由 P 点作平行于 $\boldsymbol{n}$ 的线 $\overline{PC}$. 在 $\overline{PQ}$ 或其延长线上量取 $\overline{PB}$，使之等于 C/r^2. 过 B 点作垂直于 $\overline{PB}$ 的线 $\overline{BC}$. 设 $\overline{BC}$ 和 $\overline{PC}$ 相交于 C 点，则 $\overline{PC}$ 就是作用

于法向为 $\boldsymbol{v}$ 的小平面上的应力.

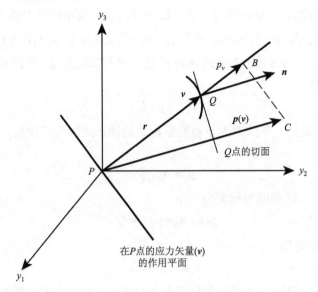

图 9.5　在 P 点的应力矢量和在 Q 点的应力二次曲面的法向的关系

(6)运动方程

设在给定的时刻，P 点的坐标为 x_i，加速度为 f_i. 今考虑如图 9.4 所示的小平行六面体内的物质. 令 X_i 为作用在这个物体上的单位质量的体力分量.

在垂直于 2 轴的两个平面上，平行于 3 轴的应力分量的合力是

$$-p_{23}\delta x_3 \delta x_1 + \left(p_{23} + \frac{\partial p_{23}}{\partial x_2}\delta x_2\right) = \frac{\partial p_{23}}{\partial x_2}\delta x_1 \delta x_2 \delta x_3 .$$

因此，通过所有六个面平行于 3 轴的应力分量的合力是

$$\frac{\partial p_{j3}}{\partial x_i}\delta x_1 \delta x_2 \delta x_3 ,$$

各项除以 $\delta x_1 \delta x_2 \delta x_3$，即得相应的运动方程

$$\rho f_3 = \frac{\partial p_{j3}}{\partial x_i} + \rho X_3 ,$$

ρ 是 x_i 点在 i 时刻的密度. 注意到 p_{ij} 的对称性，即得运动方程

$$\rho f_i = \frac{\partial p_{ij}}{\partial x_i} + \rho X_i ,\qquad i = 1, 2, 3 , \tag{9.19}$$

或

$$\rho \boldsymbol{f} = \mathrm{div}(\mathbf{P}) + \rho \boldsymbol{X} . \tag{9.20}$$

9.1.2　应变分析

(1)无限小应变理论

变形体由于受到力的作用而形状发生变化时，我们就说这个物体发生了形变. 于是，

相对于体力和应力都为零时的标准位形，物体内部在 x_i 处的质量 P 就移动到一个新的位置. 在连续介质力学中，有两种描述形变和运动的基本方法. 一种叫拉格朗日法，另一种叫欧拉法. 拉格朗日法也叫物质描述法，它以物质点未发生形变的位置和时间为自变量. 如果以 $r=x_ie_i$ 表示质点在形变前的位置，则其形变后的位置为 $r'=r'(r, t)$. 欧拉法也叫空间描述法，它以形变后的质点的位置和时间为自变量，因此质点在形变前的位置是形变后质点的位置和时间的函数，即 $r=r(r', t)$.

　　现在，我们来考察物体的变形(图 9.6). 设 P, Q 是物体内相邻的两点，在体力和应力都为零时它们的坐标分别为 x_i 和 x_i+y_i，y_i 是个无限小量. 物体变形后，P 和 Q 各自移动至新的位置 P' 和 Q'，其坐标分别为 x_i 和 $x_1' + y_1'$. 以 u_i 和 u_i+du_i 分别表示 P 点和 Q 点的位移，那么 P 点和 Q 点之间的距离平方的变化为

$$d(\overline{PC})^2 = y_i'^2 - y_i^2 \tag{9.21}$$

$$= (y_i + du_i)^2 - y_i^2 = 2y_i du_i + (du_i)^2$$

$$= y_i'^2 - (y_i' - du_i)^2 = 2y_i' du_i - (du_i)^2. \tag{9.22}$$

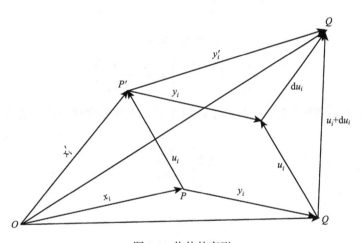

图 9.6　物体的变形

以变形前的质点位置 x_i 和时间 t 描写变形后的质点位置 x_i' 和位移 u_i(拉格朗日法)，则

$$du_i = \frac{\partial u_i}{\partial x_i} y_i.$$

从而

$$d(\overline{PQ})^2 = 2e_{ij} y_i y_j, \tag{9.23}$$

其中，e_{ij} 叫作有限应变张量，

$$\varepsilon_{ij} = e_{ij} + \frac{1}{2} \frac{\partial u_m}{\partial x_i} \frac{\partial u_m}{\partial x_j}, \tag{9.24}$$

$$e_{ij} = \frac{1}{2} \left(\frac{\partial u_i}{\partial x_j} + \frac{\partial u_j}{\partial x_i} \right). \tag{9.25}$$

如果采用欧拉法，则 x_i 和 u_i 可以用 x_i' 和 t 描写，于是

$$\mathrm{d}u_i = \frac{\partial u_i}{\partial x_j'} y_j',$$

从而

$$\mathrm{d}(\overline{PQ})^2 = 2\varepsilon_{ij}' y_i' y_j', \tag{9.26}$$

其中，ε_{ij}' 也叫作有限应变张量，

$$\varepsilon_{ij}' = e_{ij}' - \frac{1}{2}\frac{\partial u_m}{\partial x_i'}\frac{\partial u_m}{\partial x_i'}, \tag{9.27}$$

$$e_{ij}' = \frac{1}{2}\left(\frac{\partial u_j}{\partial x_j} + \frac{\partial u_j}{\partial x_i'}\right). \tag{9.28}$$

因为

$$\frac{\partial u_i}{\partial x_i'} = \frac{\partial u_i}{\partial x_k}\frac{\partial x_k}{\partial x_i'},$$

而

$$x_u = x_k' - u_k,$$

$$\frac{\partial u_i}{\partial x_i'} = \frac{\partial u_i}{\partial x_k}\left(\delta_{kj} - \frac{\partial u_k}{\partial x_j'}\right) = \frac{\partial u_i}{\partial x_j} - \frac{\partial u_i}{\partial x_k}\frac{\partial u_i}{\partial x_i'}. \tag{9.29}$$

如果质点的位移 u_i 和分量 $\partial u_i/\partial x_i$ 足够小，以至其二次项在含有一次项的方程中可以略去不计，那么，

$$\frac{\partial u_i}{\partial x_j'} \doteq \frac{\partial u_i}{\partial x_j}, \tag{9.30}$$

从而

$$\varepsilon_{ij}' \doteq e_{ij}' \doteq \varepsilon_{ij} \doteq e_{ij}, \tag{9.31}$$

$$\mathrm{d}(\overline{PQ})^2 \doteq 2e_{ij}y_iy_i. \tag{9.32}$$

通常把 u_i 和 $\partial u_i/\partial h_i$ 足够小的情形叫作无限小应变. 由以上分析我们看到，在无限小应变情形下，无论是用拉格朗日描述法，还是用欧拉描述法，位移的空间微商以及有限应变张量都是一样的. 下面，我们将运用无限小应变理论研究地球介质的形变和运动，并且将采用比较自然和简单的拉格朗日法来描述形变和运动.

仍设 Q 是坐标为 x_i 的 P 点附近的点，其坐标为 x_i+y_i，这里 y_i 是个无限小量. 于是准确到一级小量时，Q 点的位移为

$$u_i + \frac{\partial u_i}{\partial x_j}y_j. \tag{9.33}$$

它可以改写成

$$u_i - \xi_{ij}y_j + e_{ij}y_j, \tag{9.34}$$

其中，

$$\xi_{il} = \frac{1}{2}\left(\frac{\partial u_i}{\partial x_j} - \frac{\partial u_j}{\partial x_i}\right),$$ (9.35)

$$e_{il} = \frac{1}{2}\left(\frac{\partial u_i}{\partial x_j} + \frac{\partial u_i}{\partial x_j}\right).$$ (9.36)

式(9.34)中的每一项都代表一个矢量，而 ξ_{ij}，e_{ij} 代表一个二阶张量. 容易证明：

$$\xi_{ij} = -\xi_{ji},$$ (9.37)

$$e_{ij} = e_{ji}.$$ (9.38)

因此，当 $i=j$ 时，$\xi_{ij}=0$. 这样一来，ξ_{ij} 只有三个独立分量，而 e_{ij} 有六个独立分量.

第一项 u_i 是 P 点的位移，它表示包含 P 点的小体积元发生纯平移而没有旋转或形变. 第二项 $-\xi_{ij}y_i$ 相当于一个体积元的纯旋转，而没有平移或形变. 第三项 $\varepsilon_{ij}y_i$ 则相当于形变.

(2) 旋转张量

我们以 ξ_{23} 和 ξ_{32} 为例来说明 ξ_{ij} 的意义. ξ_{23} 和 ξ_{32} 对位移[见式(9.34)的第二项]的贡献是

$$(0, -\xi_{23}y_3, -\xi_{32}y_2) = (0, -\xi_{23}y_3, +\xi_{23}y_2),$$ (9.39)

它使 $\overline{PQ}$ 间的距离的平方相应地改变了：

$$\mathrm{d}(\overline{PQ^2}) = \{y_1^2 + (y_2 - \xi_{23}y_3)^2 + (y_3 + \xi_{23}y_2)^2\} - (y_1^2 + y_2^2 + y_3^2).$$ (9.40)

对于 ξ_{23} 的一级小量来说，上式等于零. 但包括 $\overline{PQ}$ 和 1 轴的平面围绕 1 轴转过了一个角度

$$\alpha = \tan^{-1}\left(\frac{y_3 + \xi_{23}y_2}{y_2 - \xi_{23}y_3}\right) - \tan^{-1}\left(\frac{y_3}{y_2}\right),$$ (9.41)

不难证明，

$$\alpha = \tan^{-1}\xi_{23} \doteq \xi_{23}.$$ (9.42)

因此，ξ_{23} 和 ξ_{32} 这一对元素与包含 P 点的小体积元像刚体一样相对于 1 轴的纯转动有关. 对于另两对元素亦可做类似的分析. 整个张量 ξ_{ij} 相应于通过 P 点的某个轴的一个微小的纯转动，我们称之为 P 点的旋转张量. 转动也可以用矢量 $\boldsymbol{\omega} = (\xi_{23}, \xi_{31}, \xi_{12})$ 来表示. 向量 $\boldsymbol{\omega}$ 可以表示为

$$2\boldsymbol{\omega} = \left(\frac{\partial u_3}{\partial x_2} - \frac{\partial u_2}{\partial x_3}, \frac{\partial u_1}{\partial x_3} - \frac{\partial u_3}{\partial x_1}, \frac{\partial u_2}{\partial x_1} - \frac{\partial u_1}{\partial x_2}\right),$$ (9.43)

它就是 $\boldsymbol{u}$ 的旋度，有时以 curl $\boldsymbol{u}$，rot $\boldsymbol{u}$ 或 $\nabla\times\boldsymbol{u}$ 表示.

(3) 应变张量

e_{ij} 的分量与物体的某种内部形变即应变有关，因此我们把它叫作 P 点的应变张量.

分量 e_{11} 对位移的贡献为 $(e_{11}y_1, 0, 0)$. 它表示平行于 1 轴的小长度相对伸长为 e_{11}. 类似地，e_{22}，e_{33} 表示平行于 2 和 3 轴的小长度的相对伸长分别为 e_{22} 和 e_{33}.

e_{22} 和 e_{32} 这一对分量对位移的贡献为 $(0, e_{23}y_3, e_{23}y_2)$，它们使距离 $\overline{PQ}$ 的平方相应地增加了

$$\mathrm{d}(\overline{PQ})^2 = \{y_1^2 + (y_2e_{23}y_3)^2 + (y_3e_{23}y_2)^2\} - (y_1^2 + y_2^2 + y_3^2) \doteq 4e_{23}y_2y_3 . \tag{9.44}$$

$\overline{PQ}$ 在 2-3 平面上的投影 $\overline{PQ_1}$ 平方的增量同样是 $4e_{23}y_2y_3$. 所以 $\overline{PQ_1^2}$ 的相对增量为

$$\frac{\mathrm{d}(\overline{PQ_1^2})}{\overline{PQ_1^2}} = \frac{4e_{23}y_2y_3}{y_2^2 + y_3^2} = 4e_{23}\sin\alpha\cos\alpha = 2e_{23}\sin 2\alpha , \tag{9.45}$$

式中，α 是 $\overline{PQ_1}$ 与 2 轴之间的夹角(图 9.7).

$\overline{PQ_1}$ 的方向绕 1 轴转过的角度为

$$\beta = \tan^{-1}\left(\frac{y_3 + e_{23}y_2}{y_2 + e_{23}y_3}\right) - \tan^{-1}\left(\frac{y_3}{y_2}\right) , \tag{9.46}$$

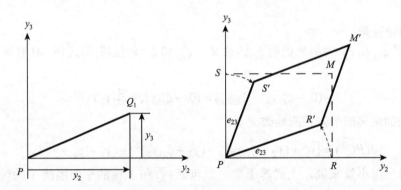

图 9.7　应变的切向分量

这个角度等于：

$$\beta = \tan^{-1}(e_{23}\cos 2\alpha) \doteq e_{23}\cos 2\alpha . \tag{9.47}$$

由以上结果可以看出 e_{23} 的性质. 如果上述的 Q_1 点最初分别是 2 轴和 3 轴上的 R 点和 S 点，则由上式可知，形变时，$\overline{PR}$ 和 $\overline{PS}$ 绕 1 轴各转了 e_{23} 和 $-e_{23}$ 的角度，因而最初为直角的 $\angle RPS$ 减小了 $2e_{23}$，而 $\overline{PR}$ 和 $\overline{PS}$ 的长度不变. 这种情况相当于原来截面为矩形的棱柱体 $PRMS$ 变形为截面为平行四边形的棱柱体而边长保持不变. 我们把这种变形叫作切变，把 $2e_{23}$ 叫作切变角. 对两对应变 e_{31}，e_{13} 和 e_{12}，e_{21} 也可以做类似分析. 我们称 $i \neq j$ 时的 e_{ij} 为应变的切向分量.

前面我们已经指出过，在一般情况下，$\overline{PQ^2}$ 的增量 $\mathrm{d}(\overline{PQ^2})$ 可表示为式(9.32)所示的形式，对比式(9.44)与式(9.32)可知，式(9.44)只不过是式(9.22)的一种特殊情况.

(4)应变二次曲面

和应力二次曲面类似，我们可以引入 P 点的应变二次曲面，它由方程

$$e_{ij}y_iy_j = C \tag{9.48}$$

定义. 式中 C 为常量. 与对应力二次曲面的讨论类似，同样可以得出：在任一给定时刻，有一组通过 P 点的正交轴，相对于这些轴，P 点的切向应变分量为零. 这些轴称为 P 点

的应变主轴. 知道了应变主轴的方向及相应的主应变 (主伸长) e_{11}, e_{22}, e_{33}, 就完全确定了 P 点附近的形变. 因此, 任一点附近的形变总可以表示为沿某三个互相垂直的方向上的简单位伸的结果.

(5) 体积膨胀

当坐标轴方向改变时, $e_{ii} = e_{11} + e_{22} + e_{33}$ 是不变量. 因为

$$e_{ij}\boldsymbol{e}_i\boldsymbol{e}_j = e_{ij}a_{ik'}\boldsymbol{e}_{k'}a_{jl'}\boldsymbol{e}_{l'} = e_{k'l'}\boldsymbol{e}_{k'}\boldsymbol{e}_{l'},$$

其中 $e_{k'l'}$ 是在新的坐标系中的应变张量, 以 $a_{ik'}$ 表示 i 轴与 k' 轴夹角的方向余弦, 可将 $e_{k'l'}$ 表示为

$$e_{k'l'} = e_{ij}a_{ik'}a_{jl'},$$

因而

$$e_{k'k'} = e_{ij}a_{ik'}a_{jk'} = e_{ij}a_{ij} = e_{ij}\delta_{ij} = e_{ii}. \tag{9.49}$$

不变量 e_{ii} 叫作体积膨胀. 这是因为: 在包含 P 点的小体积元在其边界的面积趋于零时, 它的体积的增量和原来体积之比所趋近的极限就是体积膨胀 Θ. 若 P 点处的主伸长为 e_{11}, e_{22}, e_{33}, 则 P 处的体积膨胀 Θ 为

$$\Theta = (1+e_{11})(1+e_{22})(1+e_{33}) - 1. \tag{9.50}$$

略去高阶小量, 就得到

$$\Theta = e_{11} + e_{22} + e_{33} = e_{ii}. \tag{9.51}$$

根据 e_{ii} 在坐标变换下是不变量的性质可知, 即使 e_{11}, e_{22}, e_{33} 不是主伸长, 上式也是正确的:

$$\Theta = e_{ii} = \frac{\partial u_1}{\partial x_1} + \frac{\partial u_2}{\partial x_2} + \frac{\partial u_3}{\partial x_3} = \frac{\partial u_i}{\partial x_i} = \text{div}(\boldsymbol{u}) = \nabla \cdot \boldsymbol{u}. \tag{9.52}$$

体积压缩就是负的膨胀.

(6) 连续方程

对于给定的某一部分物质, 其质量是恒定的. 在 δt 时间内, 从体积元 δV 中流出的总质量可表示为 $\dfrac{\partial}{\partial x_i}(\rho v_i)\delta V \delta t$, 这里, v_i 是速度 v 的分量. 在同一时间内, δV 中质量的耗损为 $-\dfrac{\partial \rho}{\partial t}\delta V \delta t$. 这两项应当相等, 因此,

$$\frac{\partial \rho}{\partial t} + \frac{\partial (\rho v_i)}{\partial x_i} = 0, \tag{9.53}$$

这是连续方程的欧拉形式.

注意到

$$\frac{\partial (\rho v_i)}{\partial x_i} = v_i \frac{\partial \rho}{\partial x_i} + \rho \frac{\partial v_i}{\partial x_i},$$

所以连续方程可以表示为另一种形式——拉格朗日形式:

$$\frac{\mathrm{d}\rho}{\mathrm{d}t} + \rho \frac{\partial v_i}{\partial x_i} = 0 , \tag{9.54}$$

式中,

$$\frac{\mathrm{d}}{\mathrm{d}t} = \frac{\partial}{\partial t} + v_i \frac{\partial}{\partial x_i} \tag{9.55}$$

表示"随着运动的微商". 也可以说它表示由运动而产生的"总的变化率". $\frac{\partial}{\partial t}$ 则表示局部变化率.

换一个角度看, 若曲面 S 不是固定在空间, 而是随时间连同它所包含的质点一起运动, 则质量守恒原理可以表示为

$$\frac{\mathrm{d}}{\mathrm{d}t}(\rho \delta V) = 0 . \tag{9.56}$$

上式与式(9.54)是等价的, 因为由类似于体积膨胀的表达式, 我们可以求得单位时间里体积膨胀的表达式

$$\frac{\partial v_i}{\partial x_i} = \frac{1}{\delta V} \frac{\mathrm{d}(\delta V)}{\mathrm{d}t} , \tag{9.57}$$

而由式(9.56)可得

$$\frac{\mathrm{d}\rho}{\mathrm{d}t}\delta V + \rho \frac{\mathrm{d}(\delta V)}{\mathrm{d}t} = 0 . \tag{9.58}$$

由以上两式就可得出式(9.54).

速度和位移有如下关系:

$$v_i = \frac{\mathrm{d}u_i}{\mathrm{d}t} = \frac{\partial u_i}{\partial t} + v_k \frac{\partial u_i}{\partial x_k} ,$$

所以

$$\frac{\partial v_i}{\partial x_j} = \frac{\partial}{\partial t}\left(\frac{\partial u_i}{\partial x_j}\right) + v_k \frac{\partial}{\partial x_k}\left(\frac{\partial u_i}{\partial x_j}\right) + \frac{\partial v_k}{\partial x_j}\frac{\partial u_i}{\partial x_k} , \tag{9.59}$$

略去二次项, 可以得

$$\frac{\partial v_i}{\partial x_j} = \frac{\mathrm{d}}{\mathrm{d}t}\left(\frac{\partial u_i}{\partial x_j}\right) , \tag{9.60}$$

特别是

$$\frac{\partial v_i}{\partial x_j} = \frac{\mathrm{d}}{\mathrm{d}t}\left(\frac{\partial u_i}{\partial x_i}\right) , \tag{9.61}$$

也即

$$\nabla \cdot \boldsymbol{v} = \frac{\mathrm{d}}{\mathrm{d}t}(\nabla \cdot \boldsymbol{u}) , \tag{9.62}$$

或

$$\nabla \cdot \left(\frac{\mathrm{d}\boldsymbol{u}}{\mathrm{d}t} \right) = \frac{\mathrm{d}}{\mathrm{d}t}(\nabla \cdot \boldsymbol{u}) \, . \tag{9.63}$$

9.1.3　广义虎克定律

(1) 非各向同性的完全弹性体的应力-应变关系

1676 年，虎克(Hooke)提出，在比例限度内，弹性棒的张应力 σ 和纵向伸长应变 e 成正比：

$$\sigma = Ee \, , \tag{9.64}$$

这就是著名的虎克定律．上式中，E 叫作杨(Yong)氏模量或弹性模量．这个定律在比例限度内是成立的，超过此限度，就可观测到"永久"形变(持久形变)即非弹性形变．

如前已述，应力张量 p_{ij} 确定了连续介质中的一个点 x_i 在时刻 t 的应力状态，而应变张量 e_{ij} 确定了状态．在指定的热力学条件下，变形体内的应力和应变是相伴地发生的．如果任一点上的应变分量是由该点的应力分量所决定时，这种情况就叫做完全弹性．在完全弹性的情况下，若设在指定的热力学条件下当 e_{ij}=0 时 p_{ij}=0，即无应变的物体没有受到应力的作用，则虎克定律的一个很自然的推广就是假定

$$p_{ij} = p_{ij}(e_{kl}) \, . \tag{9.65}$$

当应变无限小时，将函数 $p_{ij}(e_{kl})$ 展成 e_{kl} 的幂级数，略去高于一次的项，就得到应力分量与应变分量的齐次线性函数：

$$p_{ij} = A_{ijkl}e_{kl}, \qquad (i, j, k, l = 1, 2, 3). \tag{9.66}$$

这是虎克定律的一个推广，叫广义虎克定律．在许多情况下，它相当精确地反映了实际情况．

在最一般情况下，弹性系数共有 3×3×3×3=81 个．但是，因为应力张量是对称的，所以 A_{ijkl}=A_{jikl}，于是在 A_{ijkl} 中与指标 (i, j) 有关的量只有六个是独立的．类似地，因为应变张量是对称张量，所以 A_{ijkl}=A_{ijlk}，在 A_{ijkl} 中与指标 (k, l) 有关的量也只有六个是独立的．这样，在 81 个弹性系数中，顶多有 36 个系数是独立的．

后面我们将要证明应变能密度函数

$$W = \frac{1}{2} p_{ij}e_{ij} = \frac{1}{2} A_{ijkl}e_{ij}e_{kl} \, . \tag{9.67}$$

这说明，A_{ijkl}=A_{klij}．这样一来，对于最一般的非各向同性的完全弹性体，独立的弹性关系只有 $36 - \left(\dfrac{36 - 6}{2} \right) = 21$ 个．

(2) 各向同性的完全弹性体的应力-应变关系

各项同性是指弹性完全与方向无关．在各向同性的情况下，如果我们在坐标系(1, 2, 3)中将 p_u 与六个应变分量的关系表示为

$$p_{11} = Ae_{11} + Be_{22} + B'e_{33} + Ce_{23} + De_{31} + D'e_{12}, \tag{9.68}$$

而在另一个坐标系(1′, 2′, 3′)中，我们可以写出类似的关系

$$p_{1'1'} = Ae_{1'1'} + Be_{2'2'} + B'e_{3'3'} + Ce_{2'3'} + De_{3'1'} + D'e_{1'2'}. \tag{9.69}$$

如果两个坐标系间有如下关系(图9.8)：

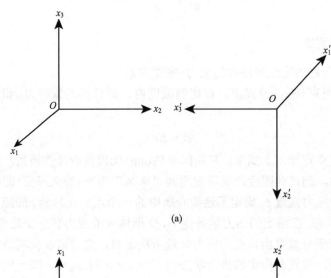

(a)

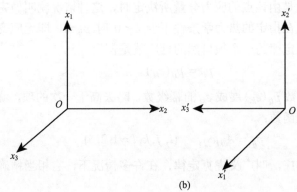

(b)

图 9.8　坐标系的变换

$$
\begin{array}{cccc}
1' & 是 & -1 & 方向，\\
2' & 是 & -3 & 方向，\\
3' & 是 & -2 & 方向，
\end{array}
$$

则由上式可得

$$p_{11} = Ae_{11} + B'e_{22} + Be_{33} + Ce_{32} + D'e_{13} + De_{21}. \tag{9.70}$$

对比以上的式(9.68)与式(9.70)，可得 $B=B'$，$D=D'$. 这样，p_{11} 与应变量的关系就可以表示成

$$p_{11} = Ae_{11} + B(e_{22} + e_{33}) + Ce_{23} + D(e_{31} + e_{12}). \tag{9.71}$$

用类似方法，也可证明 p_{23} 与应变分量的关系可以表示为

$$p_{23} = Ee_{11} + F(e_{22} + e_{33}) + Ge_{23} + H(e_{31} + e_{12}). \tag{9.72}$$

　　因为介质各向同性，所以只要将以上两式的指标作循环代换，而不必变动系数 A，B，C，D，E，F，G，H，就可以得到其他四个应力分量的表示式.

　　以上结果表明，对于各向同性的完全弹性体，弹性系数最多只有八个，它们只与特定的热力学条件有关.

以上两个关系式与坐标轴的选取无关. 所以特别地使(1, 2, 3)轴与 P 点的应变主轴相重合，则上两式变为

$$p_{11} = Ae_{11} + B(e_{22} + e_{33})，\tag{9.73}$$

$$p_{23} = Ee_{11} + F(e_{22} + e_{33})．\tag{9.74}$$

现在，取一个新的坐标系(1′, 2′, 3′)，它是由原坐标系绕 1 轴旋转π/2 得到的，即 1′轴与 1 轴重合，2′轴与 3 轴重合，而 3′轴与 2 轴方向相反(图 9.8b)．因为新坐标系的三个轴仍与应变主轴重合，所以

$$p_{2'3'} = Ee_{1'1'} + F(e_{2'2'} + e_{3'3'})，$$

它可以化为

$$-p_{23} = Ee_{11} + F(e_{22} + e_{33})．\tag{9.75}$$

对比式(9.74)和上式，立刻得出：在此情形下，p_{23}=0. 类似地可以证明，在同样条件下，p_{31}=0 和 p_{12}=0. 这就是说，对于各向同性的完全弹性体，P 点的应力主轴与该点的应变主轴是相重合的.

现在考虑一个张量，其分量

$$T_{ij} = p_{ij} - B\Theta\delta_{ij} - (A - B)e_{ij}，\tag{9.76}$$

在 P 点的应力主轴坐标系中，因为当 $i \neq j$ 时 p_{ij}=0，e_{ij}=0，所以 $i \neq j$ 时 T_{ij}=0. 当 $i=j$ 时，因为 p_{ij} 的表示式如式(9.73)所示，结果 T_{ij} 也等于零. 换言之，T_{ij} 在主轴坐标系中恒为零. 根据张量在不同坐标系中的变换规则，可知在任何坐标系中它都恒为零. 这样一来，

$$p_{ij} = B\Theta\delta_{ij} + (A - B)e_{ij}．\tag{9.77}$$

对比式(9.71)，式(9.72)与上式，即得 $C=D=E=F=H=0$，$A-B=G$. 今以λ表示 B，以μ表示 $G/2$，则式(9.71)和式(9.72)可以写成

$$p_{11} = \lambda\Theta + 2\mu e_{11}，\tag{9.78}$$

$$p_{23} = 2\mu e_{23}．\tag{9.79}$$

而全部应力-应变关系为

$$p_{ij} = \lambda\Theta\delta_{ij} + 2\mu e_{ij}，\tag{9.80}$$

λ, μ 称为拉梅弹性参量，μ 还叫作刚性系数.

(3)用位移表示的运动方程

将上式代入运动方程(9.19)中，就得到

$$\rho f_i = \frac{\partial}{\partial x_i}(\lambda\Theta) + \frac{\partial}{\partial x_i}\left[\mu\left(\frac{\partial u_i}{\partial x_i} + \frac{\partial u_j}{\partial x_i}\right)\right] + \rho X_i，\tag{9.81}$$

或

$$\rho f_i = \frac{\partial \lambda}{\partial x_i}\Theta + \lambda\frac{\partial\Theta}{\partial x_i} + \frac{\partial u_i}{\partial x_i}\frac{\partial u_i}{\partial x_i} + \mu\frac{\partial^2 u_i}{\partial x_j^2} + \frac{\partial\mu}{\partial x_j}\frac{\partial u_j}{\partial x_i} + \mu\frac{\partial^2 u_j}{\partial x_i\partial x_j} + \rho X_i．\tag{9.82}$$

以矢量形式表示，则为：

$$pf = (\lambda + \mu)\nabla\Theta + \Theta\nabla\lambda + \mu\nabla^2 \boldsymbol{u} + \nabla\mu \cdot \nabla \boldsymbol{u} + \nabla \boldsymbol{u} \cdot \nabla\mu + \rho\boldsymbol{X} \,. \tag{9.83}$$

其中，∇^2 为拉普拉斯算子 $\partial^2 / \partial x_j^2$.

如果介质是均匀的，则 λ 和 μ 为常量，运动方程可化为

$$pf_i = \lambda\frac{\partial\Theta}{\partial x_i} + \mu\frac{\partial^2 u_j}{\partial x_i \partial x_j} + \mu\nabla^2 u_i + \rho X_i \,, \tag{9.84}$$

或

$$p\frac{d^2 u_i}{dt^2} = (\lambda + \mu)\frac{\partial\Theta}{\partial x_i} + \mu\nabla^2 u_i + \rho X_i \,. \tag{9.85}$$

注意到式 (9.55)，可得当 u_i 和 v_i 都是一级小量时，$\mathrm{d}^2 u_i / \mathrm{d} t^2 \doteq \partial^2 u_i / \partial t^2$，因此，运动方程化为

$$p\frac{\partial^2 u_i}{\partial t^2} = (\lambda + \mu)\frac{\partial\Theta}{\partial x_i} + \mu\nabla^2 u_i + \rho X_i \,. \tag{9.86}$$

相应的矢量形式为

$$p\frac{\partial^2 \boldsymbol{u}}{\partial t^2} = (\lambda + \mu)\nabla\Theta + \mu\nabla^2 \boldsymbol{u} + \rho\boldsymbol{X} \,. \tag{9.87}$$

(4) 几种完全弹性物质

各向同性的完全弹性体按 μ 值的大小可分成三类. 若 λ 和 μ 在各处均为无限大，则由式 (9.77) 可知，对于有限的 p_{ij}，e_{ij} 恒为零. 这种物质叫作 (理想) 刚体. 若 μ 有限且不为零，则此物质叫作完全固体. 若 $\mu=0$，则叫作完全流体.

在上式中，令 $\mu=0$，则如果 $i \neq j$，$p_{ij}=0$. 此时，由式 (9.11) 可知，应力二次曲面为一个球面. 在这种情况下，作用于法向为 v_i 的任一小平面上应力为

$$p_j(\boldsymbol{v}) = v_i p_{ij} = v_i \lambda\Theta\delta_{ij} = \lambda\Theta v_j. \tag{9.88}$$

这说明，这个应力方向和小平面垂直，大小总是等于 $\lambda\Theta$. 应力张量只有一个独立的分量，我们把与它反号的量叫作流体静压强 (静压力) p：

$$p = -p_{11} = -p_{22} = -p_{33} = -\lambda\Theta \,. \tag{9.89}$$

假定在各向同性的完全弹性体内，在 P 点邻近的物质受到一个流体静压强形式的附加应力 $\mathrm{d}p$ 的作用，则这个压力与其所引起的体积压缩之比叫作 P 点的体积模量或不可压缩性 k. 由式 (9.80) 得

$$\mathrm{d}p_{ij} = \lambda\mathrm{d}\Theta\delta_{ij} + 2\mu\mathrm{d}e_{ij} \,,$$

从而

$$-3\mathrm{d}p = 3\lambda\mathrm{d}\Theta + 2\mu\mathrm{d}\Theta \,, \tag{9.90}$$

于是，

$$k = -\frac{\mathrm{d}p}{\mathrm{d}\Theta} = \lambda + \frac{2}{3}\mu \tag{9.91}$$

将上式代入式 (9.80)，立刻得

$$p_{ij} = \left(k - \frac{2}{3}\mu \right) \Theta \delta_{ij} + 2\mu e_{ij} . \tag{9.92}$$

当 $\mu=0$ 时，上式退化为完全流体的关系式：

$$p_{ij} = k\Theta \delta_{ij} ,$$

即

$$p = -k\Theta . \tag{9.93}$$

上式的 $p = -p_{11} = -p_{22} = -p_{33}$. k 值中等大小的流体叫作气体；k 值很大的流体叫作液体. 理想液体是不可压缩的，其 k 值为无限大.

(5) 杨氏模量和泊松比

假设 P 为一小柱体内的一个点，柱体两端的平面与其棱垂直，并设每一端面上的应力全部为正应力，而柱体的侧面没有应力. P 处的杨氏模量定义为柱体端面上的应力与柱体纵向伸长的比值，而泊松比定义为柱体横向收缩与纵向伸长之比.

取 1 轴与棱柱相平行，由式(9.80)得，在这种情况下：

$$\begin{cases} p_{11} = \lambda\Theta + 2\mu e_{11}, \\ 0 = \lambda\Theta + 2\mu e_{22}, \\ 0 = \lambda\Theta + 2\mu e_{33}, \end{cases} \tag{9.94}$$

因此，

$$p_{11} = (3\lambda + 2\mu)\Theta . \tag{9.95}$$

将上式代回到式(9.94)的第一式即得

$$p_{11} = \frac{\lambda}{3\lambda + 2\mu} p_{11} + 2\mu e_{11} , \tag{9.96}$$

因此，杨氏模量 E 为

$$E = \frac{p_{11}}{e_{11}} = \frac{\mu(3\lambda + 2\mu)}{\lambda + \mu} . \tag{9.97}$$

将式(9.94)的第二式代入第一式并运用上式结果，就得到泊松比 σ：

$$\sigma = -\frac{e_{22}}{e_{11}} = \frac{\lambda}{2(\lambda + \mu)} . \tag{9.98}$$

由简单的代数运算，可根据以上结果用 E, σ 表示出 λ, μ 和 k. 结果是：

$$\lambda = \frac{E\sigma}{(1 + \sigma)(1 + 2\sigma)} , \tag{9.99}$$

$$\mu = \frac{E}{2(1 + \sigma)} , \tag{9.100}$$

$$k = \frac{E}{3(1 - 2\sigma)} . \tag{9.101}$$

此外，

$$\frac{\lambda}{\mu} = \frac{2\sigma}{1 - 2\sigma} . \tag{9.102}$$

在以 p_{ij} 表示 e_{ij} 时，使用 E，σ 是比较方便的．因为

$$p_{kk} = (3\lambda + 2\mu)\Theta = 3k\Theta , \tag{9.103}$$

而由式 (9.80) 可得

$$2\mu e_{ij} = p_{ij} - \lambda\Theta\delta_{ij} , \tag{9.104}$$

所以，

$$e_{ij} = \frac{1 + \sigma}{E} p_{ij} - \frac{\sigma}{E} p_{kk}\delta_{ij} . \tag{9.105}$$

下面将要证明，若标准位形是稳定的，则 μ, $k \geqslant 0$．据此，由式 (9.91) 和式 (9.97) 可推知 $E \geqslant 0$．从而由式 (9.100) 和式 (9.101) 可推出 $-1 \leqslant \sigma \leqslant 1/2$．对于所观测到的所有物质来说，$\sigma$ 一般都是正的．当 μ/k 减小时，σ 增大．对于完全流体，$\sigma = 0.5$．

(6) 完全弹性体的能量

考虑如图 9.4 所示的小平行六面体内的物质 M，设 P 是它的一个角点．今取 $p_{ij}=0$ 时的位形为标准位形．设时间 t 时 P 点的坐标为 x_i，平行六面体的边长为 δx_i，体积 $\delta V = \delta x_1\delta x_2\delta x_3$．设 u_i, v_i, f_i 分别是 P 的位移、速度和加速度．设在随后的一个短时间段 $\mathrm{d}t$ 内，P 的位移的增量为 $\mathrm{d}u_i$，对 M 所做的功为 $\mathrm{d}w\delta V$，M 的动能增加了 $\mathrm{d}T\delta V$，吸收的热为 $\mathrm{d}Q\delta V$．于是，由热力学第一定律，

$$\mathrm{d}w + \mathrm{d}Q = \mathrm{d}U + \mathrm{d}T, \tag{9.106}$$

式中，$\mathrm{d}U\delta V$ 是 M 中内能 U 的增量．

体力对 M 所做的功为 $\rho X_i\mathrm{d}u_i\delta V$，这里 X_i 是作用于单位质量的体力．应力所做的功为 $\frac{\partial(p_{ij}\mathrm{d}u_j)}{\partial x_i}\delta V$．所以，

$$\mathrm{d}w = \rho X_i\mathrm{d}u_i + \frac{\partial(p_{ij}\mathrm{d}u_j)}{\partial x_i} . \tag{9.107}$$

M 的动能增量为

$$\mathrm{d}T\delta V = \mathrm{d}\left(\frac{1}{2}\rho v_1^2 v\delta V\right) = \frac{1}{2}v_1^2\mathrm{d}(\rho\delta V) + \frac{1}{2}\rho\delta V\mathrm{d}(v_1^2) . \tag{9.108}$$

因为质量守恒 [参见式 (9.56)]，所以上式右边只剩下第二项，于是

$$\mathrm{d}T = \rho v_i\frac{\mathrm{d}v_i}{\mathrm{d}t}\mathrm{d}t = \rho v_i f_i\mathrm{d}t = \rho f_i\mathrm{d}u_i . \tag{9.109}$$

由式 (9.107)，式 (9.109) 和式 (9.19) 可得：

$$\mathrm{d}w - \mathrm{d}T = \rho X_i\mathrm{d}u_i + \frac{\partial(p_{ij}\mathrm{d}u_j)}{\partial x_i} - \rho f_i\mathrm{d}u_i = p_{ij}\frac{\partial(\mathrm{d}u_j)}{\partial x_j} . \tag{9.110}$$

由式 (9.60) 可知，在略去了二次项后，

$$\mathrm{d}w - \mathrm{d}T = p_{ij}\mathrm{d}\left(\frac{\partial u_i}{\partial x_j}\right)$$

$$= p_{ij}(\mathrm{d}e_{ij} - \mathrm{d}\xi_{ij}).$$

因为 p_{ij} 是对称张量，ξ_{ij} 是反对称张量，所以 $-p_{ij}d\xi_{ij}=0$. 于是

$$\mathrm{d}w - \mathrm{d}T = p_{ij}\mathrm{d}e_{ij}. \tag{9.111}$$

将上式代入式 (9.105)，即得

$$\mathrm{d}U - \mathrm{d}Q = p_{ij}\mathrm{d}e_{ij}. \tag{9.112}$$

因为

$$\frac{\mathrm{d}Q}{\tau} = \mathrm{d}S, \tag{9.113}$$

式中，τ 是绝对温度，S 是熵，所以

$$\mathrm{d}U - \tau\mathrm{d}S = p_{ij}\mathrm{d}e_{ij}. \tag{9.114}$$

根据热力学第二定律，$\mathrm{d}S$ 是表示状态的变量的全微分. 如果上述过程是等温过程，即 τ 是恒定的，那么 $\mathrm{d}(\tau S)$ 是表示状态的变量的全微分. 由热力学第一定律，$\mathrm{d}U$ 也是表示状态的变量的全微分. 既然上述过程是等温过程，那么，用 e_{ij} 就足以描述 M 的状态. 所以在等温过程的情况下，$\mathrm{d}(U - \tau S)$ 是 e_{ij} 的全微分，从而 $p_{ij}\mathrm{d}e_{ij}$ 就是 e_{ij} 的全微分，于是

$$p_{ij}\mathrm{d}e_{ij} = \mathrm{d}W, \tag{9.115}$$

W 是 e_{ij} 的函数，叫作恒温情形的应变函数. 由上式可得

$$p_{ij} = \frac{\partial W}{\partial e_{ij}}. \tag{9.116}$$

因为 p_{ij} 是 e_{ij} 的齐次线性函数 [见式 (9.66)]，所以 W 必为 e_{ij} 的齐次二次函数，我们将它表示为

$$W = a_{ijkl}e_{ij}e_{kl}. \tag{9.117}$$

因为

$$\frac{\partial W}{\partial e_{ij}} = a_{ijkl}e_{kl} + a_{klij}e_{kl},$$

所以

$$\frac{\partial W}{\partial e_{ij}}e_{ij} = (a_{ijkl}e_{kl} + a_{klij}e_{kl})e_{ij} = 2a_{ijkl}e_{ij}e_{kl} = 2W,$$

也就是

$$W = \frac{1}{2}p_{ij}e_{ij}. \tag{9.118}$$

当弹性体是各向同性体时，

$$2W = \lambda\Theta^2 + 2\mu e_{ij}^2, \tag{9.119}$$

式中，λ，μ 都是等温参量，

$$2W = k\Theta^2 + 2\mu\left(e_{ij}^2 - \frac{1}{3}\Theta^2\right), \tag{9.120}$$

或

$$2W = k\Theta^2 + 2\mu\left(e_{ij} - \frac{1}{3}\Theta\delta_{ij}\right)^2. \tag{9.121}$$

如果标准位形是稳定的，则当 $e_{ij} \neq 0$ 时，$W \geqslant 0$. 由上式立即可得出 k，$\mu \geqslant 0$. 这是上节已用到的一个结论.

在绝热条件下，因为 $dQ = 0$，所以式(9.114)中的 $p_{ij}de_{ij}$ 仍是一个全微分. 上面从式(9.115)至式(9.121)的推导仍然成立，只不过公式中的 λ，μ，k 应理解为绝热参量，W 应理解为绝热条件下的应变能密度函数.

(7) 等温和绝热弹性系数

引进由如下的公式所定义的偏应力张量 P_{ij} 和偏应变张量 E_{ij}：

$$P_{ij} = p_{ij} - \frac{1}{3}p_{kk}\delta_{ij} = p_{ij} + p\delta_{ij}, \tag{9.122}$$

$$E_{ij} = e_{ij} - \frac{1}{3}e_{kk}\delta_{ij} = e_{ij} - \frac{1}{3}\Theta\delta_{ij}, \tag{9.123}$$

式(9.122)中，p 是压强：

$$p = -\frac{1}{3}p_{kk}. \tag{9.124}$$

由式(9.103)可得

$$p = -k\Theta, \tag{9.125}$$

由式(9.122)，式(9.123)，式(9.125)和式(9.90)，可得

$$P_{ij} = 2\mu E_{ij}. \tag{9.126}$$

根据 P_{ij} 和 E_{ij} 的定义可知 $P_{ii} = 0$，$E_{ii} = 0$. 所以上式中只有五个独立的关系式，但连同式(9.125)，仍然有六个独立的关系式，它们和式(9.80)是等价的.

各向同性完全弹性的固体的热力学状态，可以用绝对温度 τ，p，p_{ij}，Θ 和 E_{ij} 加以确定. 但由于式(9.125)和式(9.126)的缘故，只要用 τ，Θ 和五个独立的 E_{ij} 分量就足以完全确定其热力学状态. 由式(9.125)可知，p 和 Θ 有关，并且可能通过 k 而和 τ 有关，但和 E_{ij} 无关. 由式(9.126)可知，P_{ij} 和 E_{ij} 有关，但和 Θ 无关，并且可能通过 μ 而和 τ 有关. 但是 k 和 μ 不能都与 τ 有关，否则式(9.125)与式(9.126)就不成其为互相独立的关系式. 在流体这种特殊情况下 $\mu = 0$，此时只有一个弹性系数 k，所以只能是 k 与 τ 有关. 所以在一般情况下，在 k 和 μ 这两个弹性系数中，只能是 k 与温度 τ 有关.

既然在式(9.126)中，μ 与温度无关，所以对于任何可逆的热力学变化，μ 都是一样的. 特别是绝热刚性系数 μ_a 和等温刚性系数 μ_i 应当是相等的，即

$$\mu_a = \mu_i. \tag{9.127}$$

体积模量的情况则不同. 绝热条件下的体积模量 k_a 定义为

$$k_a = -(\partial p / \partial\Theta)_{S, E_{ij}}, \tag{9.128}$$

而等温条件下体积模量 k_i 定义为

$$k_i = -(\partial p / \partial \Theta)_\tau .\qquad(9.129)$$

在应变保持不变的情况下的比热 c 的定义为

$$c = \frac{1}{\rho}(\partial Q / \partial \Theta)_{\Theta, E_{ij}} ,\qquad(9.130)$$

而体膨胀系数的定义 γ 为

$$\gamma = (\partial \Theta / \partial \tau')_P .\qquad(9.131)$$

由式(9.113)和式(9.114)得

$$\mathrm{d}U = \tau \mathrm{d}S + P_{ij}\mathrm{d}e_{ij} ,\qquad(9.132)$$

将式(9.122)和式(9.123)代入上式即得

$$\mathrm{d}U = \tau \mathrm{d}S + P_{ij}\mathrm{d}E_{ij} - p\mathrm{d}\Theta .\qquad(9.133)$$

根据热力学第一定律，$\mathrm{d}U$ 是一个全微分，所以

$$\left(\frac{\partial P}{\partial S}\right)_{\Theta, E_{ij}} = -\left(\frac{\partial \tau'}{\partial \Theta}\right)_{S, E_{ij}} .\qquad(9.134)$$

由式(9.113)和式(9.130)可得

$$\rho c = (\partial Q / \partial \tau)_{\Theta, E_{ij}} = \tau(\partial S / \partial \tau)_{\Theta, E_{ij}} .\qquad(9.135)$$

把 p 看作是 τ' 和 Θ 的函数，而 τ 又是 Θ 的函数，则

$$(\partial p / \partial \Theta)_{S, E_{ij}} = (\partial p / \partial \tau)_\Theta (\partial \tau / \partial \Theta)_{S, E_{ij}} + (\partial p / \partial \Theta)_\tau .\qquad(9.136)$$

将式(9.128)，式(9.129)代入上式，即得

$$k_a - k_i = -(\partial p / \partial \tau)_\Theta (\partial \tau / \partial \Theta)_{S, E_{ij}}\qquad(9.137)$$

$$= (\partial p / \partial \tau)_\Theta (\partial p / \partial S)_{\Theta, E_{ij}} \text{[用式(9.134)]}\qquad(9.138)$$

$$= (\partial p / \partial \tau)_\Theta (\partial p / \partial \tau)_\Theta (\partial \tau / \partial S)_{\Theta, E_{ij}} .\qquad(9.139)$$

不难证明，如果

$$\begin{cases} x = x(y, z), \\ y = y(z, x), \\ z = z(x, y), \end{cases}$$

则

$$\left(\frac{\partial y}{\partial z}\right)_x \left(\frac{\partial z}{\partial y}\right)_x = 1,$$

$$\left(\frac{\partial y}{\partial z}\right)_x \left(\frac{\partial z}{\partial x}\right)_y \left(\frac{\partial x}{\partial y}\right)_z = -1.$$

将以上两式运用于式(9.139)，则得

$$k_a - k_i = (\partial p / \partial \tau)_\Theta^2 / (\partial s / \partial \tau)_{\Theta, E_{ij}} ,$$

$$= \tau[(\partial \Theta / \partial \tau)_p (\partial p / \partial \Theta)_\tau]^2 / \rho c .\qquad(9.140)$$

利用式(9.129)和式(9.131)便得到

$$k_a - k_i = \tau k_i^2 \gamma^2 / \rho c . \tag{9.141}$$

9.1.4 地球介质的非完全弹性

(1)偏应力和偏应变

地球介质在短时间作用力下表现为完全弹性，但在长时间作用力下则表现出非完全弹性. 地球介质的非完全弹性，主要是在完全对称应力和作用下出现的；既然如此，引入偏应力和偏应变张量 P_{ij} 和 E_{ij} 是比较适宜的. P_{ij} 和 E_{ij} 定义为

$$P_{ij} = p_{ij} - \frac{1}{3} p_{kk} \delta_{ij}, \tag{9.142}$$

$$E_{ij} = e_{ij} - \frac{1}{3} e_{kk} \delta_{ij}, \tag{9.143}$$

显然，当 $i{\neq}j$ 时，$P_{ij}{=}p_{ij}$, $E_{ij}{=}e_{ij}$.

由式(9.102)和以上两式，我们可得[参见式(9.126)]

$$P_{ij} = 2\mu E_{ij} . \tag{9.144}$$

由式(9.122)和式(9.123)可以证明 $P_{ij}{=}0$, $E_{ij}{=}0$，所以在上式中只有五个独立的关系式. 连同式(9.102)，仍然有六个独立的关系式. 式(9.102)和式(9.126)两式和式(9.102)是等效的，但是用这两个公式可以分别表示出完全对称应力和非完全对称应力两者的效应；式(9.102)反映了在完全对称应力作用下介质的性质，而式(9.126)则反映了对称应力的效应.

由式(9.121)和式(9.123)可得

$$2W = k\Theta^2 + 2\mu E_{ij}^2 . \tag{9.145}$$

既然地球介质的非完全弹性主要是在完全对称应力作用下出现的，所以在表示地球介质的非完全弹性时，我们将始终保持式(9.102)不变，而以不同方式改变式(9.126)，并假定所有用到的弹性参量与时间 t 无关.

(2)完全弹性体

应力和应变呈线性关系[式(9.126)]的物体即完全弹性体，也叫虎克体(图 9.9a). 用一根遵从虎克定律的弹簧可以直观地表示这种物体；如果将完全弹性体与电路相比拟，则可发现，P_{ij} 相当于电流，E_{ij} 相当于电动势，而 2μ 相当于电导率.

(3)黏滞体

理想的黏滞体是一种最简单的非完全弹性体. 对于这种物体，式(9.126)仍成立，但偏应力不是与偏应变成正比，而是与偏应变的变化率成正比(图 9.9b)，即

$$P_{ij} = 2v \frac{dE_{ij}}{dt}, \tag{9.146}$$

这里，v 是一个表示流体黏滞性的新参量，叫黏滞系数. 具有上述性质的介质就叫作黏滞体，也叫牛顿体. 我们可以用一个阻尼器直观地表示这种物体，阻尼器可以看成是在黏滞流体中移动的活塞，它服从牛顿黏滞性定律，即作用力正比于速率. 不难证明，若

P_{ij} 和 E_{ij} 都是时间的简谐函数，即

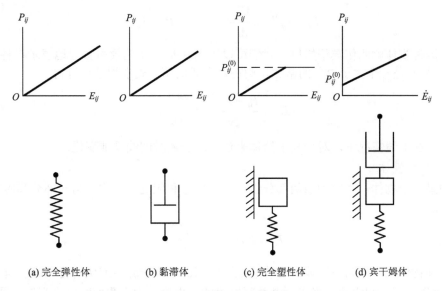

图 9.9 完全弹性体、黏滞体、完全塑性体和宾干姆体

$$P_{ij} = P_{ij}^{(0)}\mathrm{e}^{i\omega t} ,$$
$$E_{ij} = E_{ij}^{(0)}\mathrm{e}^{i\omega t} ,$$

则

$$P_{ij} = 2v_i\omega_i E_{ij} = 2\mu^* E_{ij} . \tag{9.147}$$

这说明在此条件下，黏滞性相当于弹性常量为 $\mu^*=\mathrm{i}\omega v$ 的完全弹性体．如果仍如前面那样将 P_{ij} 和 E_{ij} 分别比作电路中的电流和电动势，则 $2\mu^*$ 便是相应的导纳．纯虚数的导纳意味着 E_{ij} 比 P_{ij} 滞后 $\pi/2$ 的位相．

(4) 完全塑性体

如果物体在所受应力 P_{ij} 小于某定值 $P_{ij}^{(0)}$ 时为完全弹性体；而当应力等于 $P_{ij}^{(0)}$ 时便开始流动(图 9.9c)，即

$$\begin{aligned} E_{ij} &= P_{ij}/2\mu, &\quad \text{当} P_{ij} < P_{ij}^{(0)}\text{时}; \\ \overline{E_{ij}} &\text{可任意增大}, &\quad \text{当} P_{ij} = P_{ij}^{(0)}\text{时}; \end{aligned} \tag{9.148}$$

那么，这种物体便叫作完全塑性体，也叫圣·维南(St. Venant)体．

可以用图 9.9c 的模型直观地表示完全塑性体．在这个模型中，把 $P_{ij}^{(0)}$ 比作摩擦力，当应力小于它时，比拟成位移的应变与应力成正比，当应力等于它从而克服了摩擦作用时，位移可以无限地增大．

(5) 宾干姆(Bingham, D. K.)体

如果物体在应力小于某定值 $P_{ij}^{(0)}$ 时表现为完全弹性体，而应力大于该定值时则为黏滞体(图 9.9d)，即

$$P_{ij} = 2\mu E_{ij}, \qquad\qquad P_{ij} < P_{ij}^{(0)},$$

$$P_{ij} = P_{ij}^{(0)} + 2\frac{\mathrm{d}E_{ij}}{v\,\mathrm{d}t}, \qquad\qquad P_{ij} > P_{ij}^{(0)},$$

(9.149)

那么，这种物体就叫作宾干姆体．我们可以用图 9.9d 所示的模型直观地表示这种物体．

如果 P_{ij} 是一个大于 $P_{ij}^{(0)}$ 的常数，则在对上式的第二式求积分后可得

$$E_{ij} = \frac{P_{ij} - P_{ij}^{(0)}}{2v}t + \frac{P_{ij}^{(0)}}{2\mu},$$

(9.150)

这说明，在上述情况下，对于宾干姆体来说，应变随时间线性地变化．

(6) 黏弹性体

如果一个物体，其应力由两部分组成，一部分和应变成正比，另一部分和应变率成正比，即

$$P_{ij} = 2\mu E_{ij} + 2v\frac{\mathrm{d}E_{ij}}{\mathrm{d}t},$$

(9.151)

那么这种物体就叫作黏弹性体，也叫作开尔芬(Kelvin, Lord)体或伏葛特(Voigt)体．若仍将 P_{ij} 比作电流，则它就相当于一个并联电路的总电流，因而我们可以直观地用图 9.10a 所示的弹簧和阻尼器并联成的模型表示黏弹性体，弹簧服从虎克定律，而阻尼器服从牛顿黏滞性定律．

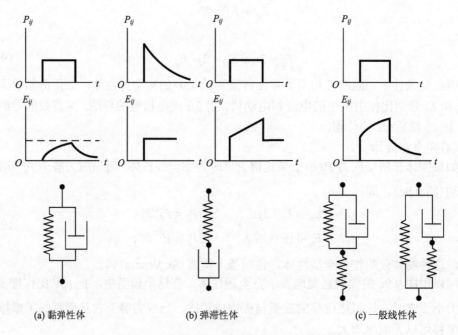

(a) 黏弹性体　　　　　　　(b) 弹滞性体　　　　　　　(c) 一般线性体

图 9.10　黏弹性体、弹滞性体和一般线性体

若在 $t=0$ 时 $E_{ij}=0$，而 $P_{ij}=P_{ij}^{(0)}=$ 常数，则积分上式后可得

$$E_{ij} = \frac{P_{ij}^{(0)}}{2\mu}(1 - e^{-\frac{t}{\tau}}),\qquad(9.152)$$

式中，$\tau=v/\mu$是量纲为时间的常量，叫作应变的弛豫时间. 上式表明，当作用偏应力时，物体达到完全应变，在时间上有一个指数延迟.

若是在 $t=0$ 时 $E_{ij}=E_{ij}^{(0)}$，然后应力由 $P_{ij}^{(0)}$ 突然降为零，则

$$E_{ij} = E_{ij}^{(0)} e^{-t/\tau},\qquad(9.153)$$

它表明在取消应力后，物体恢复原状，在时间上也要经历一个指数延迟过程.

如果偏应力是一个时间上的简谐函数 $P_{ij}=P_{ij}^{(0)} e^{i\omega t}$，$\omega$表示圆频率，则令 $E_{ij}=E_{ij}^{(0)} e^{i\omega t}$，把 P_{ij} 和 E_{ij} 代入式(9.151)后可得

$$P_{ij} = 2(\mu + i\omega v)E_{ij} = 2\mu^* E_{ij},\qquad(9.154)$$

这意味着黏弹性体相当于具有复弹性系数

$$\mu^* = \mu + i\omega v\qquad(9.155)$$

的完全弹性体. 显然，当力的作用周期 $T=2\pi/\omega$比弛豫时间τ小得多时，物体表现出远大于μ的有效刚性；反之，式(9.151)中右边的第二项(黏滞项)的影响就不重要.

(7) 弹滞性体

如果一个物体的应变 E_{ij} 包括两部分，一部分是完全弹性应变，另一部分是黏滞性应变，即

$$2v\mathrm{d}\frac{\mathrm{d}E_{ij}}{\mathrm{d}t} = P_{ij} + \tau\frac{\mathrm{d}P_{ij}}{\mathrm{d}t},\qquad(9.156)$$

那么具有上式和式(9.102)所描述性质的物体便叫作弹滞性体，也叫作马克斯韦(Maxwell, A. E.)体.

若仍将 P_{ij} 比作电流，则可将弹滞性体的 P_{ij} 比作一个串联电路的电流. 这样就可以用图 9.10b 所示的、弹簧和吸收器串联成的模型直观地表示弹滞性体.

若当 $t\geqslant0$ 时 $E_{ij}=E_{ij}^{(0)}=$常数，则对上式求积分后可得

$$P_{ij} = \frac{2v}{\tau} E_{ij}^{(0)} e^{-t/\tau},\qquad(9.157)$$

式中的τ称为应力弛豫时间. 这个结果表明，对于弹滞性体，当应变保持不变时，应力会按指数规律逐渐松弛.

若在 $t=0$ 时在无应变的弹滞性体上作用一恒定的偏应力 $P_{ij}^{(0)}$，则由式(9.156)可得

$$E_{ij} = E_{ij}^{(1)}\left(1 + \frac{t}{\tau}\right),\qquad(9.158)$$

式中，$E_{ij}^{(1)} = P_{ij}^{(0)} / 2v$. 这表明，在 $t=0$ 时刻作用了偏应力 $P_{ij}^{(0)}$ 后，立刻会引起一个大小为 $P_{ij}^{(0)} / 2v$ 的偏应变；然后偏应变以恒定的速率 $P_{ij}^{(0)} /2v$ 增加，像黏滞流体一样，它可以变到无穷大. 若在 $t=t_1$ 时刻应力突然从 $P_{ij}^{(0)}$ 降为零，这时偏应变立即减少 $P_{ij}^{(0)} / 2v$，而残存一个大小为 $t_1 P_{ij}^{(0)} / 2v$ 的偏应变.

如果偏应力和偏应变都是时间的简谐函数，那么由式(9.157)可得

$$P_{ij} = 2\mu^* E_{ij},\tag{9.159}$$

$$\mu^* = \frac{\mathrm{i}\omega v}{1+\mathrm{i}\omega\tau}.\tag{9.160}$$

这意味着弹滞性体可视为具有上式所示的复弹性系数 μ^* 的完全弹性体. 显然, 在偏应力随时间变化很缓慢时, 式(9.156)右端的第一项占优势. 此时的弹滞性体近似为黏滞系数为 v 的流体; 但当应力变化很快时, 第二项就占优势, 此时弹滞性体的性质接近于刚性系数 v/τ 的完全弹性体.

这些结果定性地和观察到的某些塑性物质的性质相符合. 像沥青或塑性硫黄等物质在持续的偏应力作用下, 会发生塑性流动, 其应变可以趋于无穷大; 而在应力撤销后, 只是部分地恢复原状, 即残存一个持久("永久")变形.

对于黏弹性而言, 在应变和应力之中任一个保持不变的情况下, 只要时间足够长, 相应地另一个量也是常量. 由此可见, 弹性是黏弹性体的主要性质. 和黏弹性体不同, 只要时间足够长, 在应变保持不变的情况下, 弹滞性体中的应力会逐渐松弛掉; 而在应力不变时, 应变将随时间而增大. 这说明在时间足够长的情况下, 弹滞性更接近于黏滞流体. 黏滞性是弹滞性体的主要性质.

(8) 一般的线性体

真实的固体在施加或取消偏应力后, 通常立即发生一定数量的应变, 接着是长时间的缓慢运动(蠕动). 这种现象叫作弹性后效或弹性滞后. 由以上分析我们看到, 黏弹性体和弹滞性体都部分地反映了固体的弹性后效性质. 所以可以想见, 如果引进一般线性体的概念, 当能更好地描述这一性质. 一般线性体是指偏应力和偏应变遵从下列关系的物体:

$$P_{ij} + \tau\frac{\mathrm{d}P_{ij}}{\mathrm{d}t} = 2\mu E_{ij} + 2v\frac{\mathrm{d}E_{ij}}{\mathrm{d}t}.\tag{9.161}$$

对于一般的线性体, 如果在时刻 $t=0$ 不发生应变, 而后施加一恒定的偏应力 $P_{ij}^{(0)}$, 则由上式可得

$$\int_0^t P_{ij}^{(0)}\mathrm{d}t + \tau P_{ij}^{(0)} = 2\mu\int_0^t E_{ij}\mathrm{d}t + 2vE_{ij},\tag{9.162}$$

这说明, 在 $t=0$ 时刻, 发生了大小为 $(\tau/2v)\,P_{ij}^{(0)}$ 的瞬时偏应变. 因为在 $t>0$ 时, P_{ij} 保持等于 $P_{ij}^{(0)}$, 所以由式(9.161)可以推得

$$E_{ij} = \frac{\tau P_{ij}^{(0)}}{2v}\left[\left(1-\frac{\tau'}{\tau}\right)\mathrm{e}^{-t/\tau'} + \frac{\tau'}{\tau}\right],\tag{9.163}$$

这里, $\tau'=v/\mu$. 上式表明, 当 t 趋于无穷时, E_{ij} 趋于 $P_{ij}^{(0)}/2\mu$. 如果在 $t=t_1$, $E_{ij}=E_{ij}^{(1)}$ 时突然将应力移去, 则由式(9.162)可见, 偏应变将突然减少 $(\tau/2v)\,P_{ij}^{(0)}$, 然后以指数形式蠕动到零:

$$E_{ij} = \left(E_{ij}^{(1)} - \frac{\tau'}{2\nu} P_{ij}^{(0)} \right) \mathrm{e}^{-t/\tau'}, \qquad t > t_1 . \tag{9.164}$$

把刚性系数为μ，黏滞系数为ν的弹滞性体与刚性系数为μ_1的弹性体并联(图9.10c)，则可得到下列关系：

$$P_{ij} + \frac{\nu}{\mu}\frac{\mathrm{d}P_{ij}}{\mathrm{d}t} = 2\mu_1 E_{ij} + 2\nu\left(1 + \frac{\mu_1}{\mu}\right)\frac{\mathrm{d}E_{ij}}{\mathrm{d}t} . \tag{9.165}$$

如果把刚性系数为μ，黏滞系数为ν的黏弹性体与刚性系数为μ_1的弹性体串联(图9.10c)，则可得另一个关系：

$$P_{ij} + \frac{\nu}{\mu + \mu_1}\frac{\mathrm{d}P_{ij}}{\mathrm{d}t} = \frac{2\mu\mu_1}{\mu + \mu_1} E_{ij} + 2\nu\frac{\mu_1}{\mu + \mu_1}\frac{\mathrm{d}E_{ij}}{\mathrm{d}t} . \tag{9.166}$$

对比以上两式与式(9.161)，我们可以看出，无论是式(9.165)所表示的模型，还是式(9.166)所表示的模型，只要参量选择适当，在力学上都等于式(9.161)所示的一般线性体.

由式(9.163)可见，只有在$\tau' > \tau$时由该式给出的E_{ij}才是t的上升函数，这样，该式就能表示弹性后效. 因此，对于具有弹性后效的介质来说，应当有$\tau' > \tau$. τ'越大，施加了应力后，E_{ij}趋于终值的速率越慢；取消了应力后，E_{ij}蠕动到零的速率也越慢.

在应力变化十分缓慢时，式(9.161)中的τ项和ν项可以忽略，此时物体的性质接近于刚性系数为μ的完全弹性体. 在变化十分迅速的应力作用下，τ项和ν项占主导地位，此时物体的性质接近于刚性系数为ν/τ的完全弹性体. 如果应力和应变都是时间的简谐函数，则可得

$$P_{ij} = 2\mu^* E_{ij} , \tag{9.167}$$

$$\mu^* = 2\mu\left(\frac{1 + \mathrm{i}\omega\tau'}{1 + \mathrm{i}\omega\tau}\right), \qquad \tau' = \frac{\nu}{\mu} . \tag{9.168}$$

这说明可以把一般线性体看作是具有上式所表示的复弹性系数μ^*的完全弹性体.

(9) 固体的强度

一个固体在从零不断增加的偏应力作用下，它的变形起初是完全弹性的；随后弹性后效渐渐明显，但形变仍可恢复；最后则发生"永久"形变."永久"形变阶段表现为塑性流动或破裂. 如果作用的应力足够大，则立刻就发生破裂；不过通常在产生塑性流动和产生直接破裂的最小偏应力之间总有一段有限的间隔.

米赛斯(Mises)认为，可以用开始塑性流动时的偏应力分量的标量函数P_{ij}^2表示永久形变阶段的性质，按照式(9.122)，可以将P_{ij}^2表示为

$$P_{ij}^2 = \frac{1}{3}[(p_{22} - p_{33})^2 + (p_{33} - p_{11})^2 + (p_{11} - p_{22})^2] + 2(P_{23}^2 + P_{31}^2 + P_{12}^2) . \tag{9.169}$$

通常，以流动开始出现时的$(3P_{ij}^2)^{1/2}$的值作为固体强度的一个指标，叫米赛斯函数F_u：

$$F_u = (3P_{ij}^2)^{1/2} . \tag{9.170}$$

实际上，"永久"形变阶段不但取决于P_{ij}^2，还与其他因素如p_{kk}有关. 所以另一种理论认为这个阶段是由最大和最小主应力之差决定的. 如果以p_1, p_2, p_3分别表示最大、中

等和最小主应力，以 P_1, P_2, P_3 表示偏应力的相应的量，则最大和最小主应力差

$$F_S = p_1 - p_3 = P_1 - P_3 . \tag{9.171}$$

在主轴坐标系中，米赛斯函数

$$F_M = (3P_i^2)^2 = [(p_2 - p_3)^2 + (p_3 - p_1)^2 + (p_1 - p_2)^2]^{1/2} . \tag{9.172}$$

通过简单的代数运算，可以证明，对于所有的 P_i 值，$(F_M - F_S)/F_M$ 在 0.18 和 0.30 之间. 所以在考虑地球内部物理的强度问题时，相对于所要求的精度而言，不管是用 F_S 还是用 F_M，差异都不大.

有时也称产生直接破裂时的应力为"强度". 为避免混淆，葛里格斯(Griggs, D. T.)把既无塑性流动又无破裂发生时的最大应力差叫作"基本强度". 按此定义，沥青之类的物质的基本强度就等于零.

"强度"和"刚性"是两种不同的概念. 弹滞性体的强度为零，但在某些情况下它的性质犹如具有一定刚性的完全弹性体.

(10) 固体和流体

在前面，我们以 μ 值的大小划分完全流体和完全固体. 就实际物质而言，这种划分法未免过于简单. 实际介质的 μ 是否会精确地等于零这是成问题的；此外，单用 μ 描述刚性物质是不够的：即使 μ 为零，物质也可以表现出刚性. 所以在给定的热力学条件下，想把某一物质划分为固体或流体，只按 μ, ν 的值来分类是不够的，还必须规定其他一些条件.

有人以没有强度作为物质是流体的判据，有人则以没有刚性为判据. 如前所述，强度和刚性是两种不同的概念. 像常温下的沥青，其基本强度等于零；但在一定条件下它又可以表现出弹性. 所以以有无刚性作为固体和流体的判据较好.

若以有无刚性作为固体和流体的判据，那么就引出一个问题：能否测定物体的刚性？实际固体的刚性与力的作用时间有关，但根据以上分析可知，在迅速变化的应力作用下，最有可能测定刚性. 如果介质具有刚体，那么在迅速变化的力的作用下就能传播横波. 所以我们可以用是否能够通过横波作为介质是固体还是流体的判据. 据此，我们说地球的外核是液体的，因为它不能传播横波. 顺便指出，虽然在长时间力的作用下，弹滞性体的性质接近于黏滞流体；但因在短时间力的作用下，其性质更接近于刚性系数 ν/τ 的完全弹性体，所以根据"刚性"判据，仍认为弹滞体是一种固体.

9.1.5　波动方程及其基本解

(1) 体膨胀和旋转量所满足的波动方程

在没有体力时，可将运动方程式 (9.87) 写成另一个形式：

$$\rho \frac{\partial^2 \boldsymbol{u}}{\partial t^2} = (\lambda + 2\mu)\nabla(\nabla \cdot \boldsymbol{u}) - \mu \nabla \times \nabla \times \boldsymbol{u} , \tag{9.173}$$

对上式两边作散度得

$$\rho \frac{\partial^2 \Theta}{\partial t^2} = (\lambda + 2\mu)\nabla^2 \Theta ; \tag{9.174}$$

作旋度得

$$\rho\frac{\partial^2(2\boldsymbol{\omega})}{\partial t^2} = \mu\nabla^2(2\boldsymbol{\omega}),\tag{9.175}$$

其中,

$$\Theta = \text{div}(\boldsymbol{u}) = \nabla \cdot \boldsymbol{u},\tag{9.176}$$

$$2\boldsymbol{\omega} = \text{rot}(\boldsymbol{u}) = \nabla \times \boldsymbol{u}.\tag{9.177}$$

式(9.174)和式(9.175)表明,在弹性固体中有两种扰动传播,一种是体膨胀,一种是旋转量. 前者以较高的速度

$$\alpha = \sqrt{\frac{\lambda+2\mu}{\rho}}\tag{9.178}$$

传播,通常叫作无旋波、膨缩波、纵波、初至波(primary waves)或 P 波. 后者以较低的速度

$$\beta = \sqrt{\frac{\mu}{\rho}}\tag{9.179}$$

传播,通常叫作等体积波、旋转波、畸变波、切变波、横波、续至波(secondary waves)或 S 波.

这两种类型的波的性质可以通过考虑平面波的传播得到理解. 不失一般性,假定平面波沿 x_1 方向传播,那么位移分量 u_1, u_2, u_3 就只是 x_1 和 t 的函数,因而运动方程(9.173)可以写成

$$\rho\frac{\partial^2 u_1}{\partial t^2} = (\lambda+2\mu)\frac{\partial^2 u_1}{\partial x_1^2},\tag{9.180}$$

$$\rho\frac{\partial^2 u_2}{\partial t^2} = \mu\frac{\partial^2 u_2}{\partial x_1^2},\tag{9.181}$$

$$\rho\frac{\partial^2 u_3}{\partial t^2} = \mu\frac{\partial^2 u_3}{\partial x_1^2}.\tag{9.182}$$

波动方程(9.180)的一般解为

$$u_1 = f(x_1-\alpha t) + F(x_1+\alpha t).\tag{9.183}$$

这可以通过将上式代入式(9.180)而得到验证. 上式中的 f 和 F 是任意函数,它们的形式只依赖初始条件和边界条件. 函数 f 表示沿传播方向的位移 u_1(即纵波振动)以 P 波的速度 α 朝正 x_1 方向传播,函数 F 表示朝负 x_1 方向传播,不过它们是以 S 波的速度 β 传播罢了.

(2)直角坐标下的波动方程

引进位函数 φ 和 $\boldsymbol{\psi}$:

$$\boldsymbol{u} = \nabla\varphi + \nabla\times\boldsymbol{\psi}.\tag{9.184}$$

将它代入式(9.173)可知,如果分别满足 φ 和 $\boldsymbol{\psi}$ 波动方程:

$$\rho \frac{\partial^2 \varphi}{\partial t^2} = (\lambda + 2\mu)\nabla^2 \varphi , \tag{9.185}$$

$$\rho \frac{\partial^2 \boldsymbol{\psi}}{\partial t^2} = \mu \nabla^2 \boldsymbol{\psi} , \tag{9.186}$$

则如式(9.185)所示的 $\boldsymbol{u}$ 就满足运动方程(9.173). 由此可见, 由于引进了位函数 φ 和 $\boldsymbol{\psi}$, 使得运动方程(9.173)的求解问题转化为波动方程(9.185)和(9.186)的求解问题. 为以后应用方便起见, 我们将式(9.184)以分量形式表示:

$$u_1 = \frac{\partial \varphi}{\partial x_1} + \frac{\partial \psi_3}{\partial x_2} - \frac{\partial \psi_2}{\partial x_3} , \tag{9.187}$$

$$u_2 = \frac{\partial \varphi}{\partial x_2} + \frac{\partial \psi_1}{\partial x_3} - \frac{\partial \psi_3}{\partial x_1} , \tag{9.188}$$

$$u_3 = \frac{\partial \varphi}{\partial x_3} + \frac{\partial \psi_2}{\partial x_1} - \frac{\partial \psi_1}{\partial x_2} . \tag{9.189}$$

在以后要讨论的平面波问题中, 使用上述形式的位函数是方便的, 特别是 φ, $\boldsymbol{\psi}$ 如果与 x_2 无关时,

$$u_1 = \frac{\partial \varphi}{\partial x_1} - \frac{\partial \psi_2}{\partial x_3} , \tag{9.190}$$

$$u_2 = \frac{\partial \psi_1}{\partial x_3} - \frac{\partial \psi_3}{\partial x_1} , \tag{9.191}$$

$$u_3 = \frac{\partial \varphi}{\partial x_3} + \frac{\partial \psi_2}{\partial x_1} . \tag{9.192}$$

由上式可见, u_2 可以与 u_1 和 u_3 分开讨论. 所以在所讨论的量与 x_2 无关的问题里, 只要 φ, ψ 和 u_2 满足波动方程

$$\frac{\partial^2 \varphi}{\partial t^2} = \alpha^2 \nabla^2 \varphi , \tag{9.193}$$

$$\frac{\partial^2 \varphi}{\partial t^2} = \beta^2 \nabla^2 \varphi , \tag{9.194}$$

$$\frac{\partial^2 u_2}{\partial t^2} = \beta^2 \nabla^2 u_2 , \tag{9.195}$$

则由公式

$$u_1 = \frac{\partial \varphi}{\partial x_1} - \frac{\partial \psi}{\partial x_3} , \tag{9.196}$$

$$u_2 = u_2 , \tag{9.197}$$

$$u_3 = \frac{\partial \varphi}{\partial x_3} + \frac{\partial \psi}{\partial x_1} \tag{9.198}$$

确定的 $\boldsymbol{u}$ 就满足运动方程.

(3) 柱坐标下的波动方程

有时需要在柱坐标中讨论问题，这时我们引进标量位函数 φ，ψ，χ：

$$\boldsymbol{u} = \nabla\varphi + \nabla\times[\psi\boldsymbol{e}_z + \nabla\times(\chi\boldsymbol{e}_z)], \tag{9.199}$$

$\boldsymbol{e}_z$ 是 z 方向的单位矢量.

将上式代入运动方程，可以发现如果标量位函数 φ，ψ，χ 满足波动方程

$$\frac{\partial^2\varphi}{\partial t^2} = \alpha^2\nabla^2\varphi, \tag{9.200}$$

$$\frac{\partial^2\psi}{\partial t^2} = \beta^2\nabla^2\psi, \tag{9.201}$$

$$\frac{\partial^2\chi}{\partial t^2} = \beta^2\nabla^2\chi, \tag{9.202}$$

则式 (9.199) 所表示的 $\boldsymbol{u}$ 就满足运动方程.

在柱坐标中，如果扰动的传播具有轴对称性，则波动方程可以化为较简单的形式. 以式 (9.200) 为例，此时它可化为

$$\frac{\partial^2\varphi}{\partial t^2} = \alpha^2\left(\frac{\partial^2\varphi}{\partial r^2} + \frac{1}{r}\frac{\partial\varphi}{\partial r}\right). \tag{9.203}$$

设

$$\varphi = R(r)T(t), \tag{9.204}$$

将它代入式 (9.203) 即可得出

$$\frac{1}{\alpha^2}\frac{T''}{T} = \frac{R''}{R} + \frac{R'}{rR}, \tag{9.205}$$

上式左端与 r 无关，右端与 t 无关；因此上式要成立只能是两端皆为常量，譬如说等于 $-k^2$，因此我们得到

$$\frac{1}{\alpha^2}\frac{T''}{T} = -k^2, \tag{9.206}$$

$$\frac{R''}{R} + \frac{R'}{rR} = -k^2, \tag{9.207}$$

或

$$T'' + k^2\alpha^2 T = 0, \tag{9.208}$$

$$r^2 R'' + rR' + k^2 r^2 R = 0. \tag{9.209}$$

式 (9.208) 的解为

$$T = C\mathrm{e}^{\mathrm{i}k\alpha t}, \tag{9.210}$$

而式 (9.209) 是以 kr 为宗量的零阶贝塞尔 (Bessel) 方程，它的解为

$$R = AH_0^{(1)}(kr) + BH_0^{(2)}(kr), \tag{9.211}$$

$H_0^{(1)}$ 和 $H_0^{(2)}$ 是零阶汉克尔 (Hankel) 函数. 这样，式 (9.204) 的解为

$$\varphi = [AH_0^{(1)}(kr) + BH_0^{(2)}(kr)]\mathrm{e}^{\mathrm{i}k\alpha t}. \tag{9.212}$$

当 $kr \gg 1$ 时，

$$H_0^{(1)}(kr) \sim \sqrt{\frac{2}{\pi kr}} \mathrm{e}^{\mathrm{i}\left(kr-\frac{\pi}{4}\right)},$$

$$H_0^{(2)}(kr) \sim \sqrt{\frac{2}{\pi kr}} \mathrm{e}^{-\mathrm{i}\left(kr-\frac{\pi}{4}\right)}, \tag{9.213}$$

它们分别表示以速度 α 向极轴汇聚和离开极轴的柱面波. 柱面波的振幅因子是 $r^{-1/2}$, 这可以从物理上考虑得到理解；当柱面波向外扩展时，波前面面积与 r 成正比，因此每单位面积的能流按 r^{-1} 减小. 因为能流与振幅的平方成正比，所以振幅应与 $r^{-1/2}$ 成正比.

(4) 球极坐标下的波动方程

在需要在球极坐标中讨论问题时，可以引进位函数 $\varphi,\ \psi,\ \chi$:

$$\boldsymbol{u} = \nabla\varphi + \nabla \times [\psi\boldsymbol{r} + \nabla \times (\chi\boldsymbol{r})], \tag{9.214}$$

其中，

$$\boldsymbol{r} = r\boldsymbol{e}_r, \tag{9.215}$$

$\boldsymbol{e}_r$ 是 r 方向的基矢量. 不难验证，如果 $\varphi,\ \psi,\ \chi$ 满足如式(9.201)—式(9.203)所示的波动方程，则如式(9.214)所示的 $\boldsymbol{u}$ 就满足运动方程.

在球坐标下，如果扰动对 O 点具有对称性，则波动方程化为

$$\frac{\partial^2 \varphi}{\partial t^2} = \alpha^2 \left(\frac{\partial^2 \varphi}{\partial r^2} + \frac{2}{r}\frac{\partial \varphi}{\partial r} \right), \tag{9.216}$$

或

$$\frac{\partial^2 (r\varphi)}{\partial t^2} = \alpha^2 \frac{\partial^2 (r\varphi)}{\partial r^2}. \tag{9.217}$$

它的通解为

$$\varphi = \frac{1}{r} f(\alpha t - r) + \frac{1}{r} F(\alpha t + r). \tag{9.218}$$

式中，f 是一个从 O 点发出的球面波，而 F 是一个朝 O 点汇聚的球面波. 球面波的振幅因子为 r^{-1}.

从物理上考虑，球面波的振幅因子为 r^{-1} 是可以理解的，因为当球面波向外传播时，波前面(球面)面积随 r^2 增大，因此每单位面积的能流就按 r^{-2} 减小. 因为能流与振幅的平方成正比，所以球面波的振幅与 r^{-1} 成正比.

9.1.6　地球介质的品质因子

前面已经提到，如果假设应力和应变随时间简谐地变化，则可以把非完全弹性体当作具有复弹性系数 μ^* 的完全弹性体处理. 在这种情况下，以上得到的横波的波动方程变为

$$\rho\frac{\partial^2 v}{\partial t^2} = \mu^* \nabla^2 v, \tag{9.219}$$

$$\mu^* = \mu_r + i\mu_i ,$$

这里，v 代表前面已提到过的 Θ, ω 的某一分量，$u_1, u_2, u_3, \varphi, \psi$ 的某一分量，ψ 或 χ 等. 对于黏弹性体，μ^* 如式 (9.155) 所示；对于弹滞性体，如式 (9.160) 所示；对于一般的线性体，如式 (9.168) 所示.

不失一般性，今考虑沿 x 方向传播的平面简谐横波

$$v = A\mathrm{e}^{\mathrm{i}(\omega t - kx)} . \tag{9.220}$$

将上式代入式 (9.219) 后可得

$$\omega^2 = \frac{\mu^*}{\rho} k^2 . \tag{9.221}$$

由上式可以求得

$$k = \kappa + i\sigma . \tag{9.222}$$

其中，

$$\kappa^2 = \frac{\rho\omega^2}{\mu_r} \cdot \frac{1}{2} \cdot \frac{1 + \sqrt{1 + (\mu_i / \mu_r)^2}}{1 + (\mu_i / \mu_r)^2} , \tag{9.223}$$

$$\sigma^2 = \frac{\rho\omega^2}{\mu_r} \cdot \frac{1}{2} \cdot \frac{\sqrt{1 + (\mu_i / \mu_r)^2} - 1}{1 + (\mu_i / \mu_r)^2} . \tag{9.224}$$

所以，

$$v = A\mathrm{e}^{-\sigma x}\mathrm{e}^{\mathrm{i}(\omega t - kx)} . \tag{9.225}$$

如果 v 代表的是位移，那么波的振动能量为

$$\begin{aligned} E(x,t) &= \frac{1}{2}\rho\left(\frac{\partial v}{\partial t}\right)^2 \\ &= \frac{1}{2}\rho A^2 \omega^2 \mathrm{e}^{-2\sigma x}\sin^2(\omega t - kx). \end{aligned} \tag{9.226}$$

今以 Λ 表示波长：$\Lambda = 2\pi/k$，则由上式可以求得波在前进了一个波长时损耗的振动能量为

$$\begin{aligned} \Delta E(x,t) &= E(x,t) - E\left(x + \Lambda, t + \frac{2\pi}{\omega}\right) \\ &= E(x,t)(1 - \mathrm{e}^{-2\sigma\Lambda}). \end{aligned} \tag{9.227}$$

通常以无量纲量 Q 表示振动能量的相对损耗量

$$\frac{1}{Q} = \frac{1}{2\pi}\frac{\Delta E}{E} = \frac{1}{2\pi}(1 - \mathrm{e}^{-2\sigma\Lambda}) , \tag{9.228}$$

并把 Q 叫作介质的品质因子. 可见，Q 越小，振动的衰减越大；因此，Q 表示了介质的非完全弹性，即介质的内摩擦.

当 $\mu_i \ll \mu_r$ 时，

$$\kappa^2 \doteq \frac{\rho\omega^2}{\mu_r} , \tag{9.229}$$

$$\sigma^2 \doteq \frac{\rho\omega^2}{\mu_r}\frac{1}{4}\left(\frac{\mu_i}{\mu_r}\right)^2 = \frac{k^2}{4}\left(\frac{\mu_i}{\mu_r}\right)^2 \ll \kappa^2 , \tag{9.230}$$

从而 $\sigma\Lambda \ll 1$,

$$\frac{1}{Q} \doteq \frac{2\sigma\Lambda}{2\pi} = \frac{2\sigma}{k} = \frac{\mu_i}{\mu_r} . \tag{9.231}$$

对于黏弹性体, 由式(9.155)可得, $\mu_i = \omega v$, 从而 $\mu_i/\mu_r = \omega\tau'$,

$$\frac{1}{Q} = \frac{\omega v}{\mu_r} = \omega\tau' ; \tag{9.232}$$

而对于弹滞性体, 由式(9.166)可得, $\mu_i/\mu_r = 1/\omega\tau$, 从而

$$\frac{1}{Q} = \frac{1}{\omega\tau} . \tag{9.233}$$

实际地球介质究竟更接近于黏弹性体还是更接近于弹滞性体, 目前还不清楚. 若设地球介质是弹滞体, 则由钱德勒晃动可以估计地球介质的 Q 值. 因为 $\omega = 2\pi/430\mathrm{d}$, 若取 $\tau = 5\mathrm{a}$, 则得 $Q = 25$. 用地震波振幅的衰减也可以求得地球内部的 Q 值, 但求得的 Q 值随地震波的周期不同而有所不同. 现在知道, 当波的周期为 10—100s 左右时, 地球的 Q 值为 200—500. 同时, 沿着地球的深度方向, Q 值也有变化. 在地幔上部, Q 在 100—200 之间; 在地幔下部, Q 在 1000—2000 之间. 在液态外核, Q 大约为 6000; 在内核, 约为 500—1000. 这表明, 地幔上部由于黏滞性引起的振幅衰减比地幔下部的大.

9.2 地震射线理论

9.2.1 费马原理

(1) 费马原理

射线理论的基础是费马原理. 费马原理是: 在各向同性的连续介质中, 扰动沿着一条走时为稳定值的路径传播. 若以 t 表示扰动从 A 点沿着一条路径传到 A' 点所用的时间, 以 $v(x_1, x_2, x_3)$ 表示扰动的传播速度, 以 l 表示该路径的弧长, 则费马原理可以表示为(图 9.11)

$$t = \int_A^{A'} \frac{\mathrm{d}l}{v(x_1, x_2, x_3)} = 稳定值. \tag{9.234}$$

设射线由参量方程

$$x_i = x_i(u), \quad i = 1, 2, 3 \tag{9.235}$$

给出, 其中 u 是参变量. 如果以 $\dot{x}_i$ 表示 $\mathrm{d}x_i/\mathrm{d}u$, 则元弧长

$$\mathrm{d}l = \sqrt{\dot{x}_1^2 + \dot{x}_2^2 + \dot{x}_3^2}\,\mathrm{d}u . \tag{9.236}$$

于是走时可以表示为

$$t = \int_u^{u'} w(x_1, x_2, x_3; \dot{x}_1, \dot{x}_2, \dot{x}_3)\,\mathrm{d}u , \tag{9.237}$$

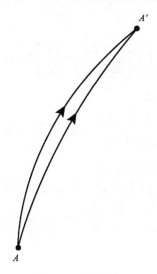

图 9.11　费马原理

其中,

$$w(x_1, x_2, x_3; \dot{x}_1, \dot{x}_2, \dot{x}_3) = \frac{1}{v(x_1, x_2, x_3)}\sqrt{\dot{x}_1^2 + \dot{x}_2^2 + \dot{x}_3^2} , \tag{9.238}$$

u 和 u' 是 A 点和 A' 点相应的 u 值. 由 A 点到 A' 点走时 t 的值依赖于曲线 $x_i(u)$, $i=1, 2, 3$, 因此它是三个变量函数 $x_i(u)$, $i=1, 2, 3$ 的泛函.

按照费马原理,式 (9.237) 所示的积分沿着射线必须是稳定值,就是说它沿着相邻的路径 $x_i + \delta x_i$ 必须有相同的数值,即 t 的变分 δt 为零:

$$\delta t = \delta \int_u^{u'} w \mathrm{d}u = 0 . \tag{9.239}$$

(2) 射线方程

将上式中的变分符号与积分符号互换,便得

$$\delta t = \int_u^{u'}\left(\sum_{i=1}^3 \frac{\partial w}{\partial x_i}\delta x_i + \sum_{i=1}^3 \frac{\partial w}{\partial \dot{x}_i}\delta \dot{x}_i\right)\mathrm{d}u = 0 . \tag{9.240}$$

其中的 $\delta \dot{x}_i$ 可以写成

$$\delta \dot{x}_i = \delta\left(\frac{\mathrm{d}x_i}{\mathrm{d}u}\right) = \frac{\mathrm{d}}{\mathrm{d}u}\delta x_i , \tag{9.241}$$

因而积分

$$\int_u^{u'}\frac{\partial w}{\partial \dot{x}_i}\delta \dot{x}_i\mathrm{d}u = \int_u^{u'}\frac{\partial w}{\partial \dot{x}_i}\mathrm{d}\delta \dot{x}_i$$

$$= \frac{\partial w}{\partial \dot{x}_i}\delta x_i\bigg|_u^{u'} - \int_u^{u'}\frac{\mathrm{d}}{\mathrm{d}u}\left(\frac{\partial w}{\partial \dot{x}_i}\right)\delta x_i\mathrm{d}u , \tag{9.242}$$

A 点和 A' 点都是固定点,所以 $\delta x_i|_u = \delta x_i|_{u'} = 0$,于是上式右边第一项在代入积分上、下

限后为零, 于是

$$\delta t = -\int_u^{u'} \sum_{i=1}^{3} \left[\frac{\mathrm{d}}{\mathrm{d}u}\left(\frac{\partial w}{\partial \dot{x}_i}\right) - \frac{\partial w}{\partial x_i} \right] \delta x_i \mathrm{d}u = 0 . \tag{9.243}$$

上式对于任意的δx_i均成立, 所以

$$\frac{\mathrm{d}}{\mathrm{d}u}\left(\frac{\partial w}{\partial \dot{x}_i}\right) - \frac{\partial w}{\partial x_i} = 0, \qquad i = 1, 2, 3 . \tag{9.244}$$

这是射线所满足的方程, 叫欧拉方程.

现在以 s 表示和射线相切的单位矢量, 以 s_i 表示它的分量:

$$s_i = \frac{\mathrm{d}x_i}{\mathrm{d}l} = \frac{\mathrm{d}x_i / \mathrm{d}u}{\mathrm{d}l / \mathrm{d}u} = \frac{\dot{x}_i}{\sqrt{\dot{x}_1^2 + \dot{x}_2^2 + \dot{x}_3^2}} , \tag{9.245}$$

则由式(9.238)和上式可得

$$\frac{\partial w}{\partial \dot{x}_i} = \mu s_i , \tag{9.246}$$

式中, μ是波的慢度,

$$\mu = \mu(x_1, x_2, x_3) = \frac{1}{v(x_1, x_2, x_3)} . \tag{9.247}$$

将式(9.246), 式(9.248)代入式(9.244), 即得

$$\frac{\mathrm{d}}{\mathrm{d}u}(\mu s_i) - \frac{\partial}{\partial x_i}(\mu\sqrt{\dot{x}_1^2 + \dot{x}_2^2 + \dot{x}_3^2}) = 0 . \tag{9.248}$$

利用式(9.236)就可以将上式化为以弧长为参量的射线方程

$$\frac{\mathrm{d}}{\mathrm{d}l}(\mu s_i) - \frac{\partial \mu}{\partial x_i} = 0 . \tag{9.249}$$

如果给定了波的慢度, 就可以由这个方程和式(9.245)求得射线. 这个方程也可以用矢量形式表示, 这就是

$$\frac{\mathrm{d}\boldsymbol{\sigma}}{\mathrm{d}l} = \nabla \mu , \tag{9.250}$$

式中, 矢量

$$\boldsymbol{\sigma} = \mu \boldsymbol{s} \tag{9.251}$$

叫作波慢度矢量.

(3) 球对称情形下的地震射线

作为应用, 我们来求球对称情形下的地震射线的方程. 这里说的球对称情形是指波速只与半径有关, 即$v = v(r)$. 从对称性考虑, 这种情形下的射线应是一条平面曲线, 因而采用通过球心和射线平面的平面极坐标比较方便. 如图 9.12 所示, 设扰动由半径为 R 的球面上的 A 点发出, 经过曲线 AA' 到过球面上的 A' 点, P 点为射线上极坐标为 (r, θ) 的任一点. 今以 $\dot{r}$ 表示 $\mathrm{d}r/\mathrm{d}\theta$, 则元弧长 $\mathrm{d}l$ 为

$$\mathrm{d}l = \sqrt{r^2 + \dot{r}^2}\,\mathrm{d}\theta . \tag{9.252}$$

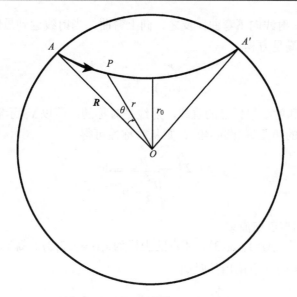

图 9.12　球对称情形下的地震射线

由 A 点到 P 点所用的时间为

$$t = \int_A^P \frac{\mathrm{d}l}{v} = \int_0^\theta \frac{1}{v}\sqrt{r^2 + \dot{r}^2}\,\mathrm{d}\theta\ , \tag{9.253}$$

所以欧拉方程中的函数 w 可以表示为

$$w(r, \dot{r}) = \frac{1}{v}\sqrt{r^2 + \dot{r}^2}\ . \tag{9.254}$$

相应的欧拉方程为

$$\frac{\mathrm{d}}{\mathrm{d}l}\left(\frac{\partial w}{\partial \dot{r}}\right) - \frac{\partial w}{\partial r} = 0\ . \tag{9.255}$$

上式的第一个积分是

$$\dot{r}\frac{\partial w}{\partial \dot{r}} - w = p\ . \tag{9.256}$$

式中，p 为积分常量. 将 w 的表示式[式(9.254)]代入上式并化简，即得此情形下的地震射线的微分方程

$$\frac{\mathrm{d}\theta}{\mathrm{d}r} = \pm \frac{p}{r\sqrt{\dfrac{r^2}{v^2} - p^2}}\ . \tag{9.257}$$

对上式从地球半径 R 到 r 积分，就得到射线的参量方程

$$\theta(r) = \pm\int_R^r \frac{p}{r\sqrt{\dfrac{r^2}{v^2} - p^2}}\,\mathrm{d}r\ , \tag{9.258}$$

积分号前的正负号由 $\mathrm{d}\theta/\mathrm{d}r$ 的正负号决定：$\mathrm{d}\theta/\mathrm{d}r > 0$ 时取正号；反之，取负号.

当 $\mathrm{d}r/\mathrm{d}\theta<0$ 时，射线向下弯曲；反之，向上弯曲．当射线达到最低点时，$\mathrm{d}r/\mathrm{d}\theta=0$，此时的半径 r_p 应当满足方程

$$\frac{r_p}{v(r_p)} = p . \tag{9.259}$$

对于连接球心和射线最低点的直线，射线是对称的．若以 Δ 表示震源 A 和射线到达地面上的 A' 点之间的角距离（圆心角），则从对称性可得

$$\Delta = 2\int_{r_p}^{R} \frac{p}{r\sqrt{\dfrac{r^2}{v^2} - p^2}} \mathrm{d}r . \tag{9.260}$$

(4)特征函数和惠更斯原理

设 A 点的坐标为 $x_i(i=1,\ 2,\ 3)$，A' 点的坐标为 $x_i'(i=1,2,3)$，那么对于给定的波的慢度 μ，扰动从 A 点传到 A' 点所用的时间

$$t = \int_A^{A'} \mu\mathrm{d}l = U(x_1, x_2, x_3; x_1', x_2', x_3') \tag{9.261}$$

与 A 点和 A' 点的位置有关．函数 $U(x_1, x_2, x_3; x_1', x_2', x_3')$ 叫作特征函数．

设 BB' 是和 AA' 相距很近的另一条射线(图 9.13)．扰动沿这两条路径传播时所用的时间之差就是 t 的变分 δt．按照式(9.252)，δt 可以表示为

图 9.13　特征函数和惠更斯原理

$$\delta t = \sum_{i=1}^{3} \frac{\partial w}{\partial \dot{x}_i}\, \delta x_i \,\bigg|_u^{u'} - \int_u^{u'}\sum_{i=1}^{3}\left[\frac{\mathrm{d}}{\mathrm{d}u}\left(\frac{\partial w}{\partial \dot{x}_i}\right) - \frac{\partial w}{\partial x_i}\right]\delta x_i\mathrm{d}u . \tag{9.262}$$

按照由费马原理得到的欧拉公式[式(9.244)]，上式右端第二项恒为零．同时，因为 $\partial w/\partial \dot{x}_i = \mu s_i = \sigma_i$，所以

$$\delta t = \sum_{i=1}^{3} \sigma_i \delta x_i \bigg|_{u}^{u'} = \sum_{i=1}^{3} (\sigma_i' \delta x_i' - \sigma_i \delta x_i) . \tag{9.263}$$

这就是说,

$$\frac{\partial U}{\partial x_i'} = \sigma_i' , \tag{9.264}$$

$$\frac{\partial U}{\partial x_i} = -\sigma_i , \tag{9.265}$$

式中的 σ_i' 和 σ_i 分别是 A' 点和 A 点的波慢度矢量的分量.

注意到 $\sum_{i=1}^{3} \sigma_i'^2 = \mu_i'^2$ 和 $\sum_{i=1}^{3} \sigma_i^2 = \mu^2$, 所以

$$\left(\frac{\partial U}{\partial x_1'}\right)^2 + \left(\frac{\partial U}{\partial x_2'}\right)^2 + \left(\frac{\partial U}{\partial x_3'}\right)^2 = \mu'^2 , \tag{9.266}$$

$$\left(\frac{\partial U}{\partial x_1}\right)^2 + \left(\frac{\partial U}{\partial x_2}\right)^2 + \left(\frac{\partial U}{\partial x_3}\right)^2 = \mu^2 . \tag{9.267}$$

方程 (9.266) [或 (9.267)] 是特征函数所满足的方程, 我们把它叫作特征函数方程. 它表明, 如果波速的空间分布 $v(x_1, x_2, x_3)$ 已知, 则某个扰动的时间场就可以由它确定.

如果在各向同性的连续介质中, 扰动在 t_1 时刻的波阵面是 Σ_1, 那么在 $t_1 + \Delta t$ 时刻的波阵面 F_2 是以 F_1 上的每点为球心, 半径为 $v(x_1, x_2, x_3)$ 的元球面的包络面 (图 9.14), $v(x_1, x_2, x_3)$ 为波阵上某一点 (x_1, x_2, x_3) 的扰动传播速度. 按照惠更斯原理, 波阵面是空间坐标和时间坐标的函数, 以隐函数形式表示, 即

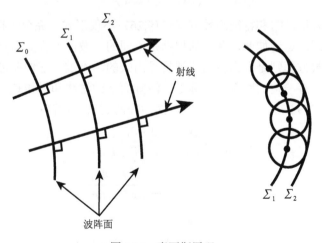

图 9.14　惠更斯原理

$$\Theta(x_1, x_2, x_3; t) = 0 , \tag{9.268}$$

如果以显函数形式, 则为

$$t = F(x_1, x_2, x_3) . \tag{9.269}$$

以 $\boldsymbol{n}$ 表示波阵面上任一点的法矢量，其分量为

$$n_i = \frac{\mathrm{d}x_i}{\mathrm{d}n} . \tag{9.270}$$

由式(9.269)可知，波前的法矢量 $\boldsymbol{n}$ 应满足方程

$$\frac{\mathrm{d}x_1}{\partial F / \partial x_1} = \frac{\mathrm{d}x_2}{\partial F / \partial x_2} = \frac{\mathrm{d}x_3}{\partial F / \partial x_3} , \tag{9.271}$$

所以我们可以写出

$$\frac{\partial F}{\partial x_1} = \theta \frac{\mathrm{d}x_i}{\mathrm{d}n} , \tag{9.272}$$

θ 是比例系数. 现在，因为

$$\mu = \frac{1}{v} = \frac{\mathrm{d}t}{\mathrm{d}n} = \frac{\mathrm{d}F}{\mathrm{d}n} , \tag{9.273}$$

而

$$\frac{\mathrm{d}F}{\mathrm{d}n} = \sum_{i=1}^{3} \frac{\partial F}{\partial x_i} \frac{\mathrm{d}x_i}{\mathrm{d}n} = \sum_{i=1}^{3} \theta \left(\frac{\mathrm{d}x_i}{\mathrm{d}n} \right)^2 = \theta , \tag{9.274}$$

所以

$$\theta = \mu , \tag{9.275}$$

将上式代入式(9.272)，然后对式(9.272)两边平方求和，就得到函数 $F(x_1, x_2, x_3)$ 所满足的方程

$$\left(\frac{\partial F}{\partial x_1} \right)^2 + \left(\frac{\partial F}{\partial x_2} \right)^2 + \left(\frac{\partial F}{\partial x_3} \right)^2 = \mu^2 . \tag{9.276}$$

这个方程叫波前方程，它和特征函数方程式(9.267)不仅形式上完全一样，而且 F 和 U 都具有时间的量纲. 尽管如此，两者的根据是不同的，波前方程是由惠更斯原理推导出来的，而特征函数方程则是根据费马原理推导出来的. 不过，它们在形式上的相同意味着波前和射线之间有一定的联系. 实际上，波阵面上的法线和射线是一致的. 为了证明这一点，我们将式(9.275)代入式(9.272)，然后在两边对 n 微商：

$$\frac{\mathrm{d}}{\mathrm{d}n} \left(\mu \frac{\mathrm{d}x_i}{\mathrm{d}n} \right) = \frac{\mathrm{d}}{\mathrm{d}n} \left(\frac{\partial F}{\partial x_i} \right)$$

$$= \sum_{i=1}^{3} \frac{\partial^2 F}{\partial x_i \partial x_i} \frac{\mathrm{d}x_j}{\mathrm{d}n} . \tag{9.277}$$

对上式左边再运用一次式(9.272)，即得

$$\frac{\mathrm{d}}{\mathrm{d}n} \left(\mu \frac{\mathrm{d}x_i}{\mathrm{d}n} \right) = \frac{1}{\mu} \sum_{i=1}^{3} \frac{\partial^2 F}{\partial x_i \partial x_j} \frac{\partial F}{\partial x_j}$$

$$= \frac{1}{2\mu} \frac{\partial}{\partial x_i} \sum_{i=1}^{3} \left(\frac{\partial F}{\partial x_j} \right)^2 . \tag{9.278}$$

最后，由式(9.276)就可得到

$$\frac{\mathrm{d}}{\mathrm{d}n}\left(\mu\frac{\mathrm{d}x_i}{\mathrm{d}n}\right)=\frac{\partial\mu}{\partial x_i}, \tag{9.279}$$

这是波阵面上任一点的法向所满足的方程，它与射线方程(9.249)完全一致．所以如果起始点相同，射线与波阵面的法线便完全重合．

(5)波动方程向射线方程的过渡

在各向同性的连续介质中，以位移表示的运动方程的矢量形式为[参见式(9.83)]

$$p\frac{\partial^2\boldsymbol{u}}{\partial t^2}=(\lambda+\mu)\nabla\Theta+\mu\nabla^2\boldsymbol{u}+\Theta\nabla\lambda+\nabla\mu\cdot\nabla\boldsymbol{u}+\nabla\boldsymbol{u}\cdot\nabla\mu+\rho\boldsymbol{X}, \tag{9.280}$$

对上式两边分别作散度和旋度运算，则得

$$\rho\frac{\partial^2\Theta}{\partial t^2}+\nabla\rho\cdot\frac{\partial^2\boldsymbol{u}}{\partial t^2}=(\lambda+2\mu)\nabla^2\Theta+\nabla(\lambda+\mu)\cdot\nabla\Theta+\nabla\mu\cdot\nabla\boldsymbol{u}+\nabla^2\boldsymbol{u}$$
$$+\nabla\cdot(\Theta\nabla\lambda)+\nabla\cdot(\nabla\mu\cdot\nabla\boldsymbol{u})+\nabla\cdot(\nabla\boldsymbol{u}\cdot\nabla\mu)+\nabla\cdot(\rho\boldsymbol{X}), \tag{9.281}$$

$$\rho\frac{\partial^2(2\boldsymbol{\omega})}{\partial t^2}+\nabla\rho\times\frac{\partial^2\boldsymbol{u}}{\partial t^2}=\mu\nabla^2(2\boldsymbol{\omega})+\nabla(\lambda+\mu)\times\nabla\Theta+\nabla\mu\times\nabla^2\boldsymbol{u}$$
$$+\nabla\times(\nabla\mu\cdot\nabla\boldsymbol{u})+\nabla\times(\nabla\boldsymbol{u}\cdot\nabla\mu)+\nabla\times(\rho\boldsymbol{X}). \tag{9.282}$$

在这种情形下，体膨胀和旋转是耦合的．如果在一个波长 Λ 范围内，λ，μ 和 ρ 的相对变化很小：$(\nabla\lambda/\lambda)\Lambda, (\nabla\mu/\mu)\Lambda$ 和 $(\nabla\rho/\rho)\Lambda\ll 1$；也就是说，如果在一个波长大小可相比拟的距离内，$\lambda$，$\mu$ 和 ρ 仍可以近似地看作常数时，那么以上两式就化为通常的波动方程

$$\rho\frac{\partial^2\Theta}{\partial t^2}=(\lambda+2\mu)\nabla^2\Theta, \tag{9.283}$$

$$\rho\frac{\partial^2(2\boldsymbol{\omega})}{\partial t^2}=\mu\nabla^2(2\boldsymbol{\omega}), \tag{9.284}$$

并且，膨胀和旋转两种运动可以彼此分开．以上两式表明，Θ 和 $\boldsymbol{\omega}$ 的分量都满足波动方程

$$\frac{\partial^2\varphi}{\partial t^2}=v^2\nabla^2\varphi, \tag{9.285}$$

式中，φ 表示 Θ 或 $\boldsymbol{\omega}$，而 v 表示波速 α 或 β [参见式(9.178)和式(9.179)]，只是波速一般不再是常量，而是位置的函数

$$v=v(x_1, x_2, x_3). \tag{9.286}$$

现在，设波动方程(9.285)的解为

$$\varphi=A(x_1, x_2, x_3)\mathrm{e}^{\mathrm{i}[\omega t-k_0 S(x_1, x_2, x_3)]}, \tag{9.287}$$

式中，

$$k_0=\omega/v_0, \tag{9.288}$$

v_0 是某一参考速度，$A(x_1, x_2, x_3)$ 为波的振幅函数，$S(x_1, x_2, x_3)$ 为相位函数．不失一般性，假定它们都是实函数．

式(9.287)表示一个行波，其相位 θ 为

$$\theta = \omega t - k_0 S(x_1, x_2, x_3). \tag{9.289}$$

我们定义相速度 V 为沿等位相面的法向 $\boldsymbol{n}$ 传播的速度. 根据这个定义, 当等位相面以相速度 V 前进时, 位相保持不变, 所以

$$\frac{\mathrm{d}\theta}{\mathrm{d}t} = \omega t - k_0 \frac{\partial S}{\partial x_i} \frac{\mathrm{d}x_i}{\mathrm{d}t} = \omega - k_0 \frac{\mathrm{d}S}{\mathrm{d}n} V = \omega - k_0 \, |\nabla S| \, V = 0 \, ,$$

由此求得相速度

$$V = \frac{\omega}{k_0 \, |\nabla S|} . \tag{9.290}$$

由上式得

$$|\nabla S|^2 = \left(\frac{v_0}{V}\right)^2 , \tag{9.291}$$

或

$$\left(\frac{\partial S}{\partial x_1}\right)^2 + \left(\frac{\partial S}{\partial x_2}\right)^2 + \left(\frac{\partial S}{\partial x_3}\right)^2 = \left(\frac{v_0}{V}\right)^2 . \tag{9.292}$$

如果我们将 $\mathrm{d}S$ 写成 $v_0 \mathrm{d}t$, 即

$$\mathrm{d}S = v_0 \mathrm{d}t \, , \tag{9.293}$$

则上式化为

$$\left(\frac{\partial t}{\partial x_1}\right)^2 + \left(\frac{\partial t}{\partial x_2}\right)^2 + \left(\frac{\partial t}{\partial x_3}\right)^2 = \frac{1}{V^2} \, , \tag{9.294}$$

这表明波动方程的解式 (9.287) 中的相位函数满足特征方程. 上列方程和由费马原理得到的特征函数形式一样, 只不过方程右边的速度是相速度 V, 而不是扰动传播速度 v.

现在将式 (9.287) 代入式 (9.285), 则得

$$\left\{ \left[(\nabla S)^2 - \left(\frac{k}{k_0}\right)^2 - \frac{\nabla^2 A}{k_0^2 A} \right] + \frac{2i}{k_0} \left(\frac{1}{2} \nabla^2 S + \frac{\nabla A \cdot \nabla S}{A} \right) \right\} \varphi = 0 \, , \tag{9.295}$$

式中,

$$k = \omega / v . \tag{9.296}$$

既然式 (9.287) 是波动方程的解, 那么函数 S 和 A 应满足方程

$$(\nabla S)^2 - \left(\frac{k}{k_0}\right)^2 - \frac{\nabla^2 A}{k_0^2 A} = 0 \tag{9.297}$$

和

$$\frac{2}{k_0} \left(\frac{1}{2} \nabla^2 S + \frac{\nabla A \cdot \nabla S}{A} \right) = 0 \, . \tag{9.298}$$

由式 (9.297) 我们看到, 如果

$$(\nabla S)^2 \gg \left| \frac{\nabla^2 A}{k_0^2 A} \right|, \tag{9.299}$$

那么这个方程就转化为

$$(\nabla S)^2 = \left(\frac{k}{k_0} \right)^2, \tag{9.300}$$

也就是转化为

$$\left(\frac{\partial S}{\partial x_1} \right)^2 + \left(\frac{\partial S}{\partial x_2} \right)^2 + \left(\frac{\partial S}{\partial x_3} \right)^2 = \left(\frac{v_0}{v} \right)^2. \tag{9.301}$$

或者，运用式(9.23)即得

$$\left(\frac{\partial t}{\partial x_1} \right)^2 + \left(\frac{\partial t}{\partial x_2} \right)^2 + \left(\frac{\partial t}{\partial x_3} \right)^2 = \frac{1}{v^2}. \tag{9.302}$$

对比上式与特征函数方程，我们立刻得出：如果式(9.299)所示的条件成立，那么求得波动方程就转化为求解特征函数方程. 对比上式与式(9.294)，我们得出，在式(9.299)所示的条件下，相速度与传播速度是相等的，即

$$V = v.$$

如前所述，波前方程、特征函数方程都可以化到射线方程. 所以我们可以说，在式(9.299)所示条件下，如果我们关心的只是扰动传播的运动学特征，那么射线方程便可作为波动方程的一个很好的近似.

现在我们来考察式(9.299)所示的条件. 如果以 S' 表示 $\partial S/\partial x_i$，A' 表示 $\partial A/\partial x_i$，那么这个条件可以表示为

$$(S')^2 \gg \frac{A''}{k_0^2 A}. \tag{9.303}$$

如果以 α_i 表示等位面的法向 $\boldsymbol{n}$ 的方向余弦，那么

$$\frac{\partial S}{\partial x_i} = \alpha_i \frac{\mathrm{d}S}{\mathrm{d}n} = \alpha_i \frac{v_0 \mathrm{d}t}{V \mathrm{d}t} \alpha_i \frac{v_0}{V}, \tag{9.304}$$

$$\frac{\partial^2 S}{\partial x_i^2} = -\frac{\alpha_i}{V^2} v_0 \frac{\partial V}{\partial x_i}, \tag{9.305}$$

所以，

$$S' \sim \frac{v_0}{v}, \tag{9.306}$$

$$S'' \sim \frac{v_0 v'}{v^2}, \tag{9.307}$$

这里，v' 表示 $\partial v/\partial x_i$. 由式(9.298)我们可得

$$\frac{A''}{A'} \sim \frac{S''}{S'}, \tag{9.308}$$

利用式(9.306)和式(9.307)两式可得

$$\frac{A''}{A'} \sim \frac{v'}{v}, \tag{9.309}$$

或

$$A' \sim \frac{A}{v}v'. \tag{9.310}$$

对上式两边微商可得

$$A'' \sim \frac{A'v'}{v} + \frac{A'v''}{v} - \frac{A'v'^2}{v^2}. \tag{9.311}$$

由式(9.310)可知，上式右边的第一项和第三项互相抵消，因此，

$$A'' \sim \frac{v''}{v}. \tag{9.312}$$

将式(9.306)和上式代入式(9.303)，得

$$1 \gg \frac{v''}{k^2 v}. \tag{9.313}$$

因为波长 $\varLambda = 2\pi/k$，所以 $v''/k \sim \delta v'$. $\delta v'$ 是 v' 在一个波长范围内的变化. $kv \sim \omega$. 这样上式就化为

$$\delta v' \ll \omega. \tag{9.314}$$

这说明，只要频率足够高，使得在一个波长范围内速度梯度的变化比频率小得多时，射线方程便是波动方程的一个很好的近似.

(6)斯涅尔(Snell)定律

射线经过介质内部的间断面时，其方向要发生突然的变化. 假设在间断面两边有两个很接近的点 P 和 Q(图9.15). 在 P, Q 速度各为 v_1 和 v_2. 若过 P, Q 的射线为 $\overline{POQ}$，则因为 P, Q 很接近，$\overline{PO}$ 和 $\overline{OQ}$ 都很短，可以认为它们近似地都是直线. 扰动沿 $\overline{POQ}$ 从 P 点传到 Q 点所用的时间为

$$t = \frac{\overline{PO}}{v_1} + \frac{\overline{OQ}}{v_2} = \frac{\sqrt{h_1^2 + x^2}}{v_1} + \frac{\sqrt{h_2^2 + (a-x)^2}}{v_2}, \tag{9.315}$$

式中，h_1, h_2, x, a 的意义如图9.15所示. 根据费马原理 $\delta t = 0$，可以求得

$$\frac{\sin i_1}{v_1} = \frac{\sin i_2}{v_2}, \tag{9.316}$$

i_1 和 i_2 分别为射线 $\overline{PO}$ 和 $\overline{OQ}$ 与间断面法线的夹角.

这个关系叫作斯涅尔定律，它表示了界面附近射线方向的关系，而与介质均匀与否无关. 因为如果介质不均匀，可取 P, Q 与界面极接近，上述推导仍成立. 此外，P 点和 Q 点也不一定要在界面两边，它们也可以同在一边. 所以这个定律可用于折射或反射纵波或横波.

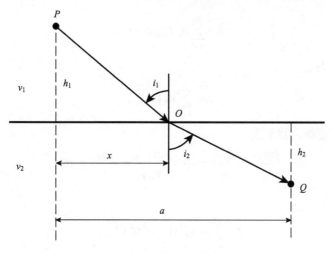

图 9.15　斯涅尔定律

　　射线只是运动学的概念，它并不涉及扰动的振幅或能量．然而在实际计算中，常常将动力学的概念与射线联合应用．此时，所根据的假定已超出费马原理的范围，形成了一种混合的概念．某些理论上费解的现象与此不无关系．

9.2.2　层状介质中的地震射线

　　（1）走时方程

　　在一个小范围内，我们可以忽略地球表面和层的界面的曲率而把它们当作平面．假设有 n 个平行层，每层的介质都是均匀和各向同性，各层的厚度分别为 $h_1, h_2, \cdots, h_n$，速度分别为 $v_1, v_2, \cdots, v_n$．取直角坐标系，将 x 轴与 y 轴置于自由表面，z 轴垂直向下．由于问题具有轴对称性，所以只需讨论 xOz 平面内的射线．该射线是一条折线．扰动从地面上的 O 点传到第 n 层底面的 A' 点（图 9.16）所用的时间 t 为

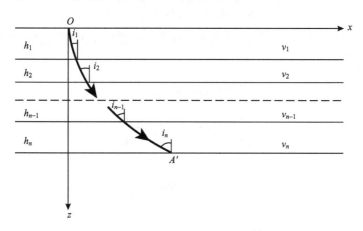

图 9.16　水平层状介质中的地震射线

$$t = \sum_{k=1}^{n} h_k / v_k \cos i_k ,\qquad (9.317)$$

而 A' 点的坐标 x 为

$$x = \sum_{k=1}^{n} h_k \tan i_k . \qquad (9.318)$$

根据斯涅尔定律，我们有

$$\frac{\sin i_1}{v_1} = \frac{\sin i_2}{v_2} = \cdots = \frac{\sin i_{n-1}}{v_{n-1}} = \frac{\sin i_n}{v_n} = p ,$$

所以，

$$t = \sum_{k=1}^{n} h_k v_k^{-1} (1 - p^2 v_k^2)^{-1/2} , \qquad (9.319)$$

$$x = \sum_{k=1}^{n} p h_k v_k (1 - p^2 v_k^2)^{-1/2} . \qquad (9.320)$$

在上两式中令 $h_k \to 0$，$n \to \infty$，取极限就得到扰动传播速度随深度 z 连续变化即 $v=v(z)$ 情况下的相应的公式

$$t = \int_0^h v^{-1} (1 - p^2 v^2)^{-1/2} \mathrm{d}z , \qquad (9.321)$$

$$x = \int_0^h p v (1 - p^2 v^2)^{-1/2} \mathrm{d}z . \qquad (9.322)$$

(2) 射线的曲率

根据平面曲线的曲率公式

$$\frac{1}{\rho} = \frac{\mathrm{d}^2 x}{\mathrm{d}z^2} \left[1 + \left(\frac{\mathrm{d}x}{\mathrm{d}z} \right)^2 \right]^{-3/2} , \qquad (9.323)$$

可以求得水平层状介质中地震射线的曲率. 为此先将式 (9.322) 所示的积分的上限 h 换成 z，代入上式可得

$$\frac{\mathrm{d}x}{\mathrm{d}z} = p v (1 - p^2 v^2)^{-1/2} ,$$

$$\frac{\mathrm{d}^2 x}{\mathrm{d}z^2} = p (1 - p^2 v^2)^{-1/2} \frac{\mathrm{d}v}{\mathrm{d}z} ,$$

从而，曲率

$$\frac{1}{\rho} = p \frac{\mathrm{d}v}{\mathrm{d}z} = \frac{\sin i}{v} \frac{\mathrm{d}v}{\mathrm{d}z} . \qquad (9.324)$$

若速度随深度线性增加，即

$$v(z) = v_0 + a z , \qquad (9.325)$$

则将上式代入式 (9.324) 后可得

$$\frac{1}{\rho} = pa = \text{常量} .$$ (9.326)

这个结果表明,在速度随深度线性增加的情形下,射线是半径 $1/pa$ 的圆弧.

若以 t_0 表示 $z=0$ 时的 i 角,则射线最低点的深度 d 及震中距 Δ 分别为

$$d = \frac{1}{a}[v(d) - v_0] = \frac{v_0}{a}\left(\frac{1 - \sin i_0}{\sin i_0}\right),$$ (9.327)

$$\Delta = \frac{2d \cos i_0}{1 - \sin i_0}.$$ (9.328)

由于对称性,角 i_0 就是射线到达地面时的入射角,它可以从地面的扰动传播速度和视速度的比值来求:

$$\sin i_0 = \frac{v_0 \delta t}{\bar{v} \delta t} = \frac{v_0}{\bar{v}} .$$ (9.329)

若速度的平方随深度线性增加,不难证明此射线的形状是一条摆线弧.

在实际应用(如地震勘探或地震测深工作)中,除了假设速度随深度线性增加的情形外还曾利用 $v=v(z)$ 的其他函数形式来做计算.但实际问题在计算时已做了很大的近似,采取 $v=v(z)$ 的更复杂的形式并不能使解答增加太多的精确性,反而增添不少计算上的困难.所以在实际应用中,除假设介质是均匀的情况外,通常只做到速度随深度线性增加的情形.

(3)地震波在单个水平层中的走时

设在一速度为 v_2 的半无限介质上覆盖着一厚度为 H,速度为 v_1 的平行层,震源为 F,其深度为 h,接收点 S 在上层介质的表面上(图 9.17).此时,在 S 点可以接收到沿三条不同路径到达的波:①直达波(以 $\bar{P}$ 或 P_g 表示),在上层介质内从 F 点直接达到 S 点的波.②反射波(以 P_{11} 或 PMP 表示),在两种介质的分界面上发生反射然后到达 S 点的波.③侧面波(首波,以 P_n 表示),若 $v_2>v_1$,在入射波在分界面的入射角满足关系式

$$\sin i_c = v_1 / v_2$$ (9.330)

时,在 S 点不但能接收到经过如图 9.17 的折线 $FABS$ 所示路径的波,并且如果 Δ 够大,这个波比直达波到得还早.入射波以角度 i_c 投射到分界面上,然后沿着分界面以速度 v_2 滑行,同时以同样大的角度 i_c 折射到地面上.实际上,如果我们以 i 表示 $\overline{FC}$ 和 $\overline{BR}$ 与垂线的夹角,以 Δ 表示震中距,则侧面波(首波)的走时

$$t = \frac{(2H - h)}{v_1 \cos i} + \frac{\Delta - (2H - h)\tan i}{v_2} ,$$ (9.331)

角 i 可以由费马原理求得.按照费马原理,$\delta t / \delta i \big|_{i=i_c} = 0$,我们得

$$\frac{\delta t}{\delta i}\bigg|_{i=i_c} = \left[\frac{(2H - h)\sin i}{v_1 \cos^2 i} - \frac{(2H - h)}{v_2 \cos^2 i}\right]_{i=i_c} = 0,$$

因此,

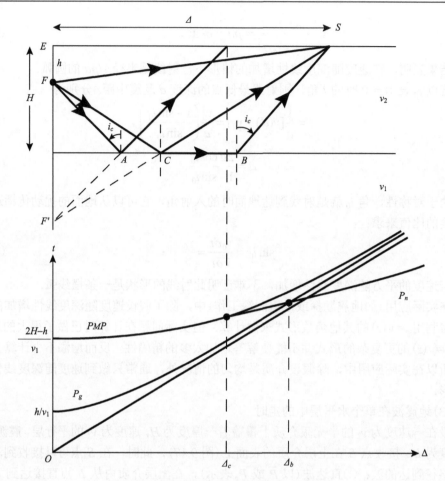

图 9.17　单个水平层中的地震波及其走时

$$i_c = \sin^{-1} \frac{v_1}{v_2}.$$

不难验证，$\delta^2 t / \delta i^2 \big|_{i=i_c} = 1 / v_1 \cos i_c > 0$，这表明 $FABS$ 所示的路径是一条走时取最小值的路径.

上述三种波的走时很容易求得. 对于直达波，

$$t_{\bar{P}} = \sqrt{\Delta^2 + h^2 / v_1}; \tag{9.332}$$

对于反射波，

$$t_{R_1} = \sqrt{\Delta^2 + (2H - h)^2 / v_1}; \tag{9.333}$$

对于首波，注意到 $t_c = \sin^{-1} \dfrac{v_1}{v_2}$，则由式 (9.331) 即得

$$t_{P_n} = \frac{\Delta}{v_2} + \frac{(2H - h)\cos i_c}{v_1}, \qquad \Delta > \Delta_c = (2H - h)\tan i_c. \tag{9.334}$$

直达波的走时曲线是一条双曲线，以直线 $t = \Delta / v_1$ 为其渐近线. 反射波的走时曲线也是一

条以直线 $t=\Delta/v_1$ 为渐近线的双曲线. 首波的走时曲线是一条直线，斜率为 $1/v_2$，它与反射波的走时曲线在 $\Delta=\Delta_c=(2H-h)\tan i_c$ 相切. 当 $\Delta<\Delta_c$ 时不存在首波.

利用走时曲线，可以求出水平层的厚度. 令式 (9.333) 中的 $\Delta=0$，即得 $t_{P11}=t_0=\dfrac{2H-h}{v_1}$. 已知 t_0，v_1 和 h，即可由 $H=\dfrac{1}{2}(v_1t_0+h)$ 计算层的厚度 H.

如果以 t_0' 表示首波走时曲线在时间轴上的截距，则

$$t_0 = \frac{(2H-h)\cos i_c}{v_1} . \tag{9.335}$$

所以已知 t_0'，v_1，i_c 和 h，便可由下式求得 H：

$$H = \frac{1}{2}\left(\frac{v_1t_0'}{\cos i} + h\right) . \tag{9.336}$$

利用首波与反射波走时曲线的切点也可以求厚度. 如前所示，这两条走时曲线在临界距离 Δ_c 处相切，所以如果求得它们的切点即可求得 H：

$$H = \frac{1}{2}\left(\frac{\Delta_c}{\tan i_c} + h\right) = \frac{1}{2}\left[\Delta_c\frac{v_2}{v_1}\sqrt{1-\left(\frac{v_1}{v_2}\right)^2} + h\right] . \tag{9.337}$$

(4) 多层介质中地震首波的走时

如果介质分成 n 层，则其首波的走时为 (图 9.18)

$$t = \frac{\Delta}{v_n} + \sum_{k=1}^{n-1}\frac{2h_k\cos i_k}{v_k} . \tag{9.338}$$

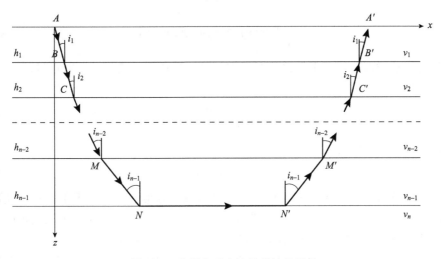

图 9.18　多层介质中地震首波的射线

9.2.3　地震射线在斜界面的折射和反射

(1) 首波

如果两种均匀介质的分界面是一斜面，其交角是 ω，设震源 S 在地面上，它到斜面

的距离为 h，接收点 B 到斜面的距离为 h_1（图 9.19）．若在 S 的上坡接收，则

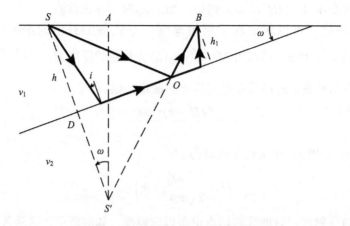

图 9.19　地震射线在斜界面的折射和反射

$$h_1 = h - \Delta \sin \omega ,\tag{9.339}$$

式中，Δ 为震中距；若在下坡接收，则

$$h_1 = h + \Delta \sin \omega .\tag{9.340}$$

首波的走时为

$$t = \frac{(h + h_1)\cos i_c}{v_1} + \frac{\Delta \cos \omega}{v_2} ,\tag{9.341}$$

或者

$$t = \frac{1}{v_1}[\Delta \sin(i_c \mp \omega) + 2h \cos i_c] ,\tag{9.342}$$

ω 前的符号应这样取：当在上坡接收时，取负号；当在下坡接收时，取正号．

因为视速度

$$\bar{v} = \frac{\mathrm{d}\Delta}{\mathrm{d}t},\tag{9.343}$$

将式 (9.342) 代入上式，即得

$$\bar{v} = v_1 / \sin(i \mp \omega),\tag{9.344}$$

式中，ω 前的符号取法与式 (9.342) 相同．上式说明，在倾斜界面情形下，首波视速度与接收点的位置有关．在上坡接收时，特别是当 $i_c = \omega$ 时，$\bar{v} \rightarrow \infty$．这是因为波阵面与地表面互相平行，波前同时到达爆炸点上坡的两个相近的点的缘故．

斜界面的首波的走时曲线如图 9.20 所示．由直达波的走时曲线的斜率可以求得 v_1．知道了 v_1 后，由上坡接收和下坡接收的首波以及直达波走时曲线的斜率可以进一步求得 i_c 和 ω．无论是上坡接收还是下坡接收，首波的走时曲线在纵轴的截距都是

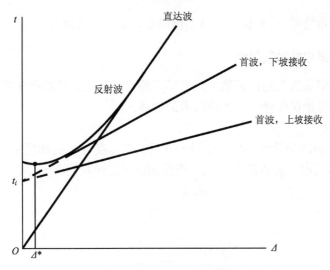

图 9.20　斜界面的首波和反射波的走时曲线

$$t_i = \frac{2h\cos i_c}{v_1} , \tag{9.345}$$

式中，只有 h 是未知的，所以就可由 i_c, v_1 和 t_i 求出 h.

（2）反射波

在倾斜界面情形下，反射波的走时是

$$t = \frac{1}{v_1}\sqrt{(2h\cos\omega)^2 + (\varDelta \mp 2h\sin\omega)^2} , \tag{9.346}$$

或者写成

$$t = \frac{1}{v_1}\sqrt{\varDelta^2 + 4h^2 \mp 4\varDelta h\sin\omega} , \tag{9.347}$$

负号对应于上坡接收，正号对应于下坡接收. 这种情况下的走时曲线仍是一条双曲线，但它的对称点的横坐标是（图 9.20）

$$\varDelta^* = 2h\sin\omega . \tag{9.348}$$

将式（9.347）两边平方再微分即得

$$2v_1^2 t\mathrm{d}t = 2\varDelta\mathrm{d}\varDelta \mp 4h\sin\omega\mathrm{d}\varDelta , \tag{9.349}$$

所以视速度为

$$\bar{v} = \frac{v_1^2 t}{\varDelta \mp 2h\sin\omega} . \tag{9.350}$$

若在震源 S 附近接收，此时 $\varDelta \doteq 0$，因而 $2h = v_1 t_0$，所以

$$\sin\omega = \mp \frac{v_1}{\bar{v}}\bigg|_{\varDelta \doteq 0} . \tag{9.351}$$

$\bar{v}$ 可以从走时曲线上量出，所以由上式便可求出斜界面的倾角 ω. 但是上式只适于用来求大倾角的情形. 因为在推导上式时用了 $\varDelta \doteq 0$ 的假定，而这只有在也就是倾角较大时才

成立. 对于小倾角情形, $2h\sin\omega \gg \Delta$ 不再成立, 必须用其他方法.

9.2.4　球对称介质中的地震射线

地球可以近似地认为是由无数个同心球壳或连续变化的球对称介质组成的. 由于对称性, 我们只需讨论在任何一个大圆面内的射线.

(1) 射线参量

图 9.21 表示由均匀的同心球层组成的介质. 在速度为 v_1 的球层中, 射线段为 P_0P_1, 在速度为 v_2 的球层中, 射线段为 P_1P_2. 根据斯涅尔定律我们有

$$\frac{\sin i_1}{v_1} = \frac{\sin i_1'}{v_2}.\tag{9.352}$$

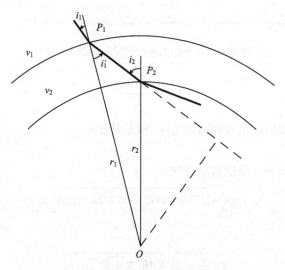

图 9.21　球对称介质中的地震射线

在 ΔOP_1P_2 中, 正弦定理给出:

$$\frac{\sin i_1'}{r_2} = \frac{\sin i_2}{r_1},\tag{9.353}$$

所以,

$$\frac{r_1 \sin i_1}{r_1} = \frac{r_2 \sin i_2}{v_2}.\tag{9.354}$$

令层的数目无限增加, 层的厚度无限减小, 就过渡到速度连续变化情形: $v = v(r)$, 射线由折线变为一条光滑曲线. 在射线上任一点都有:

$$\frac{r \sin i}{r} = \frac{r_0 \sin i_0}{v_0} = p,\tag{9.355}$$

式中, i 是射线与法线(也就是半径 r)的夹角, 下角标"0"表示变量取球面上的值, p 是常量, 叫射线参量, 当半径和地面上的速度给定后, 射线参量只与射线对地面的入射角有关. 不同的 p 值对应不同的入射角, 或者说, 对应于不同形状的射线.

若令

$$\eta(r) = \frac{r}{v(r)} , \tag{9.356}$$

则可将射线参数 p 表示为

$$p = \eta_0 \sin i_0 . \tag{9.357}$$

(2) 本多夫 (Benndorf) 定律

射线参量和走时曲线有一个很重要的关系. 设射线 FJ 的入射角是 i_0 (图 9.22), 其走时是 t. 在同一平面内另一条邻近的射线 FJ' 的走时的增量为 δt. 由 J 向 FJ' 作垂线, JN 是波阵面, 因而走时差是由 FJ' 引起的. 若以 $\bar{v}_0$ 代表射线在地面的视速度, 则由 $\Delta JJ'N$ 可得

$$\sin i_0 = \frac{\overline{J'N}}{\overline{JJ'}} = \frac{v_0 \delta t}{\bar{v}_0 \delta t} = \frac{v_0}{\bar{v}_0} . \tag{9.358}$$

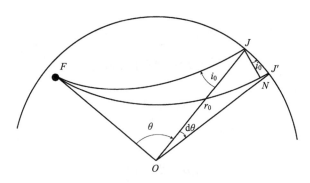

图 9.22 本多夫定律

将上式代入式 (9.355) 即得

$$p = \frac{r_0}{v_0} \frac{v_0}{\bar{v}_0} = \frac{r_0}{\bar{v}_0} = r_0 \frac{\mathrm{d}t}{\mathrm{d}\Delta} = \frac{\mathrm{d}t}{\mathrm{d}\theta} . \tag{9.359}$$

这就是说, 射线参量 p 就是走时曲线的斜率 $\mathrm{d}t/\mathrm{d}\theta$. 射线参量和走时曲线的这个关系叫做本多夫定律.

如果速度 $v(r)$ 不但是连续的, 而且随深度而增加 ($\mathrm{d}v/\mathrm{d}r < 0$), 那么射线是一条光滑的凸向球心的曲线, 并有最低点. 由式 (9.355) 可知, 在最低点时, $i = \pi/2$, 所以

$$p = \frac{r_p}{v(r_p)} , \tag{9.360}$$

r 的下角标 "p" 表示 r 取射线最低点处的值. 由式 (9.355), 式 (9.358) 和上式得

$$\frac{r_p}{v(r_p)} = \frac{r_0}{\bar{v}_0} . \tag{9.361}$$

上式表明, 如果已知任意一条射线的 r_p 及其在地面上的视速度 $\bar{v}_0$, 就可根据上式来求地球内部半径为 r_p 处的速度 $v(r_p)$.

（3）射线的走时

考虑从任意的 r 到 $r+\mathrm{d}r$ 的一小段射线. 如图 9.23 所示，

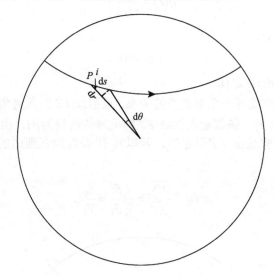

图 9.23　射线的走时

$$\tan i = \frac{r\mathrm{d}\theta}{|\mathrm{d}r|} ,\tag{9.362}$$

因此，

$$\mathrm{d}\theta = \frac{\tan i}{r}|\mathrm{d}r| ,\tag{9.363}$$

$$\mathrm{d}t = \frac{\mathrm{d}l}{v} = \frac{|\mathrm{d}r|}{v\cos i} ,\tag{9.364}$$

所以射线上任意两点 r_1 和 r_2 之间的走时曲线的参量方程为

$$\theta = \int_{r_1}^{r_2}\mathrm{d}\theta = \int_{r_1}^{r_2}\frac{\tan i}{r}|\mathrm{d}r| ,\tag{9.365}$$

$$t = \int_{r_1}^{r_2}\mathrm{d}t = \int_{r_1}^{r_2}\frac{1}{v\cos i}|\mathrm{d}r| .\tag{9.366}$$

用式（9.355）替换以上两式中的 i，可得

$$\theta = \int_{r_1}^{r_2} pr^{-1}(\eta^2 - p^2)^{-1/2}|\mathrm{d}r| ,\tag{9.367}$$

$$t = \int_{r_1}^{r_2}\eta^2 r^{-1}(\eta^2 - p^2)^{-1/2}|\mathrm{d}r| .\tag{9.368}$$

由式（9.360）和式（9.356）可知

$$p = \eta(r_p) .\tag{9.369}$$

由式（9.367）可知，$\eta=p$ 时，也即 $\eta=\eta(r_p)$ 时，$\mathrm{d}r/\mathrm{d}\theta=0$，此时射线达到最低点.

(4)射线的曲率

射线的曲率可以直接由曲率的定义出发来求. 设 FJ 是一条从震源 F 到地球表面上的一点 J 的地震射线, L 是其最低点(图 9.24). $\overline{PM}$ 和 $\overline{PN}$ 分别为射线在坐标为 (r, θ) 的 P 点的切线和法线, M 点和 N 点分别是它们和 $\overline{OL}$ 及其延长线的交点. 以 ω 表示 $\angle PNL$, ψ 表示 $\angle PML$, i 表示 $\angle MPO$, θ 表示 $\angle POL$. 以 l 表示弧长 $\overset{\frown}{PL}$. 以 ρ 表示曲率半径, 则曲率

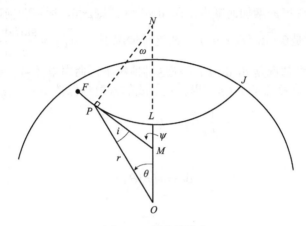

图 9.24　射线的曲率

$$\frac{1}{\rho} = \frac{\mathrm{d}\omega}{\mathrm{d}l} . \tag{9.370}$$

由图 9.24 可知, $\omega = \pi/2 = -\psi$, $\psi = i + \theta$, 所以 $\omega = \pi/2 - i - \theta$, 从而

$$\frac{1}{\rho} = -\frac{\mathrm{d}i}{\mathrm{d}l} - \frac{\mathrm{d}\theta}{\mathrm{d}l} . \tag{9.371}$$

因为 $\sin i = r\mathrm{d}\theta/\mathrm{d}l$, $\cos i = \mathrm{d}r/\mathrm{d}l$, 所以

$$\frac{1}{\rho} = -\cos i \frac{\mathrm{d}i}{\mathrm{d}r} - \frac{\sin i}{r} . \tag{9.372}$$

对式(9.355)两边微商得

$$\frac{\sin i}{v} + \frac{r\cos i}{v}\frac{\mathrm{d}i}{\mathrm{d}r} - \frac{r\sin i}{v^2}\frac{\mathrm{d}v}{\mathrm{d}r} = 0 . \tag{9.373}$$

由上式解出 $\mathrm{d}i/\mathrm{d}r$, 然后代入式(9.372)即得

$$\frac{1}{\rho} = -\frac{\sin i}{v}\frac{\mathrm{d}v}{\mathrm{d}r} . \tag{9.374}$$

由上式我们看到, $\rho\sin i$ 仅仅是 r 的函数:

$$\rho\sin i = -v \Big/ \frac{\mathrm{d}v}{\mathrm{d}r} = f(r) , \tag{9.375}$$

所以如果有若干条射线都通过半径为 r 的点, 则在这些点上

$$\rho_1 \sin i_1 = \rho_2 \sin i_2 = \cdots = 常量 . \tag{9.376}$$

根据式(9.374)，我们可以对射线的几何性质作一些简单的讨论：

① 若 $v(r)=v_0$，v_0 为常量，则 $\rho \rightarrow \infty$，射线是一条直线．当震源和接收点都在地面时走时为

$$T = 2\frac{r_0}{v_0}\sin\frac{\Delta}{2}. \tag{9.377}$$

② 若 $v(r)$ 随深度的增加而增加，即 $dv/dr<0$，则 $\rho>0$，射线凸向球心并有最低点．

③ 若 $v(r)$ 随深度的增加而减少，即 $dv/dr>0$，则 $\rho<0$，射线凹向球心．这时有三种情况．第一种情况是 $0<dv/dr<v/r$．在这种情况下，$-1/\rho = \dfrac{\sin i}{r}\dfrac{dv}{dr}<\dfrac{\sin i}{r}<\dfrac{1}{r}$，即曲率半径 $|\rho|>r$．第二种情况是 $dv/dr=v/r$．在这种情况下，曲率半径 $-1/\rho=v=Cr$，C 是常量，所以 $p=\sin i/C$，或者说 $\sin i=Cp$，也就是射线的入射角保持不变．由式(9.367)得

$$-\frac{dr}{d\theta} = p^{-1}r(C^{-2}-p^2)^{1/2}, \tag{9.378}$$

即

$$dr = -brd\theta, \tag{9.379}$$

式中，b 是常量，

$$b = p^{-1}\sqrt{C^{-2}-p^2}, \tag{9.380}$$

解式(9.379)得

$$r = r_0 e^{-b\theta}, \tag{9.381}$$

r_0 是地球半径．这个结果说明，在这种情况下，地震射线成螺旋线卷入地心．第三种情况是 $v/r<dv/dr$．在这种情况下，$-1/\rho>\sin i/r$，曲率半径总是小于 $dv/dr=v/r$ 情况下的曲率半径，因此地震射线比上述情况更快地卷入地心．

(5)地球内部的速度异常区对地震射线的影响

一般地说，在地球内部，地震波的速度随深度的增加而增加．但地球内部还存在许多速度异常区及间断面，它们对射线的几何形状及走时曲线都有影响．

如果在地球内部的有些区域速度下降，满足不等式 $0<dv/dr<v/r$．在这种情形下(图 9.25a)，地面上有一片区域接收不到射线，这片区域叫阴影区，相应地走时曲线出现一段空白．

如果在有的层里速度随深度迅速增加，那么在这个层里射线弯曲得特别厉害，因而出现在较近的震中距上(图 9.25b 中的虚线)，这使得走时曲线上出现"打结"的现象．如果这一层很薄以至消失，那么在走时曲线上就不出现虚线所示的那段．

(6)震相

地震内部最突出的一个间断面是地核和地幔之间的分界面．我们已经知道，地球的惯量矩为 $I=0.3333Ma^2$，M 是地球质量，a 是半径．如果地球的密度是均匀的话，I/Ma^2 应当等于 0.4，而不是 0.3333．这个差异说明靠近地心的那部分地球介质的密度较其余部分的密度高．这是 20 世纪早已知道的事实．1906 年，奥尔登姆(Oldham, R. D.)根据穿过地球内部到达对蹠点的 P 波走时比预期的延迟，首先提出了地球内部有一个速度比其

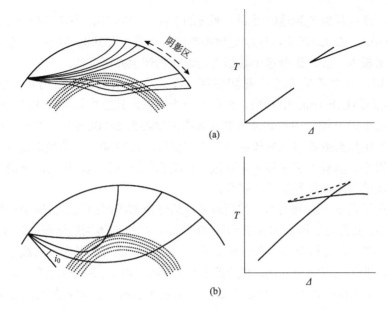

图 9.25　低速层和高速层对地震射线的影响

(a) 低速层；(b) 高速层

外部低的地核的看法，并预言会出现波的阴影区．1912 年古登堡(Gutenberg, B.)证实，对于 P 波来说，在震中距 $\Delta=105°$ 和 $\Delta=143°$ 之间确实有一个阴影区；而在刚超过 143° 的地方有一个由地震波的"焦散"现象引起的相当强的波(图 9.26)．他估计地核界面的深度为 2900 km，并确定了核内的 P 波速度．接着他预言 P 波和 S 波会在边界发生反射，并且认为可以观测到这些反射波．但事与愿违，这些反射波多年未被观测到，原因是在许多地

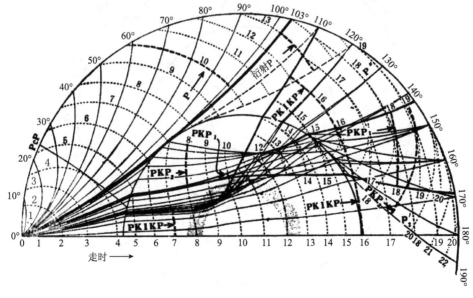

图 9.26　地球中的地震波的波前面和地震射线

震的记录中，这些反射波到达时受到了面波的干扰. 1939 年，杰弗里斯(Jeffreys, H.)用他和布伦(Bullen, K. E.)的走时表确定地核界面的深度为(2898±4) km. 古登堡和杰弗里斯两者的结果极为一致. 迄今这个数据仍为地球物理学界所公认.

地核的阴影区并不完完全全是阴影区，在这个所谓阴影区中仍有振幅很小的 P 波. 1935 年莱曼(Lehmann, I.)指出，地球有一个内核，其速度较外核的高，使得阴影区内仍有振幅很小的 P 波. 内核和外核的界面在深度约为 5120km 外，通过外核的波可能在这个界面发生反射或折射入内核后出现在阴影区. 1939 年，杰弗里斯指出，衍射入阴影区的能量很小，解释不了在整个阴影区中观测到的波的振幅. 因为这一结果，莱曼的结果日益广泛地为地球物理学界所接受.

通常把在地震图上看到的不同类型或通过地球内部不同途径的波所引起的一组一组的振动叫震相. 以大写字母 P 和 S 表示从震源发出、经过地幔到达地面的纵波和横波. 在105°以内，P 波一直是初至波. 在地球表面，P 波和 S 波可能发生一次或多次反射，反射后波形可能变化也可能不变化. 相应的震相似 PP，PPP，SS，PS，SPP 等表示. 例如，PS 表示以 P 波入射到地球表面然后以 S 波反射出来的波. 在地震图上，这些波在 P 波后、面波极大之前出现.

P 波和 S 波在地核界面会发生反射，我们以小写字母 c 表示这种情形，而以 PcS，PcP，ScS 和 ScP 等表示在地核界面反射后出现的波. 例如，PcS 表示以 P 下行、在地核界面反射后以 S 波传到地面的波(图 9.27). 地球的外核是液态，所以只有通过外核的纵

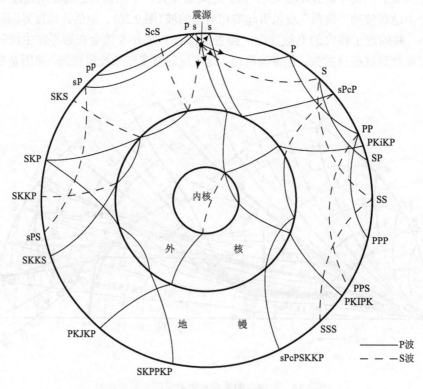

图 9.27　体波的震相

波,而没有通过外核的横波.通常以 K 表示通过外核的纵波.纵波可能在外核界面反射,这种情形以 KK 表示.通常以 P′表示 PKP,它表示 P 波通过外核后折回地面.类似地有 PKS,SKS 和 SKP. P′P′(即 PKPPKP),P′P′P′P′表示 P′在地球表面反射;而 PKPP,PKKS,SKKS 表示在核边界内部反射. PcPP′是 PcP 进一步在地球表面反射成 P′后形成的.这些震相都观测到过. P′出现在大约大于 142°外,SKS 在 84°以后出现在 S 之前,所以很容易与 S 混淆.

内核可通过 P 和 S 波.通过内核的 P 波以 I 表示,S 波以 J 表示.所以 PKIKP 表示一个贯穿内核但波形不变的纵波.小写字母 i 表示在内核界面的反射. PKJKP 和 PKIKP 只不过是理论上推测有可能存在的震相而已,事实上迄今尚未观测到过.在 110°—142° 处,观测到过 PKIKP.

当震源有一定深度时,从震源发出的波可以地球表面上两个点发生反射,然后到达同一台站.一般以小写字母 p,s 分别表示反射点比较靠近震源的纵波和横波,如 pP,sP,sS,pPP,pPKP 等,如图 9.27 所示.

(7)走时曲线和震源位置的确定

震中(震源在地面的投影)到观测点的距离叫震中距.地震波从震源到达观测点所用的时间叫走时.如果以横轴表示震中距,以纵轴表示走时,那么用这种方法表示的曲线叫作走时曲线.图 9.28 是地震波的走时曲线.有了走时曲线,就可以由地震台站记录到的 S 波和 P 波的到时差 S–P 确定震源位置.如果地震震源接近于地表,那么利用表面震源的走时曲线,由台站记录到的 S–P 就可确定相应的震中距;由三个以上的台站的震中距就可以在球面上或采用某种投影方法在平面上画出圆弧、交切出震中.

9.2.5　地震内部的地震波速度分布

由走进资料求地震内部的地震波速度分布的方法有两种.一种是古登堡(Gutenberg, B.)提出的方法,另一种是赫格洛兹–维歇特–贝特曼(Herglotz-Wiechert-Bateman)方法.

(1)古登堡(Gutenberg)方法

由式(9.355)可知,对于每一条从震源深度为 h 处发出的射线,其震源处和出射点的波速、入射角和半径有如下关系:

$$\frac{(r_0 - h)\sin i_h}{v_h} = \frac{r_0 \sin i_0}{v_0}, \tag{9.382}$$

式中,地球的半径 r_0,地面上的波速 v_0 都是常量.对于指定的震源,h 和震源所在处的波速 v_h 也是常量.所以在地面上的入射角 i_0 值随 i_h 而变化.显然当 $i_h = \pi / 2$ 时,i_0 达极大值:

$$\sin(i_0)_{\max} = \frac{v_0}{v_h} \frac{r_0 - h}{r_0}. \tag{9.383}$$

但是由式(9.358)我们已经知道,射线在地面的入射角和 v_0 及 $\bar{v}$ 有关,所以

$$\sin(i_0)_{\max} = v_0 \left(\frac{\mathrm{d}t}{\mathrm{d}\varDelta} \right)_{\max}. \tag{9.384}$$

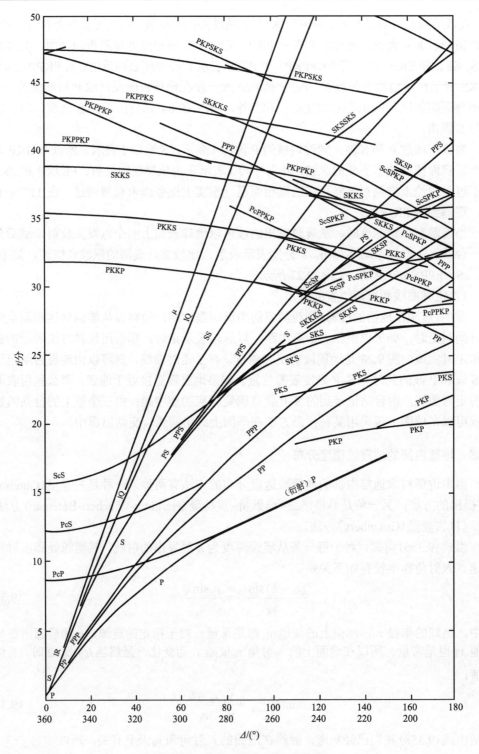

图 9.28　杰弗里斯-布伦走时曲线

联合以上两式即得

$$v_h = \frac{r_0 - h}{r_0} \bigg/ \left(\frac{\mathrm{d}t}{\mathrm{d}\Delta}\right)_{\max} = \frac{r_0 - h}{r_0}(\overline{v}_0)_{\min} . \tag{9.385}$$

只要知道某个地震的震源深度及其时距曲线，那么由时距曲线的拐点处的视速度 $(\overline{v}_0)_{\min}$ 就可以求得该深度处的速度.

这个方法叫古登堡方法. 方法本身比较简单，但需要有较精确的时距曲线，特别是在拐点处. 这个方法的缺点是，由它只能求出深至 720 km 处的波速，因为比 720 km 深的地方不发生地震；同时拐点也不易定准；此外，由于这个方法要求每个深度的地震都总结出一条时距曲线，因而处理资料的工作量很大；最后，由它只能定出震源所在处的波速，对其他地方方法就无能为力了.

(2) 赫格洛兹-维歇特-贝特曼方法

这个方法的基本思想是根据震中距 $\leqslant \theta$ 的时距曲线求出震中距为 θ 的射线的最低点半径 r_0，然后由式 (9.361) 求出 $v(r_p)$.

由式 (9.367) 我们知道，当震源和接收点均在地面上时，

$$\theta = 2\int_{r_p}^{r_0} pr^{-1}(\eta^2 - p^2)^{-1/2}\mathrm{d}r , \tag{9.386}$$

式中，r_0 为地球半径. 今以 $\eta = \eta(r)$ 为自变量 [式 (9.356)]，注意到 $\eta(r_p) = p$ [式 (9.360)]，则可以将上式化为

$$\theta = 2\int_{p}^{\eta_0} pr^{-1}(\eta^2 - p^2)^{-1/2}\frac{\mathrm{d}r}{\mathrm{d}\eta}\mathrm{d}\eta. \tag{9.387}$$

上式中，θ 是以 p 为参变量的量：$\theta = \theta(p)$. 现在考虑一组射线，这组射线的参数 p 从半径为 r' 处的 $\eta = \eta'$ 变到 r_0 处的 $\eta = \eta_0$. 现将上式两边乘以 $(p^2 - \mu'^2)^{-1/2}$，并对 p 从 η' 到 η_0 积分：

$$\int_{\eta'}^{\eta_0} \frac{\theta\mathrm{d}p}{(p^2 - \eta'^2)^{1/2}} = 2\int_{\eta'}^{\eta_0}\mathrm{d}p\int_{p}^{\eta_0}\frac{\mathrm{d}r}{\mathrm{d}\eta}\frac{p\mathrm{d}\eta}{r(\eta^2 - p^2)^{1/2}(p^2 - \eta'^2)^{1/2}} . \tag{9.388}$$

交换上式右边的积分顺序 (参见图 9.29)：

$$\int_{\eta'}^{\eta_0} \frac{\theta\mathrm{d}p}{(p^2 - \eta'^2)^{1/2}} = 2\int_{\eta'}^{\eta_0}\frac{\mathrm{d}r}{r\mathrm{d}\eta}\mathrm{d}\eta\int_{\eta'}^{\eta}\frac{p\mathrm{d}p}{(\eta^2 - p^2)^{1/2}(p^2 - \eta'^2)^{1/2}} , \tag{9.389}$$

对左边分部积分，即得

$$\left[\theta\cosh^{-1}\left(\frac{p}{\eta'}\right)\right]_{\eta'}^{\eta_0} - \int_{\eta'}^{\eta_0}\frac{\mathrm{d}\theta}{\mathrm{d}p}\cosh^{-1}\left(\frac{p}{\eta'}\right)\mathrm{d}p . \tag{9.390}$$

上式第一项当代入上限时，因为当 $p = \eta_0$ 时 $\theta = 0$；代入下限时，因为当 $p = \eta'$ 时 $\cosh^{-1}\left(\frac{p}{\eta'}\right) = 0$，所以第一项为零. 式 (9.389) 右边的双重积分可以积出，结果是 $\pi\ln(r_0/r')$，因此，

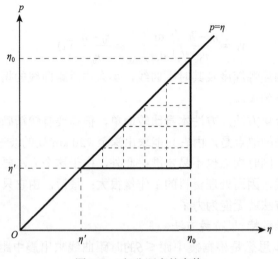

图 9.29　积分顺序的变换

$$\int_0^{\theta'} \cosh^{-1}\left(\frac{p}{\eta'}\right)\mathrm{d}\theta = \pi\ln\left(\frac{r_0}{r'}\right). \tag{9.391}$$

由走时曲线 $t=t(0)$ 可以求得 $p=p(\theta)=\mathrm{d}t/\mathrm{d}\theta$. 然后选取一个 η' 的值，对上式左边作数值积分，假定这个积分是 $I(\eta')$，则

$$r' = r_0 \exp[-I(\eta')/\pi], \tag{9.392}$$

这样就求得了 $r'=r'(\eta')$. 既然 $\eta'=r'/v'$，所以就求得了 $v'=v'(r')$ 即速度随半径的分布函数.

由积分方程理论可知，方程 (9.387) 是阿贝尔 (Abel) 型积分方程. 式 (9.391) 所表示的结果本质上阿贝尔早已得出. 不过因为赫格洛兹、维歇特和贝特曼等三人在 1907 至 1910 年间最早把阿贝尔的结果应用于地震学，所以现在通常把式 (9.391) 所表示的、由地面上走时的观测资料确定地球内部速度分布的方法叫作赫格洛兹-维歇特-贝特曼方法.

(3) 数值结果

历史上，在式 (9.391) 所示的方法问世后就开始估计地球内部纵波和横波速度. 最早从事这方面工作的有古登堡及其在哥丁根 (Göttingen) 的同事 (1907 至 1930 年间)，还有诺特 (Knott, C. G.) 于 1919 年和日本的和达清夫 (Wadati, K.) 于 1933—1934 年间所做的工作. 早期的工作大多只根据少量资料，误差较大. 到了 20 世纪 30 年代，杰弗里斯 (Jeffreys, H.) 和古登堡都意识到需要有大量的资料才好. 1939 年，杰弗里斯根据杰弗里斯-布伦 (Bullen, K. E.) 走时表 (J-B 表) 得到了第一个整个地球的纵波速度 α 和整个地幔的横波速度 β 的分布，1939—1958 年间，古登堡也根据大量资料发表了好几种分布.

杰弗里斯的 1939 年的结果包括 15 km 厚的“花岗岩层”，其中 $\alpha = 5.57$ km/s，$\beta = 3.74$ km/s. 表 9.1 给出了杰弗里斯在 1939 年得到的在一些深度的速度值，表的上半部是地幔，下半部是地核.

表 9.1　纵波和横波的速度

深度/km	33	400	1000	2700	2898
α/(km/s)	7.75	8.93	11.42	13.62	13.65
β/(km/s)	4.35	4.94	6.36	7.26	7.30
深度/km	2898	4500	4980	5120	6371
α/(km/s)	8.1	9.97	10.44	9.40，11.16	11.31

9.3　地震波的反射和折射

9.3.1　平面波在自由表面的反射

（1）平面波

前面讨论的波动方程的解答适用于在三维空间无限延伸的介质内传播的扰动．当扰动到达边界时，边界要影响扰动的传播，此时必须考虑边界的效应．

我们先来讨论均匀和各向同性半空间的各种类型的波；先从这类问题中的最简单的情形开始．假定均匀与各向同性介质中的自由界面是一个平面（$x_3=0$），并且假定一系列平面波在 x_1x_3 平面内的 AO 方向传播，它和边界的内法向成 i_P 角（图 9.30 和图 9.31），图 9.30 表示的是 P 波入射的情形，而图 9.31 表示的是 SV 波入射的情形．

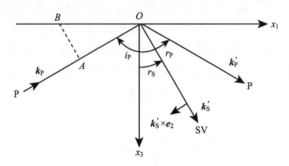

图 9.30　平面波在自由表面的反射

P 波入射情形

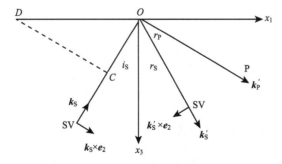

图 9.31　平面波在自由表面的反射

SV 波入射情形

如式(9.186)和式(9.188)—式(9.190)所表示的,位移可以用一个标量位φ和一个矢量位$\psi(\psi_1, \psi_2, \psi_3)$表示,$\varphi$和$\psi_i$分别满足纵波和横波的波动方程.在我们现在讨论的问题中,由于选择了如图9.30和图9.31所示的坐标系,平面P波和平面SV与SH波都与x_1轴无关,所以式(9.188)—式(9.190)分成独立的两组. P 和 SV 波的位移分别与位函数φ, ψ有关,它们只有x_1和x_3方向的分量:

$$\begin{cases} u_1 = \dfrac{\partial \varphi}{\partial x_1} - \dfrac{\partial \psi}{\partial x_3}, \\ u_3 = \dfrac{\partial \varphi}{\partial x_3} + \dfrac{\partial \psi}{\partial x_1}; \end{cases} \tag{9.393}$$

而对应于 SH 波的位移u_2可以单独处理. 函数φ, ψ分别满足波动方程:

$$\frac{\partial^2 \varphi}{\partial t^2} = \alpha^2 \nabla^2 \varphi , \tag{9.394}$$

$$\frac{\partial^2 \varphi}{\partial t^2} = \beta^2 \nabla^2 \psi . \tag{9.395}$$

设上列两个方程的解答是:

$$\varphi = f(x_3) e^{i(\omega t - kx_1)} , \tag{9.396}$$

$$\psi = f(x_3) e^{i(\omega t - kx_1)} . \tag{9.397}$$

其中,ω是圆频率,k是波数. 上两式分别是波动方程(9.394)和(9.395)的解,一般地说,两个式子中的ω和k是不同的,但以后我们将要证明,为了满足在$x_3=0$的边界条件,式(9.396)和式(9.397)两式中的指数项里的圆频率ω和波数k必须是一样的.

将式(9.396)和式(9.397)代入式(9.394)和式(9.395)两式,并令

$$c = \omega / k , \tag{9.398}$$

则得

$$\frac{\mathrm{d}^2 f}{\mathrm{d} x_3^2} + \left(\frac{c^2}{\alpha^2} - 1 \right) k^2 f = 0 , \tag{9.399}$$

$$\frac{\mathrm{d}^2 g}{\mathrm{d} x_3^2} + \left(\frac{c^2}{\beta^2} - 1 \right) k^2 g = 0 . \tag{9.400}$$

这两个方程的积分为

$$f(x_3) = A_1 e^{ix_3 k \sqrt{\frac{c^2}{\alpha^2} - 1}} + A_2 e^{-ix_3 k \sqrt{\frac{c^2}{\alpha^2} - 1}} , \tag{9.401}$$

$$g(x_3) = B_1 e^{ix_3 k \sqrt{\frac{c^2}{\beta^2} - 1}} + B_2 e^{-ix_3 k \sqrt{\frac{c^2}{\beta^2} - 1}} . \tag{9.402}$$

因此,式(9.396)和式(9.397)可以写成

$$\varphi = A_1 e^{ik\left(ct + x_3 \sqrt{\frac{c^2}{\alpha^2} - 1} - x_1 \right)} + A_2 e^{ik\left(ct - x_3 \sqrt{\frac{c^2}{\alpha^2} - 1} - x_1 \right)} , \tag{9.403}$$

$$\psi = B_1 e^{ik\left(ct+x_3\sqrt{\frac{c^2}{\beta^2}-1}-x_1\right)} + B_2 e^{ik\left(ct-x_3\sqrt{\frac{c^2}{\beta^2}-1}-x_1\right)}. \tag{9.404}$$

式(9.403)右边第一项表示一个平面波,这个平面波沿着自由表面(x_3=0)的视速度为 c,沿着 x_3 方向的视速度为 $-c\big/\sqrt{\dfrac{c^2}{\alpha^2}-1}$. 它的波阵面法向在 x_1,x_3 轴的投影是 $\left(k,-k\sqrt{\dfrac{c^2}{\alpha^2}-1}\right)$,换句话说,它是沿+$x_1$,-$x_3$ 方向传播的,我们叫它为入射纵波. 今以 i_P 表示波阵面法向与边界的外法向($-x_3$ 方向)的夹角,则

$$\cot i_P = \sqrt{\frac{c^2}{\alpha^2}-1}. \tag{9.405}$$

用类似步骤,可知式(9.403)右边的第二项表示一个沿+x_1,+x_3 方向传播的平面波,我们叫它为反射纵波. 如果以 r_P 表示反射纵波波阵面法线与 x_1 轴的夹角,则

$$\cot r_P = \sqrt{\frac{c^2}{\alpha^2}-1}. \tag{9.406}$$

对于式(9.404)可以做类似的分析. 这就是该式右边的第一项表示入射横波,第二项表示反射横波. 相应地,横波的入射角 i_S 和反射角 r_S 分别为

$$\cot i_S = \sqrt{\frac{c^2}{\beta^2}-1}, \tag{9.407}$$

$$\cot r_S = \sqrt{\frac{c^2}{\beta^2}-1}. \tag{9.408}$$

(2)P 波入射到自由表面

按照式(9.405)至式(9.408)诸式,我们可以将式(9.403)和式(9.404)写成

$$\varphi = A_1 e^{i\omega\left[t-\frac{(x_1\sin i_P - x_3\cos i_P)}{\alpha}\right]} + A_2 e^{i\omega\left[t-\frac{(x_1\sin r_P + x_3\cos r_P)}{\alpha}\right]}, \tag{9.409}$$

$$\psi = B_1 e^{i\omega\left[t-\frac{(x_1\sin i_S - x_3\cos i_S)}{\beta}\right]} + B_2 e^{i\omega\left[t-\frac{(x_1\sin r_S + x_3\cos r_S)}{\beta}\right]}. \tag{9.410}$$

假定只有 P 波入射到自由表面,为此,使上式的 B_1=0,然后应用下列边界条件确定其余系数之间的关系:

$$p_{31}\bigg|_{x_3=0} = \mu\left(2\frac{\partial^2\varphi}{\partial x_1\partial x_3}+\frac{\partial^2\psi}{\partial x_1^2}-\frac{\partial^2\psi}{\partial x_3^2}\right)\bigg|_{x_3=0} = 0, \tag{9.411}$$

$$p_{33}\bigg|_{x_3=0} = \left[\lambda\nabla^2\varphi + 2\mu\left(\frac{\partial^2\varphi}{\partial x_3^2}+\frac{\partial^2\psi}{\partial x_1\partial x_3}\right)\right]\bigg|_{x_3=0} = 0. \tag{9.412}$$

将式(9.409)和式(9.410)两式代入上两式,我们得

$$-2\frac{\sin i_P}{\alpha}\frac{\cos i_P}{\alpha}\varphi_1 + 2\frac{\sin r_P}{\alpha}\frac{\cos r_P}{\alpha}\varphi_2 + \left(\frac{\sin r_S}{\beta}\right)^2\psi_2 - \left(\frac{\cos r_S}{\beta}\right)^2\psi_2 = 0, \tag{9.413}$$

$$\left(\frac{\alpha^2-2\beta^2}{2\beta^2}\right)\frac{1}{\alpha^2}(\varphi_1+\varphi_2)+\left(\frac{\cos i_P}{\alpha}\right)^2\varphi_1+\left(\frac{\cos r_P}{\alpha}\right)^2\varphi_2+\frac{\sin r_S}{\beta}\frac{\cos r_S}{\beta}\varphi_2=0，\quad(9.414)$$

式中，φ_1，φ_2 和 ψ_2 分别表示入射、反射 P 波和反射 S 波. 因为 $x_3=0$ 处的边界条件应当对于所有的 t 和 x_1 都成立，这就要求 φ_1，φ_2 和 ψ_2 表示式的指数中的圆频率 ω 及 x_1 方向的波数 k 应当相等，这点在前面我们已经提到. ω 及在 x_1 方向的波数 k 应当相等就意味着

$$\frac{\sin i_P}{\alpha}=\frac{\sin r_P}{\alpha}=\frac{\sin r_S}{\beta}，\tag{9.415}$$

这就是斯涅尔定律. 特别是，$r_P=i_P$.

式 (9.413) 和式 (9.414) 两式可以化为

$$(A_1-A_2)\beta^2\sin 2i_P+B_2\alpha^2\cos 2r_S=0，\tag{9.416}$$

$$(A_1+A_2)\cos 2i_S+B_2\sin 2r_S=0.\tag{9.417}$$

因此，

$$\frac{A_2}{A_1}=\frac{\beta^2\sin 2i_P\sin 2r_S-\alpha^2\cos^2 2r_S}{\beta^2\sin 2i_P\sin 2r_S+\alpha^2\cos^2 2r_S}，\tag{9.418}$$

$$\frac{B_2}{A_1}=-2\beta^2\frac{\sin 2i_P\cos 2r_S}{\beta^2\sin 2i_P\sin 2r_S+\alpha^2\cos^2 2r_S}.\tag{9.419}$$

A_2/A_1 和 B_2/A_1 分别称为 P 波和 S 波的反射系数. 这些反射系数是对位移函数 φ 和 ψ 而言的.

(3) 位移的反射系数和位移势的反射系数的关系

式 (9.418) 和式 (9.419) 表示当 P 波入射时位移势函数的反射系数. 有时，我们希望知道位移的反射系数. 为此，我们将式 (9.393) 写成矢量形式：

$$\boldsymbol{u}=\boldsymbol{u}_P+\boldsymbol{u}_P'+\boldsymbol{u}_S'，\tag{9.420}$$

$$\begin{cases}\boldsymbol{u}_P=\nabla\varphi_1，\\\boldsymbol{u}_P'=\nabla\varphi_2，\\\boldsymbol{u}_S'=\nabla\times(\psi\boldsymbol{e}_2)=\nabla\psi\times\boldsymbol{e}_2，\end{cases}\tag{9.421}$$

$\boldsymbol{e}_2$ 表示 x_2 方向的单位矢量，$\boldsymbol{u}_P$ 表示入射 P 波的位移矢量，$\boldsymbol{u}_P'$ 表示反射 P 波的位移向量，$\boldsymbol{u}_S'$ 表示反射 SV 波的位移矢量.

$$\begin{cases}\boldsymbol{u}_P=-\mathrm{i}\dfrac{\omega}{\alpha}A_1\mathrm{e}^{\mathrm{i}\omega\left[t-\frac{(x_1\sin i_P-x_3\cos i_P)}{\alpha}\right]}\boldsymbol{k}_P，\\[2mm]\boldsymbol{u}_P'=-\mathrm{i}\dfrac{\omega}{\alpha}A_2\mathrm{e}^{\mathrm{i}\omega\left[t-\frac{(x_1\sin i_P+x_3\cos i_P)}{\alpha}\right]}\boldsymbol{k}_P'，\\[2mm]\boldsymbol{u}_S'=-\mathrm{i}\dfrac{\omega}{\beta}B_2\mathrm{e}^{\mathrm{i}\omega\left[t-\frac{(x_1\sin i_P+x_3\cos i_P)}{\beta}\right]}\boldsymbol{k}_P'\times\boldsymbol{e}_2，\end{cases}\tag{9.422}$$

$$\begin{cases} \boldsymbol{k}_{\mathrm{P}} = \{\sin i_{\mathrm{P}}, 0, -\cos i_{\mathrm{P}}\}, \\ \boldsymbol{k}_{\mathrm{P}}' = \{\sin i_{\mathrm{P}}, 0, \cos i_{\mathrm{P}}\}, \\ \boldsymbol{k}_{\mathrm{S}}' = \{\sin r_{\mathrm{S}}, 0, \cos r_{\mathrm{S}}\}, \\ \boldsymbol{k}_{\mathrm{S}}' \times \boldsymbol{e}_2 = \{-\cos r_{\mathrm{S}}, 0, \sin r_{\mathrm{S}}\}. \end{cases} \tag{9.423}$$

它们的方向如图 9.30 所示.

现在，将反射 P 波和反射 S 波的位移表示成

$$\begin{cases} \boldsymbol{u}_{\mathrm{P}}' = -\mathrm{i}\dfrac{\omega}{\alpha} A_1 R_{\mathrm{PP}} \, \mathrm{e}^{\mathrm{i}\omega\left[t-\frac{(x_1 \sin i_{\mathrm{P}} + x_3 \cos i_{\mathrm{P}})}{\alpha}\right]} \boldsymbol{k}_{\mathrm{P}}', \\ \boldsymbol{u}_{\mathrm{S}}' = -\mathrm{i}\dfrac{\omega}{\alpha} A_1 R_{\mathrm{PS}} \mathrm{e}^{\mathrm{i}\omega\left[t-\frac{(x_1 \sin r_{\mathrm{S}} + x_3 \cos r_{\mathrm{S}})}{\beta}\right]} \boldsymbol{k}_{\mathrm{S}}' \times \boldsymbol{e}_2, \end{cases} \tag{9.424}$$

R_{PP} 和 R_{PS} 叫作位移反射系数. 对比式 (9.422) 和上式，我们得到

$$\begin{cases} R_{\mathrm{PP}} = A_2 / A_1, \\ R_{\mathrm{PS}} = \alpha\beta_2 / \beta A_1. \end{cases} \tag{9.425}$$

(4) 视出射角

为了从地震图上测量入射角，可以用垂直方向和水平方向地动位移的振幅之比. 通常规定垂直方向地动位移向上为正，因而 P 波的视出射角 θ 为

$$\tan\theta = \frac{u_1}{(-u_3)}\bigg|_{x_3=0} = -\frac{(u_{\mathrm{P}})_1 + (u_{\mathrm{P}}')_1 + (u_{\mathrm{S}}')_1}{(u_{\mathrm{P}})_3 + (u_{\mathrm{P}}')_3 + (u_{\mathrm{S}}')_3}\bigg|_{x_3=0}. \tag{9.426}$$

将式 (9.422) 代入上式，即得

$$\tan\theta = \tan 2r_{\mathrm{S}}, \tag{9.427}$$

从而

$$\theta = 2r_{\mathrm{S}}. \tag{9.428}$$

(5) SV 波入射到自由表面

现在我们来讨论 SV 波入射到自由表面的情形. 为此，让式 (9.403) 中的 $A_1=0$，然后将式 (9.403) 和式 (9.404) 代入式 (9.411) 和式 (9.412) 两式所示的边界条件，重复和 P 波入射情形同样的步骤，就可以求得相应的反射系数：

$$\frac{A_2}{B_1} = \frac{2\alpha^2 \sin 2r_{\mathrm{S}} \cos 2r_{\mathrm{S}}}{\beta^2 \sin 2i_{\mathrm{P}} \sin 2r_{\mathrm{S}} + \alpha^2 \cos^2 2r_{\mathrm{S}}}, \tag{9.429}$$

$$\frac{B_2}{B_1} = \frac{\beta^2 \sin 2i_{\mathrm{P}} \sin 2r_{\mathrm{S}} - \alpha^2 \cos^2 2r_{\mathrm{S}}}{\beta^2 \sin 2i_{\mathrm{P}} \sin 2r_{\mathrm{S}} + \alpha^2 \cos^2 2r_{\mathrm{S}}}. \tag{9.430}$$

类似地，我们可以将位移矢量 $\boldsymbol{u}$ 表示为

$$\boldsymbol{u} = \boldsymbol{u}_{\mathrm{S}} + \boldsymbol{u}_{\mathrm{P}}' + \boldsymbol{u}_{\mathrm{S}}', \tag{9.431}$$

式中，

$$
\begin{cases}
\boldsymbol{u}_{\mathrm{S}} = \nabla \times (\psi_1 \boldsymbol{e}_2) = \nabla \psi_1 \times \boldsymbol{e}_2, \\
\boldsymbol{u}'_{\mathrm{P}} = \nabla \varphi_2, \\
\boldsymbol{u}'_{\mathrm{S}} = \nabla \times (\psi_2 \boldsymbol{e}_2) = \nabla \psi_2 \times \boldsymbol{e}_2.
\end{cases} \tag{9.432}
$$

$\boldsymbol{u}_{\mathrm{S}}$ 表示入射 S 波位移，ψ_1 表示相应的位移势. 将式(9.403)和式(9.404)代入上式即得

$$
\begin{cases}
\boldsymbol{u}_{\mathrm{S}} = -\mathrm{i}\dfrac{\omega}{\beta} B_1 \mathrm{e}^{\mathrm{i}\omega\left[t - \frac{(x_1 \sin i_{\mathrm{S}} - x_3 \cos i_{\mathrm{S}})}{\beta}\right]} \boldsymbol{k}_{\mathrm{S}} \times \boldsymbol{e}_2, \\[3mm]
\boldsymbol{u}'_{\mathrm{P}} = -\mathrm{i}\dfrac{\omega}{\alpha} A_2 \mathrm{e}^{\mathrm{i}\omega\left[t - \frac{(x \sin r_{\mathrm{P}} + x_3 \cos r_{\mathrm{P}})}{\alpha}\right]} \boldsymbol{k}'_{\mathrm{P}}, \\[3mm]
\boldsymbol{u}'_{\mathrm{S}} = -\mathrm{i}\dfrac{\omega}{\beta} B_2 \mathrm{e}^{\mathrm{i}\omega\left[t - \frac{(x_1 \sin r_{\mathrm{S}} + x_3 \cos r_{\mathrm{S}})}{\beta}\right]} \boldsymbol{k}'_{\mathrm{S}} \times \boldsymbol{e}_2,
\end{cases} \tag{9.433}
$$

其中，

$$
\begin{cases}
\boldsymbol{k}_{\mathrm{S}} = \{\sin i_{\mathrm{S}}, 0, -\cos i_{\mathrm{S}}\}, \quad \boldsymbol{k}_{\mathrm{S}} \times \boldsymbol{e}_2 = \{\cos i_{\mathrm{S}}, 0, \sin i_{\mathrm{S}}\}, \\
\boldsymbol{k}'_{\mathrm{P}} = \{\sin r_{\mathrm{P}}, 0, \cos r_{\mathrm{P}}\}, \\
\boldsymbol{k}'_{\mathrm{S}} = \{\sin r_{\mathrm{S}}, 0, \cos r_{\mathrm{S}}\}, \quad \boldsymbol{k}'_{\mathrm{S}} \times \boldsymbol{e}_2 = \{-\cos r_{\mathrm{S}}, 0, \sin r_{\mathrm{S}}\}.
\end{cases} \tag{9.434}
$$

式(9.433)可以写成

$$
\begin{cases}
\boldsymbol{u}_{\mathrm{S}} = -\mathrm{i}\dfrac{\omega}{\beta} B_1 \mathrm{e}^{\mathrm{i}\omega\left[t - \frac{(x_1 \sin i_{\mathrm{S}} - x_3 \cos i_{\mathrm{S}})}{\beta}\right]} \boldsymbol{k}_{\mathrm{S}} \times \boldsymbol{e}_2, \\[3mm]
\boldsymbol{u}'_{\mathrm{P}} = -\mathrm{i}\dfrac{\omega}{\beta} B_1 R_{\mathrm{SP}} \mathrm{e}^{\mathrm{i}\omega\left[t - \frac{(x_1 \sin r_{\mathrm{P}} + x_3 \cos r_{\mathrm{P}})}{\alpha}\right]} \boldsymbol{k}'_{\mathrm{P}}, \\[3mm]
\boldsymbol{u}'_{\mathrm{S}} = -\mathrm{i}\dfrac{\omega}{\beta} B_1 R_{\mathrm{SS}} \mathrm{e}^{\mathrm{i}\omega\left[t - \frac{(x_1 \sin r_{\mathrm{S}} + x_3 \cos r_{\mathrm{S}})}{\beta}\right]} \boldsymbol{k}'_{\mathrm{S}} \times \boldsymbol{e}_2,
\end{cases} \tag{9.435}
$$

其中，R_{SP} 和 R_{SS} 表示位移的反射系数：

$$
\begin{cases}
R_{\mathrm{SP}} = \dfrac{\beta}{\alpha} \dfrac{A_2}{B_1}, \\[3mm]
R_{\mathrm{SS}} = \dfrac{B_2}{B_1}.
\end{cases} \tag{9.436}
$$

对于 SV 波入射到自由表面情形，真入射角是 i_{S}. 由式(9.434)可知，$\tan i_{\mathrm{S}} = (u_{\mathrm{S}})_3 / (u_{\mathrm{S}})_1$. 仿效这个式子，我们定义这种情形下的视入视角 θ 为

$$
\tan\theta = \frac{u_3}{u_1}\bigg|_{x_3=0} = \frac{(u_{\mathrm{S}})_3 + (u'_{\mathrm{P}})_3 + (u'_{\mathrm{S}})_3}{(u_{\mathrm{S}})_1 + (u'_{\mathrm{P}})_1 + (u'_{\mathrm{S}})_1}\bigg|_{x_3=0}. \tag{9.437}
$$

将式(9.433)代入上式即得

$$
\tan\theta = \frac{2\cot r_{\mathrm{P}}}{2\cot^2 i_{\mathrm{S}} - 1}. \tag{9.438}
$$

（6）SH 波入射到自由界面

前面已提及 SH 波可以和 P 波与 SV 波分开单独处理. SH 波的位移在 x_2 方向，它满足波动方程(9.196)，它的解可以表示为

$$u_2 = C_1 \mathrm{e}^{\mathrm{i}\omega\left[t-\frac{(x_1\sin i_S - x_3\cos i_S)}{\beta}\right]} + C_2 \mathrm{e}^{\mathrm{i}\omega\left[t-\frac{(x_1\sin i_S + x_3\cos i_S)}{\beta}\right]}. \tag{9.439}$$

边界条件是，在 $x_3=0$ 处，

$$p_{23} = \mu \frac{\partial u_2}{\partial x_3} = 0. \tag{9.440}$$

将式(9.439)代入上式即得

$$C_2 = C_1. \tag{9.441}$$

这就是说，反射 SH 波的振幅等于入射 SH 波的振幅；在地面上，水平地动振幅是 $2C_1$.

9.3.2　平面波在两种介质分界面上的反射和折射

（1）SH 波的反射和折射

我们先来讨论 SH 平面波在两种介质分界面上的反射和折射问题(图 9.32)．设 $x_3=0$ 是两种介质的分界面．今以 C_1 表示入射 SH 波振幅，C_2 表示反射振幅，C' 表示折射 SH 波振幅，则在介质 1 中 SH 波的位移 u_2 由式(9.439)表示，而在介质 2 中的位移为

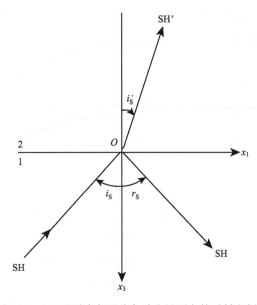

图 9.32　SH 平面波在两种介质分界面上的反射和折射

$$u_2' = C' \mathrm{e}^{\mathrm{i}\omega\left[t-\frac{(x_1\sin i_S' - x_3\cos i_S')}{\beta'}\right]}. \tag{9.442}$$

在边界上，位移和应力都连续．这就是在 $x_3=0$，

$$u_2 = u_2', \tag{9.443}$$

$$\mu \frac{\partial u_2}{\partial x_3} = \mu' \frac{\partial u_2'}{\partial x_3} . \tag{9.444}$$

将式(9.439)和式(9.442)两式代入以上两式, 可得

$$\frac{\sin i_S}{\beta} = \frac{\sin i_S'}{\beta'} , \tag{9.445}$$

$$C_1 + C_2 = C' , \tag{9.446}$$

$$\mu(C_1 - C_2)\frac{\cos i_S}{\beta} = \mu'C'\frac{\cos i_S'}{\beta'} . \tag{9.447}$$

从而可求得反射系数 C_2/C_1 和折射系数 C'/C_1:

$$C_2 / C_1 = \frac{\sin 2i_S - \dfrac{\mu'\beta'^2}{\mu\beta'^2}\sin 2i_S'}{\sin 2i_S + \dfrac{\mu'\beta'^2}{\mu\beta'^2}\sin 2i_S'} , \tag{9.448}$$

$$C' / C_1 = \frac{2\sin 2i_S}{\sin 2i_S + \dfrac{\mu'\beta'^2}{\mu\beta'^2}\sin 2i_S'} . \tag{9.449}$$

图 9.33 是 β'/β=0.8, μ'/μ=0.64 时 SH 波的反射和折射系数.

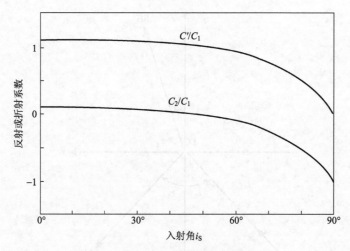

图 9.33 SH 波的反射和折射系数

β'/β=0.8, μ'/μ=0.64

如果 $\beta'>\beta$, 那么当 i_S 大于临界角 i_C 时便发生全反射,

$$\sin i_C = \frac{\beta}{\beta'} . \tag{9.450}$$

发生全反射时,

$$\cos i_C' = -\mathrm{i}\sqrt{\left(\frac{\beta'}{\beta}\right)^2 \sin^2 i_S - 1}\,, \tag{9.451}$$

从而

$$C_2 / C_1 = \mathrm{e}^{\mathrm{i}2\xi}\,, \tag{9.452}$$

$$C' / C_1 = \frac{2}{\sqrt{1+\delta^2}}\,\mathrm{e}^{\mathrm{i}\xi}\,. \tag{9.453}$$

其中,

$$\tan\xi = \frac{\mu'}{\mu}\frac{\sqrt{\sin^2 i_S + (\beta/\beta')^2}}{\cos i_S} = \delta\,. \tag{9.454}$$

所以反射波为

$$\boldsymbol{u}_1 = C_1 \mathrm{e}^{\mathrm{i}\left\{\omega\left[t-\frac{(x_1\sin i_S + x_3\cos i_S)}{\beta}\right]+2\zeta\right\}}\,, \tag{9.455}$$

折射波为

$$\boldsymbol{u}_2' = \frac{2C_1 \mathrm{e}^{\kappa x_3}}{\sqrt{1+\delta^2}}\mathrm{e}^{\mathrm{i}\left\{\omega\left[t-\frac{(x_1\sin i_S + x_3\cos i_S)}{\beta'}\right]+2\zeta\right\}}\,, \tag{9.456}$$

其中,

$$\kappa = \frac{\omega}{\beta}\sqrt{\sin^2 i_S + (\beta/\beta')^2}\,.$$

图 9.34 是 $\beta'/\beta=1.2$, $\mu'/\mu=1.44$ 时 SH 波的反射和折射系数. 图中给出了全反射时反射波的振幅 $|C_2/C_1|$ 和折射波的振幅 $|C'/C_1|$ 以及相位函数 ζ.

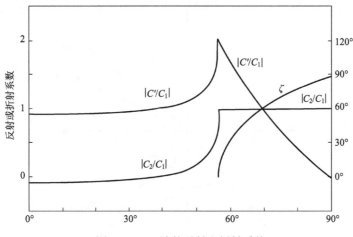

图 9.34　SH 波的反射和折射系数

$\beta'/\beta=1.2$, $\mu'/\mu=1.44$

(2) P 波和 SV 平面波的反射和折射

我们现在来讨论在以平界面相接触的两个半无限弹性介质中 P 和 SV 平面波的反射

和折射问题(图 9.35 和图 9.36). 一般地说, 任何入射波在两个弹性固体分界面上都将在两个介质中产生纵波和横波, 分界面上的两个位移分量 u_1 和 u_3 和两个应力分量 p_{31} 和 p_{33} 应当连续. 今以 A_1 表示入射 P 波振幅, A_2 表示反射 P 波振幅, A' 表示折射 P 波振幅, 以 B_1, B_2, B' 分别表示 SV 波的相应的量. 由式 (9.403) 和式 (9.404) 可得, 在介质 1 中:

$$\varphi = A_1 e^{ik(ct-x_1+ax_3)} + A_2 e^{ik(ct-x_1-ax_3)}, \tag{9.457}$$

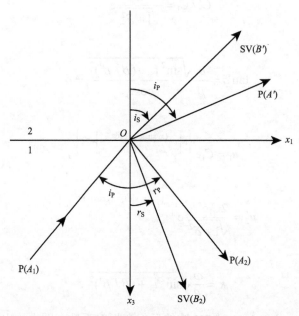

图 9.35　平面波在两种介质分界面上的反射和折射

P 波入射情形

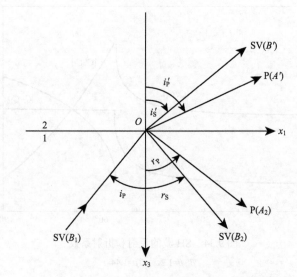

图 9.36　平面波在两种介质分界面上的反射和折射

SV 波入射情形

$$\psi = B_1 e^{ik(ct-x_1+bx_3)} + B_2 e^{ik(ct-x_1-bx_3)},\qquad(9.458)$$

在介质 2 中：

$$\varphi' = A' e^{ik(ct-x_1+a'x_3)},\qquad(9.459)$$

$$\psi' = B' e^{ik(ct-x_1+b'x_3)},\qquad(9.460)$$

其中，

$$\begin{cases} a = \cot i_P = \left(\dfrac{c^2}{\alpha^2} - 1 \right)^{1/2} \\[2mm] b = \cot r_S = \left(\dfrac{c^2}{\beta^2} - 1 \right)^{1/2} \\[2mm] a' = \cot i'_P = \left(\dfrac{c^2}{\alpha'^2} - 1 \right)^{1/2} \\[2mm] b' = \cot i'_S = \left(\dfrac{c^2}{\beta'^2} - 1 \right)^{1/2} \end{cases}\qquad(9.461)$$

i_P, r_S, i'_P, i_S 的意义见图 9.35 和图 9.36.

因为在 $x_3=0$，边界条件与 x_1 和 t 无关，所以在式(9.457)—式(9.460)诸式中的 k 和 c 必须相同，从式(9.461)立刻可以得到斯涅尔定律：

$$\frac{\sin i_P}{\alpha} = \frac{\sin r_P}{\alpha} = \frac{\sin i_S}{\beta} = \frac{\sin r_S}{\beta} = \frac{\sin i'_P}{\alpha'} = \frac{\sin i'_S}{\beta'} = \frac{1}{c}.\qquad(9.462)$$

这意味着，若 i_P, r_S, i'_P, i_S 是实数，c 必须大于 $\alpha, \beta, \alpha', \beta'$. 在相反的情况下，若 c 不都大于 $\alpha, \beta, \alpha', \beta'$，就将出现复反射系数，此时，不但振幅，而且相位也要发生变化.

位函数 $\varphi, \psi, \varphi', \psi'$ 必须满足边界条件：在 $x_3=0$ 时，

$$\begin{cases} u_1 = u'_1, \\ u_3 = u'_3, \\ p_{31} = p'_{31}, \\ p_{33} = p'_{33}. \end{cases}\qquad(9.463)$$

将式(9.457)—式(9.460)诸式代入式(9.393)和式(9.411)与式(9.412)，然后代入上式，即得

$$\begin{cases} A_1 + A_2 + b(B_1 - B_2) = A' + b'B', \\ a(A_1 - A_2) - (B_1 + B_2) = \alpha'A' - B', \\ \rho\beta^2[-(b^2-1)(A_1+A_2) + 2b(B_1-B_2)] = \rho'\beta'^2[-(b'^2-1)A' + 2b'B'], \\ \rho\beta^2[2a(A_1-A_2) + (b^2-1)(B_1+B_2)] = \rho'\beta'^2[2a'A' + (b'^2-1)B']. \end{cases}\qquad(9.464)$$

当 $B_2=0$，$A_1\neq0$，就是 P 波入射情形. $B_1\neq0$，$A_1=0$，就是 SV 波入射情形. 在这些情形下，共有五个系数，四个振幅系数都可以由入射 P(或 S)波的振幅表示.

(3) 能量的分配

我们来分析波的能量分配问题，由式 (9.393) 可知 P 波和 SV 波的位移分别为

$$
\begin{cases}
u_1 = \dfrac{\partial \varphi}{\partial x_1}, \\[2mm]
u_3 = \dfrac{\partial \varphi}{\partial x_3},
\end{cases}
\tag{9.465}
$$

$$
\begin{cases}
u_1 = -\dfrac{\partial \psi}{\partial x_3}, \\[2mm]
u_3 = \dfrac{\partial \psi}{\partial x_1}.
\end{cases}
\tag{9.466}
$$

将式 (9.457)—式 (9.460) 代入以上两式，可知入射 P 波的质点运动速度为

$$
\begin{cases}
\dot{u}_1 = -\dfrac{\partial^2 \varphi_1}{\partial x_1 \partial t} = k^2 c \varphi_1, \\[2mm]
\dot{u}_3 = -\dfrac{\partial^2 \varphi_1}{\partial x_3 \partial t} = -k^2 c a \varphi_1,
\end{cases}
\tag{9.467}
$$

$$
\varphi_1 = A_1 \mathrm{e}^{ik(ct - x_1 + a x_3)};
\tag{9.468}
$$

入射 SV 波的质点运动速度为：

$$
\begin{cases}
\dot{u}_1 = -\dfrac{\partial^2 \psi_1}{\partial x_3 \partial t} = k^2 c b \psi_1, \\[2mm]
\dot{u}_3 = -\dfrac{\partial^2 \psi_1}{\partial x_1 \partial t} = k^2 c \psi_1,
\end{cases}
\tag{9.469}
$$

$$
\psi_1 = B_1 \mathrm{e}^{ik(ct - x_1 + b x_3)}.
\tag{9.470}
$$

单位体积的动能为 $\dfrac{1}{2}\rho(\dot{u}_1^2 + \dot{u}_3^2)$，单位体积的总能量 W 为平均动能密度的两倍. 所以对于入射 P 波来说，

$$
\begin{aligned}
W &= 2\,\overline{\frac{1}{2}\rho(\dot{u}_1^2 + \dot{u}_3^2)} \\
&= \rho\overline{(\dot{u}_1^2 + \dot{u}_3^2)} \\
&= \rho k^4 c^2 (1 + a^2 A_1^2 / 2) \\
&= \rho A_1^2 k^4 c^4 / 2\alpha^2.
\end{aligned}
\tag{9.471}
$$

注意到波传播方向与垂线的夹角为 i_{P}，所以单位时间通过单位面积的能量为

$$
\varepsilon = W\alpha \bigg/ \frac{1}{\cos i_{\mathrm{P}}} = W\alpha \cos i_{\mathrm{P}} = \frac{1}{2}\rho A_1^2 k^4 c^2 \cot i_{\mathrm{P}}.
\tag{9.472}
$$

对于其他类型的波，也可以得到类似的表达式. 这样，我们可以写出在界面上入射 P 波和反射、折射 P 波与 SV 波的能量之间的关系：

$$\frac{1}{2}\rho A_1^2 k^4 c^2 \cot i_P = \frac{1}{2}\rho A_2^2 k^4 c^2 \cot i_P + \frac{1}{2}\rho B_2^2 k^4 c^2 \cot i_S + \frac{1}{2}\rho' A'^2 k^4 c^2 \cot i_P' + \frac{1}{2}\rho' B'^2 k^4 c^2 \cot i_S',$$

或者

$$1 = a^2 + b^2 + a'^2 + b'^2, \tag{9.473}$$

其中，

$$\begin{cases} a^2 = A_2^2 / A_1^2, \\ b^2 = B_2^2 \cot i_S / A_1^2 \cot i_P, \\ a'^2 = A'^2 \rho' \cot i_P' / A_1^2 \rho \cot i_P, \\ b'^2 = B'^2 \rho' \cot i_S' / A_1^2 \rho \cot i_P. \end{cases} \tag{9.474}$$

对于入射 SV 波情形，可以求得

$$1 = a_1^2 + b_1^2 + a_1'^2 + b_1'^2, \tag{9.475}$$

其中，

$$\begin{cases} a_1^2 = A_2^2 \cot i_P / B_1^2 \cot i_S, \\ b_1^2 = B_2^2 / B_1^2, \\ a_1'^2 = A'^2 \rho' \cot i_P' / B_1^2 \rho \cot i_S, \\ b_1'^2 = B'^2 \rho' \cot i_S' / B_1^2 \rho \cot i_S. \end{cases} \tag{9.476}$$

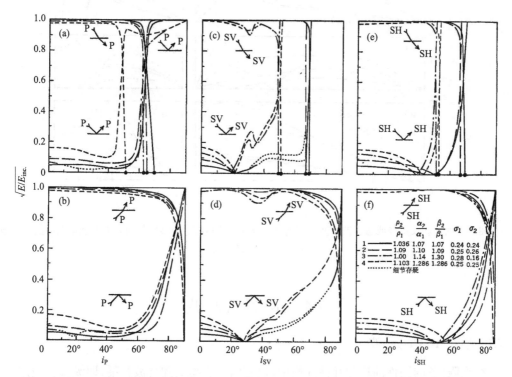

图 9.37　在没有发生波形变化的情况下，反射波能量或透射波能量对入射波能量之比的平方根

下角标：1. 表示上层；2. 表示下层

在上述结果中，a, b, a', b' 诸量分别是反射 P 波与 SV 波、折射 P 波与 SV 波和入射 P 波的能量比的平方根；a_1, b_1, a_1', b_1' 是它们和入射 SV 波的能量比的平方根. 在地震学中，既有用势函数的反射、折射系数 A_2/A_1, B_2/A_1, A'/A_1, B'/A_1 表示计算结果的；也有用上述的能量比的平方根 a, b, a', b' 等表示的. 图 9.37 和图 9.38 是两个例子，它们表示反射波能量或透射波能量对于入射波能量之比的平方根. 图 9.37 表示没有发生波形变化情形，图 9.38 表示入射波和反射波或折射波不同的情形.

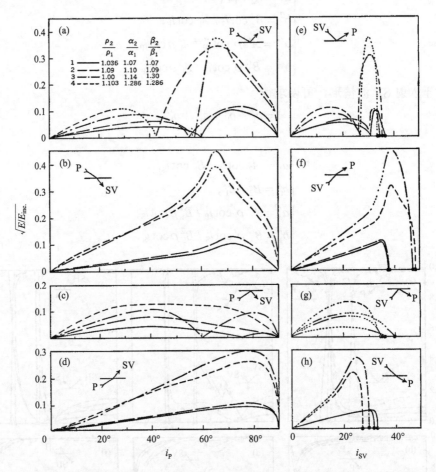

图 9.38　入射波和反射波或透射波的波形不同时，反射波能量或透射波能量对入射波能量之比的平方根

图中数据和说明同图 9.37

9.4　地 震 面 波

9.4.1　瑞利(Rayleigh)波

在无限、各向同性的均匀弹性介质中,仅有两种类型的弹性波传播,即纵波和横波.但是在半无限、各向同性的均匀弹性介质中,有可能出现一种弹性波,这种波的特点是:扰动的幅度随着离开自由表面距离的增加而迅速衰减,或者说,扰动只局限于自由表面

附近. 所以, 通常称这种波为面波. 现在, 我们来讨论沿半无限弹性自由表面上面波的传播问题. 假定波的传播与 x_2 轴无关, 引进如式(9.393)所表示的位移 φ, ψ, 则如果 φ, ψ 分别满足纵波与横波的波动方程(9.394)和式(9.395), 那么由式(9.393)所示的 u_1, u_3 就满足运动方程. 参照式(9.405)和式(9.404), 我们可以把波动方程的解表示成

$$\begin{cases} \varphi = A_1 \mathrm{e}^{ik(ct-x_1)-x_3 k\sqrt{1-\frac{c^2}{\alpha^2}}} + A_2 \mathrm{e}^{ik(ct-x_1)+x_3 k\sqrt{1-\frac{c^2}{\alpha^2}}}, \\ \psi = B_1 \mathrm{e}^{ik(ct-x_1)-x_3 k\sqrt{1-\frac{c^2}{\beta^2}}} + B_2 \mathrm{e}^{ik(ct-x_1)+x_3 k\sqrt{1-\frac{c^2}{\beta^2}}}. \end{cases} \tag{9.477}$$

规定上两式中的根号应取正根. 当 $x_3 \to \infty$ 时, φ 和 ψ 的表示式的第二项不满足波在无穷远处收敛的条件, 所以 $A_2 = B_2 = 0$. 于是我们得

$$\begin{cases} \varphi = A_1 \mathrm{e}^{ik(ct-x_1)-x_3 k\sqrt{1-\frac{c^2}{\alpha^2}}}, \\ \psi = B_1 \mathrm{e}^{ik(ct-x_1)-x_3 k\sqrt{1-\frac{c^2}{\beta^2}}}. \end{cases} \tag{9.478}$$

把它们代入边界条件式(9.411)和式(9.412)即得

$$\begin{cases} 2i\sqrt{1-\frac{c^2}{\alpha^2}}A_1 - \left(2-\frac{c^2}{\beta^2}\right)B_1 = 0, \\ \left(2-\frac{c^2}{\beta^2}\right)A_1 + 2i\sqrt{1-\frac{c^2}{\beta^2}}B_1 = 0. \end{cases} \tag{9.479}$$

为了使 A_1, B_1 有不等于零的值, 参数 c 必须满足上述式子的系数行列式等于零的条件:

$$\left(2-\frac{c^2}{\beta^2}\right)^2 = 4\sqrt{1-\frac{c^2}{\alpha^2}}\sqrt{1-\frac{c^2}{\beta^2}} . \tag{9.480}$$

这个方程叫瑞利方程. 在我们现在论及的问题里, 这个方程的根中只有使 $\sqrt{1-\frac{c^2}{\alpha^2}}$ 和 $\sqrt{1-\frac{c^2}{\beta^2}}$ 取正值的正根才有意义.

为求瑞利方程的根, 我们将其两边平方:

$$\frac{c^2}{\beta^2}\left[\frac{c^6}{\beta^6} - 8\frac{c^4}{\beta^4} + c^2\left(\frac{24}{\beta^2}-\frac{16}{\alpha^2}\right) - 16\left(1-\frac{\beta^2}{\alpha^2}\right)\right] = 0 . \tag{9.481}$$

由上式可见, $c=0$ 是瑞利方程的解. 但是这个解是没有意义的, 因为当 $c=0$ 时, 由式(9.477)和式(9.478)可见, φ 与 ψ 便和时间无关. 并且, 从式(9.479)可得, $B_1 = Ia_1$, 再由式(9.393)可得 $u_1 = u_3 = 0$. 从式(9.481)我们还可以看到, 因为 $\beta < \alpha$, 所以当 $c=0$ 时, 该式左边方括号内的因子为负; 当 $c=\beta$ 时为正. 这就意味着如果 $0 < c < \beta < \alpha$, 则瑞利方程至少有一个根, 也就是说, 在这个条件下面波可以存在.

一般地说, 必须用数值方法求瑞利方程的根. 但是实际地球介质接近泊松体($\lambda = \mu$ 的

弹性固体). $\lambda = \mu$ 时 $\alpha = \sqrt{3}\beta$. 令式 (9.481) 中的 $\alpha / \beta = \sqrt{3}$，我们容易求得瑞利方程的根，从而对瑞利波的特性可以得到一个概念：

$$\left(\frac{c}{\beta}\right)^6 - 8\left(\frac{c}{\beta}\right)^4 + \frac{56}{3}\left(\frac{c}{\beta}\right)^2 - \frac{32}{3} = 0 , \tag{9.482}$$

$$\left[\left(\frac{c}{\beta}\right)^2 - 4\right]\left[\left(\frac{c}{\beta}\right)^2 - \left(2 + \frac{2}{\sqrt{3}}\right)\right]\left[\left(\frac{c}{\beta}\right)^2 - \left(2 - \frac{2}{\sqrt{3}}\right)\right] = 0 . \tag{9.483}$$

上列方程有三个根：$c^2/\beta^2 = 4$，$2 + \dfrac{2}{\sqrt{3}}$，$2 - \dfrac{2}{\sqrt{3}}$. 因为 $\sqrt{1 - \dfrac{c^2}{\alpha^2}}$ 和 $\sqrt{1 - \dfrac{c^2}{\beta^2}}$ 必须取正值，所以 c 必须小于 β. 这样，头两个根不满足要求，只有最小的根 $2 - \dfrac{2}{\sqrt{3}}$ 满足问题的要求，因此，

$$c^2 = \left(2 - \frac{2}{\sqrt{3}}\right)\beta^2 ,$$

即

$$c = 0.9194\beta. \tag{9.484}$$

虽然上述头两个根不满足这里所要求的条件，但它们都是瑞利方程的根，都对应着波动方程的解. 如果我们研究式 (9.418)，式 (9.419) 和式 (9.429)，式 (9.430) 等公式就可以发现，它们相应于 $A_2 = B_1 = 0$ 和 $A_1 = B_2 = 0$ 两种情况下的解答. 第一种情况表示纵波以某一角度入射到自由表面上，以至只有反射横波产生；第二种情况则表示横波以一个角度入射到自由表面上，以至只有反射纵波产生.

当 $c = 0.9191\beta$ 时，$\sqrt{1 - \dfrac{c^2}{\alpha^2}} = 0.8475$，$\sqrt{1 - \dfrac{c^2}{\beta^2}} = 0.3933$，将这些数值代入式 (9.477) 和式 (9.478)，运用式 (9.479)，然后将 φ, ψ 代入式 (9.393) 即得

$$\begin{cases} u_1 = A_1(\mathrm{e}^{-0.8475kx_3} - 0.5773\mathrm{e}^{-0.3933kx_3})\sin k(ct - x_1), \\ u_3 = A_1(-0.8475\mathrm{e}^{-0.8475kx_3} + 1.4679\mathrm{e}^{-0.3933kx_3})\cos k(ct - x_1). \end{cases} \tag{9.485}$$

特别是在自由表面上，

$$\begin{cases} u_1 = 0.4227A_1\sin k(ct - x_1), \\ u_3 = 0.6204A_1\cos k(ct - x_1). \end{cases} \tag{9.486}$$

由此可见，在地面上，瑞利波的质点运动描绘出一个逆进椭圆 (图 9.39). 椭圆的长轴在垂直方向，短轴在水平方向，其比值约为 3 : 2.

9.4.2　勒夫 (Love) 波

世界上第一架长周期地震仪测量的是水平方向的地面运动，所以在大地震引起的波动中有着大幅度的横向分量就成为地震学中最早确认的事实之一. 然而，理论上不难证

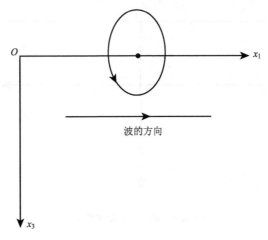

图 9.39　瑞利波的偏振

明，在均匀、半无限弹性体中，不存在 SH 型的面波．1911 年，勒夫 (Love, A.E. H.) 对上述矛盾作了解释．他证明，若在均匀半无限弹性体上覆盖着一个无限的平行层 (图 9.40)，且平行层中的横波速度小于半无限介质中的横波速度，这时，在表面上就可以观测到 SH 型的面波．现在，我们把这种 SH 型的面波叫作勒夫波．

设平行层 (介质 1) 厚度为 H，层内刚性系数为 μ，横波速度为 β，半无限空间 (介质 2) 的刚性系数为 μ'，横波速度为 β'，且 $\beta'>\beta$．取直角坐标系 x_1，x_2，x_3，将坐标原点置于平行层与半无限介质的分界面上，x_3 轴垂直于界面，向下为正．假定所有的位移都和坐标 x_2 无关，我们来寻求波动方程的一个解：它的振动方向与 $x_1 x_3$ 平面垂直，在平行层内沿 x_1 方向波的振幅呈简谐形式分布，而在半无限空间中，振幅随深度指数减小．

由式 (9.196) 可知，在介质 1，2 中，x_2 方向的位移 u_2，u_2' 满足波动方程：

$$\frac{\partial^2 u_2}{\partial t^2} = \beta^2 \nabla^2 u_2 \,, \tag{9.487}$$

$$\frac{\partial^2 u_2'}{\partial t^2} = \beta'^2 \nabla^2 u_2' \,. \tag{9.488}$$

我们可以写出波动方程的类似于式 (9.477) 和式 (9.476) 的解答：

$$u_2 = \mathrm{e}^{ik(ct-x_1)}(A\mathrm{e}^{ikvx_3} + B\mathrm{e}^{-ikvx_3}) \,, \tag{9.489}$$

$$u_2' = \mathrm{e}^{ik(ct-x_1)}(C\mathrm{e}^{ikv'x_3} + D\mathrm{e}^{-ikv'x_3}) \,, \tag{9.490}$$

其中，

$$v = \sqrt{\frac{c^2}{\beta^2} - 1} \,, \tag{9.491}$$

$$v' = \sqrt{\frac{c^2}{\beta'^2} - 1} \,. \tag{9.492}$$

规定当 $c/\beta'<1$ 时，$\mathrm{Im}v'>0$．在这种情况下，为满足波在 $x_3 \to \infty$ 时收敛的条件，系数 D 应当等于零．于是

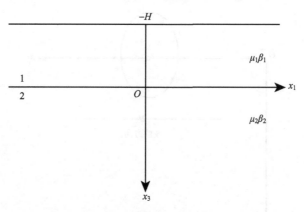

图 9.40　两层半无限弹性介质

$$u_2' = C\mathrm{e}^{\mathrm{i}k(ct-x_1+v'x_3)}. \tag{9.493}$$

u_2, u_2' 应当满足边界条件, 即: 在自由表面上, 切应力 p_{32} 为零; 在分界面上, 位移和切应力 p_{32} 都连续:

$$\begin{cases} x_3 = -H, & p_{32} = 0, \\ x_3 = 0, & u_2 = u_2', \\ & p_{32} = p_{32}'. \end{cases} \tag{9.494}$$

由以上三个式子我们得到:

$$\begin{cases} \mathrm{e}^{-\mathrm{i}kvH}\,A - \mathrm{e}^{\mathrm{i}kvH} & B = 0, \\ A + & B = C, \\ \mu v\quad A - \mu v & B = \mu'v'C. \end{cases} \tag{9.495}$$

如果上列方程组的系数行列式

$$\Delta = \begin{vmatrix} \mathrm{e}^{-\mathrm{i}kvH} & -\mathrm{e}^{\mathrm{i}kvH} & 0 \\ 1 & 1 & -1 \\ \mu v & -\mu v & -\mu'v' \end{vmatrix} = 0, \tag{9.496}$$

也就是

$$\tan\left(kH\sqrt{\frac{c^2}{\beta^2}-1}\right) = \frac{\mu'\sqrt{1-\dfrac{c^2}{\beta^2}}}{\mu\sqrt{\dfrac{c^2}{\beta^2}-1}}, \tag{9.497}$$

那么就有可能存在勒夫波. 为使上式成立, 必须有: $\beta \leqslant c \leqslant \beta'$. 如果 $\beta' < \beta$, 那么这个方程便没有合适的解答存在.

　　方程 (9.497) 表示勒夫波的相速度 c 与波数 k 有关, 或者说相速度与周期有关. 我们把它叫作勒夫波的频散方程, 也叫周期方程. 当 $c \to \beta'$ 时, $kvH \to 0$, π, 2π, $\cdots$. 并且, 对于 $kvH \to 0$ 的情形, 波长与 H 相比趋于无穷, 换句话说, 波长很长的勒夫波的相速度

c 趋近于半无限介质中的横波速度. 当 $c \to \beta$ 时, 波长与 H 相比趋于零, 换句话说, 波长很短的勒夫波的相速度 c 趋近于层中的横波速度. 一般地说,

$$kH\sqrt{\frac{c^2}{\beta^2}-1} = \tan^{-1}\frac{\mu'\sqrt{1-\frac{c^2}{\beta^2}}}{\mu\sqrt{\frac{c^2}{\beta^2}-1}} + n\pi, \qquad n=0,1,2,\cdots. \tag{9.498}$$

由于反正切函数的多值性, 所以相应于一个 c 有无穷多个 k 存在. 这样, 频散曲线就有无穷多支, 相应于 $n=1$, 2, $\cdots$. 每一支相应于一种"振型". 通常称 $n=0$ 的振型为基阶振型, 也叫一阶振型, 称其他振型为高阶振型, 也叫第 $n+1$ 阶振型.

将式(9.495)的第一式代入式(9.489), 得

$$u_2 = 2A\cos[kv(x_3+H)]\mathrm{e}^{\mathrm{i}k(ct-x_1)-\mathrm{i}kvH}. \tag{9.499}$$

上式表明, 当

$$kv(x_3+H) = \left(n+\frac{1}{2}\right)\pi, \qquad n=0,1,2,\cdots \tag{9.500}$$

时, $u_2=0$, u_2 等于零的平面叫作节平面. 当 $kvH<\pi/2$ 时, 平行层内无节平面; 当 $\pi/2<kvH<3\pi/2$ 时, 有一个节平面; 当 $(n-1/2)\pi<kvH<(n+1/2)\pi$ 时, 有 n 个节平面. 节平面的个数加 1 就等于振型的阶数.

在地震学中, 没有节平面的情形最为重要, 因为总能量的一大部分通常与波长较长的波, 也即 k 值较小的波有关. 对于没有节平面的情况, $\lambda>4Vh$.

9.4.3 频散方程的相长干涉解释

在许多情况下, 面波的频散方程可以解释为在层间全反射的平面波与原平面波发生相长干涉的条件.

在图 9.41 中, $ADEF$ 表示平面 SH 波的一段路径, 这个平面波在底面发生全反射后, 到了自由表面又发生反射. 这个在层间发生全反射后的平面波的波阵面的行程比原平面波的行程长, 其行程差等于 BDE 的长度, 因此其相位滞后了 $(3\pi/l)BDE$. 这里, l 表示波长, 它等于 $2\pi\beta/\omega$. 当平面 SH 波在底面发生反射时, 相位超前了 2ζ[式(9.455)]; 当它在自由表面发生反射时, 相位不发生变化[式(9.441)]. 如果总相位差正好是 2π 的整数倍:

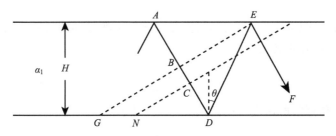

图 9.41　频散方程的相长干涉解释

$$\frac{2\pi}{l}BDE - 2\zeta = 2n\pi, \qquad n = 0, 1, 2, 3, \cdots, \tag{9.501}$$

则在层间全反射后的平面波便与原平面波发生相长干涉.

从图 9.41 可见，$BDE = 2H\cos i_S$，所以，

$$\frac{\omega}{\beta}H\cos i_S = \tan^{-1}\delta + n\pi, \qquad n = 0, 1, 2, 3, \cdots. \tag{9.502}$$

上式与式(9.498)相当. 对上式两边取正切，即得勒夫波的频散方程[即式(9.497)]:

$$\tan\left(kH\sqrt{\left(\frac{c}{\beta}\right)^2 - 1}\right) = \frac{\mu'\sqrt{1 - \dfrac{c^2}{\beta'^2}}}{\mu\sqrt{\dfrac{c^2}{\beta^2} - 1}}, \tag{9.503}$$

这里，$c = \beta/\sin i_S$. 由此可见，面波可以看作是波的一种干涉现象，它的频散方程可以解释为在层间全反射后的平面波与原平面波发生相长干涉的条件. 按照这种观点，面波的相速度是波在水平方向的视速度；高阶振型的面波对应于较高级的干涉.

9.4.4　面波的频散

（1）波的频散——相速度和群速度

当波传播的相速度 c 与波数 k 有关时，扰动的形状一般将随着时间不断地变化，因为此时扰动所包含的每一种简谐波将以其特有的相速度传播. 如果初始扰动局限在空间的一个有限范围内，而介质是无限的，则随着时间的推移，扰动将逐渐扩展为波列. 这种现象叫作波的频散.

先考虑波的频散的一种简单情形. 设有沿 x 方向传播的、振幅都为 A 的两组正弦波，其圆频率分别为 ω_1 和 ω_2，波数分别为 k_1 和 k_2，那么它们所引起的合振动 u 为

$$
\begin{aligned}
u &= A\sin(\omega_1 t - k_1 x) + A\sin(\omega_2 t - k_2 x) \\
&= 2A\sin\left[\frac{1}{2}(\omega_1 + \omega_2)t - \frac{1}{2}(k_1 + k_2)x\right]\cos\left[\frac{1}{2}(\omega_1 - \omega_2)t - \frac{1}{2}(k_1 - k_2)x\right].
\end{aligned} \tag{9.504}
$$

若它们的圆频率、波数均十分接近：$\omega_1 \doteq \omega_2 \doteq \omega$，$k_1 \doteq k_2 \doteq k$，则

$$u \doteq 2A\cos\left[\frac{(\delta\omega)t - (\delta k)x}{2}\right]\sin(\omega t - kx), \tag{9.505}$$

式中，$\delta\omega = \omega_2 - \omega_1$，$\delta k = k_2 - k_1$. 这表示合振动是一个振幅受到调制的正弦波，其圆频率为 ω，波数为 k，而振幅的最大值以速度

$$U = \frac{\delta\omega}{\delta k} \tag{9.506}$$

传播. U 叫作波传播的群速度. 在极限情形下，上式变为

$$U = \frac{\mathrm{d}\omega}{\mathrm{d}k}. \tag{9.507}$$

对于更复杂的一般情形，也可导出类似结果.

按照傅里叶定理，可以将一个初始扰动 $u(x, 0)$ 展开为

$$u(x, 0) = \int_{-\infty}^{\infty} \hat{u}(k) e^{-ikx} dk, \tag{9.508}$$

其中，

$$\hat{u}(k) = \frac{1}{2\pi} \int_{-\infty}^{\infty} u(x, 0) e^{-ikx} dx, \tag{9.509}$$

$u(x, 0)$ 是实数，所以 $\hat{u}(-k) = \hat{u}*(k)$. 若初始扰动相对于 $x=0$ 点是对称的，则 $\hat{u}(-k) = \hat{u}(k)$. 从而

$$\hat{u}(-k) = \hat{u}*(k) = \hat{u}(k) ,$$

$$u(x, 0) = 2 \int_{0}^{\infty} \hat{u}(k) \cos kx dk , \tag{9.510}$$

$$\hat{u}(k) = \frac{1}{\pi} \int_{0}^{\infty} u(x, 0) \cos kx dx . \tag{9.511}$$

设初始扰动仅局限于区域 $|x| \leqslant a$，并设初始速度 $u_1(x, 0)$ 处处为零. 如果波数为 k 的简谐波以相速度 $c = c(k)$ 传播，则 t 时刻在 x 外的扰动为

$$u(x, t) = 2 \int_{0}^{\infty} \hat{u}(k) \cos(\omega t - kx) dx , \tag{9.512}$$

式中，

$$\omega = kc . \tag{9.513}$$

因为初始扰动仅局限于 $|x| \leqslant a$，所以

$$\hat{u}(k) = \frac{1}{\pi} \int_{0}^{a} u(x, 0) \cos kx dx . \tag{9.514}$$

由此可得

$$\hat{u}(k) = -\frac{1}{\pi} \int_{0}^{a} x u(x, 0) \sin kx dx . \tag{9.515}$$

这说明，除了使 $\hat{u}(k)$ 异常小的 k 值以外，$\hat{u}'(k)$ 与 $a\hat{u}(k)$ 同数量级或小于 $a\hat{u}(k)$ 的数量级.

现在我们来求 t 很大时 $u(x, t)$ 的近似表示式. 为此，首先考察式 (9.512) 中 $|k-k_r| \leqslant \delta k_r$ 范围内的简谐波群对 $u(x, t)$ 的贡献 $u_r(x, t)$：

$$u_r(x, t) = 2 \int_{-\delta k_r}^{\delta k_r} \hat{u}(k) \cos(\omega t - kx) d\mu , \tag{9.516}$$

式中，$\mu = k - k_r$. 将 $\hat{u}(k)$ 在 $k = k_r$ 外作泰勒展开，得

$$\hat{u}(k) \doteq \hat{u}_r(k)(1 + \delta) , \tag{9.517}$$

式中，

$$\delta = \frac{\hat{u}'(k)}{\hat{u}(k)} \mu \, . \tag{9.518}$$

可见，如果 $\delta k_r = \varepsilon/a$，$\varepsilon$ 是一个小量，那么 δ 便是一个与 ε 同数量级或比 ε 数量级低的小量. 进一步，将式 (9.516) 余弦函数的宗量 $\omega t - kx$ 在 $k = k_r$ 处作泰勒展开，得

$$\omega t - kx = (\omega_r t - k_r x) + (U_r t - x)\mu + \frac{1}{2}\left(\frac{\mathrm{d}U}{\mathrm{d}k}\right)_r \mu^2 t + \frac{1}{6}\left(\frac{\mathrm{d}^2 U}{\mathrm{d}k^2}\right)_r \mu^3 t + \cdots , \tag{9.519}$$

上式右边的下角标 r 表示取 $k = k_r$ 时的值. 如果 t 足够大，能够满足下列关系：

$$\left(\frac{\mathrm{d}^2 U}{\mathrm{d}k^2}\right)_r \mu^3 t = O(1), \tag{9.520}$$

并且，如果

$$\left(\frac{\mathrm{d}^2 U}{\mathrm{d}k^2}\right)_r \mu \bigg/ \left(\frac{\mathrm{d}U}{\mathrm{d}k}\right)_r = O(\varepsilon) , \tag{9.521}$$

那么在式 (9.519) 右边 μ^3 以上的项便可予以忽略，从而

$$u_r(x, t) \doteq 2\hat{u}(k_r) \int_{-\varepsilon/a}^{\varepsilon/a} \cos\left[(\omega_r t - k_r x) + (U_r t - x)\mu + \frac{1}{2}\left(\frac{\mathrm{d}U}{\mathrm{d}k}\right)_r \mu^2 t\right] \mathrm{d}\mu , \tag{9.522}$$

式中，

$$U(k) = \frac{\mathrm{d}\omega(k)}{\mathrm{d}k} \, . \tag{9.507}$$

由式 (9.520) 和式 (9.521) 可知，t 应当足够大，使得

$$t\left(\frac{\mathrm{d}U}{\mathrm{d}k}\right)_r^3 \left(\frac{\mathrm{d}^2 U}{\mathrm{d}k^2}\right)_r^{-2} = O(\varepsilon^{-3}) \, . \tag{9.523}$$

由式 (9.522) 可知，在 t 时刻、在坐标为 $x = U_r t$ 的点 (P_r 点) 上的扰动应当为：

$$u_r(x, t) \doteq 2\hat{u}(k_r) \int_{-\varepsilon/a}^{\varepsilon/a} \cos\left[(\omega_r t - k_r x) + \frac{1}{2}\left(\frac{\mathrm{d}U}{\mathrm{d}k}\right)_r \mu^2 t\right] \mathrm{d}\mu \tag{9.524}$$

$$\doteq \frac{2\hat{u}(k_r)}{\sqrt{\frac{1}{2}\left|\left(\frac{\mathrm{d}U}{\mathrm{d}k}\right)_r\right| t}} \int_{-\mu'}^{\mu'} \cos\left[(\omega_r t - k_r x) \pm \xi^2\right] \mathrm{d}\xi , \tag{9.525}$$

式中的 $\pm$ 号分别相应于 $(Du/\mathrm{d}k)_r \lessgtr O$ 两种情形，而积分限 μ' 由下式决定：

$$\mu'^2 = \frac{1}{2}\left|\left(\frac{\mathrm{d}U}{\mathrm{d}k}\right)_r\right|\left(\frac{\varepsilon}{a}\right)^2 t \, . \tag{9.526}$$

由式 (9.520)，式 (9.521) 两式可知：

$$\mu'^2 = O(\varepsilon^{-1}) , \tag{9.527}$$

这说明式 (9.525) 右端的积分上、下限可以用 $\pm\infty$ 代替：

$$u_r(x, t) \doteq \frac{2\hat{u}(k_r)}{\sqrt{\frac{1}{2}\left|\left(\frac{\mathrm{d}U}{\mathrm{d}k}\right)_r\right|t}} \int_{-\infty}^{\infty} \cos\left[(\omega_r t - k_r x) \pm \xi^2\right]\mathrm{d}\xi \ . \tag{9.528}$$

利用著名的菲涅尔(Fresnel)积分公式：

$$\int_{-\infty}^{\infty} \cos\xi^2\mathrm{d}\xi = \int_{-\infty}^{\infty} \sin\xi^2\mathrm{d}\xi = \sqrt{\frac{\pi}{2}} \ , \tag{9.529}$$

便可计算出

$$u_r(x, t) \doteq 2\hat{u}(k_r)\sqrt{\frac{2\pi}{\left|\left(\frac{\mathrm{d}U}{\mathrm{d}k}\right)_r\right|t}} \cos\left(\omega_r t - k_r x \pm \frac{\pi}{4}\right), \tag{9.530}$$

式中，±号分别相应于 $(\mathrm{D}u/\mathrm{d}k)r \lessgtr O$ 两种情形.

上式说明，在时刻 t，靠近 P_r 点的扰动有如波长 $2\pi/k_r$ 的简谐波；并且，由式(9.520)和式(9.521)可知，其振幅的数量级为 $\varepsilon^{3/2}\hat{u}(k_r)/a$. 随着 x 离 P_r 点的距离增加，式(9.507)中的 μ 项开始重要起来，其数量级为

$$\mu(U_r t - x) \doteq \frac{\varepsilon}{a}(U_r t - x) \ . \tag{9.531}$$

但是因为 μ^2 项的数量级为 ε^{-1}，所以当 $U_r t - x$ 足够大，使得

$$\mu(U_r t - x) \doteq a\varepsilon^{-2} \tag{9.532}$$

时，便可以略去式(9.507)中的 μ^2 及以后的项，从而

$$u_r(x, t) \doteq 4\hat{u}(k_r)(U_r t - x)^{-1}\sin\left[(U_r t - x)\frac{\varepsilon}{a}\right]\cos(\omega_r t - k_r x) \ . \tag{9.533}$$

上式说明，$|k - k_r| \leqslant \delta k_r$ 范围内的简谐波群在时刻 t 对于在 P_r 及其附近的点以外的点上的扰动的贡献也有如波长为 $2\pi/k_r$ 的简谐波，但这个简谐波具有正弦因子 $\sin[(U_r t - x)\varepsilon/a]$，所以扰动发生在一系列宽度为 $a\pi/\varepsilon$ 的带中，其振幅随 $|U_r t - x|$ 的增加而不断减小，最大振幅的数量级为 $\hat{u}(k_r)\varepsilon/a$，等于靠近 P_r 点的扰动的 $\varepsilon^{1/2}$ 倍. 这说明，$u_r(x, t)$ 对 t 时刻 P_r 点附近的扰动的贡献比对其他点的贡献大.

前面分析了 $|k - k_r| \leqslant \delta k_r$ 范围内的简谐波群对 P_r 及其附近的点的扰动的贡献，并与它对其余点的贡献作了比较. 对于紧挨着这个波群的另一组简谐波群 $|k - (k_r + 2\delta k_r)| \leqslant \delta k_r$，易知它对

$$x + \delta x = U_r(k_r + 2\delta k_r)t$$

点的扰动的贡献最大. 这个点与 $x = U_r t$ 点相距

$$\delta x = \left(\frac{\mathrm{d}U}{\mathrm{d}k}\right)_r 2\delta k_r t = \left(\frac{\mathrm{d}U}{\mathrm{d}k}\right)_r \frac{2\varepsilon t}{a} \ .$$

由式(9.520)和式(9.521)可知，δx 的数量级为 a/ε^2，所以这个简谐波群在 $x = U_r t$ 处的影响的数量级为 $\hat{u}(k_r)/\delta x \doteq \hat{u}(k_r)\varepsilon^2/a$，这等于靠近 P_r 点的扰动的振幅的 $\varepsilon^{1/2}$ 倍. 这说明，在

t 足够大[满足式(9.523)所要的条件]时，其他简谐波群在 P_r 点的影响与 k_r 附近的简谐波群相比是比较小的. 所以式(9.530)便是对于 $u(x, t)$ 在 t 时刻、P_r 点的一个良好的近似.

综上所述，在 x 处，当 t 足够大时，扰动主要来自波长接近于 $2\pi/k_r$ 的简谐波群，它可以用式(9.530)表示，而 k_r 是满足

$$\left[\frac{\mathrm{d}\omega(k)}{\mathrm{d}k}\right]_{k=k_r} = U(k_r) = \frac{x}{t} \tag{9.534}$$

的波数. 因此，随着时间的推移，初始扰动连续地将自身分成一系列简谐波群，每一组与一个特殊的波长相联系，并以其特有的群速度 $U(k)$ 向前传播，这里

$$U(k) = \frac{\mathrm{d}\omega}{\mathrm{d}k} = \frac{\mathrm{d}(kc)}{\mathrm{d}k} = c + k\frac{\mathrm{d}c}{\mathrm{d}k}. \tag{9.535}$$

这就是波的频散. 一般地说，当有频散时，群速度 $U(k)$ 和相速度 $c(k)$ 是不同的.

(2) 艾里(Airy, G. B.)震相

式(9.530)既不适用于使 $\hat{u}(k)$ 异常小的 k 值的情形，也不适用于使 $\mathrm{D}u/\mathrm{d}k$ 异常小的 k 值的情形. 后一种情形也就是群速度取稳定值的情形. 对于这种情形，在式(9.522)右边的被积函数中，不能忽略掉 μ^3 项，而必须添上它. 相应地，t 不应当按式(9.523)选取，而应按下式选取：

$$\left(\frac{\varepsilon}{a}\right)^3 \left(\frac{\mathrm{d}^2 U}{\mathrm{d}k^2}\right)_{\mathrm{S}} t = O(\varepsilon^{-1}). \tag{9.536}$$

这里，以下角标 S 表示 k 取使群速度等于稳定值时的 k_{S}:

$$(\mathrm{d}U / \mathrm{d}k)_{k=k_{\mathrm{S}}} = 0.$$

于是，波长接近于 $2\pi/k_{\mathrm{S}}$ 的简谐波群对 $u(x, t)$ 的贡献 $u_{\mathrm{S}}(x, t)$ 为

$$\begin{aligned} u_{\mathrm{S}}(x, t) &\doteq 2\hat{u}(k_{\mathrm{S}}) \int_{-\varepsilon/a}^{\varepsilon/a} \cos\left[(\omega_{\mathrm{S}}t - k_{\mathrm{S}}x) + (U_{\mathrm{S}}t - x)\mu + \frac{t}{6}\left(\frac{\mathrm{d}^2 U}{\mathrm{d}k^2}\right)_{\mathrm{S}} \mu^3\right] \mathrm{d}\mu \\ &\doteq 4\hat{u}(k_{\mathrm{S}}) \cos(\omega_{\mathrm{S}}t - k_{\mathrm{S}}x) \int_{0}^{\varepsilon/a} \cos\left[(U_{\mathrm{S}}t - x)\mu + \frac{t}{6}\left(\frac{\mathrm{d}^2 U}{\mathrm{d}k^2}\right)_{\mathrm{S}} \mu^3\right] \mathrm{d}\mu. \end{aligned} \tag{9.537}$$

令

$$\mathrm{S} = \left[\frac{t}{2}\left|\left(\frac{\mathrm{d}^2 U}{\mathrm{d}k^2}\right)_{\mathrm{S}}\right|\right]^{1/3} \mu, , \tag{9.538}$$

$$\xi = (U_{\mathrm{S}}t - x)\left[\frac{t}{2}\left|\left(\frac{\mathrm{d}^2 U}{\mathrm{d}k^2}\right)_{\mathrm{S}}\right|\right]^{-1/3}, \tag{9.539}$$

则

$$u_{\mathrm{S}}(x, t) \doteq 4\hat{u}(k_{\mathrm{S}})\left[\frac{t}{2}\left|\left(\frac{\mathrm{d}^2 U}{\mathrm{d}k^2}\right)_{\mathrm{S}}\right|\right]^{-1/3} \cos(\omega_{\mathrm{S}}t - k_{\mathrm{S}}x) \int_{0}^{\infty} \cos\left(\frac{s^3}{3} + s\xi\right) \mathrm{d}s$$

$$\dot= 4\pi\left[\frac{2}{t}\left|\left(\frac{\mathrm{d}^2 U}{\mathrm{d}k^2}\right)\right|_{\mathrm{S}}\right]^{1/3}\hat{u}(k_{\mathrm{S}})\mathrm{Ai}(\pm\zeta)\cos(\omega_{\mathrm{S}}t - k_{\mathrm{S}}x), \tag{9.540}$$

式中，±号分别与$(\mathrm{d}^2 U/\mathrm{d}k^2)_{\mathrm{S}}\lessgtr 0$ 相对应，而 $\mathrm{Ai}(\zeta)$ 是艾里函数：

$$\mathrm{Ai}(\zeta) = \frac{1}{\pi}\int_0^\infty \cos\left(s\zeta + \frac{s^3}{3}\right)\mathrm{d}s , \tag{9.541}$$

它的图形如图 9.42 所示.

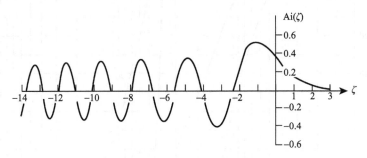

图 9.42　艾里函数 $\mathrm{Ai}(\zeta)$

由以上结果可见，与群速度的稳定值相联系的 k_{S} 附近的简谐波群在 t 时刻、x 外所引起的扰动是波长为 $2\pi/k_{\mathrm{S}}$ 的简谐波，其振幅的包络线由艾里函数表示. 对于 $(\mathrm{d}^2 U/\mathrm{d}k^2)_{\mathrm{S}}>0$，即群速度极小值情形，其振幅包络线如图 9.42 的$+\zeta$方向所示；对于 $(\mathrm{d}^2 U/\mathrm{d}k^2)_{\mathrm{S}}<0$，即群速度极大值情形，其振幅包络线如图 9.42 的$-\zeta$方向所示. 通常把与群速度稳定值相联系的波叫艾里震相.

(3)面波的频散

我们在前面已经看到，勒夫波的相速度 c 与波数 k 有关，也就是说，勒夫波是有频散的. 在均匀半无限介质中的瑞利波没有频散，但在分层半无限介质中的瑞利波却是有频散的. 表示 U(或 c)和 k(或周期 T)的关系的方程叫频散方程，相应的曲线叫频散曲线.

图 9.43 是$\beta'/\beta=1.297$ 和$\mu'/\mu=2.159$ 时的一阶和二阶振型勒夫波的相速度和群速度曲线. 为方便起见，以无量纲 $U/\beta, c/\beta$和 Kh 分别表示群速度与相速度及波数，并把式(9.534)改写为

$$U/\beta = c/\beta + kH\frac{\mathrm{d}(c/\beta)}{\mathrm{d}(kH)} . \tag{9.542}$$

从地震记录图上可以确定不同周期的面波速度或群速度. 假定β, β', μ, μ'已知，通过比较观测得到的和理论计算的相速度或群速度曲线，可以估计出地壳的厚度.

(4)确定相速度和群速度的原理

(i)群速度

图 9.44 表示由地震记录图确定不同周期的地震面波相速度和群速度的原理. 由式(9.534)可知，在 t_1 时刻、x_1 处的扰动是波数满足下式的简谐振动：

$$U(k_r) = \frac{x_1}{t_1} . \tag{9.543}$$

所以，由震中距为 x_1 的某一台站记录到的面波周期 T_r 以及该周期面波的走时 t_1，便可按上式求得相应的群速度 $U(k_r)$.

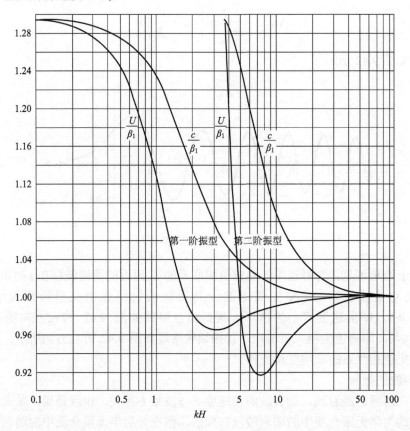

图 9.43　β'/β=1.297 和 μ'/μ=2.159 时的一阶和二阶振型勒夫波的相速度和群速度曲线

如果在 $x_2 = x_1 + \Delta x$ 处，$t_2 = t_1 + \Delta t$ 时刻又记到了波数为 k_r 的简谐振动，那么

$$U(k_r) = \frac{x_2}{t_2} , \tag{9.544}$$

从而

$$U(k_r) = \frac{x_2 - x_1}{t_2 - t_1} . \tag{9.545}$$

按照式(9.534)，波数为常数(也即周期相同)的扰动在走时图中的轨迹是一条过原点的直线，其斜率为 $1/U(k_r)$. 一般说来，不同地点周期相同的瞬时扰动的相位是不同的. 正如图 9.44 中的直线所表示的：波数为 k 的扰动，其群速度为 $U(k)$；在不同地点上，扰动的瞬时周期都相同，但其相位一般说来是不同的. 图 9.44 中只是为了区别相速度和群速度的概念方便起见，才特意标出了不但扰动的周期相同而且相位也同为波峰的 (x_1, t_1) 和 (x_2, t_2) 的两个瞬时扰动.

(ii) 相速度

按照式 (9.534)，t 时刻在 x 处的扰动的波数是 k_r. 这个实际出现的扰动(图 9.44 中的 A_1)的相位是

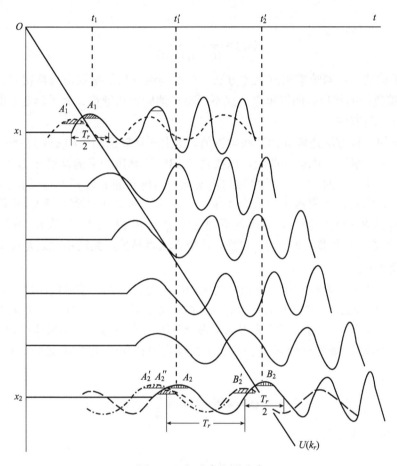

图 9.44　相速度和群速度

$$\varphi_1 = \omega_r t_1 - k_r x_1 \pm \frac{\pi}{4}, \qquad (9.546)$$

它与实际上并未出现在地震记录图上的、波数为 k_r 的简谐波(图 9.44 中的细虚线)的相位差 $\pm\pi/4$(图中的 A_1'). 如果同一波数 k_r 的扰动在 $t_2' = t_1 + \Delta t'$ 时刻又出现在 $x_2 = x_1 + \Delta x$ 处，那么这个扰动(图 9.44 中的 B_2)的相位是

$$\varphi_2 = \omega_r t_2' - k_r x_2 \pm \frac{\pi}{4}. \qquad (9.547)$$

自然，这个实际出现的扰动与实际上并未出现的、波数为 k_r 的简谐波(图 9.44 中的细虚线)的相位差(图中的 B_2')也是 $\pm\pi/4$. 由此可知，相速度

$$c(k_r) = \frac{\omega_r}{k_r} = \frac{x_2 - x_1}{(t_2' - t_1) - \dfrac{\Delta\varphi}{2\pi} T_r}, \qquad (9.548)$$

式中，$\Delta\varphi = \varphi_2 - \varphi_1$. 如果 $(x_2,\ t_2')$ 的扰动如同图 9.44 所表示的那样不但与 $(x_1,\ t_1)$ 的扰动周期相同而且同样是波峰（或波谷，或零点，或其他相位差 2π 的整数倍的相位），即

$$\Delta\varphi = 2n\pi, \qquad n = 0, \pm 1, \pm 2, \cdots \tag{9.549}$$

则

$$c(k_r) = \frac{x_2 - x_1}{(t_2' - t_1) - nT_r}. \tag{9.550}$$

式中出现了整数 n，意味着根据上述方法，在不同地点只能鉴别出周期相同、但彼此相位差 2π 的整数倍的相位，所以单靠上式不能唯一地确定相速度. 为了确定 n 的真值，还需要其他独立的方法.

确定 n 的一种方法是取 n 的某些尝试值，由上式计算出相应的 $c(k_r)$ 曲线. 通常，这些曲线彼此分得很开. 由这些曲线可以按式 (9.535) 计算出相应的群速度 $U(k_r)$，而只有按真正的 n 值计算出的 $c(k_r)$ 才能导致与由实际资料得到的 $U(k_r)$ 相一致的结果.

另一种方法是，如果震中距之差小于一个波长，那么便可断定与 A_1' 同位相的 A_2'' 必出现在从 A_1' 到 B_1' 的时间段上，从而便可确定出 A_2'' 与 B_2' 相差的周期数 n. 在图 9.44 中，A_2'' 与 B_2' 只相差一个周期，即 $n=1$. 自然，这个方法容易推广到震中距之差并非小于一个波长的一般情形.

第三种方法是，追踪对比相位相同的扰动以确定相速度. 按照前面已得结果，可知 t 时刻 x 处波长为 k_r 的扰动的相位为 φ_1，如式 (9.546) 所示. 它与实际上并未出现在地震记录图上的、波数为 k_r 的简谐波的相位差为 $\pm\pi/4$（图上的 A_1' 点）. 如果震中距之差不大，例如小于一个波长，则在 x_2 处与 A_1 同相位的扰动出现在介于 A_1 与 B_1 之间的 $t_1' = t_1 + \Delta t_1'$ 时刻（图中的 A_2 点），

$$\varphi_1 = \omega_r' t_1' - k_r' x_2 \pm \frac{\pi}{4}. \tag{9.551}$$

按照式 (9.534)，k_r' 满足下式：

$$U(k_r') = \frac{x_2}{t_1'}, \tag{9.552}$$

ω_r 表示 $\omega(k_r')$. A_2 点与实际上并未出现在地震记录图上的、波长为 k_r' 的简谐波相位差 $\pm\pi/4$（A_2' 点）. 如果同一相位的扰动（即 A_1 和 A_2）的周期变化不大，即 $k_r' \doteq k_r$，$\omega_r' \doteq \omega_r$，则由式 (9.546) 和式 (9.552) 可得

$$c(k_r) \doteq \frac{x_2 - x_1}{t_1' - t_1}. \tag{9.553}$$

这个方法同样可以推广到震中距之差不是小于一个波长的一般情形.

对比以上三种方法，可知前面两种方法的要点是设法确定 n；具体地说就是设法找出图 9.44 中的 A_2''. 与前面两种方法不同，后一种方法则是以相位相同（因而 $n=0$）但周期略为不同的 A_2' 近似地代替 A_2''；这也就是相当于

$$t_1' \doteq t_2' - nT_r. \tag{9.554}$$

(iii)三台求相速度

由于大陆海岸线的不规则，或是地壳构造的突然变化，面波的波阵面方向在传播过程中可能发生变化．这样一来，台站相对于震中的方向和波阵面方向就不一致．假定波阵面为一平面，利用三台的方法，可以同时求出波的传播速度和波阵面的方向．图 9.45 中 A，B，C 为三个地震台的位置，α 为 AB 与 AC 在 A 点的交角，ϕ 为波阵面与 AB 所成的角度．以 Δt_{AB}，Δt_{BC}，Δt_{AC} 分别表示相应两台间同一相位到达的时差，则相速度为

$$c = \frac{\overline{AB}\sin\phi}{\Delta t_{AB}} = \frac{\overline{AC}\sin(\phi+\alpha)}{\Delta t_{AC}}. \tag{9.555}$$

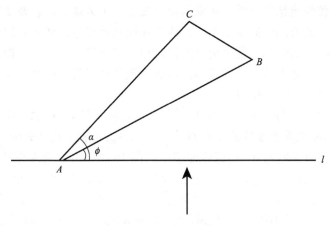

图 9.45　三台求相速度

参 考 文 献

布列霍夫斯基赫, Л. М. 1960. 分层介质中的波. 杨训仁译. 北京: 科学出版社. 1-442.

布伦, K. E. 1965. 地震学引论. 朱传镇, 李钦祖译, 傅承义校. 北京: 科学出版社. 1-336.

伊文, W. M., 贾戴茨基, W. S., 普瑞斯, F. 1966. 层状介质中的弹性波. 刘光鼎译, 王耀文校. 北京: 科学出版社. 1-400.

Garland, G. D. 1971. *Introduction to Geophysics*. Toranto: W. B. Sauders Company. 1-420.

Jeffreys, H. 1972. *The Earth*. 5th edition. Cambridge: Cambridge University Press.

Pilant, W. L. 1979. *Elastic Waves in the Earth. Developments in Solid Earth Geophysics*. Ⅱ. Elsevier.

Stacey, F. D. 1977. *Physics of the Earth*. 2nd edition. New York: John Wiley and Sons, Ins.

第十章 地球的振荡

10.1 地球振荡的理论

10.1.1 基本方程

像敲钟可以使钟响起来一样，如果地球上发生一个大地震，也要使整个地球振荡起来．这种情形和体波或面波的传播不同．体波和面波是在地球体内或地球表面上行进着的扰动，在任意给定的时刻，发生运动的只是地球的一部分；当地球振荡时，整个地球同时振动．不过，这并不是本质的差别．从更普遍的观点看，面波是地球整体的自由振荡的某种高阶的(短周期的)振型．

我们来分析地球作为一个整体的自由振荡．设地球是球对称的、半径为 a，将球极坐标系 (r, θ, φ) 的原点置于地球的质心 O 上，以 $\boldsymbol{e}_r, \boldsymbol{e}_\theta, \boldsymbol{e}_\varphi$ 表示其基矢量，极轴过震源(为简单计，图中设震源深度为 0，震源也即震中)(图 10.1)．由于地球是三维的，地球内每一个质点相对于未受扰动状态的位移也是三维的，因此要用三个彼此独立的量或者说要用矢量来表示质点的运动．比照地球的两极(北极、南极)纬度、经度，这里选为极的地震震中(震源)相当于(但不等于是)地球的北极，θ 和 φ 分别相当于(但不等于是)地球的余纬和经度.位移矢量 $\boldsymbol{u}(r, \theta, \varphi) = (u_r, u_\theta, u_\varphi) = u_r \boldsymbol{e}_r + u_\theta \boldsymbol{e}_\theta + u_\varphi \boldsymbol{e}_\varphi$，式中，$\boldsymbol{e}_r, \boldsymbol{e}_\theta, \boldsymbol{e}_\varphi$ 分别表示沿 r, θ, φ 增加的方向(以后分别简称为 r, θ, φ 方向或径向、余纬方向、经度方向)的单位矢量，u_r, u_θ, u_φ 分别表示 $\boldsymbol{u}(r, \theta, \varphi)$ 在 r, θ, φ 方向的分量，一般地，它们都是 r, θ, φ 的函数．以

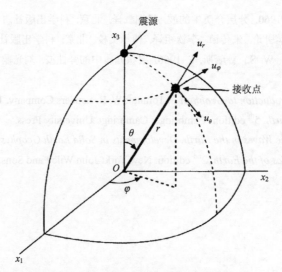

图 10.1 为表示地球自由振荡的简正振型所采用的球极坐标系 (r, θ, φ)

坐标系的原点置于地球的质心 O，极轴过震中．u_r, u_θ, u_φ 分别表示位移矢量在 r, θ, φ 方向的分量

$\lambda(r)$，$\mu(r)$表示拉梅系数，$\rho(r)$表示密度. 下角标"0"表示未受扰动状态. 设初始应力状态呈流体静压力平衡状态，其流体静压力为$p_0(r)$. 由运动方程(9.20)得：

$$-\nabla p_0 + \rho_0 \boldsymbol{X}_0 = 0 , \qquad (10.1)$$

式中，$\boldsymbol{X}_0$是未受扰动状态下的体力. 假设在我们现在讨论的问题里重力是唯一的体力，则

$$\boldsymbol{X}_0 = -g_0 \boldsymbol{e}_r , \qquad (10.2)$$

式中，

$$g_0 = g_0(r) , \qquad (10.3)$$

是未受扰动状态下的重力加速度. 由以上三个公式可得：

$$\frac{\mathrm{d}p_0}{\mathrm{d}r} = -\rho_0 g_0 . \qquad (10.4)$$

按照式(9.20)，在振荡过程中，质点的位移$\boldsymbol{u}$满足运动方程：

$$\rho \frac{\partial^2 \boldsymbol{u}}{\partial t^2} = \mathrm{div}(\mathbf{p}) + \rho \boldsymbol{X}_0 . \qquad (10.5)$$

如果以ψ'代表与振荡过程中的密度差$\rho-\rho_0$以及伴随的表面位移联系的重力势，则体力

$$\boldsymbol{X} = \boldsymbol{X}_0 + \nabla \psi' . \qquad (10.6)$$

在球极坐标中，

$$\nabla \psi' = \frac{\partial \psi'}{\partial r} \boldsymbol{e}_r + \frac{\partial \psi'}{r \partial \theta} \boldsymbol{e}_\theta + \frac{\partial \psi'}{r \sin\theta \, \partial \varphi} \boldsymbol{e}_\varphi . \qquad (10.7)$$

由连续方程可知，

$$\rho(r) - \rho_0(r) + \nabla \cdot [\rho_0(r) \boldsymbol{u}(r)] = 0 ,$$

也就是

$$\rho = \rho_0 - u \frac{\mathrm{d}\rho_0}{\mathrm{d}r} - \rho_0 \Theta . \qquad (10.8)$$

因为附加的重力势ψ'满足泊松方程：

$$\nabla^2 \psi' = -4\pi G(\rho - \rho_0) , \qquad (10.9)$$

式中，G是引力常数，所以

$$\nabla^2 \psi' = 4\pi G \left(\rho_0 \Theta + u \frac{\mathrm{d}\rho_0}{\mathrm{d}r} \right) . \qquad (10.10)$$

在形变状态中，地球内部的应力张量$\mathbf{p}(r)$等于未形变状态中$r-u$点的初始应力[流体静压力$-p_0(r-u)$]加上由于位移引起的附加应力$\mathbf{p}'(r)$. 对于正应力分量p_{rr}来说，准确到一级小量，

$$\begin{aligned} p_{rr}(r) &= -p_0(r-u) + p_{rr}'(r) \\ &\doteq -p_0(r) + \rho_0 \boldsymbol{u} \cdot \boldsymbol{g}_0 + p_{rr}'(r), \end{aligned} \qquad (10.11)$$

另两个正应力分量$p_{\theta\theta}$，$p_{\varphi\varphi}$也有类似结果. 对于切应力分量$p_{\theta\varphi}$来说，

$$p_{\theta\varphi}(\boldsymbol{r}) = p'_{\theta\varphi}(\boldsymbol{r}) . \tag{10.12}$$

根据以上结果，我们可以将应力-应变关系表示为：

$$\begin{cases} p_{rr} = p_1 + 2\mu e_{rr} , \\ p_{\theta\theta} = p_1 + 2\mu e_{\theta\theta} , \\ p_{\varphi\varphi} = p_1 + 2\mu e_{\varphi\varphi} , \\ p_{\theta\varphi} = 2\mu e_{\theta\varphi} , \\ p_{\varphi r} = 2\mu e_{\varphi r} , \\ p_{r\theta} = 2\mu e_{r\theta} , \end{cases} \tag{10.13}$$

其中，

$$p_1 = -(p_0 + \rho_0 g_0 u) + \lambda\Theta . \tag{10.14}$$

以张量形式表示，即

$$\mathbf{p} = -(p_0 + \rho_0 g_0 u)\mathbf{I} + \mathbf{p}' . \tag{10.15}$$

在应力-应变关系中，e_{rr} 等是球极坐标下的应变分量，它们可以表示成：

$$\begin{cases} e_{rr} = \dfrac{\partial u}{\partial r} , \\ e_{\theta\theta} = \dfrac{1}{r}\dfrac{\partial v}{\partial \theta} + \dfrac{u}{r} , \\ e_{\varphi\varphi} = \dfrac{1}{r\sin\theta}\dfrac{\partial w}{\partial \varphi} + \dfrac{v}{r}\cot\theta + \dfrac{u}{r} , \\ 2e_{\theta\varphi} = \dfrac{1}{r}\dfrac{\partial w}{\partial \theta} - \dfrac{w}{r}\cot\theta + \dfrac{1}{r\sin\theta}\dfrac{\partial v}{\partial \varphi} , \\ 2e_{\varphi r} = \dfrac{1}{r\sin\theta}\dfrac{\partial u}{\partial \varphi} + \dfrac{\partial w}{\partial r} - \dfrac{w}{r} , \\ 2e_{r\theta} = \dfrac{\partial v}{\partial r} - \dfrac{v}{r} + \dfrac{1}{r}\dfrac{\partial u}{\partial \theta} . \end{cases} \tag{10.16}$$

而体积膨胀 Θ 可以表示成：

$$\Theta = \dfrac{\partial u}{\partial r} + 2\dfrac{u}{r} + \dfrac{1}{r\sin\theta}\dfrac{\partial}{\partial \theta}(v\sin\theta) + \dfrac{1}{r\sin\theta}\dfrac{\partial w}{\partial \varphi} . \tag{10.17}$$

将式 (10.6) 和式 (10.15) 代入式 (10.5) 可得：

$$\rho_0 \dfrac{\partial^2 \boldsymbol{u}}{\partial t^2} = \nabla \cdot \mathbf{p}' + \rho_0 \nabla(\psi' - g_0 u) + \rho_0 \Theta g_0 \boldsymbol{e}_r , \tag{10.18}$$

或者表示成：

$$\rho_0 \dfrac{\partial^2 \boldsymbol{u}}{\partial t^2} = \mu\nabla^2 \boldsymbol{u} + \mu\nabla\Theta + 2\nabla\mu \cdot \nabla\boldsymbol{u} + \nabla\mu \times \nabla \times \boldsymbol{u}$$
$$+ \nabla(\lambda\Theta) + \rho_0 \nabla(\psi' - g_0 u) + \rho_0 \Theta g_0 \boldsymbol{e}_r . \tag{10.19}$$

以分量形式表示，就是，

$$\begin{cases} \rho_0 \dfrac{\partial^2 u}{\partial t^2} = \rho_0 g_0 \Theta + \rho_0 \dfrac{\partial \psi'}{\partial r} - \rho_0 \dfrac{\partial (g_0 u)}{\partial r} + \dfrac{\partial p'_{rr}}{\partial r} + \dfrac{1}{r}\dfrac{\partial p'_{r\theta}}{\partial \theta} \\ \qquad + \dfrac{1}{r\sin\theta}\dfrac{\partial p'_{r\varphi}}{\partial \varphi} + \dfrac{1}{r}(2p'_{rr} - p'_{\theta\theta} - p'_{\varphi\varphi} + p'_{r\theta}\cot\varphi), \\ \rho_0 \dfrac{\partial^2 v}{\partial t^2} = \dfrac{\rho_0}{r}\dfrac{\partial \psi'}{\partial \theta} - \rho_0 \dfrac{\partial (g_0 u)}{r\partial\theta} + \dfrac{\partial p'_{r\theta}}{\partial r} + \dfrac{1}{r}\dfrac{\partial p'_{\theta\theta}}{\partial \theta} + \dfrac{1}{r\sin\theta}\dfrac{\partial p'_{\theta\varphi}}{\partial \varphi} \\ \qquad + \dfrac{1}{r}[(p'_{\theta\theta} - p'_{\varphi\varphi})\cot\theta + 3p'_{r\theta}], \\ \rho_0 \dfrac{\partial^2 w}{\partial t^2} = \dfrac{\rho_0}{r\sin\theta}\dfrac{\partial \psi'}{\partial \varphi} - \rho_0 \dfrac{\partial (g_0 u)}{r\sin\theta\,\partial r} + \dfrac{\partial p'_{r\varphi}}{\partial r} + \dfrac{1}{r}\dfrac{\partial p'_{\theta\varphi}}{\partial \theta} \\ \qquad + \dfrac{1}{r\sin\theta}\dfrac{\partial p'_{\varphi\varphi}}{\partial \varphi} + \dfrac{1}{r}(3p'_{r\varphi} + 2p'_{\theta\varphi}\cot\theta). \end{cases} \tag{10.20}$$

将式(10.13)和式(10.14)代入上式，就得到：

$$\begin{cases} \rho_0 \dfrac{\partial^2 u}{\partial t^2} = \rho_0 g_0 \Theta + \rho_0 \dfrac{\partial \psi'}{\partial r} - \rho_0 \dfrac{\partial}{\partial r}(g_0 u) + \dfrac{\partial}{\partial r}\left(\lambda\Theta + 2\mu\dfrac{\partial u}{\partial r}\right) \\ \qquad + \dfrac{2}{r}\dfrac{\partial(\mu e_{r\theta})}{\partial \theta} + \dfrac{2}{r\sin\theta}\dfrac{\partial(\mu e_{\varphi r})}{\partial \varphi} + \dfrac{2\mu}{r}(2e_{rr} - e_{\theta\theta} - e_{\varphi\varphi} + \cot\theta\, e_{r\theta}), \\ \rho_0 \dfrac{\partial^2 v}{\partial t^2} = \dfrac{\rho_0}{r}\dfrac{\partial \psi'}{\partial \theta} - \dfrac{\rho_0}{r}\dfrac{\partial}{\partial \theta}(g_0 u) + 2\dfrac{\partial}{\partial r}(\mu e_{\varphi r}) + \dfrac{1}{r}\dfrac{\partial}{\partial \theta} + (\lambda\Theta + 2\mu e_{\theta\theta}) \\ \qquad + \dfrac{2}{r\sin\theta}\dfrac{\partial(\mu e_{\theta\varphi})}{\partial \varphi} + \dfrac{\mu}{r}\left[2\cot\theta\left(\dfrac{1}{r}\dfrac{\partial v}{\partial \theta} - \dfrac{v}{r}\cot\theta - \dfrac{1}{r\sin\theta}\dfrac{\partial w}{\partial \varphi}\right) + 6e_{r\theta}\right], \\ \rho_0 \dfrac{\partial^2 w}{\partial t^2} = \dfrac{\rho_0}{r\sin\theta}\dfrac{\partial \psi'}{\partial \varphi} - \rho_0 \dfrac{\partial(g_0 u)}{r\sin\theta\,\partial r} + 2\dfrac{\partial}{\partial r}(\mu e_{r\varphi}) + \dfrac{2}{r}\dfrac{\partial}{\partial \theta}(\mu e_{\theta\varphi}) \\ \qquad + \dfrac{1}{r\sin\theta}\dfrac{\partial}{\partial \varphi}(\lambda\Theta + 2\mu e_{\partial\partial}) + \dfrac{6\mu}{r}e_{r\varphi} + \dfrac{4\mu}{r}\cot\theta\, e_{\theta\varphi}. \end{cases} \tag{10.21}$$

式(10.18)和式(10.19)[或其分量形式式(10.20)或式(10.21)]是 u，v，w 和 ψ' 的一组复杂的二阶偏微分方程．给定 $\lambda(r)$，$\mu(r)$，$\rho(r)$，等 r 的函数和边界条件后，原则上可以解出这些方程．

10.1.2　边界条件

在我们现在讨论的问题里，边界条件是：①解在原点正则；②在形变了的地球表面上，应力应当为零；③在形变了的地球表面上，内重力势和外重力势及其梯度应当连续．如果所采用的地球模型作为 r 的函数的 $\lambda(r)$，$\mu(r)$，$\rho(r)$ 不连续时，那么还应当添上：④在形变了的边界面上，位移和应力连续．如果这个边界面是固体-液体的分界面(例如地幔-地核分界面)，那么上述的切应力连续的条件应改为：⑤在形变了的固体-液体分界面的固体这一边，切应力为零．

现在我们讨论的自重力、地球自由振荡问题的边界条件是比较复杂的. 设某一球面 $r = r_0$ 是地球未扰动时的一个分界面. 形变后, 这个界面位移到

$$r = r_0 + u(r_0). \tag{10.22}$$

在这个形变了的分界面上, 上面提及的边界条件都应当满足. 对于位移来说, 我们很容易得到: 准确到一级小量, 如果在 $r = r_0$ 处 u 连续, 则位移连续的条件就能满足. 对于应力来说, 同样是准确到一级小量, 我们可得:

$$\begin{aligned}
p_{rr}(r) &= p_{rr}(r_0 + u), \\
&= -p_0(r_0) + p'_{rr}(r_0 + u), \\
&\doteq -p_0(r_0) + p'_{rr}(r_0).
\end{aligned} \tag{10.23}$$

$$\begin{aligned}
p_{\theta\varphi}(r) &= p_{\theta\varphi}(r_0 + u), \\
&= p'_{\theta\varphi}(r_0 + u), \\
&\doteq p'_{\theta\varphi}(r_0).
\end{aligned} \tag{10.24}$$

这两个公式说明, 只要在 $r = r_0$ 处附加应力连续或等于零, 就能保证应力连续或等于零的条件成立.

对于重力势, 准确到一级小量, 我们有:

$$\begin{aligned}
\psi_0(r) + \psi'(r) &= \psi_0(r_0 + u) + \psi'(r_0 + u), \\
&\doteq \psi_0(r_0) + u\frac{\partial \psi_0(r_0)}{\partial r_0} + \psi'(r_0).
\end{aligned} \tag{10.25}$$

ψ_0 和 $\nabla \psi_0 = g_0$ 是处处连续的. 所以只要 $\psi'(r)$ 在 $r = r_0$ 处连续, 重力势就连续.

对于重力势梯度, 也是准确到一级小量,

$$\begin{aligned}
\frac{\partial \psi_0(r)}{\partial r} + \frac{\partial \psi'(r)}{\partial r} &= \frac{\partial \psi_0(r_0 + u)}{\partial r} + \frac{\partial \psi'(r_0 + u)}{\partial r}, \\
&\doteq \frac{\partial \psi_0(r_0)}{\partial r_0} + u\frac{\partial^2 \psi_0(r_0)}{\partial r_0^2} + \frac{\partial \psi'(r_0)}{\partial r_0}, \\
&= \frac{\partial \psi_0(r_0)}{\partial r} + u\left[\frac{\partial^2 \psi_0(r_0)}{\partial r_0^2} + 4\pi G\rho_0\right] + \left[\frac{\partial \psi'(r_0)}{\partial r_0} + 4\pi G\rho_0 u\right].
\end{aligned} \tag{10.26}$$

上式右边第一项是重力的 r 分量, 它本身就是连续的, 第二项的方括号内的 $\partial^2 \psi_0(r_0)/\partial r_0^2$ 不一定连续, 但由于 $\psi_0(r_0)$ 满足泊松方程

$$\nabla^2 \psi_0 = -4\pi G\rho_0, \tag{10.27}$$

所以即使当 $\rho_0(r_0)$ 不连续时, $\partial \psi_0(r_0)/\partial r_0^2 + 4\pi G\rho_0$ 也是连续的. 于是, 如果量

$$\frac{\partial \psi'(r)}{\partial r} - 4\pi G\rho_0 u \tag{10.28}$$

在 $r = r_0$ 处连续, 就能保证重力势梯度在 r 处连续.

10.1.3　运动方程的解

略去时间因子 $e^{i\omega t}$，运动方程式(10.18)的基本解可以表示成：

$$\boldsymbol{u} = \boldsymbol{u}^s + \boldsymbol{u}^t ,\tag{10.29}$$

式中，

$$\boldsymbol{u}^s = \left\{ U(r)Y_l^m, V(r)\frac{\partial Y_l^m}{\partial \theta}, \frac{V(r)}{\sin\theta}\frac{\partial Y_l^m}{\partial \varphi} \right\} ,\tag{10.30}$$

$$\boldsymbol{u}^t = \left\{ 0, \frac{W(r)}{\sin\theta}\frac{\partial Y_l^m}{\partial \varphi}, -W(r)\frac{\partial Y_l^m}{\partial \theta} \right\} ,\tag{10.31}$$

式中，Y_l^m 是 l 次 m 阶球谐函数：

$$Y_l^m(\theta, \varphi) = P_l^m(\cos\theta)e^{i\omega t} ,\tag{10.32}$$

$P_l^m(x)$ 是第一类连带勒让德函数：

$$P_l^m(x) = (-1)^m (1-x^2)^{m/2}\frac{d^m}{dx^m}P_l(x) ,$$

$$|m| \leqslant l, \quad x = \cos\theta ,\tag{10.33}$$

$P_l(x)$ 是勒让德函数. 将式(10.29)代入式(10.10)和式(10.18)，并将附加重力势 ψ' 按球谐函数展开：

$$\psi' = P(r)Y_l^m(\theta, \varphi) ,\tag{10.34}$$

便可求得 U，V，W，P 满足的方程组：

$$\begin{cases} \rho_0\omega^2 U + \rho_0\dfrac{dP}{dr} + \rho_0 g_0 X - \rho_0\dfrac{d}{dr}(g_0 U) + \dfrac{d}{dr}\left(\lambda X + 2\mu\dfrac{dU}{dr} \right) \\ \quad + \dfrac{\mu}{r^2}\left[4r\dfrac{dU}{dr} - 4U + l(l+1)\left(-U - r\dfrac{dV}{dr} + 3V \right) \right] = 0 , \\[2mm] \rho_0\omega^2 V_r + \rho_0 P - \rho_0 g_0 U + \lambda X + r\dfrac{d}{dr}\left[\mu\left(\dfrac{dV}{dr} - \dfrac{V}{r} + \dfrac{U}{r} \right) \right] \\ \quad + \dfrac{\mu}{r}\left[5U + 3r\dfrac{dV}{dr} - V - 2l(l+1)V \right] = 0 , \end{cases}\tag{10.35.1}$$

$$\begin{cases} \dfrac{d^2 W}{dr^2} + \dfrac{2}{r}\dfrac{dW}{dr} + \dfrac{1}{\mu}\dfrac{d\mu}{dr}\left(\dfrac{dW}{dr} - \dfrac{W}{r} \right) + \left[\dfrac{\rho_0\omega^2}{\mu} - \dfrac{l(l+1)}{r^2} \right]W = 0 , \\[2mm] \dfrac{d^2 P}{dr^2} + \dfrac{2}{r}\dfrac{dP}{dr} - \dfrac{l(l+1)}{r^2}P = 4\pi G\left(\dfrac{d\rho_0}{dr}U + \rho_0 X \right) , \end{cases}\tag{10.35.2}$$

式中，X 是体膨胀的径向因子：

$$X = \frac{\mathrm{d}U}{\mathrm{d}r} + 2\frac{U}{r} - \frac{l(l+1)}{r}V \ . \tag{10.36}$$

在式(10.35)中,势函数 W 与 U, V, P 是不耦合的,说明 $\boldsymbol{u}^t$ 可以和 $\boldsymbol{u}^s$ 分开单独讨论. 现在将式(10.31)代入式(10.16),然后代入式(10.13),即得和 $\boldsymbol{u}^t$ 相应的附加应力分量:

$$\begin{cases} p'_{rr} = 0, \\ p'_{\theta\theta} = \frac{2\mu y_1^t}{r}\left(\frac{1}{\sin\theta}\frac{\partial^2 Y_l^m}{\partial\theta\,\partial\varphi} - \frac{\cos\theta}{\sin^2\theta}\frac{\partial Y_l^m}{\partial\varphi}\right), \\ p'_{\varphi\varphi} = -p'_{\theta\theta}, \\ p'_{\theta\varphi} = \frac{\mu y_1^t}{r}\left(-\frac{\partial^2 Y_l^m}{\partial\theta^2} + \cot\theta\frac{\partial Y_l^m}{\partial\theta} + \frac{1}{\sin^2\theta}\frac{\partial^2 Y_l^m}{\partial\varphi^2}\right), \\ p'_{\varphi r} = -y_2^t\frac{\partial Y_l^m}{\partial\theta}, \\ p'_{r\theta} = y_2^t\frac{1}{\sin\theta}\frac{\partial Y_l^m}{\partial\varphi}, \end{cases} \tag{10.37}$$

式中,

$$\begin{cases} y_1^t(r) = W(r), \\ y_2^t(r) = \mu\left(\frac{\mathrm{d}W}{\mathrm{d}r} - \frac{W}{r}\right), \end{cases} \tag{10.38}$$

$y_1^t(r)$ 是与 $\boldsymbol{u}^t$ 相应的位移的径向因子,$y_2^t(r)$ 是与 $\boldsymbol{u}^t$ 相应的切应力 $p'_{\varphi r}$ 和 $p'_{r\theta}$ 的径向因子. 将上式代入式(10.34)的第三式,我们就可得到:

$$\begin{cases} \frac{\mathrm{d}y_1^t}{\mathrm{d}r} = \frac{1}{r}y_1^t + \frac{1}{\mu}y_2^t, \\ \frac{\mathrm{d}y_2^t}{\mathrm{d}r} = \left[\frac{\mu(l-1)(l+2)}{r^2} - \rho_0\omega^2\right]y_1^t - \frac{3}{r}y_2^t \ . \end{cases} \tag{10.39}$$

这个方程组可以从某一初值开始求积,例如在地核-地幔边界 $r=b$ 处,

$$\begin{cases} y_1^t(b) = 1, \\ y_2^t(b) = 0, \end{cases} \tag{10.40}$$

从上式表示的初值开始求积,运用在不同层的分界面 $r=r_0$ 处位移 $y_1^t(r)$ 和应力 $y_2^t(r)$ 连续的条件,便可求得 $y_1^t(a; \omega, l)$. 最后,由 $p'_{\varphi r}$ 和 $p'_{r\theta}$ 在 $r=a$ 处等于零的边界条件可以求得特征方程:

$$\Delta_t(\omega, l) = y_2^t(a; \omega, l) = 0 \ . \tag{10.41}$$

u^s 的情况比 u^t 的复杂一些，但按照与处理 u^t 类似的步骤也可以求得相应的结果．将式 (10.30) 代入式 (10.16)，然后代入式 (10.13)，就得到和 u^t 相应的附加应力分量：

$$\begin{cases} p'_{rr} = y_2 Y_l^m \,, \\ p'_{\theta\theta} = \left[\lambda \dfrac{\mathrm{d}y_1}{\mathrm{d}r} + 2(\lambda+\mu)\dfrac{y_1}{r} - (\lambda+2\mu)l(l+1)\dfrac{y_3}{r} \right] Y_l^m \\ \qquad\quad - \dfrac{2\mu}{r} y_3 \left(\cot\theta \dfrac{\partial Y_l^m}{\partial\theta} + \dfrac{1}{\sin^2\theta} \dfrac{\partial^2 Y_l^m}{\partial\varphi^2} \right), \\ p'_{\varphi\varphi} = \left[\lambda \dfrac{\mathrm{d}y_1}{\mathrm{d}r} + 2(\lambda+\mu)\dfrac{y_1}{r} - (\lambda+2\mu)l(l+1)\dfrac{y_3}{r} \right] Y_l^m - \dfrac{2\mu y_3}{r} \dfrac{\partial^2 Y_l^m}{\partial\theta^2} \,, \\ p'_{\theta\varphi} = \dfrac{2\mu}{r} y_3 \left(\dfrac{1}{\sin\theta} \dfrac{\partial^2 Y_l^m}{\partial\theta\,\partial\varphi} - \dfrac{\cos\theta}{\sin^2\theta} \dfrac{\partial Y_l^m}{\partial\varphi} \right), \\ p'_{\varphi r} = \dfrac{y_4}{\sin\theta} \dfrac{\partial Y_l^m}{\partial\varphi} \,, \\ p'_{r\theta} = y_4 \dfrac{\partial Y_l^m}{\partial\theta} \,, \end{cases} \tag{10.42}$$

式中，

$$\begin{cases} y_1(r) = U(r) \,, \\ y_2(r) = \lambda X + 2\mu \dfrac{\mathrm{d}U}{\mathrm{d}r} \,, \\ y_3(r) = V(r) \,, \\ y_4(r) = \mu \left(\dfrac{\mathrm{d}V}{\mathrm{d}r} - \dfrac{V}{r} + \dfrac{U}{r} \right). \end{cases} \tag{10.43}$$

由以上两式可见，$y_1(r)$ 是径向位移 u 的径向因子，$y_3(r)$ 是 θ 方向位移 v 的径向因子，$y_2(r)$ 是附加正应力 p'_{rr} 的径向因子，$y_4(r)$ 是附加切应力 $p'_{\varphi r}$ 和 $p'_{r\theta}$ 的径向因子．引进如下式定义的 $y_5(r)$ 和 $y_6(r)$：

$$\begin{cases} y_5(r) = P(r) \,, \\ y_6(r) = \dfrac{\mathrm{d}y_5}{\mathrm{d}r} - 4\pi G\rho_0 y_1 + \dfrac{l+1}{r} y_5 \,, \end{cases} \tag{10.44}$$

$y_5(r)$ 是附加重力势的径向因子，$\mathrm{d}y_5 / \mathrm{d}r - 4\pi G\rho_0 y_1$ 是式 (10.28) 所表示的、使重力势梯度连续的量的径向因子．将以上两式代入式 (10.34) 的第一、二、四式，就得到：

$$\begin{cases}
\dfrac{dy_1}{dr} = -\dfrac{2\lambda}{(\lambda+2\mu)}\dfrac{y_1}{r} + \dfrac{1}{\lambda+2\mu}y_2 + \dfrac{\lambda}{\lambda+2\mu}\dfrac{l(l+1)}{r}y_3 , \\[3mm]
\dfrac{dy_2}{dr} = \left[-\rho_0\omega^2 r^2 - 4\rho_0 rg_0 + 4\mu\dfrac{(3\lambda+2\mu)}{\lambda+2\mu}\right]\dfrac{y_1}{r^2} - \dfrac{4\mu}{\lambda+2\mu}\dfrac{y_2}{r} \\[3mm]
\qquad\quad -\dfrac{l(l+1)}{r^2}\left[-\rho_0 g_0 r + 2\mu\dfrac{(3\lambda+2\mu)}{\lambda+2\mu}\right]y_3 + \dfrac{l(l+1)}{r}y_4 + \rho_0\dfrac{(l+1)}{r}y_5 - \rho_0 y_6 , \\[3mm]
\dfrac{dy_3}{dr} = -\dfrac{y_1}{r} + \dfrac{y_3}{r} + \dfrac{y_4}{\mu} , \\[3mm]
\dfrac{dy_4}{dr} = \left[\rho_0 rg_0 - 2\mu\dfrac{(3\lambda+2\mu)}{\lambda+2\mu}\right]\dfrac{y_1}{r^2} - \dfrac{\lambda}{\lambda+2\mu}\dfrac{y_2}{r} \\[3mm]
\qquad\quad + \left[-\rho_0\omega^2 r^2 + \dfrac{4l(l+1)\mu(\lambda+\mu)}{\lambda+2\mu} - 2\mu\right]\dfrac{y_3}{r^2} - 3\dfrac{y_4}{r} - \rho_0\dfrac{y_5}{r} , \\[3mm]
\dfrac{dy_5}{dr} = 4\pi G\rho_0 y_1 + y_6 - \dfrac{l+1}{r}y_5 , \\[3mm]
\dfrac{dy_6}{dr} = \dfrac{l-1}{r}(y_6 + 4\pi G\rho_0 y_1) + \dfrac{4\pi G\rho_0}{r}[2y_1 - l(l+1)y_3] .
\end{cases} \tag{10.45}$$

为了积出上式中的六个未知函数, 我们假定在 $r < r_1$ 时地球是均匀的, 将 $r < r_1$ 时的 y_i $(1, 2, \cdots, 6)$ 展开成 r 的幂级数, 解上列的常微分方程组, 这样便求得了 $r < r_1$ 时的 y_i. 然后以 $y_i(r_1)$ 为初值, 从 $r = r_1$ 开始向外做数值积分, 在不同层的分界面 $r = r_0$ 上, 运用位移 $y_1(r)$, $y_3(r)$ 和应力 $y_2(r)$, $y_4(r)$ 连续的条件以及重力势 $y_5(r)$, 重力势的梯度 $y_6(r) - \dfrac{l+1}{r}y_5(r)$ 连续的条件便可求得 $y_i(a; \omega, l)$. 最后, 在 $r = a$ 处, 解答应当满足应力等于零的条件:

$$y_2(a) = y_4(a) = 0 , \tag{10.46}$$

以及重力势的梯度连续的条件. 在 $r = a$ 处重力势的梯度连续的条件可以通过以下考虑求得. 设因扰动引起的附加外重力势为 ψ_e, 因为 ψ_e 满足拉普拉斯方程, 所以可以将它表示为:

$$\psi_e(r, \theta, \varphi) = D\left(\frac{a}{r}\right)^{l+1} Y_l^m(\theta, \varphi) . \tag{10.47}$$

按照式 (10.28) 和上式, 在 $r = a$ 处重力势梯度连续条件也就是在 $r = a$ 处,

$$\frac{\partial \psi'}{\partial r} - 4\pi G\rho_0 u = \frac{\partial \psi_e}{\partial r} . \tag{10.48}$$

因为在 $r = a$ 处重力势连续, 所以

$$\psi'(a) = \psi_e(a) , \tag{10.49}$$

将式 (10.34) 和式 (10.47) 代入上式就可定出系数

$$D = P(a) = y_5(a) . \tag{10.50}$$

将式 (10.34), 式 (10.47) 代入式 (10.48) 并利用式 (10.44) 的第二式就得到在 $r = a$ 处重力势

梯度连续的条件：

$$y_6(a) = 0 . \tag{10.51}$$

方程组(10.45)有 6 组独立的解，其中 3 组满足在原点正则的条件. 若以 y_{i1}, y_{i2}, y_{i3} (i=1, 2, 3, 4, 5, 6)分别表示这三组解，则任何满足在原点正则条件的解都可以表示为它们的线性组合：

$$y_i(r) = Q_1 y_{i1}(r) + Q_2 y_{i2}(r) + Q_3 y_{i3}(r), \qquad i = 1, 2, \cdots, 6 \tag{10.52}$$

式中，Q_1, Q_2, Q_3 是任意的积分常数，它们取决于边界条件. 由在 $r=a$ 处应力等于零的条件[式(10.46)]和重力势梯度连续的条件[式(10.51)]可得：

$$\begin{cases} Q_1 y_{21}(a) + Q_2 y_{22}(a) + Q_3 y_{23}(a) = 0 , \\ Q_1 y_{41}(a) + Q_2 y_{42}(a) + Q_3 y_{43}(a) = 0 , \\ Q_1 y_{61}(a) + Q_2 y_{62}(a) + Q_3 y_{63}(a) = 0 . \end{cases} \tag{10.53}$$

这是一个关于 Q_1, Q_2, Q_3 的齐次方程组，只有当其系数行列式

$$\Delta_s(\omega, l) = \begin{vmatrix} y_{21}(a) & y_{22}(a) & y_{23}(a) \\ y_{41}(a) & y_{42}(a) & y_{43}(a) \\ y_{61}(a) & y_{62}(a) & y_{63}(a) \end{vmatrix} = 0 \tag{10.54}$$

时才有非零解存在. 上式就是与 $\boldsymbol{u}^s$ 相应的特征方程.

10.1.4　环型振荡和球型振荡

我们来分析上述问题的解答的意义.

$\boldsymbol{u}^t$ 表示一种驻波，它只在和 $\boldsymbol{e}_r$ 垂直的平面内振荡. 容易直接验证，与 $\boldsymbol{u}^t$ 相联系的体积膨胀 $\nabla \cdot \boldsymbol{u}^t$ 为零. 这种类型的振荡叫环型振荡(toroidal oscillations)，因为作这种振荡时质点都在与地心同心的球面上运动. 这种振荡又叫作扭转型振荡(torsional oscillations)，因为作这种振荡时只发生剪切形变.

既然 $\nabla \cdot \boldsymbol{u}^t = 0$，所以环型振荡不能引起密度变化，也就是重力场不受其干扰. 在实际应用中，这一性质很重要，因为记录重力变化的仪器记录不到这类振荡，它只能用应变仪和长周期地震仪记录下来.

$\boldsymbol{u}^s$ 也表示一种驻波，它既有径向分量，又有与径向分量和 $\boldsymbol{u}^t$ 都正交的分量. 容易直接验证，与 $\boldsymbol{u}^s$ 相联系的旋转量 $\nabla \times \boldsymbol{u}^s$ 的径向分量为零. 这种类型的振荡叫球型振荡(spheroidal oscillations).

在解特征方程式(10.41)[式(10.54)]时，对于每一个给定的 l，通常都有一个相应于径向函数 $W(r)$[或 $U(r)$ 和 $V(r)$]没有节点的频率以及相应于 $W(r)$[或 $U(r)$ 和 $V(r)$]有 1, 2, $\cdots$, n 个节点的频率. 我们把节点数 n=0 时的频率叫作基频；n>0 时的频率叫作谐频. 在不存在 n=0 时的频率时，把 n=1 时的频率叫作基频；n>1 时的频率叫作谐频.

通常以 $_nT_l^m$ 表示环型振荡，$_nS_l^m$ 表示球型振荡. n=0 表示基频振型；n>0 表示谐频振型. 在不存在 n=0 的振型时，以 n=1 表示基频振型，n>1 表示谐频振型.

由连带勒让德函数的性质可知，$Y_l^m(\theta, \varphi)$ 是田谐函数，$l-|m|$ 表示了在纬度方向的节点数，$2m$ 表示了在经度方向的节点数(图 10.2). 当 m=0 时，它退化为带谐函数；当 m=l

时，它变成瓣谐函数. 由特征方程式(10.41)或式(10.54)可以看出，特征频率只和 l 有关，而和 m 无关. 换句话说，田谐项、带谐项和瓣谐项的频率都一样，从自由振荡周期无法将它们区分开. 我们把这种情况叫作周期对于指标 m 简并(degenerate)，并且略去指标 m，以 $_nT_l$ 和 $_nS_l$ 分别表示这两类振荡. 显然，每一个 $_nT_l$ 和 $_nS_l$ 振型实际上都是由 $2l+1$ 个振型简并而成的.

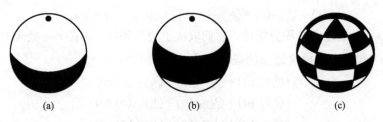

图 10.2　球谐函数示意图

(a) $P_1^0(\cos\theta)$ ；　(b) $P_2^0(\cos\theta)$ ；　(c) $P_8^3(\cos\theta)\cos3\phi$

1. 环型振荡

当地球作环型振荡时，它没有径向的位移(即 r 方向位移为零)，只有水平方向位移，即只有切向位移、θ 方向位移和(或)ϕ 方向位移，通常用 $_nT_l^m$ [多(谱)线]或 $_nT_l$ [单(谱)线]即质点都在以地球质心为球心的同心球球面上运动，它的位移矢量的散度即体积膨胀为零，地球的球形保持不变，其体积不受影响，故称为环型振荡. 作环型振荡时，扭转运动不改变地球内部的密度分布，所以环型振荡在重力仪记录上不会有显示；但是它会引起平行于地球表面的位移和应变的变化，可以被应变仪记录下来. 环型振荡依赖于地球内部的剪切强度. 因此地球的液态外核不参与环型振荡，环型振荡仅限于具有刚性的地幔与地壳. 作 $_nT_l$ 环型振荡时，$n=1, 2, 3, 4, \cdots$ 表示在 ϕ 方向的位移作为 r 的函数有 n 个节面(图 10.3). $l-1$ 等于球面上 θ 方向和 ϕ 方向的节线总数，这些节线的形状和分布随方位阶数 m 的变化而变化. m 等于 ϕ 方向的节线数，$l-m-1$ 等于 θ 方向的节线数. 由于 $m=0$，所以 $_nT_l$ 型环型振荡不但没有径向(r 方向)位移分量，而且也没有 θ 方向位移分量，只有 ϕ 方向位移分量.

有些振型从物理意义上来看是不可能的. 例如，$_nT_0^0$ 是不存在的. 因为当 $l=m=0$ 时，$u'=0$，它表示的是位移全部为零，是无意义的解.

地震是一种内力，它不会激发起 $_0S_1^m$ 和 $_0T_1^0$，因为 $_0S_1^m$ 表示的是整个同心球层像刚体一样平动，这和假定地球没有受到除自身的重力(内力)以外的力(外力)作用是相矛盾的. $_0T_1^0$ 表示的是整个同心球层像刚体一样绕极轴旋转，这意味着整个地球的自转速率要发生变化，和角动量守恒的假设也是相矛盾的. 既然靠内力激发不起 $_0S_1^m$ 和 $_0T_1^0$，所以对于 S_1^m 振型和 T_1^0 振型来说，$_1S_1^m$ 和 $_1T_1^0$ 振型分别是其基频振型.

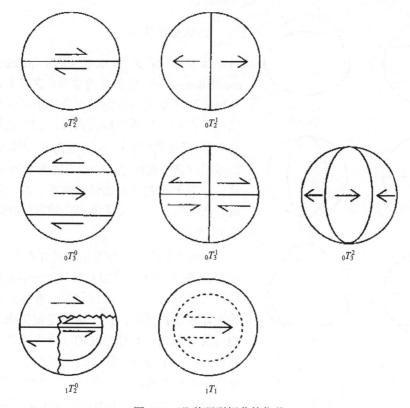

图 10.3　几种环型振荡的位移

$_0T_1$ 振型没有节面，沿 θ 方向和 ϕ 方向的节面总数为零（$l-1=1-1=0$），它表示的是整个地球像刚体一样绕极轴作常量的旋转，这意味着地球的自转速率要发生变化，从而角动量要发生变化．由于地震是发生在地球内部的力（内力）引起的，在涉及地震激发的地球自由振荡时，地球系统的角动量应当守恒．所以作为一种内力的地震激发不了 $_0T_1$ 振型的振荡，或者说，$_0T_1$ 振型的振荡是不存在的，因为这与角动量守恒律相违背．

既然靠内力激发不起 $_0T_1$ 振型的振荡，所以对于环型振荡来说，$_1T_1$ 振型便取而代之，成为基阶振型．

最简单的环型振荡是 $_0T_2$ 型振荡（图 10.3）．当地球作 $_0T_2$ 型振荡时，南、北两个半球以"赤道面"为节面作相反方向的扭转振荡．$_0T_2$ 环型振荡的周期约为 44.0 min，22.0 min 绕极轴沿一个方向旋转，随后 22.0 min 绕极轴沿相反方向旋转回来．

作 $_1T_2$ 型环型振荡时（图 10.3），由于 $n=1$，$l=0$，$m=0$，在 r 方向有一个节面，在 ϕ 方向没有节面，在 θ 方向（由于 $l-m-1=2-0-1=1$）有一个节面．地球作 $_1T_2$ 型振荡时，在 r 方向节面以上的两个半球壳层绕着极轴来回旋转振荡，r 方向节面以下的两个半球则沿相反方向来回旋转振荡．

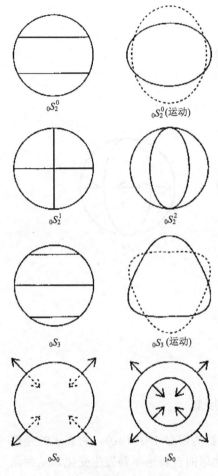

图 10.4　几种球型振荡的位移

2. 球型振荡

球型振荡又称极型振荡（poloidal mode oscillation）. 最一般类型的球型振荡涉及沿径向及与径向和环型振荡方向都正交的切向位移，通常以 $_nS_l^m$ 表示. 与环型振荡类似，$_nS_l^m$ 表示的是径向阶数（泛音数）为 n，角阶数为 l，方位阶数为 m 的球型振荡. 实际上，一般只能观测到 $m=0$ 的振荡，即对于极轴具有旋转对称性、发生简并的振荡，在此情况下，可略去 $_nS_l^m$ 的方位阶数 m，简写为 $_nS_l$.

$n=0$, $l=1$ 的球型振荡（$_0S_1$）是并不存在的振型，因为 $_0S_1$ 振型表示的是没有任何一个节面即整个地球发生像刚体一样平动的位移. 在涉及地震激发的地球自由振荡时，由于地震是发生在地球内部的内力引起的，地球系统的动量应当守恒. 所以地震激发不了 $_0S_1$ 振型的振荡，或者说，$_0S_1$ 振型的振荡是不存在的，因为这与动量守恒律相违背.

$n=0$ 表示无内部节面的基阶振型. 与环型振荡类似，当 n 的数值增大时，地球内部沿 r 方向的节面数增加. 虽然如此，与环型振荡情形不同，n 不再等于 r 方向的节面数. 此外，与环型振荡不同，球型振荡的角阶数 l 等于在地球表面的节线数，而环型振荡是 $l–1$ 等于在地球表面的节线数. 不过，m 还是表示经圈的节线数.

$_0S_2$ 型振荡是迄今观测到的地球自由振荡中的"最低音"即频率最低（或者说周期最长）的振型（图 10.4），周期约为 3233.50 s（即约为 53.9 min），比钢琴中音 E（middle E）低 20 个倍频程（octave），也即低 20 个八度的 E 调. $_0S_2$ 单谱线是一种像美式足球一样在扁椭球形（oblate）和长椭球形（prolate）形状之间交替变化的振型，故称为足球型振荡（football mode oscillation），因为当 $l=2$ 时，$Y_2^0 = P_2(\cos\theta) = \frac{1}{2}(3\cos^2\theta - 1)$，在纬度方向有两个节点，径向位移使得地球呈现扁椭球形和长椭球形之间的交替变化.

地球表面的节线数随着 l 的增大而增多，例如 $_0S_3$，即 $n=0$, $l=3$, $m=0$ 的球型振荡，由于 $m=0$，所以它具有旋转对称性；由于 $l–m=3–0=3$，所以它沿 θ 方向有 3 个节点. 因此 $_0S_3$ 表示的是地球作如图 10.4 所示的形如梨子的自由振荡，故又称 $_0S_3$ 为梨形振荡（pear-shape oscillation）. 随着地球内部的节面数目增多，如 $_1S_3$. 理论上，地球自由振荡中的"最低音"，即频率最低、周期最长的振型是 $_1S_1$ 振型. $_1S_1$ 振型又称为史立克特（Slichter）振型，是以国际著名的美国地球物理学家史立克特（Slichter, Louis Byrne, 1896—

1978)姓氏命名的振型. 作 $_1S_1$ 型振荡时，固态内核相对于液态外核沿侧向"晃荡"，其周期约为 19500 s(即约为 5.4 h)，不过，史立克特振型迄今尚未观测到.

3. 径向振荡

最一般类型的球型振荡涉及沿半径增加的方向和沿切向位移的振荡. 但是，当 $l=0$ 即当沿切向方向的振荡为零时，球型振荡只涉及沿径向的振荡，这种球型振荡特别称为"径向振荡(radial oscillation)". 径向振荡可视为球型振荡在 $l=0$ 时的特殊情形，所以径向振荡的最低频振型即基阶振型 $_0S_0$[参见式(10.30)，注意 $Y_0^0=1$]，也是球型振荡的基阶振型，它表示整个地球像圆气球一样一致地膨胀-收缩，周期约为 1228.10 s(即约为 20.5 min)，犹如呼吸一般，故又称为"气球型振荡(balloom mode oscillation)"，"呼吸型振荡(breathing mode oscillation)". 第 2 阶简正振型(又称第 1 阶高阶振型)$_1S_0$ 表示沿半径增加的方向有一个节面，周期约为 613 s(约为 10.1 min).

10.1.5　地球的振荡和地震面波

在讨论地球的振荡时，我们把它当作一个整体来处理，用驻波法分析地球上每一点的振动情况；在讨论地震面波的传播时，我们则用行波法分析行进着的扰动在地球表面上的传播. 驻波法和行波法两者都是用来描述地球的运动的，它们在本质上是一致的. 可以证明，角阶数为 l 的地球自由振荡的简正振型(驻波)是波长为 λ 的、向极点汇聚与离开极点向外发散的行波的叠加(图 10.5). 波长 λ 和角阶数 l 的关系为 $\lambda=2\pi a/(l+1/2)$，也就是说，角阶数为 l 的简正振型与波长为 $\lambda=2\pi a/(l+1/2)$ 的行波是等效的. 简正振型与行波的等效性称为振型-射线双重性(mode-ray duality).

我们现在要通过具体的分析说明，这两种理论的差别的确是表面的. 为此我们来看运动方程的基本解 $\boldsymbol{u}^s$ 和 $\boldsymbol{u}^t$[式(10.30)和式(10.31)].

由 $\boldsymbol{u}^s$ 和 $\boldsymbol{u}^t$ 的表示式可以看到，在球极坐标系中它们都可以用球谐函数或其微商表示. 由式(10.31)可知，Y_l^m 表示的是球面上的一种驻波，它可以表示为：

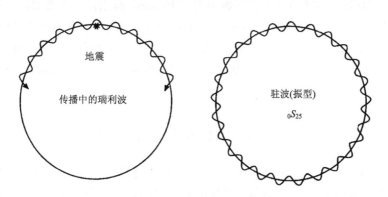

图 10.5　驻波(简正振型)与行波的等效性

$$Y_l^m(\theta, \varphi) = \frac{1}{2}[W_{l,m}^{(1)}(\cos\theta) + W_{l,m}^{(2)}(\cos\theta)]\mathrm{e}^{im\varphi} , \tag{10.55}$$

其中,

$$\begin{cases} W_{l,m}^{(1)} = P_l^m(\cos\theta) - \mathrm{i}\dfrac{2}{\pi}Q_l^m(\cos\theta), \\[2mm] W_{l,m}^{(2)} = P_l^m(\cos\theta) + \mathrm{i}\dfrac{2}{\pi}Q_l^m(\cos\theta), \end{cases} \tag{10.56}$$

$Q_l^m(\cos\theta)$ 是第二类的连带勒让德函数. 当次数 l 很大时, $W_{l,m}^{(1)}$ 和 $W_{l,m}^{(2)}$ 有如下渐近展开式:

$$\begin{cases} W_{l,m}^{(1)} \sim l^m \sqrt{\dfrac{2}{l\pi\sin\theta}}\, \mathrm{e}^{\mathrm{i}\left[\left(1+\frac{1}{2}\right)\theta - \frac{m}{2}\pi - \frac{\pi}{4}\right]}, \\[3mm] W_{l,m}^{(2)} \sim l^m \sqrt{\dfrac{2}{l\pi\sin\theta}}\, \mathrm{e}^{-\mathrm{i}\left[\left(1+\frac{1}{2}\right)\theta - \frac{m}{2}\pi - \frac{\pi}{4}\right]}. \end{cases} \tag{10.57}$$

恢复时间因子 $\mathrm{e}^{\mathrm{i}\omega t}$, 我们便可看出, 运动方程的解答式 (10.30) 和式 (10.31) 表示的是向极点汇聚和离开极点向外发散的行波的叠加. 这些行波沿地球表面传播的相速度是

$$c = \frac{\omega a}{l + \dfrac{1}{2}}. \tag{10.58}$$

换句话说, 波长 λ 和次数 l 有如下简单的关系:

$$2\pi a = \left(l + \frac{1}{2}\right)\lambda. \tag{10.59}$$

布龙 (Brune, J. N.)、纳菲 (Nafe, J. E.) 和埃尔索普 (Alsop, L. E.) 曾经用 $l > 20$ 的观测资料证实了上式. 布龙、尤温 (Ewing, M.) 和国际著名华裔美籍地球物理学家、地震学家郭宗汾 (Kuo, John T., 1922—2022) 通过计算证实了用驻波法分析面波地震图和用行波法分析所得的结果是一致的.

根据前面提到的环型振荡和球型振荡的性质, 很容易看出: 当 l 很大时, 环型振荡和 SH 型面波 (勒夫波) 是一回事; 球型振荡和 P-SV 型面波 (瑞利波) 是一回事. 当 l 相当小时, 例如 $l < 10$ 时, 地球的自由振荡周期大于 10 min, 自由振荡主要取决于地球整体的性质. 当 $10 < l < 100$ 时, 周期大约在 10 min 和 100 s 之间, 振荡显著地依赖于地幔的结构. 通常把这个周期范围内的自由振荡叫作 "地幔勒夫波" 和 "地幔瑞利波", 以区别于半空间中的勒夫波和瑞利波. 当周期小于 100 s 左右时, 振荡主要取决于地球最外面 50 km 的结构.

10.2 地球自由振荡的观测

地球的振荡是一种低频振荡. 因为传统的地震仪比较注重高频、短波, 所以长期以来人们一直没有记录到地球的振荡, 无缘听到来自地球深处的音乐. 尽管如此, 也没有能阻止科学家理论先行, 先从理论上对它进行研究.

早在 1829 年, 法国泊松 (Poisson, Siméon Denis, 1781—1840) 便率先从数学上对这个问题进行了研究, 他考虑了完全弹性固体球振动的理论问题. 随后, 英国英格兰开尔芬

勋爵(Kelvin, Lord, 1824—1907)即汤姆逊(Thomson, William)和达尔文[Darwin, George Howard, 1845—1912, 英国天文学家、数学家、地球物理学家, 进化论创始人查尔斯·达尔文(Darwin, Charles, 1809—1882)之次子]进一步发展了理论, 并将所得结果应用于固体潮问题. 1882 年英国兰姆(Lamb, Horace, 1849—1934)运用比较简单的模型详细地研究了地球自由振荡问题. 他把地球模拟为一个均匀的钢球, 通过计算, 他得出了地球自由振荡的基阶振型的周期约为 78 min, 并证明了有可能存在两种不同类型的振荡. 英国斯通莱(Stoneley, Robert, 1894—1976)在 1961 年的一篇很重要的评论文章中将这两类振荡分别称为 C1 类与 C2 类振荡, 这就是对于较复杂的地球模式现在仍然适用的环型振荡与球型振荡. 在 19 世纪中期, 当弹性理论已臻成熟时, 科学家曾热衷于给地球的"音高"定调. 例如, 地球自由振荡的最低音 $_0S_2$ 相应于 E 调, 比钢琴的中音 E 低 20 个倍频程(octave), 即通常所说的低 20 个八度! 著名天文学家开普勒(Kepler, Johannes, 1571—1630)写过一篇题为 Music of sphere(《球之音乐》)的论文, 设想每一颗行星围绕太阳公转一圈为一个音符. 按照这个比喻, 地球围绕太阳 365.25 天转一圈便相当于比 C# 低 33 个倍频程(低 33 个八度)!

1911 年勒夫(Love, Augustus Edward Hough, 1863—1940)在其一篇著名的论文中考虑了重力对地球径向运动的效应, 探讨了重力作用下可压缩球体的静态形变和微小振动的问题. 在 20 世纪初以前, 人们对地球内部所知甚少, 加上没有近代的电子计算机做尽量符合于实际地球情形的繁复的运算, 所以只得假设一个平均的均匀地球模式进行计算. 勒夫当时得到的、现在称为球型振荡的、周期最长的振荡, 其周期约为 60 min, 与现在公认的实测值 54 min 已很接近. 杰弗里斯(Jeffreys, Harold, 1891—1989)在其名著 The Earth(《地球》)一书中, 评述了静态情形并指出其下述缺点, 即: 均匀、可压缩地球模型要求在较深处应有较轻的物质.

虽然从 19 世纪以来地球自由振荡就是一个重要的理论问题, 并且有了许多发展, 但只有在出现了超灵敏的、稳定的重力仪和应变地震仪以及电子计算机后才成为一个具有实际意义的问题.

1952 年 11 月 4 日堪察加 $M_W9.2$ 地震后, 美国贝尼奥夫(Benioff, Victor Hugo, 1899—1968)在他的应变地震仪上发现了大约 57 min 和 100 min 的两个长周期波, 他认为这两个长周期波是堪察加地震激发的地球自由振荡, 因而鼓励理论家去进行有关的理论推演与数值计算. 贝尼奥夫的发现激发了地球自由振荡理论研究活力的复苏.

以后 7 年中, 再没有人报道过类似的结果, 有的地震学家甚而把贝尼奥夫的观测结果归之于仪器的毛病, 但仍有人坚持不懈地进行理论研究. 到了 20 世纪 50 年代, 传统地震学在古登堡(Gutenberg, Beno, 1889—1960)、里克特(Richter, Charles Francis, 1900—1985)、杰弗里斯、布伦(Bullen, Keith Edward, 1906—1976)等的努力下有了很大的发展, 人们对地球内部结构的认识比 19 世纪末、20 世纪初清楚得多. 其时, 电子计算机也已问世. 这些使得国际著名的理论地球物理学家、应用数学家, 立陶宛—美国—(最后是)以色列派克里斯(Pekeris, Chaim Leib, 1908—1993)、以色列奥尔特曼(Alterman, Ziporah S., 1925—1974)和雅罗什(Jarosch, H.)等于 20 世纪 50 年代有可能把前人的理论工作推广到非均匀地球模型情形, 从而有可能把理论计算与实际观测结果进行比较. 具体地说,他们完全在球极坐标系中进行讨论，从而简化了勒夫在 1911 年的分析．他们不但得到了许多勒夫已得到的结果，而且把勒夫得到的结果推广到各种非均匀地球模型的情形．1954 年以后，日本松本利治(Tatumoto, T.)与佐藤良辅(Satô, R.)于 1954 年、法国若伯特(Jobert, N.)于 1956 年、日本竹内均(Takeuchi, H.)于 1959 年、美国贝库司(Backus, G.)与基尔伯特(Gilbert, F.)于 1961 年以及麦克唐纳(MacDonald, G. J. F., 1930—2002)等于 1961 年也都曾对实际地球模式的振荡周期进行了计算，取得了其他一些重要的结果．

和世间许多事物一样，地震是把双刃剑．如果地震发生在人类生活的地方，便可能造成灾害．如果大地震发生在渺无人烟的地方，哪怕是山崩地裂也无需担忧，却正可以借它所激发起的地球振荡深入研究地震与地球的内部结构，增进对地震与地球的认识．足以激发地球振荡的特别大的地震极为罕见(诚然，幸好极为罕见)，来自地球的音乐也极为难得一听，正是：此曲只应地下有，人间能得几回闻．

1952 年 11 月 4 日堪察加 $M_W9.2$ 地震后，一直没有发生过特别大的地震，直到 1960 年 5 月 22 日智利发生 $M_W9.5$(一说 9.6)地震．这次地震发生时，在贝尼奥夫的应变地震仪和其他一些研究机构的地震仪，如拉蒙特(Lamont)等摆式地震仪、长周期地震仪上，以及在拉科斯特-隆伯格(LaCoste-Romberg)重力仪上，同时记录到了地球自由振荡的信号．1960 年 8 月，曾任第 19 届美国国家科学院院长的国际著名地球物理学家、地震学家，美国弗兰克·普雷斯(Press, Frank, 1925—2020)在国际地震学与地球内部物理学协会(IASPEI)赫尔辛基学术大会上宣布，贝尼奥夫从 1960 年 5 月 22 日智利 $M_W9.5$ 地震中又一次观测到了长周期波．接着，美国洛杉矶加州大学(UCLA)地球与行星物理研究所(IGPP)史立克特(Slichter, Louis Byrne, 1896—1978)宣布，他的研究集体也从拉科斯特-隆伯格(La Coste-Romberg)重力仪上观测到类似的长周期波．两者当场比较，结果既令人振奋，也令人困惑：许多周期，特别是 54，35.5，25.8，20，13.5，11.8 和 8.4 min 的周期十分吻合；但贝尼奥夫记录到的某些周期在史立克特的记录中却看不到．国际著名的理论地球物理学家、应用数学家，立陶宛—美国—(最后是)以色列派克里斯(Pekeris, Chaim Leib, 1908—1993)当时也在场，他将史立克特结果中所缺失的周期研究了一番，接着宣布：这些周期相当于他计算的环型振荡，而史立克特所用的重力仪是理所当然地记录不到不会引起重力变化的环型振荡的！两套独立的观测结果与理论惊人地符合，证据强而有力．从此一锤定音，驱散了长期以来对地球长周期自由振荡真实性的一切疑团．

在赫尔辛基会议结束前宣布：波格特(Bogert, B. P.)贝尔电话实验室的拉蒙特(Lamont)长周期地震仪、尤温(Ewing, M.)的研究集体用应变地震仪和摆式地震仪、普雷斯用拉蒙特地震仪也都记录到了长周期的自由振荡．

1960 年以后，对地球自由振荡的观测结果越来越多，作为举例，图 10.6 是史立克特用重力仪记录到的智利地震和阿拉斯加地震激起的球型振荡的功率谱．从观测资料中辨认到了许多振荡周期，数目已达 1000 多个，其中球型约占 2/3，环型约占 1/3．

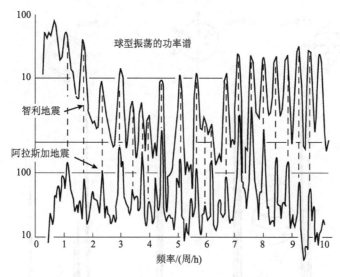

图 10.6　重力仪记录的智利地震和阿拉斯加地震激起的球型振荡的功率谱

表 10.1 列出了一些地球自由振荡的周期及其特性或相关震相的简要说明. 图 10.7 是由 2004 年 12 月 26 日苏门答腊–安达曼 $M_{\mathrm{W}}9.2$ 地震激发的地球自由振荡的频谱图.

表 10.1　一些地球自由振荡的周期及其特性或相关震相

振型	周期/s	说明	振型	周期/s	说明
$_0T_2$	2639.40	基阶环型	$_0S_0$	1228.10	基阶径向
$_0T_3$	1707.60	基阶环型	$_1S_0$	613	径向高阶
$_1T_1$	808.4	高阶环型	$_0S_2$	3233.50	足球形振荡
$_1T_2$	757.5	高阶环型	$_0S_3$	2134.40	梨形振荡
$_9T_2$	104.4	高阶环型	$_0S_{30}$	262.1	基阶瑞利波
$_0T_{30}$	259.5	基阶勒夫波	$_0S_{130}$	75.8	基阶瑞利波
$_0T_{130}$	68.9	基阶勒夫波	$_1S_{30}$	160.9	第 2 阶高阶瑞利波
$_2T_{30}$	151.3	第 2 阶高阶勒夫波	$_{10}S_6$	203.5	内核 PKJKP
$_4T_{67}$	71.3	SH 波	$_{11}S_5$	197.1	内核 PKIKP
$_{10}T_{40}$	71.4	SH 波衍射	$_{14}S_3$	184.9	地幔 ScSSV
$_{13}T_7$	71.6	ScSSH	$_1S_1$	19500	史立克特型振荡

实际上在辨认各种振型时, 因为 l 越大时, 不同振型的间隔越小, 再加上振幅变化无常, 就愈难辨认. 为了把不同的周期分开, 运用了讯息论的功率谱分析法, 特别是采用了布莱克曼(Blackman, R.) 和图基(Tukey, J.) 的方法. 这时, 只能记录重力扰动的仪器对于确认振型就很有用, 可以用它来识别环型和球型振荡. 同时, 因为没有环型振荡的干扰, 可以用它来研究球型振荡的精细结构.

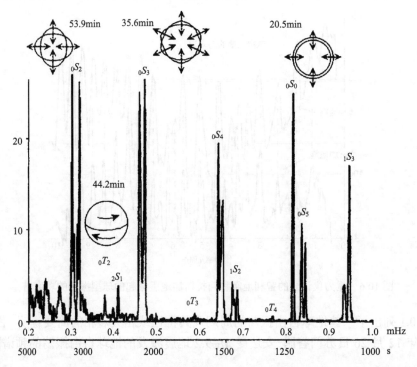

图 10.7　由 2004 年 12 月 26 日苏门答腊-安达曼 M_W9.2 地震激发的地球自由振荡的频谱图

10.3　地球自转和扁率对地球振荡的影响

　　前面的讨论没有涉及地球的自转. 所得到的结果说明, 对于球对称、不考虑自转的地球模式, 自由振荡周期对于 m 是简并的. 但是, 如果采取的地球模式是以角速度 Ω 绕对称轴转动的话, 自由振荡周期就不再对 m 简并了. 这种情况很类似于磁场中原子谱线的分裂(塞曼效应). 事实上, 当 1960 年地球的自由振荡的观测结果第一次得到公认时就已经注意到, 在地球自由振荡的频谱中, 最低频率的振型常常是许多挨得很近的谱线. 图 10.8 是 $_0S_3$ 振型的观测谱线, 是在德国黑森林观测所(Black Forest Observatory, 缩写为 BFO)用超导重力仪观测得到的 2010 年 2 月 27 日智利马乌莱(Maule) M_W8.8 地震的傅里叶谱. 这幅图显示了 $_0S_3$ 振型谱线的分裂(塞曼效应). 由于地球自转, $_0S_3$ 振型的多谱线分裂为 7 条单谱线. 图 10.8 中, 7 条竖直的细虚线是考虑了地球自转与流体静力学变扁效应, 由初始地球模型(PREM)计算得出的 7 条单谱线频率的理论值, 纵坐标是谱线的观测值(相对振幅). 从这幅图可以看出 $_0S_3$ 振型的 7 重谱线($m=-3, -2, -1, 0, 1, 2, 3$)的理论值与观测值很接近.

10.3.1　地球自转的效应

　　设地球自转角速度 $\Omega=\Omega e_3$ 是恒定的. 考虑到地球自转的效应, 应当在运动方程式(10.18)的右边加上离心力项和科里奥利力项:

$$\rho_0 \frac{\partial^2 \boldsymbol{u}}{\partial t^2} = \nabla \cdot \mathbf{p}' + \rho_0 \nabla(\psi' - g_0 u) + \rho_0 \Theta g_0 \boldsymbol{e}_r - 2\rho_0 \boldsymbol{\Omega} \times \frac{\partial \boldsymbol{u}}{\partial t} + \rho_0 \nabla U , \tag{10.60}$$

$$U(\boldsymbol{r}) = \frac{1}{2}[\Omega^2 r^2 - (\boldsymbol{r} \cdot \boldsymbol{\Omega})^2] . \tag{10.61}$$

式中，$U(\boldsymbol{r})$ 是离心力势，略去时间因子 $\mathrm{e}^{\mathrm{i}\omega t}$，式（10.60）可化为：

$$-\rho_0 \omega^2 \boldsymbol{u} = \nabla \cdot \mathbf{p}' + \rho_0 \nabla(\psi' - g_0 u) + \rho_0 \Theta g_0 \boldsymbol{e}_r - \mathrm{i}2\rho_0 \omega \boldsymbol{\Omega} \times \boldsymbol{u} + \rho_0 \nabla U . \tag{10.62}$$

以 α 表示地球自转角速度 $\boldsymbol{\Omega}$ 和不考虑自转效应时的振荡角频率 $_n\omega_l$ 之比：

$$\alpha = \frac{\Omega}{_n\omega_l} , \tag{10.63}$$

则因 $\Omega = 1/(24 \times 60)\,\mathrm{min}$，而 $_n\omega_l$ 最低者为 $1/3233.50\mathrm{s} \doteq 1/54\mathrm{min}$（表 10.1），所以 α 最大也不过是 $54/(24 \times 60) \doteq 1/27$。在式（10.62）中，离心力项是与 α^2 成正比的二级小量，在只考虑一级近似的情况下，可以将它略去，因此：

$$\rho_0 \omega^2 \boldsymbol{u} + \boldsymbol{H}(\boldsymbol{u}) = \mathrm{i}2\rho_0 \omega \boldsymbol{\Omega} \times \boldsymbol{u} , \tag{10.64}$$

式中，

$$\boldsymbol{H}(\boldsymbol{u}) = \nabla \cdot \mathbf{p}' + \rho_0 \nabla(\psi' - g_0 u) + \rho_0 \Theta g_0 \boldsymbol{e}_r , \tag{10.65}$$

$$\nabla^2 \psi' = 4\pi G\left(\rho_0 \Theta + u\frac{\mathrm{d}\rho_0}{\mathrm{d}r}\right) = 4\pi G \nabla \cdot (\rho_0 \boldsymbol{u}) . \tag{10.66}$$

在自转很缓慢（$\alpha \doteq 1/27$）的情况下，可以用微扰方法计算由缓慢自转引起的地球振荡频率的变化。为此，令

$$\begin{cases} \omega = \omega_0 + \alpha\omega_1 + \cdots, \\ \boldsymbol{u} = \boldsymbol{u}_0 + \alpha\boldsymbol{u}_1 + \cdots, \\ \psi' = \psi'_0 + \alpha\psi'_1 + \cdots. \end{cases} \tag{10.67}$$

将它们代入式（10.64），则由 α 的零次项可以得到下列方程：

$$\rho_0 \omega_0^2 \boldsymbol{u}_0 + \boldsymbol{H}(\boldsymbol{u}_0) = 0 , \tag{10.68}$$

$$\nabla^2 \psi'_0 = 4\pi G \nabla \cdot (\rho_0 \boldsymbol{u}_0) , \tag{10.69}$$

式中的 ω_0 也就是不考虑自转效应时的振荡频率 $_n\omega_l$。由 α 的一次项可以得到下列方程：

$$\rho_0 \omega_0^2 \boldsymbol{u}_1 + \boldsymbol{H}(\boldsymbol{u}_1) = -2\rho_0 \omega_0 \omega_1 \boldsymbol{u}_0 - 2\mathrm{i}\rho_0 \omega_0^2 \boldsymbol{u}_0 \times \boldsymbol{e}_3 , \tag{10.70}$$

$$\nabla^2 \psi'_1 = 4\pi G \nabla \cdot (\rho_0 \boldsymbol{u}_1) . \tag{10.71}$$

以 $\boldsymbol{u}_0$ 的复共轭 $\boldsymbol{u}_0^*$ 点乘式（10.70），以 $\boldsymbol{u}_1$ 点乘式（10.68）的共轭式，然后相减，并对整个地球体积 V 求积，便得：

$$\iiint\limits_V \boldsymbol{H}(\boldsymbol{u}_1) \cdot \boldsymbol{u}_0^* \mathrm{d}V - \iiint\limits_V \boldsymbol{H}(\boldsymbol{u}_0^*) \cdot \boldsymbol{u}_1 \mathrm{d}V$$

$$= -2\omega_0 \omega_1 \iiint\limits_V \rho_0 \boldsymbol{u}_0 \cdot \boldsymbol{u}_0^* \mathrm{d}V - 2\mathrm{i}\omega_0^2 \iiint\limits_V \rho_0 \boldsymbol{e}_3 \cdot (\boldsymbol{u}_0^* \times \boldsymbol{u}_0) \mathrm{d}V . \tag{10.72}$$

可以证明，

$$\iiint\limits_V \boldsymbol{H}(\boldsymbol{u}_1) \cdot \boldsymbol{u}_0^* \mathrm{d}V = \iiint\limits_V \boldsymbol{H}(\boldsymbol{u}_0^*) \cdot \boldsymbol{u}_1 \mathrm{d}V , \tag{10.73}$$

所以，

$$\omega_1 \iiint\limits_V \rho_0 \boldsymbol{u}_0 \cdot \boldsymbol{u}_0^* \mathrm{d}V + \mathrm{i}\omega_0^2 \iiint\limits_V \rho_0 \boldsymbol{e}_3 \cdot (\boldsymbol{u}_0^* \times \boldsymbol{u}_0) \mathrm{d}V = 0. \tag{10.74}$$

由式(10.30)，式(10.31)可知，

$$\boldsymbol{u}' = {}_n U_l(r) \boldsymbol{R}_l^m + {}_n V_l(r) \boldsymbol{S}_l^m , \tag{10.75}$$

$$\boldsymbol{u}' = {}_n W_l(r) \boldsymbol{T}_l^m , \tag{10.76}$$

$$\begin{cases} \boldsymbol{R}_l^m = \{Y_l^m, 0, 0\} , \\ \boldsymbol{S}_l^m = \left\{ 0, \dfrac{\partial Y_l^m}{\partial \theta}, \dfrac{\partial Y_l^m}{\sin \theta\, \partial \varphi} \right\} , \\ \boldsymbol{T}_l^m = \left\{ 0, \dfrac{\partial Y_l^m}{\sin \theta\, \partial \varphi}, -\dfrac{\partial Y_l^m}{\partial \varphi} \right\} . \end{cases} \tag{10.77}$$

将式(10.76)，式(10.75)先后代入式(10.74)，计算后得：

$$\omega_1 = m_n \omega_{ln} \beta_l , \tag{10.78}$$

式中的 ${}_n\beta_l$ 对于环型振荡来说为：

$${}_n\beta_l^t = \frac{1}{l(l+1)} ; \tag{10.79}$$

对于球型振荡来说为：

$${}_n\beta_l^s = \frac{\displaystyle\int_0^a \rho_0 [2_n U_{ln} V_l + {}_n V_l^2] r^2 \mathrm{d}r}{\displaystyle\int_0^a \rho_0 [{}_n U_l^2 + l(l+1)_n V_l^2] r^2 \mathrm{d}r} . \tag{10.80}$$

这说明，地球自转使得振荡频率由 ${}_n\omega_l$ 变成：

$${}_n\omega_l^m = {}_n\omega_l \frac{m}{l(l+1)} \Omega \quad (\text{环型振荡}) , \tag{10.81}$$

$${}_n\omega_l^m = {}_n\omega_l + m_n\beta_l^s \Omega \quad (\text{球型振荡}) , \tag{10.82}$$

$|m| \leqslant l$. 此时，振荡频率对 m 不再简并，每条谱线分裂成 $2l+1$ 条，这些谱线以 $m=0$ 的谱线为中心，等间距、对称地分布于其两边；对于环型振荡来说，裂开的两相邻谱线的间距只与 Ω 和 l 有关，而对于球型振荡来说，还与地球模式有关.

图 10.8 表示分裂开的多重谱线的间隔和幅度. 从图 10.8 可以看出，$_0S_3$ 七重谱线（$m=-3, -2, -1, 0, 1, 2, 3$），其观测值与理论值很接近.

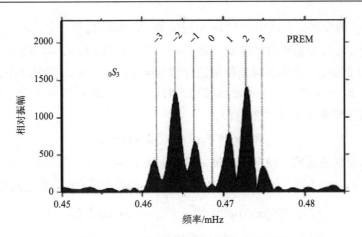

图 10.8　$_0S_3$ 振型谱线的分裂（塞曼效应）

地球自转不但使得振荡频率发生分裂，还能改变质点的振荡方向. 这种情形和傅科（Foucault）摆类似：在无自转情形下沿直线振荡的质点，在以角速度 Ω 自转的平面上将沿着图 10.9 的实线所示的轨迹运动. 这个效应导致球型振荡与环型振荡发生耦合，使本来只有水平位移的环型振荡也会具有垂直方向的分量. 在这种情况下，垂直向地震仪也能记录到环型振荡.

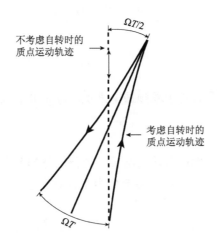

图 10.9　在以角速度 Ω 自转的平面上振动的质点的运动轨迹

地球自转的另一个效应是使由西向东传播的行波的振荡频率低于朝相反方向的行波的振荡频率.

根据前面得到的结果式（10.30）和式（10.31），我们知道无论是环型还是球型振荡，其分量均可表示为下列形式：

$$_nR_l^m(r)F_l^m(\cos\theta)e^{im\varphi}, \quad m = 0, \pm 1, \pm 2, \cdots, \pm l . \tag{10.83}$$

恢复时间因子 $e^{i\omega t}$，我们有：

$$_nR_l^m(r)F_l^m(\cos\theta)e^{i\omega\left(t+\frac{m}{\omega}\varphi\right)}, \quad m = 0, \pm 1, \pm 2, \cdots, \pm l , \tag{10.84}$$

式中的 ω 是 $_n\omega_l^m$ 的简写. 上式中, 与 m 相应的每一项都代表着一个行波, 其波前面是子午面, 以角速度 ω/m 绕地球自轴转动. 对于每一个给定的 l 和 n, 都有 $(2l+1)$ 个行波, 相应于一个 $m=0$ 的波, l 个由西向东传播的行波 $(m=-1, -2, \cdots, -l)$ 和 l 个由东向西传播的行波 $(m=1, 2, \cdots, l)$. 在不考虑自转效应时, $_n\omega_l^m = _n\omega_l$, 与 m 无关, 两个反方向的行波叠加成振荡频率与 m 无关的驻波:

$$_nR_l^m(r)F_l^m(\cos\theta)\mathrm{e}^{\mathrm{i}\omega t}2\cos m\varphi . \tag{10.85}$$

由于地球自转的影响, 使向东传播的行波频率 $(_n\omega_l^m, m=-1, -2, \cdots, -l)$ 比向西的 $(_n\omega_l^m, m=1, 2, \cdots, l)$ 低, 如果分别以 $\omega-\Delta\omega^m$ 和 $\omega+\Delta\omega^m$ 表示它们, 则这两套行波分别为:

$$_nR_l^m(r)F_l^m(\cos\theta)\mathrm{e}^{\mathrm{i}[(\omega-\Delta\omega^m)t-m\varphi]}, \qquad m=0,1,2,\cdots,l , \tag{10.86}$$

$$_nR_l^m(r)F_l^m(\cos\theta)\mathrm{e}^{\mathrm{i}[(\omega+\Delta\omega^m)t+m\varphi]}, \qquad m=0,1,2,\cdots,l , \tag{10.87}$$

两者叠加的结果是:

$$_nR_l^m(r)F_l^m(\cos\theta)\mathrm{e}^{\mathrm{i}\omega t}2\cos(\Delta\omega^m t+m\varphi) . \tag{10.88}$$

这相当于没有考虑地球自转影响时的驻波的节面以角速度 $\Delta\omega^m/m$ 西移. 由式 (10.81) 和式 (10.82) 可知, 对于环型振荡来说,

$$\frac{\Delta\omega^m}{m} = \frac{\Omega}{l(l+1)} , \tag{10.89}$$

对于球型振荡来说,

$$\frac{\Delta\omega^m}{m} = _n\beta_l^s\Omega , \tag{10.90}$$

式中的 $_n\beta_l^s$ 如式 (10.80) 所示. 对于基频振型来说, $_0\beta_2^s=0.4$, $_0\beta_3^s=0.2$, $_0\beta_4^s=0.1$, 等等.

10.3.2   地球扁率的效应

真实地球不是圆球形. 地球自转的结果, 使得地球的等密度面接近于旋转椭球面, 其扁率 $\varepsilon_a=1/298.3$. 如此数量级的扁率将会使得本征频率进一步发生数量级与此相当、也即 0.3% 的变化. ε_a 的数量级与地球自转的二级小量相当. 如果考虑地球自转的效应, 准确到二级小量; 考虑地球扁率的效应, 准确到一级小量, 则可求得:

$$\frac{_n\omega_l^m}{_n\omega_l} = 1+_n\alpha_l+m(_n\beta_l)+m^2(_n\gamma_l) , \tag{10.91}$$

式中,

$$\begin{cases} _n\alpha_l = _n\alpha_l^r(\Omega/_n\omega_l)^2 + _n\alpha_l^e\varepsilon_a , \\ _n\beta_l = _n\beta_l^r(\Omega/_n\omega_l) , \\ _n\gamma_l = _n\gamma_l^r(\Omega/_n\omega_l)^2 + _n\gamma_l^e\varepsilon_a . \end{cases} \tag{10.92}$$

$_n\alpha_l^r$ 和 $_n\alpha_l^e$ 分别表示自转的二级效应和扁率的一级效应的因子, 这两种效应使谱线的中心频率发生了移动, 其效应以 $_n\alpha_l$ 表示. $_n\beta_l$ 前面已提到, 是自转的一级效应, 它使谱线

分裂成 $2l+1$ 条中心对称的谱线. $_n\gamma_l$ 和 $_n\gamma_l^e$ 分别表示自转的二级效应和扁率的一级效应进一步使谱线发生移动，我们从因子 $m^2(|m|\leqslant l)$ 可以看到，在不考虑自转只考虑扁率效应的情况下，扁率的一级效应将使原谱线分裂成 $l+1$ 条谱线.

对于低频振型来说，自转效应比扁率效应大得多；对于高频振型来说，因为 $_n\omega_l$ 变大了，自转效应的因子 $\alpha=\Omega/_n\omega_l$ 相对于 ε_a 来说就变小了，结果扁率效应将占优势，从而分裂开的谱线的不对称性将更显著. 在实际观测结果中，因为噪声的干扰，迄今只测量到 $_n\beta_l$，而没有测量到不对称因子 $_n\gamma_l$.

10.4　地球自由振荡的应用

传统上，地震学研究的问题有两个：一个是研究地震的震源，另一个是研究地球的结构. 在研究地球内部结构和地震震源机制方面，地球的音乐学提供了一个完全异于传统的方法，为地震学研究打开一个崭新的局面，包括：①地球模式，②地球内部介质的滞弹性，以及③地震的震源机制等方面.

10.4.1　地球模式

对比由各种地球模式计算得到地球自由振荡的频率与实际观测到的频率，可以检验和改善地球模式，增进对地球内部的认识，前面已经述及如何由地震体波走时的观测反演地球内部的速度分布. 在这个基础上，可以进一步求得密度 $\rho(r)$，弹性系数 $\lambda(r)$，$\mu(r)$ 随深度的变化. 地球的自由振荡则提供了另一种确定地球内部的 $\rho(r)$，$\lambda(r)$ 和 $\mu(r)$ 的、独立的方法，它与地震体波方法互为补充.

为反演地球内部结构，先要假定一些地球模式，进行理论计算，将计算结果与资料对比；然后改变模式，重复上述过程，直到两者在观测误差之内相符为止. 可以用许多方法改变模式使之更适合观测资料，但不管是哪种方法都会遇到解答不唯一的问题. 改变、调整模式的方法一般有两种，一种是最小二乘法，另一种是蒙特·卡罗(Monte Carlo)法即随机尝试法.

哈登(Haddon, R. A. W.)和布伦(Bullen, K. E.)于 1969 年详尽地研究了 $\rho(r)$，$\lambda(r)$ 和 $\mu(r)$ 等参量对地球振荡周期的影响问题. 他们利用了智利地震和阿拉斯加地震的地球自由振荡资料(包括 $0\leqslant l\leqslant 48$ 的基频球型振荡周期和 $2\leqslant l\leqslant 44$ 的基频环型振荡周期以及一些谐频振荡周期)，得到一个地球模式，现在叫作哈登-布伦模式 I($\mathrm{HB_1}$ 模式)(图 10.10). 根据这个模式计算出的地球自由振荡的周期与已观测到的自由振荡的周期在观测精度范围内非常符合(表 10.1). 这个地球模式与由体波资料得出的地球模式的最突出的差异是地核半径比体波资料得出的大 20 km. 鉴于用体波 PcP 走时确定地核半径可准确到几千米，所以有些人对由自由振荡得出的这个结论是否靠得住持怀疑态度.

普雷斯(Press, 1968, 1970)用蒙特·卡罗法试验了 500 万种随机选择的地球模式. 在他的试验中，既用了地球的 97 个自由振荡周期，也用了以前从体波资料得到的 P，S 波走时，并加入了地球的总质量、惯量矩、地球半径等限制条件. 结果是，所有符合观测资料的 27 个模式，在海洋下的地幔内都有一个横波速度的低速层，其中心深度在

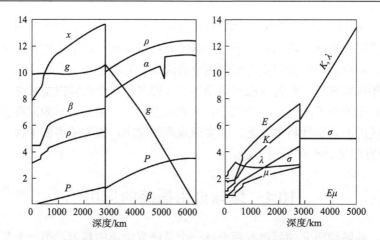

图 10.10　　哈登-布伦地球模式 I(HB$_1$ 模式)

α 和 β 分别是地球内部的纵波和横波速度，km/s；ρ 是密度，g/cm^3；P 是压强，10^{12}dyn/cm^2；g 是重力，10^2cm/s^2；E 是杨氏模量，K 是不可压缩系数，λ，μ 是拉梅系数，单位都是 10^{12}dyn/cm^2；σ 是泊松比，单位是 0.1

150 km 和 250 km 之间；并且，地核半径都比先前别人得到的大 5 km 至 20 km，而后者是与 HB$_1$ 模式一致的结论. 地球自由振荡是一种全球性现象，虽然它无法像体波方法那样提供地球内部结构的某些细节，但是却可以比体波方法更好地获得地球内部的某些参量的平均值，因为体波方法所用的震源和地震台站的分布并非是随机的.

早期的地球振荡的研究只是把地核当作一个整体来研究，以估计整个地核的刚性系数，如派克里斯等人(1962)、竹内均等人(1963)的工作就是如此. 1963 年，埃尔索普(Alsop, L. E.)研究了内核是否是固体的问题. 1969 年，德尔(Derr, J. S.)指出，如果内核不是液体，而是横波速度为 3 km/s 的固体的话，则径向振荡 $_0S_0$，$_1S_0$ 和 $_2S_0$ 的周期要增加好几秒(图 10.11). 他的计算还表明，如果内核和边界上的密度发生跃变 $\Delta\rho$，这些径向振荡的周期也要发生变化，不过不是使之增加，而是使之减小罢了(对比图 10.11 中的 $\Delta\rho=0$ 和 $\Delta\rho=2$ 的两条曲线). 因此，德尔提出了另一个地球模式(图 10.11 中的实线). 德尔模式、HB$_1$ 模式都认为在近边界处地核的密度为 10.0 g/cm^3 左右，但德尔模式与 HB$_1$ 模式不同，它认为在内核 $\beta=2.18$ km/s，而在内、外核分界面上，密度发生 20 g/cm^3 的跃变. 当然关于内核是固态的见解还需要有更多、更好的资料，特别是基频和谐频径向振荡的资料加以证实.

有些观测到的振荡频率是现有的地球模式所没有包括在内的. 例如，在智利地震和阿拉斯加地震中都观测到过大于 $_0S_2$ 的周期. 如果认为这可能是由于振型的耦合引起的，而这只是在地球介质是非线性时才能出现. 如果发生这种耦合作用，就可能观测到由相互耦合的两个周期的和与差得出的周期. 例如，$_0T_4$ 和 $_0S_4$ 的周期分别为 1305.1 s 和 1546.0 s，其频率差为 1/1305.1–1/1546.0=0.00012 Hz. 如果两者发生耦合作用的话，应当能观测到一个周期大约为 140 min 的振动. 这个数值与观测到的 143 min 处的谱线很接近. 不过，液态核的振荡，或液态核内的固态内核的振荡，都可能产生这些长周期的谱峰，所以用振荡的耦合解释上述现象仍未能得到普遍接受.

10.4.2 地球的滞弹性

大地震激起的地球的自由振荡常持续好几天，例如 1960 年 5 月 22 日智利地震激起的地球自由振荡至少就持续了五天．但是自由振荡终究都要衰减殆尽，因为地球介质并非完全弹性，既然地球自由振荡与地球内部的非完全弹性有关，所以它成为研究地球内部的非完全弹性的一种重要手段．

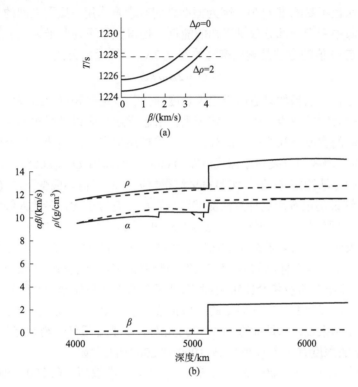

图 10.11 (a) $_0S_0$ 的周期随内核的速度 β 和内、外核界面上密度跃变 $\Delta\rho$ 的变化，水平虚线表示观测值；(b) HB$_1$ 模式 (虚线) 和德尔模式 (实线) 内核性质之比较

地球介质的非完全弹性可以用介质的品质因数 Q 表示． Q 的定义为

$$1/Q = \Delta E / 2\pi E ,\tag{10.93}$$

式中，ΔE 是在一个应力循环中系统所损耗的能量，E 是系统的应变达到极大时具有的弹性能量．由第九章 9.1 节可知，在非弹性介质中传播的行波，其能量随距离 x 按指数规律衰减：

$$E = E_0 e^{-\frac{2\pi x}{Q \Lambda}} ,\tag{10.94}$$

式中，Λ 是波长．利用上式，便可由体波或面波观测确定 Q 值．不过，用地震体波不容易测准 Q 值，原因是震源的性质、传播路径的差异、仪器的特性及台基等局部条件的影响都很难扣除．用地震面波则好一些，特别是如果运用绕地球转圈相差一圈的 G 波 (如 G_1–G_3) 或 R 波 (R_2–R_4) 便可消除仪器、频率和几何扩散等效应．

用地球自由振荡资料确定地球介质的 Q 值便没有上述缺点. 可以证明, 在非弹性介质中振荡的驻波, 其能量随时间按指数规律衰减:

$$E = E_0 e^{-\frac{2\pi t}{QT}}, \tag{10.95}$$

式中, T 是周期. 测定两个或相继的许多个时间间隔(通常是间隔)的自由振荡频谱谱峰的平均能量, 就可按上列公式计算出 Q 值.

用这个方法也不易测准 Q 值, 因为振型之间有耦合作用. 振型之间的耦合会从所测定的振型的谱峰中带走一部分数量未知的能量, 使得能量不易测准.

另一种测定 Q 值的方法是测量谱峰的宽度 $2\Delta\omega$, 然后由公式

$$1/Q = 2\Delta\omega/\omega \tag{10.96}$$

计算 $1/Q$ 值. 这种方法当然只适用于记录长度(时间窗)足够长以至 $\Delta\omega$ 大于分辨本领时.

这种方法也有它的缺点, 因为自转等因素引起谱线分裂以及噪声的干扰都能使谱线展宽, 致使谱峰的宽度不易测准. 此外, 对于基频振型来说, 当球型振荡的 $l \leqslant 6$, 环型振荡的 $l \leqslant 5$ 时, 谱线的分裂使原谱线展宽 $0.005f$, 所以当 $Q^{-1} < 0.005f$, 也就是 $Q > 200$ 时就不能用这种方法测定 Q 值. 实验室里测得岩石样品的在剪切应变下的 Q 值在 200—1000 范围内. 这说明很难用这种方法测准谱线宽度. 有鉴于此, 多数人倾向于用前一种方法测定 Q 值. 即便如此, 测量精度也是不高的, 误差通常大于 10%—20%.

测量结果表明, Q 值随着振型的次数 l 而发生系统的变化: 低 l 的振型 Q 值一般较高. 在实验室里测定岩石样品的 Q 值在很宽的频率范围内一般与频率没有什么关系, 为什么长周期(低 l)振型的 Q 值会比短周期(高 l)振型的 Q 值系统地偏高呢? 这是因为地球内部的非弹性随深度而变、较长周期的振型穿透了 Q 值较高的较深处介质之故.

对于球型振荡来说, 从地面直到约 500 km 处, Q 值都很低, 约 80 到 100. 在地幔, 在 700 km 以下的深度有一个 Q 值较高(1000 到 2000)的区域.

$_nT_l^m$ 的 Q 值最小, 在 100—300 范围内. $_0S_{12}^0$, $_0S_2^0$ 较高, 在 200—500 范围内. 径向振型 $_0S_0^0$ 的 Q 极高, 至少 12000. 由此可见, 地球的自由振荡的能量主要是从 $_nT_l^m$ 衰减掉的, 相形之下, 径向振型 $_0S_0^0$ 几乎没有衰减.

10.4.3 地震的震源机制

通过对比地球自由振荡的振幅和相位的计算值和观测值, 可以得到有关震源的讯息.

给定某一地球模式, 给定基本的震源参量(断层的走向、倾向、倾角、震源深度、断层面积、错距等), 就可以计算自由振荡的振幅和相位. 然后与相应的观测值对比, 从而确定出震源参量. 图 10.12 是 1964 年 3 月 28 日阿拉斯加地震在美国奥罗维尔(Oroville)观测到的环型振荡振幅的观测值(粗实线)和计算值(虚线和细实线)的比较图. 可以看到图中虚线和细实线所示的两组解与观测结果相当符合.

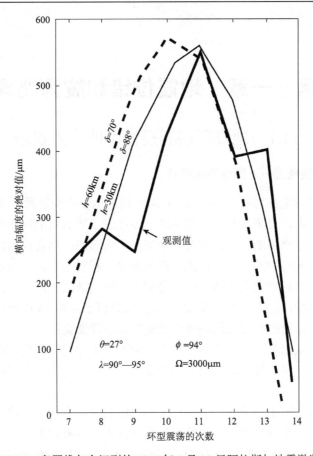

图 10.12 奥罗维尔台记到的 1964 年 3 月 28 日阿拉斯加地震激发的
环型振荡的观测值(粗实线)和理论计算值(虚线和细实线)的比较

图中 θ 是该台的余纬，ϕ 是经度；λ 是滑动角，$\Omega=U_0\mathrm{d}S/4\pi a^2$，$U_0$ 是错距，
$\mathrm{d}S$ 是断层面面积，a 是地球半径，h 是震源深度，δ 是断层面倾角

参 考 文 献

Alterman, Z., Jarosch, H., Pekeris, C. L. 1959. Oscillations of the Earth. *Proc. Roy. Soc.*, *A*, **252**: 80-95.

Alterman, Z., Eyal, Y., Merzer, A. M. 1974. On free oscillations of the Earth. *Geophys. Surveys*, **1**: 409-428.

Bullen K, E. 1963. *An Introduction to the Theory of Seismology*. 3rd edition. Cambridge: Cambridge Univ. Press.

Bullen, K. E. 1976. *The Earth's Density*. London: Chapman and Hall.

Lapwood, E. R., Usami, T. 1981. *Free Oscillations of the Earth*. Cambridge: Cambridge University Press.

MacDonald, G. J. F. 1961. The Earth's free oscillations. *Science*, **1341**: 1663-1668.

Pekeris, C. L., Alterman, L. Z., Jarosch, H. 1961. Terrestria spectroscopy. *Nature*(London), **190**: 498-500.

Singh, S. J., Rani, S. 2014. Free oscillations of the Earth. In: Gupta, H. K.(ed.). *Encyclopedia of Solid Earth Geophsics*: 302-311.

Slichter, L. B. 1967. Free oscillations of the Earth. In:*Internatonal Dictionary*. London: Pergamon. 331-343.

Smith, S. W. 1967. Free vidratons of the Earth. In:*International Dictionary*. London: Pergamon. 344-346.

第十一章 地震位错和震源物理

11.1 地震断层和震源区的应力状态

11.1.1 地震的直接成因——弹性回跳理论

大多数地震都发生在岩石层中. 当岩石层因构造运动而变形时, 能量以弹性应变能的形式贮存在岩石中, 直至在某一点累积的形变超过了岩石所能够承受的极限时就发生破裂, 或者说产生了地震断层. 破裂时, 断层面相对着的两侧各自回跳或者说反弹到其平衡位置, 贮存在岩石中的弹性应变能便释放出来. 释放出来的应变能一部分用于克服断层面间的摩擦, 然后转化为热能; 一部分用于使岩石破裂; 还有一部分则转化为使大地震动的弹性波能量. 这就是雷德(Reid, 1910, 1911)根据他对 1906 年美国旧金山大地震的研究提出的关于地震的直接成因的弹性回跳理论的简要说法.

雷德当时就已认识到, 在整个断层面上, 应力不可能同时达到破裂点. 破裂先发生于某一个小区域, 它使得邻近区域的应力增加, 导致破裂过程以小于周围介质的纵波速度扩展.

这一破裂过程如图 11.1 所示. 图 11.1a 的粗线表示一个垂直于地面的断层面与地面的交线. 地面上的一系列垂直于断层的平行的测线表示地震发生之前的无应力状态. 临近发生地震时, 这些测线变形到图 11.1b 所示的位置. 图 11.1c 表示在小箭头所示的地方开始发生断层滑动, 于是给断层面的邻近区域添加了额外的应力. 结果, 因形变而弯曲的测线迅速地、连续地回跳到图 11.1d 所示的平衡位置. 这就是地震破裂过程. 形变传播的速度就是纵波或横波速度. 破裂面的扩展是在断层滑动引起的附加的应力作用下发生的. 从因果关系考虑, 可以断定, 破裂扩展的速度应低于纵波速度.

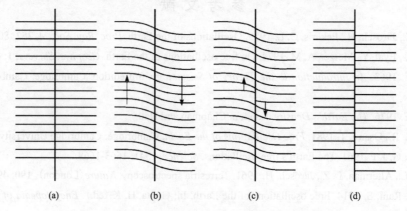

图 11.1 用弹性回跳理论解释地震破裂过程

(a)地震发生之前的无应力状态; (b)临近发生地震时; (c)断层开始滑动;
(d)断层面两侧的岩石回跳到各自的平衡位置

破裂时产生的波或振动造成了地震时人们感受到的震动，而地震波则传播到比有感范围更远的地方．现代灵敏的地震仪，可以记录到地球上任何地方中等大小的地震．

既然地震是由断层引起的，那么破裂即断层的取向及地震断层的其他性质应当与引起这个破裂的、作用于地球内部的应力有关．所以通过分析记录到的地震波动，就有可能确定产生地震的断层的取向及其他有关性质，进而了解使地球介质变形，引起地震、火山，使山脉、裂谷、岛弧和海沟形成的力的性质．

11.1.2　断层面解

图 11.2 在平面上表示在一个垂直于地面的断层 FF' 上的纯水平运动，箭头表示断层两盘彼此相对运动．直观地想象，地震波到达时，箭头前方的点最初应当是受到推动（push），或者说受到了压缩（compression）；而箭头后方的点最初应当是被拉伸（pull），或者说朝震源发生了膨胀（dilatation）；在竖直方向的运动则分别表现为向上（up）和向下（down）；而在水平方向的运动则分别是离源（anaseismic）和向源（kataseismic）．通常以 push, C, u, a 或"＋"号表示初动是推、压缩、向上或离源，而以 pull, D, d, k 或"－"号表示初动是拉、膨胀、向下或向源．在这种情况下，震源附近的区域被断层面 FF' 与之正交的辅助面 AA' 分为四个象限．在这些象限里，纵波即 P 波的初动交替地是压缩（图 11.2 中以实心圆圈表示）或膨胀（以空心圆圈表示）．FF' 和 AA' 都是节平面，在这些面上，P 波初动为零（Stauder, 1962; Khattri, 1973; Herrmann, 1975; Brumbaugh, 1979）.

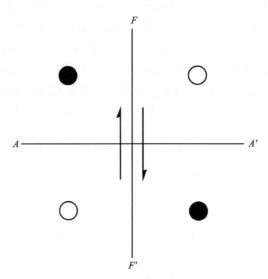

图 11.2　由一个垂直于地面的断层 FF' 的纯水平
运动产生的地震 P 波初动的压缩（实心圆圈）
与膨胀（空心圆圈）的分布

由于地球不均匀，地震射线发生弯曲．射线弯曲导致离开断层时处于断层面一侧的地震射线最后可能到达断层面的另一侧．图 11.3a 中的 E 表示一个位于地面的震源，称为表面震源，其断层面为一个倾斜的平面 EF．在假定地球是均匀时预期沿直线 ES' 到达

S'的射线将因地球不均匀、射线弯曲而到达断层面 EF 的另一侧. 于是，在预期接收到压缩初动的地方可能会接收到膨胀；或者反过来，在预期接收到膨胀初动的地方可能会接收到压缩初动. 这样一来就不再能用两个互相垂直的平面将压缩与膨胀隔开（Stauder, 1962）.

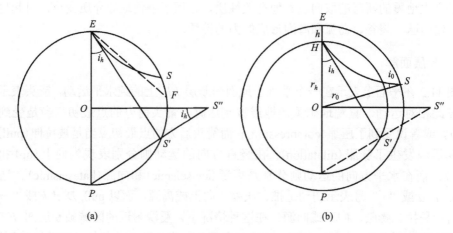

图 11.3　台站的延伸位置
(a) 表面震源；(b) 有一定深度的震源

　　但是，由射线弯曲所引起的上述困难可以用下述办法克服. 图 11.4 中的 H 表示一个震源深度为 h 的震源，S 是台站，N 是北极，ϕ 是由震中 E 指向台站 S 的方位角，ψ 是由台站指向震中的方位角（Ben-Menahem and Singh, 1981）. 由图可见，如果把在 S 的观测结果逆着射线回溯到以 H 为球心、以充分小的长度为半径的、均匀的小球的球面上，就可以在小球球面上把理论分析和观测结果加以对比，从而克服由于地球不均匀性引起的困难. 这个理想化的、均匀的小球称为震源球（focal sphere）（图 11.5）. 在震源球球面上，和台站 S 相对应的点 P 称为假想点（conventional point），对于下行射线，它的位置可以用射线离开震源时的方向与沿地球半径指向地心的方向的夹角 i_h 和震中 E 指向台站 S 的方位角 ϕ 表示. i_h 称为离源角（take-off angle），$0° \leqslant i_h \leqslant 90°$. 对于上行射线，$i_h$ 定义为射线离开震源（在图 11.3a 情形下也即震中）E 时的方向与地球半径方向的夹角，$0° \leqslant i_h \leqslant 90°$. 在历史上（Byerly, 1926, 1928, 1930, 1938; Ritsema, 1955; Кейлис-Борок, 1957; Honda, 1931, 1954, 1957, 1961, 1962; Honda and Masatsuaka, 1952; Honda and Emura, 1958），曾经采用过与震源球概念本质上一样的、称为台站的延伸位置（extended position）的概念以克服由于射线弯曲所引起的困难. 如图 11.3a 所示，以离源角 i_h 离开震源的平直射线（straightened ray）、即假定地球是均匀球体时的地震射线 ES' 与地球球面的交点 S' 称为台站 S 的延伸位置. 对于如图 11.3b 所示的震源深度为 h 的情形，平直射线 HS' 与剥去厚度为 h 的壳层之后的地球（“剥壳地球”）球面的交点 S' 称为台站 S 的延伸位置（Stauder, 1962）. 在球对称介质中，由斯涅尔定律，可以得出地震射线遵从以下定律：

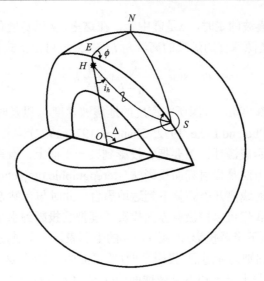

图 11.4　离源角

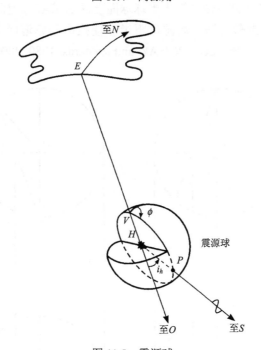

图 11.5　震源球

$$\frac{r_h \sin i_h}{v_h} = \frac{r_0 \sin i_0}{v_0}, \tag{11.1}$$

式中，r_0 是地球半径，$r_h = r_0 - h$，其中 v_0 和 v_h 分别是地面处和震源所在深度 h 的地震波速度，i_0 是入射角. 入射角 i_0 可由地震波的时距曲线 $t(\Delta, h)$ 求得:

$$\sin i_0 = v_0 \frac{\mathrm{d}t}{\mathrm{d}\Delta}, \tag{11.2}$$

式中，$t=t(\Delta, h)$ 是地震波的走时，Δ 是震中距，在这里，Δ 以长度（例如千米）为单位．因此，作为震中距 Δ 和震源深度的函数的离源角 $i_h = i_h(\Delta, h)$ 可由下式求得：

$$\sin i_h = \frac{r_0}{r_0 - h} v_h \frac{\mathrm{d}t}{\mathrm{d}\Delta}. \tag{11.3}$$

由地球半径 r_0，震源深度 h，震源所在深度的地震波速度 v_h 以及时距曲线 $t(\Delta, h)$ 的斜率便可计算出 $i_h(\Delta, h)$（Pho and Behe, 1972; Chandra, 1971, 1972）．

　　为了在平面上表示震源球，需要把它投影到某一平面上．有许多种方法可以做到这点，其中常用的一种方法是极射赤面投影法（stereographic projection）．

　　对于远震来说，射线离开震源朝下到达地震台，此时与台站 S 相应的假想点 P 在震源球下半球球面上．我们可以按极射赤面投影原理把它投影到水平面上．图 11.6a 表示了极射赤面投影原理（下半球投影）．图 11.6a 的上图表示一个过震源球球心 H 和假想点 P 的垂直平面，而下图则为赤道面（投影平面）的平面图，AB 是这个面在 H 点的垂线，A 和 B 分别是这条垂线与上半球和下半球球面的交点．AB 称为极轴，A 点与 B 点称为极．连接 PA 交赤道面于 P' 点，P' 点便称为下半球球面上的 P 点在赤道面上的投影．设震源球半径为 R，按照这一投影方法，震源球下半球便投影到赤道面上半径也为 R 的圆内（Scheidegger, 1957, 1958; Stauder, 1962; Aki and Richards, 1980, 2002）．

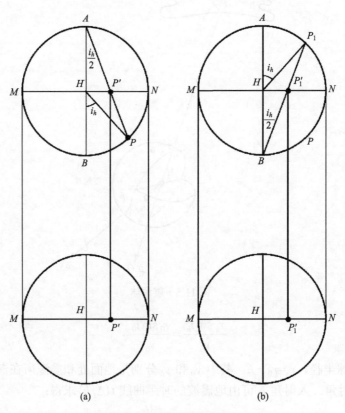

图 11.6　极射赤面投影
(a) 下半球投影；(b) 上半球投影

　　图 11.6a 只表示出震源球下半球的投影. 对于近震(地方震)来说,射线离开震源朝上到达地震台. 此时,与台站 S 相应的假想点 P_1 位于震源球上半球球面上(图 11.6b). 设赤道面在 H 点的垂线与下半球球面交于 B 点. 连接 P_1B 交赤道面于 P_1' 点,P_1' 点便是上半球球面上的 P_1 点在赤道面上的投影. 这样,震源球上半球便投影到半径也为 R 的圆内.

　　在极射赤面投影图上,P 点的投影 P' 的位置由震中 E 指向台站 S 的方位角 ϕ 和 P' 与 H 的距离 r 确定,易知

$$r = R \tan\left(\frac{i_h}{2}\right). \tag{11.4}$$

这样,P' 的位置 (ϕ, r) 便可由 (ϕ, i_h) 完全确定.

　　以各种不同角度跟赤道面(图 11.6MN 平面)斜交的平面(子午圈、经圈)在投影图中是一些圆弧,而与图 11.7a 平面平行的一系列平面(卯酉圈、纬圈)在投影图中是与上述圆弧正交的曲线簇(图 11.7a). 这两组彼此正交的曲线簇构成了乌尔夫网(Wulff net)(Kasahara, 1981). 在实际应用中,利用乌尔夫网可以简便地在平面上确定出由 (ϕ, i_h) 所表示的假想点 P 在投影图上的位置 (ϕ, r) 以及把初动符号隔开的两个彼此正交的平面的位置.

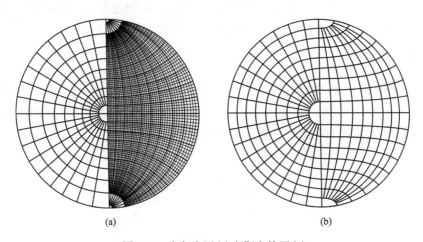

(a)　　　　　　　　　　　　　　　　(b)

图 11.7　乌尔夫网(a)和斯密特网(b)

　　另一种经常采用的投影方法是天顶等面积投影法(zenithal equal-area projection),也称为施密特-兰伯特等面积投影法(Schmidt-Lambert equal-area projection),简称等面积投影法(equal-area projection). 等面积投影法是按图 11.8 所示的作图法,即取图中的 $\overline{BP'} = \overline{BP}$,把震源球球面上的 P 点投影到在 B 点与下半球球面相切的平面($M'N'$ 平面)上的 P' 点;投影时,方位角 ϕ 不变,而 P' 与 B 的距离

$$r = 2R \sin\left(\frac{i_h}{2}\right). \tag{11.5}$$

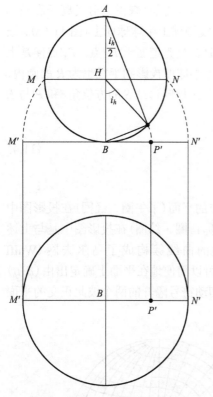

图 11.8　等面积投影（下半球投影）

图 11.8 的上图表示一个过震源球球心 H 和点 P 的垂直平面，下图为投影面（$M'N'$平面）的平面图. 易知震源球下半球的投影是半径为 $\sqrt{2}\,R$ 的圆；整个震源球投影后变成半径是 $2R$ 的圆.

与极射赤面投影法类似，在等面积投影法中，以各种不同角度跟赤道面斜交的平面（子午圈、经圈）在投影图中是一些圆弧，而与图 11.7b 中的平面平行的一系列平面（卯酉圈、纬圈）在投影图中是与上述圆弧正交的曲线簇（图 11.7b）. 这两组彼此正交的曲线簇构成了斯密特网（Schmidt net）（Kasahara，1981）. 在实际应用中，利用斯密特网也可以简便地在平面上确定出由（ϕ, i_h）所表示的假想点 P 在投影图上的位置（ϕ, r）以及把初动符号隔开的两个彼此正交的平面的位置.

把纵波初动符号交替地分开的两个节平面在投影图里是两段圆弧. 断层面 FF' 和辅助面 AA' 是彼此正交的两个平面，所以在投影图上，断层面 FF' 的极 Y 位于辅助面 AA' 上；AA' 的极 X 位于 FF' 上（图11.9）.

这种情况称为正交条件. 所得到的地震的断层面和与它垂直的辅助面的参量及其他有关的参量称为地震的断层面解（fault-plane solution），也称为地震的震源机制解（focal mechanism solution）.

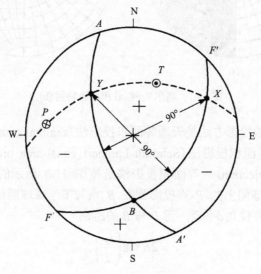

图 11.9　正交条件

11.1.3 震源区的应力状态

1773 年，库仑(Coulomb, Charles Augustine, 1736—1806)提出了破裂的最大剪切应力理论(Coulomb,1785; Jeffreys, 1942, 1976). 他假设，在应力作用下，当脆性物质(例如岩石)中某一点的最大剪切应力达到某一确定值时，就沿着最大剪切应力平面破裂. 通常把这个值称为该物质的剪切强度(shear strength).

如果以 p_1，p_2，p_3 代表脆性物质(例如岩石)中某一点在破裂前一刻的主应力，按照弹性理论与地震学通常的习惯，以张应力为正(Bullen, 1953; Bullen and Bolt, 1985; Jeffreys, 1976). 设 $p_1 > p_2 > p_3$，也就是说，p_1，p_2，p_3 依次是最大、中间、最小主(张)应力轴. 与主应力 p_1，p_2，p_3 的方向相应的 x_1, x_2, x_3 轴的方向依次称为最大、中间、最小主(张)应力轴方向. 不过，在把理论分析结果应用于地学问题，特别是岩石力学、土力学、构造地质学时，考虑到所涉及的正应力以压应力为主，因此通常把符号的规定反过来，以压应力为正(Jaeger, 1962; Jaeger and Cook, 1979; Atkinson, 1987; Turcotte and Shubert, 1982, 2001).

1849 年，霍普金斯(Hopkins)根据库仑提出的准则，证明了破裂平面(即最大剪切应力平面)是通过中间主应力轴并平分最大与最小主应力轴之间的夹角的平面,而作用于此平面上的剪切应力(最大剪切应力)等于最大与最小主应力之差的一半(图 11.10). 通常,把最大主应力与最小主应力之差称为应力差(stress-difference). 应力差总是正值.

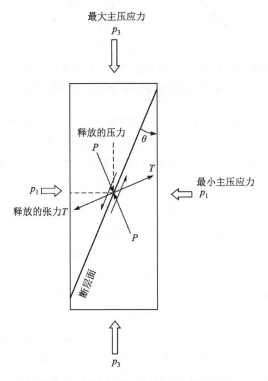

图 11.10 岩石破裂三轴应力实验示意图

　　脆性破裂的最大剪切应力理论称为库仑-霍普金斯理论.

　　实验证明, 在单轴压力下, 脆性物质的破裂与库仑-霍普金斯理论预期的结果相符, p_3 轴与破裂面之间的夹角约为 45°. 地震是地表面下岩石的破裂, 在地质条件下, 地表面下的岩石承受着其上方的岩石的重量引起的沉重的载荷也即高围压, 称为静岩压 (lithostatic pressure). 许多证据表明, 在高围压下, 上述角度可减至 20°—30°. 为解释这一现象, 安德逊 (Anderson, 1905, 1942, 1951) 将库仑-霍普金斯的理论加以修正 (图 11.11), 他运用了库仑关于岩石脆性破裂的准则. 库仑准则亦称库仑-纳维 (Navier) 准则、纳维-库仑准则、库仑-莫尔 (Mohr) 准则, 但后三者与前者所涉及的物理背景实际上并不相同, 因此这里仍称之为库仑准则 (Jaeger, 1962; Jaeger and Cook, 1979).

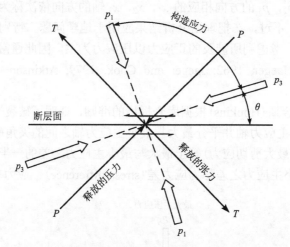

图 11.11　地震发生时释放的应力的主轴 (P 轴, T 轴) 与震源区
构造应力的主轴 (p_1 轴, p_3 轴) 之间的关系

　　按照库仑准则, 岩石要发生破裂, 产生滑移, 除了要克服表征材料特征的内聚力以外, 还要克服与法向压应力 ($|p_{nn}|$) 成正比的固体摩擦力的阻碍. 因此, 只有当作用于岩石中某一个面上的剪切应力达到剪切强度即内聚强度 (cohesive strength) S 和摩擦阻抗 ($\mu_i|p_{nn}|$) 之和时, 岩石才能沿着该平面发生脆性破裂:

$$|p| = S + \mu_i |p_{nn}|, \tag{11.6}$$

式中, μ_i 是内摩擦系数 (coefficient of internal friction).

　　由破裂面的取向和断层角的大小, 有可能推断破裂前一刻震源区的主应力 p_1, p_2, p_3 的方向. 地震时, 沿断层面释放了一定大小的剪切应力, 这相当于在与断层面成 π/4 和 3π/4 的方向上释放了一定的压应力 (以 P 表示) 和与 P 等值的张应力 (以 T 表示). P 与 p_3 成 π/4−θ 角, T 也与 p_1 成同样角度 (图 11.12).

　　由断层面解容易求得 P 轴和 T 轴, 它们应当位于 XY 平面并且分别与 X 轴和 Y 轴成 π/4 角 (图 11.12). P 轴位于初动是膨胀的象限, T 轴位于初动是压缩的象限. 由岩石破裂三轴应力实验结果可知, P 轴和 T 轴反映了地震前后震源区应力状态的变化, 而不是震源区构造应力方向本身, 它们和构造应力的最小主应力轴 p_3 的方向以及最大应力轴 p_1

的方向都分别成π/4−θ的角度.

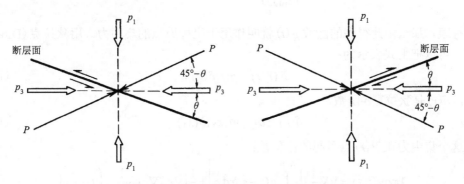

图 11.12　两个同样可能的、共轭的断层面

尽管 P 与 p_3，T 与 p_1 都偏离了π/4−θ角，但是如图 11.12 所示，因为有两个可能的、共轭的断层面，它们都与 p_3 成同样角度，在一般情况下，在每一个共轭面上发生破裂的概率是相同的，所以如果对一个地区的 P 轴方向作统计平均就有可能获得该地区构造应力方向的图像.

以上分析只适用于新断层产生的情形，在已经存在断层的情形下，因为在断层附近，介质的强度可能比其他地方的强度低，因此可能沿着已有的断层发生滑动. 这些情况说明，无论是在完整的岩石中发生了新断裂，还是沿着已有的断层发生了滑动，我们都可以由地震波被动求得 P 轴和 T 轴，但是都不能简单地把 P 轴与 p_3 轴、T 轴与 p_1 轴等同起来.

11.2　地　震　位　错

11.2.1　位错

由 P 波初动符号的分布可以求得两个互相垂直的节平面，但是单用这个方法，无法知道哪一个节平面是真正的断层面. 为判断哪一个节平面是断层面并对震源得到更多的了解，就需要借助理论.

地震是由地下岩石的突然错断引起的，所以可以用地球内部一个位移间断面Σ来表示地震的震源. 这个位移间断面叫位错面. 如果以 $Q(\boldsymbol{r}_0)$ 表示位移间断面上的一个变点，以 $\boldsymbol{n}(\boldsymbol{r}_0)$ 和 $\boldsymbol{u}(\boldsymbol{r}_0)$ 分别表示 Q 点的法矢量和位移的间断(位错)矢量，那么这两个矢量的分布就完全表示了位错源的情况.

11.2.2　弹性动力学位错理论

1. 集中力引起的位移

在运动方程式(9.20)中 $\boldsymbol{F}(\boldsymbol{r},\,t)=\rho\boldsymbol{X}(\boldsymbol{r},\,t)$ 是作用于介质中单位体积内的质点上的体力的合力. 如果 $\boldsymbol{F}(\boldsymbol{r},\,t)$ 在包含坐标原点的小体积 V 内不为零而在 V 外为零，并且当 V 的线性尺度趋于零时 $\boldsymbol{F}(\boldsymbol{r},\,t)$ 趋于无穷而使积分

$$\lim_{V \to 0} \iiint\limits_{V} \boldsymbol{F}(\boldsymbol{r}, t)\mathrm{d}V = \boldsymbol{g}(t) \tag{11.7}$$

保持有限，那么由此得到的函数 $\boldsymbol{g}(t)$ 就叫作用于坐标原点的集中力. 用狄拉克(Dirac)δ函数，可以把上式表示为：

$$\boldsymbol{F}(\boldsymbol{r}, t) = \boldsymbol{g}(t)\delta(\boldsymbol{r}). \tag{11.8}$$

式中，$\delta(\boldsymbol{r})$ 是狄拉克δ函数，

$$\delta(\boldsymbol{r}) = \delta(x_1)\delta(x_2)\delta(x_3). \tag{11.9}$$

这个集中力在 $P(\boldsymbol{r})$ 点引起的位移是：

$$4\pi\rho\boldsymbol{u}(\boldsymbol{r}, t) = \nabla\nabla\frac{1}{r} \cdot \left[\int_{R/\alpha}^{R/\beta} \boldsymbol{g}(t - \tau)\tau\mathrm{d}\tau\right] + \frac{1}{r}(\nabla r)(\nabla r) \cdot \frac{1}{\alpha^2}\boldsymbol{g}\left(t - \frac{r}{\alpha}\right)$$

$$- \frac{1}{\beta^2 r}[(\nabla r)(\nabla r) - \mathbf{I}] \cdot \boldsymbol{g}\left(t - \frac{r}{\beta}\right). \tag{11.10}$$

如果集中力不是作用于坐标原点，而是作用于 $Q(\boldsymbol{r}')$ 点，那么，它在 $P(\boldsymbol{r})$ 点引起的位移就是：

$$4\pi\rho\boldsymbol{u}(\boldsymbol{r}, t) = \nabla\nabla\frac{1}{R} \cdot \left[\int_{R/\alpha}^{R/\beta} \boldsymbol{g}(t - \tau)\tau\mathrm{d}\tau\right] + \frac{1}{R}(\nabla R)(\nabla R) \cdot \frac{1}{\alpha^2}\boldsymbol{g}\left(t - \frac{R}{\alpha}\right)$$

$$- \frac{1}{\beta^2 R}[(\nabla R)(\nabla R) - \mathbf{I}] \cdot \boldsymbol{g}\left(t - \frac{R}{\beta}\right), \tag{11.11}$$

式中，$R = |\boldsymbol{R}|$，$\boldsymbol{R}$ 是力的作用点 $Q(\boldsymbol{r}')$ 至观测点 $P(\boldsymbol{r})$ 的矢径：

$$\boldsymbol{R} = \boldsymbol{r} - \boldsymbol{r}'. \tag{11.12}$$

式(11.11)的分量形式是：

$$4\pi\rho u_i = \frac{1}{R^3}(3\gamma_i\gamma_j - \delta_{ij})\int_{R/\alpha}^{R/\beta} g_j(t - \tau)\tau\mathrm{d}\tau$$

$$+ \frac{1}{R}\gamma_i\gamma_j\left[\frac{1}{\alpha^2}g_j\left(t - \frac{R}{\alpha}\right) - \frac{1}{\beta^2}g_j\left(t - \frac{R}{\beta}\right)\right] + \frac{\delta_{ij}}{\beta^2 R}g_j\left(t - \frac{R}{\beta}\right). \tag{11.13}$$

2. 位移表示定理

设闭合曲面 S 所包围的体积 V 内的曲面Σ上的位移及其导数不连续(图 11.13)，令 $\boldsymbol{\nu}$ 表示Σ上的外法向，以$[\boldsymbol{u}(\boldsymbol{r}, t)]$和$[\nabla\boldsymbol{u}(\boldsymbol{r}, t)]$分别表示位移 $\boldsymbol{u}(\boldsymbol{r}, t)$ 和位移梯度$\nabla\boldsymbol{u}(\boldsymbol{r}, t)$沿着 $\boldsymbol{\nu}$ 方向通过Σ时的间断. 可以证明，V 内的 $P(\boldsymbol{r})$ 点的位移 $\boldsymbol{u}(\boldsymbol{r}, t)$ 为：

$$\boldsymbol{u}(\boldsymbol{r}, t) = \int_{-\infty}^{\infty} \mathrm{d}t' \iiint\limits_{V} \mathbf{G} \cdot \boldsymbol{f}\mathrm{d}V' - \int_{-\infty}^{\infty} \mathrm{d}t' \iiint\limits_{\Sigma} \mathbf{G} \cdot (\boldsymbol{\nu} \cdot [\mathbf{T}(\boldsymbol{u})])\mathrm{d}\Sigma'$$

$$+ \int_{-\infty}^{\infty} \mathrm{d}t' \iint\limits_{\Sigma} \boldsymbol{\nu} \cdot \{[\boldsymbol{u}] \cdot \mathbf{T}(\mathbf{G}^{\mathrm{T}})\}\mathrm{d}\Sigma'. \tag{11.14}$$

上式叫位移表示定理. 式中的 **G** 叫作索米扬那张量，它的分量 $G_{ij}(\boldsymbol{r}, t; \boldsymbol{r}', t')$ 表示 t' 时刻
在 $\boldsymbol{r}'$ 处沿 x_j 方向作用的脉冲集中力引起的 t 时刻 $\boldsymbol{r}$ 沿 x_i 方向的位移. 上角 T 表示转置. 上
式右边第一项表示体力引起的位移场；第二项表示曲面 Σ 上的应力间断（应力差）引起的
位移场；第三项表示 Σ 上的位移间断（位错）引起的位移场. 其分量形式为：

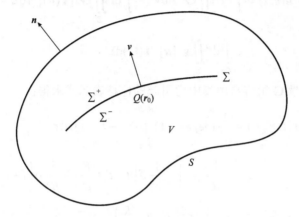

图 11.13　外表面 S 所包围的有限的弹性体 V 内的一个位移与应力都不连续的内曲面 Σ

外表面 S 的法向为 $\boldsymbol{n}$，内曲面 Σ 的法向为 $\boldsymbol{\nu}$，它的两边分别为 Σ^+ 与 Σ^-

$$u_i(\boldsymbol{r}, t) = \int_{-\infty}^{\infty} \mathrm{d}t' \iiint_V G_{ij} f_j \mathrm{d}V' - \int_{-\infty}^{\infty} \mathrm{d}t' \iint_\Sigma G_{ij}[\tau_{jk}]\nu_k \mathrm{d}\Sigma'$$

$$+ \int_{-\infty}^{\infty} \mathrm{d}t' \iint_\Sigma [u_j] T_{jk}^i \nu_k \mathrm{d}\Sigma', \tag{11.15}$$

式中，τ_{jk} 是应力张量 $\mathbf{T}(\boldsymbol{u})$ 的分量，T_{jk}^i 是三阶张量 $\mathbf{T}(\mathbf{G}^{\mathrm{T}})$ 的分量. $\mathbf{T}(u) = \tau_{jk}\boldsymbol{e}_j\boldsymbol{e}_k$，
$\tau_{jk} = C_{jkpq}\dfrac{\partial u_q}{\partial x_p} = C_{jkpq}\dfrac{\partial u_p}{\partial x_q}$, $\mathbf{T}(\mathbf{G}^{\mathrm{T}}) = T_{jk}^i \boldsymbol{e}_j\boldsymbol{e}_k\boldsymbol{e}_i$, $T_{jk}^i = C_{jkpq}\dfrac{\partial G_{ip}}{\partial x_q}$. 所以上式又可表示为另一
有用的形式：

$$u_i(\boldsymbol{r}, t) = \int_{-\infty}^{\infty} \mathrm{d}t' \iiint_V G_{ij} f_j \mathrm{d}V' - \int_{-\infty}^{\infty} \mathrm{d}t' \iint_\Sigma G_{ij} C_{jkpq}\left[\frac{\partial u_p}{\partial x_q}\right]\nu_k \mathrm{d}\Sigma'$$

$$+ \int_{-\infty}^{\infty} \mathrm{d}t' \iint_\Sigma [u_j] C_{jkpq}\frac{\partial G_{ip}}{\partial x_q}\nu_k \mathrm{d}\Sigma'. \tag{11.16}$$

3. 索米扬那（Somigliana）位错和伏尔特拉（Volterra）位错

一般情况下的位错 $[\boldsymbol{u}]$ 也叫作索米扬那位移. 如果位错可以表示为：

$$[\boldsymbol{u}] = \boldsymbol{u}_0 + \boldsymbol{\Omega} \times \boldsymbol{r}, \tag{11.17}$$

$\boldsymbol{u}_0$，$\boldsymbol{\Omega}$ 均为常量，那么就把它叫作伏尔特拉位错. 显然，伏尔特拉位错表示位错面两侧
的相对错动有如刚体的运动（平动 $\boldsymbol{u}_0$ 加转动 $\boldsymbol{\Omega}$）.

4. 均匀、各向同性和完全弹性的无限介质中的位移表示式

在均匀、各向同性和完全弹性的无限介质中，可将位移表示定理写为：

$$\boldsymbol{u}(\boldsymbol{r}, t) = \int_{-\infty}^{\infty} \mathrm{d}t' \iiint_V \mathbf{G} \cdot \boldsymbol{F} \mathrm{d}V' - \int_{-\infty}^{\infty} \mathrm{d}t' \iint_\Sigma \mathbf{G} \cdot [\mathbf{T}(\boldsymbol{u})] \cdot \boldsymbol{v} \mathrm{d}\Sigma'$$

$$+ \int_{-\infty}^{\infty} \mathrm{d}t' \iint_\Sigma \boldsymbol{v} \cdot [\boldsymbol{u}] \cdot \mathbf{T}(\mathbf{G}) \mathrm{d}\Sigma', \tag{11.18}$$

式中的索米扬那张量 $\mathbf{G}$ 很容易由集中力引起的位移表示式求得：

$$4\pi\rho \mathbf{G}(\boldsymbol{r}, t; \boldsymbol{r}', t') = \frac{1}{R^3}(3\boldsymbol{e}_R \boldsymbol{e}_R - \mathbf{I}) \int_{R/\alpha}^{R/\beta} \delta(t - t' - \tau)\tau \mathrm{d}\tau$$

$$+ \frac{1}{R} \boldsymbol{e}_R \boldsymbol{e}_R \left[\frac{1}{\alpha^2} \delta\left(t - t' - \frac{R}{\alpha}\right) - \frac{1}{\beta^2} \delta\left(t - t' - \frac{R}{\beta}\right) \right]$$

$$+ \frac{1}{\beta^2 R} \mathbf{I} \delta\left(t - t' - \frac{R}{\beta}\right). \tag{11.19}$$

它的分量形式是：

$$4\pi\rho G_{ij}(r, t; r', t') = \frac{1}{R^3}(3\gamma_i \gamma_j - \delta_{ij}) \int_{R/\alpha}^{R/\beta} \delta(t - t' - \tau)\tau \mathrm{d}\tau$$

$$+ \frac{1}{R} \gamma_i \gamma_j \left[\frac{1}{\alpha^2} \delta\left(t - t' - \frac{R}{\alpha}\right) - \frac{1}{\beta^2} \delta\left(t - t' - \frac{R}{\beta}\right) \right]$$

$$+ \frac{1}{\beta^2 R} \delta_{ij} \delta\left(t - t' - \frac{R}{\beta}\right). \tag{11.20}$$

由上式不难看出索米扬那张量 $\mathbf{G}$ 是对称张量：

$$G_{ij}(\boldsymbol{r}, t; \boldsymbol{r}', t') = G_{ij}(\boldsymbol{r}, t; \boldsymbol{r}', t'), \tag{11.21}$$

或

$$\mathbf{G}^{\mathrm{T}}(\boldsymbol{r}, t; \boldsymbol{r}', t') = \mathbf{G}(\boldsymbol{r}, t; \boldsymbol{r}', t'). \tag{11.22}$$

在由式(11.13)导出式(11.15)时正是用了上述性质.

式(11.18)的分量形式是：

$$\boldsymbol{u}(\boldsymbol{r}, t) = \int_{-\infty}^{\infty} \mathrm{d}t' \iiint_V G_{ij} \cdot F_j \mathrm{d}V' - \int_{-\infty}^{\infty} \mathrm{d}t' \iint_\Sigma G_{ij} [\tau'_{jk}] v_k \mathrm{d}\Sigma'$$

$$+ \int_{-\infty}^{\infty} \mathrm{d}t' \iint_\Sigma [u_j] T^i_{jk} v_k \mathrm{d}\Sigma', \tag{11.23}$$

式中，τ'_{jk} 是二阶张量 $\mathbf{T}[\boldsymbol{u}]$ 的分量，T^i_{jk} 是三阶张量 $\mathbf{T}[\mathbf{G}]$ 的分量：

$$\tau_{jk} = \lambda\delta_{jk} \frac{\partial u_m}{\partial x'_m} + \mu\left(\frac{\partial u_j}{\partial x'_k} + \frac{\partial u_k}{\partial x'_j}\right), \tag{11.24}$$

$$T_{jk}^i = \lambda \delta_{jk} \frac{\partial G_{mi}}{\partial x'_m} + \mu \left(\frac{\partial G_{ji}}{\partial x'_k} + \frac{\partial G_{ki}}{\partial x'_j} \right), \tag{11.25}$$

x'_j $(j=1, 2, 3)$ 是 r' 的分量.

如果令

$$[\sigma_{jk}] = \lambda \delta_{jk} v_m[u_m] + \mu(v_k[u_j] + v_i[u_k]), \tag{11.26}$$

那么式(11.23)可以表示成另一种形式：

$$u(r, t) = \int_{-\infty}^{\infty} dt' \iiint_V G_{ij} F_j dV' - \int_{-\infty}^{\infty} dt' \iint_\Sigma G_{ij} [\tau_{jk}] v_k d\Sigma'$$

$$+ \int_{-\infty}^{\infty} dt' \iint_\Sigma [\sigma_{jk}] \frac{\partial G_{ij}}{\partial x'_k} d\Sigma'. \tag{11.27}$$

5. 频率域

以上分析都是在时间域进行的. 有时需要在频率域里分析问题，因此需要知道上面得到的关系式在频率域里的表达式. 为此，可按类似步骤重复前面的推导. 在频率域里的情形，也就是相当于简谐源的情形. 若以 $\hat{f}(\omega)$ 表示任一时间函数 $f(t)$ 的频谱：

$$\hat{f}(\omega) = \int_{-\infty}^{\infty} f(t) e^{-i\omega t} dt, \tag{11.28}$$

$$f(t) = \frac{1}{2\pi} \int_{-\infty}^{\infty} \hat{f}(\omega) e^{i\omega t} d\omega. \tag{11.29}$$

位移表示定理则为[参见式(11.14)]：

$$\hat{u}(r, \omega) = \iiint_V \hat{\mathbf{G}} \cdot \hat{f} dV' - \iint_\Sigma \hat{\mathbf{G}} \cdot v \cdot [\mathbf{T}(u)] \cdot d\Sigma' + \iint_\Sigma v \cdot \{[\hat{u}] \cdot \mathbf{T}(\hat{\mathbf{G}}^{\mathrm{T}})\} d\Sigma'. \tag{11.30}$$

张量

$$\hat{\mathbf{G}}(r, r'; \omega) = \hat{G}_{ij}(r, r'; \omega) e_i e_j \tag{11.31}$$

可表示为：

$$4\pi \rho \hat{\mathbf{G}}(r, r'; \omega) = \frac{e^{-ik_\beta R}}{R} \mathbf{I} + \nabla \nabla \cdot \left[\frac{e^{-ik_\beta R} - e^{-ik_\alpha R}}{k_\beta^2 R} \mathbf{I} \right]. \tag{11.32}$$

6. 位错和力偶的等效性

(1) 剪切位错与无矩双力偶的等效性

以 e 表示位错矢量的方向，以 Δu 表示位错的幅值，则：

$$[u] = \Delta u e. \tag{11.33}$$

剪切位错即位错矢量的方向与位错面平行的位错，也就是位错矢量的方向与位错面法线方向垂直的位错，即 $e \perp \nu$, 所以 $\nu \cdot e = 0$ 也就是 $\nu_m e_m = 0$. 在这种情形下，式(11.27)右边第三项所表示的位错引起的位移表示式变为：

$$u_i(\boldsymbol{r}, t) = \int_{-\infty}^{\infty} dt' \iint_{\Sigma} [\sigma_{jk}] \frac{\partial G_{ij}}{\partial x'_k} d\Sigma', \tag{11.34}$$

式中的$[\sigma_{jk}]$简化为[参见式(11.26)]：

$$[\sigma_{jk}] = \mu(\nu_j e_k + \nu_k e_j) \Delta u. \tag{11.35}$$

将上式代入式(11.26)即得

$$u_i(\boldsymbol{r}, t) = \int_{-\infty}^{\infty} dt' \iint_{\Sigma} \mu \nu_j e_k \Delta u \left(\frac{\partial G_{ij}}{\partial x'_k} + \frac{\partial G_{ik}}{\partial x'_j} \right) d\Sigma'. \tag{11.36}$$

若剪切位错面是法线方向为 $\nu = (0, 0, 1)$ 的平面，剪切位错方向沿 x_1 方向：$e = (1, 0, 0)$，那么上式右边被积函数中的

$$\frac{\partial G_{ij}}{\partial x'_k} + \frac{\partial G_{ik}}{\partial x'_j} = \frac{\partial G_{i3}}{\partial x'_1} + \frac{\partial G_{i1}}{\partial x'_3}, \tag{11.37}$$

$$\mu \nu_j e_k \Delta u = \mu \nu_3 e_1 \Delta u = \mu \Delta u, \tag{11.38}$$

在上式中，$\mu \Delta u$ 是矩密度张量不为零的分量，它表征单位面积的地震矩；而量$\Delta u d\Sigma'$则表征震源(剪切位错源)的强度，因此称为位错源的潜势(potency)(Ben-Menahem and Singh, 1981)．

以上两式表明，法线方向为$\nu = (0, 0, 1)$，剪切位错方向为 $e = (1, 0, 0)$ 的剪切位错与互相垂直的、净力矩为零的两个力偶(无矩双力偶)是等效的，这两个力偶中的一个是$\partial G_{i3}/\partial x'_1$，表示力的作用方向沿$\pm x_3$方向、力臂沿$+x_1$方向、力偶矩沿$-x_2$方向、力偶矩的幅值等于$\mu \Delta u d\Sigma'$的力偶．另一对是$\partial G_{i1}/x'_3$，表示力的作用方向沿$\pm x_1$方向、力臂沿$+x_3$方向、力偶矩沿$+x_2$方向、力偶矩的幅值也等于$\mu \Delta u d\Sigma'$的力偶.这两个力偶矩的幅值都等于$\mu \Delta u d\Sigma'$，但方向正好相反，构成了"无矩双力偶".

对于ν与e取其他方向(但互相垂直)的情形可做类似的分析(理论地震动研究会，1994)．所以一般地，对于ν与e垂直的位错即剪切位错，它所引起的位移与互相垂直的无矩双力偶是等效的，这两对力偶的力的作用方向和力臂的方向分别与ν和 e(或与 e 和ν)一致，每对力偶矩的幅值都等于$\mu \Delta u d\Sigma'$，但力偶矩的方向相反．$M_0 = \mu \Delta u d\Sigma'$称为地震矩．这就是剪切位错与无矩双力偶的等效性(图 11.14)．

由式(11.38)可见，对于剪切位错情形，若位错方向与剪切位错面的法线方向互易，它所引起的位移不变：

$$\mu \nu_k e_j \Delta u \left(\frac{\partial G_{ik}}{\partial x'_j} + \frac{\partial G_{ij}}{\partial x'_k} \right) d\Sigma' = \mu \nu_j e_k \Delta u \left(\frac{\partial G_{ij}}{\partial x'_k} + \frac{\partial G_{ik}}{\partial x'_j} \right) d\Sigma'. \tag{11.39}$$

这说明由面积元 $d\Sigma'$上的剪切位错引起的位移是无法区分断层面(位错面)(其法线方向为ν的方向)与辅助面(其法线方向为 e 的方向)的.

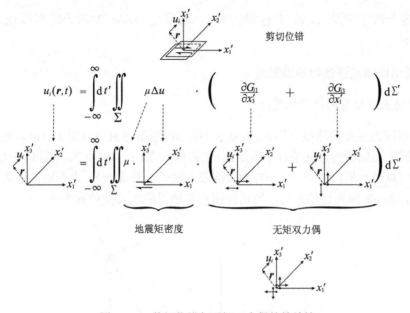

$$u_i(r,t) = \int_{-\infty}^{\infty} dt' \iint_{\Sigma} \mu \Delta u \cdot \left(\frac{\partial G_{i1}}{\partial x_3'} + \frac{\partial G_{i3}}{\partial x_1'} \right) d\Sigma'$$

图 11.14　剪切位错与无矩双力偶的等效性

图中以 $\boldsymbol{\nu}=(0,0,1)$, $\boldsymbol{e}=(1,0,0)$ 的剪切位错为例，说明剪切位错与无矩双力偶的等效性

(2) 张裂位错与膨胀中心加无矩偶极的等效性

张裂位错即位错方向与位错面法线方向一致的位错，这就是 $\boldsymbol{e}//\boldsymbol{\nu}$ 即 $\boldsymbol{e}=\boldsymbol{\nu}$. 以 $\boldsymbol{\nu}=(0,0,1)$, $\boldsymbol{e}=(0,0,1)$ 为例，由式 (11.26) 与式 (11.27) 右边第三项可得在这种情形下，

$$u_i(r,t) = \iint_{\Sigma} \left\{ \lambda \left(\frac{\partial G_{i1}}{\partial x_1'} + \frac{\partial G_{i2}}{\partial x_2'} + \frac{\partial G_{i3}}{\partial x_3'} \right) + 2\mu \frac{\partial G_{i3}}{\partial x_3'} \right\} \Delta u d\Sigma'. \tag{11.40}$$

上式表明，张裂位错（图 11.15a）与强度为 $\lambda \Delta u d\Sigma'$ 的膨胀中心加强度为 $2\mu \Delta u d\Sigma'$，沿位错方向（在此情形下也是位错面的法线方向）的无矩偶极是等效的（图 11.15b）；它与沿位错方向（在这个例子中是 x_3 轴方向）、强度为 $(\lambda+2\mu)\Delta u d\Sigma'$ 的无矩偶极加沿其他两个坐标轴

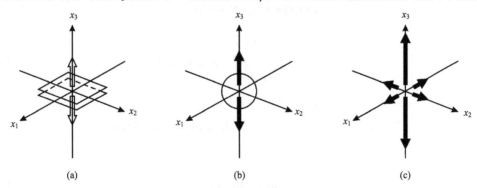

图 11.15　张裂位错（空心箭头）与膨胀中心（圆球）加无矩偶极（粗黑箭头）

或三个互相垂直的无矩偶极（粗黑箭头）的等效性

(a) 张裂位错；(b) 膨胀中心加无矩偶极；(c) 沿张裂位错方向、强度为 $(\lambda+2\mu)\Delta u d\Sigma'$ 的无矩偶极加沿其他两个坐标轴方向、强度为 $\lambda \Delta u d\Sigma'$ 的无矩偶极

方向(在这个例子中是 x_1 轴与 x_2 轴方向)、强度均为 $\lambda\Delta u\mathrm{d}\Sigma'$ 的无矩偶极也是等效的(图 11.15c).

11.2.3 剪切位错点源辐射的地震波

1. 位错点源辐射的远场地震波

在以震源为原点的球极坐标系 (R, θ, ϕ)(称为震源坐标系)中(图 11.16),对于剪切位错点源,即平均位错的方向平行于断层面(位错面)、即 $e\perp\nu$ 的点源,所以 $\nu e=0$,也就是 $\nu_m e_m=0$. 以纵波为例,注意到 $\lambda=\alpha T_\mathrm{s}$ 为所涉及的波长,若 $R\gg\lambda$,也即距离远大于所涉及的波长时,$R\gg\lambda$ 称为远场距离,剪切位错点源辐射的地震波位移为:

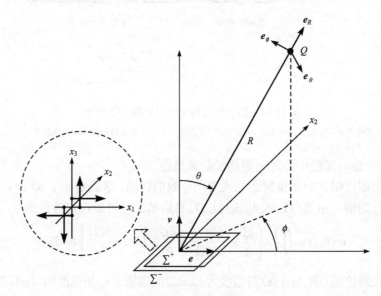

图 11.16　震源坐标系

$$u(r, t) = u^\mathrm{P}(r, t) + u^\mathrm{S}(r, t),\tag{11.41}$$

$$u^\mathrm{P}(r, t) = \frac{M_0\dot{S}\left(t - \dfrac{R}{\alpha}\right)}{4\pi\rho\alpha^3 R}\sin 2\theta\cos\phi\, e_R,\tag{11.42}$$

$$u^\mathrm{S}(r, t) = \frac{M_0\dot{S}\left(t - \dfrac{R}{\beta}\right)}{4\pi\rho\beta^3 R}(\cos 2\theta\cos\phi\, e_\theta - \cos\theta\sin\phi\, e_\phi),\tag{11.43}$$

式中,

$$M_0 = \mu DA,\tag{11.44}$$

M_0 称为标量地震矩(scalar seismic moment),在不至于引起混淆的情形下,简称地震矩. μ 是介质的刚性系数,D 表示最终的平均位错,A 表示最终的位错面面积. $S(t)$ 是震源时间函数,震源时间函数表示的是地震矩随时间变化的函数关系. $\dot{S}(t)$ 是震源时间函数

$S(t)$ 的时间导数. 需要说明的是, 标量地震矩 M_0 采用与作为时间函数的地震矩 $M_0(t)$ 相同的符号, 沿用已久, 这里不再变动. 此外, 在不致引起混淆的情况下, 常将 $\dot{S}(t)$, $M_0(t)$, $\dot{M}(t)$ 也称为震源时间函数.

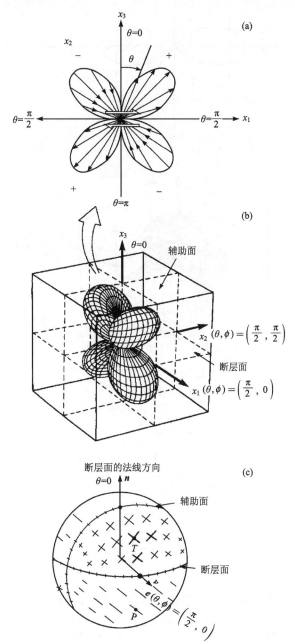

图 11.17　剪切位错点源辐射的远场 P 波的辐射图形

位错面的法向沿 x_3 轴方向, $\boldsymbol{\nu}=(0,0,1)$, 滑动矢量沿 x_1 轴方向, $\boldsymbol{e}=(1,0,0)$. (a) 在 x_1x_3 平面上 (即 $\phi=0°$, $0\leqslant\theta\leqslant180°$ 及 $\phi=180°$, $0\leqslant\theta\leqslant180°$) 的辐射图形. 空心箭头表示剪切位错. (b) 辐射图形的三维图示. (c) 辐射图形在震源球球面上的图示. 图中的 "+"号表示初动为压缩, "–"号表示初动为膨胀, 符号的大小正比于振幅

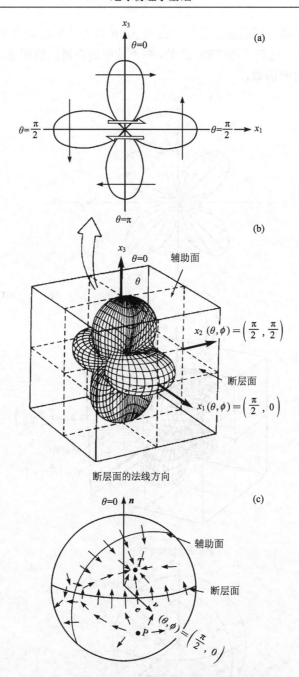

图 11.18　剪切位错点源辐射的远场 S 波的辐射图形

位错面的法向沿 x_3 轴方向，$\boldsymbol{\nu}=(0,0,1)$，滑动矢量沿 x_1 轴方向，$\boldsymbol{e}=(1,0,0)$．(a) 在 x_1x_3 平面(即 $\phi=0°$, $0\leqslant\theta\leqslant180°$ 及 $\phi=180°$, $0\leqslant\theta\leqslant180°$)的辐射图形．空心箭头表示剪切位错，细实线箭头表示 S 波初动的质点横向振动方向．(b)辐射图形的三维图示．(c)辐射图形在震源球球面上的图示．图中的小箭头的方向表示 S 波初动的质点横向振动的方向，箭头的长度正比于振幅

　　图 11.17 和图 11.18 分别表示剪切位错点源辐射的远场 P 波和 S 波的辐射图形．由远场体波辐射图形 $\boldsymbol{e}$ 和 $\boldsymbol{\nu}$ 的互易性，可知图 11.17 和图 11.18 所表示的辐射图形既是 $\boldsymbol{\nu}=(0,$

0, 1), $e=(1, 0, 0)$ 点源的辐射图形，也是 $\nu=(1, 0, 0)$，$e=(0, 0, 1)$ 点源的辐射图形. 由图 11.17可见，剪切位错点源辐射的远场P波辐射图形在 x_1x_3 平面上呈四花瓣的象限分布(图 11.17a)，滑动矢量所在的平面 $x_3=0$ 是断层面，$x_1=0$ 平面是辅助面，它们都是P波的节平面. 由图 11.18 可见，剪切位错点源辐射的远场S波辐射图形在 x_1x_3 平面上也是呈四花瓣象限分布(图 11.18a)，但与P波辐射图形不同，在 x_1 轴和 x_3 轴方向上，S波振幅最大(图 11.18a, b)；在震源球球面上，表示S波质点横向运动方向(偏振方向)的箭头呈现从P轴("源")发散出、然后汇聚于T轴("汇")的图像(图 11.18c).

2. 剪切位错点源辐射的体波远场位移在地理坐标系中的表示式

以上分析是在震源坐标系中进行的，但我们经常还需要知道在地理坐标系中上述剪切位错点源辐射的体波的远场位移. 为此采用如图 11.19 所示的地理坐标系. 设剪切位错点源位于图中的 Q 点，Q 点在地面的投影为 O 点. 为方便计，引进一个原点在 O 点的直角坐标系 $x_i(i=1, 2, 3)$，其基矢量为 e_i. 这个坐标系的 x_1 轴指向正北，x_2 轴指向正东，x_3 轴通过震源向下指向地心. 它便是地理坐标系. 以 ϕ_s 表示断层面的走向，ϕ 表示震源指向观测点 P 的方位角，它们都从正北方向(x_1 轴)量起，顺时针为正，$0° \leqslant \phi_s < 360°$，$0° \leqslant \phi < 360°$. 以 i_h 表示离源角，$0° \leqslant i_h \leqslant 90°$. 所以在以 Q 点为原点的球极坐标系中，观测点 P 的坐标为 (R, i_h, ϕ). 以 δ 表示断层面和水平面的夹角(断层面的倾角)，$0 \leqslant \delta \leqslant 90°$. 以 λ 表示滑动矢量 e 和断层面走向的夹角(滑动角)，逆时针为正，$0° \leqslant \lambda < 360°$(或 $-180° < \lambda < 180°$). 显然，ϕ_s，λ 和 δ 这三个量便完全确定了矢量 ν 和 e 在震源坐标系中的取向.

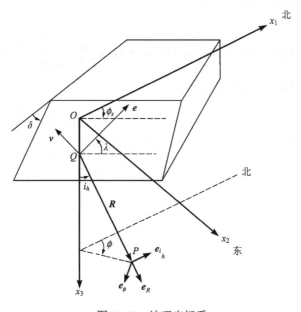

图 11.19　地理坐标系

由图 11.19 可以求得：

$$e = (\cos\lambda\cos\phi_s + \cos\delta\sin\lambda\sin\phi_s)e_1$$
$$+ (\cos\lambda\sin\phi_s - \cos\delta\sin\lambda\cos\phi_s)e_2 - \sin\lambda\sin\delta e_3, \tag{11.45}$$

$$\boldsymbol{\nu} = -\sin\delta\sin\phi_s e_1 + \sin\delta\cos\phi_s e_2 - \cos\delta e_3, \tag{11.46}$$

$$e_R = \sin i_h\cos\phi e_1 + \sin i_h\sin\phi e_2 + \cos i_h e_3, \tag{11.47}$$

$$e_{i_h} = \cos i_h\cos\phi e_1 + \cos i_h\sin\phi e_2 - \sin i_h e_3, \tag{11.48}$$

$$e_\phi = -\sin\phi e_1 + \cos\phi e_2. \tag{11.49}$$

将它们代入式(11.34)右边即可得出剪切位错点源辐射的体波远场位移:

$$u(r,t) = u^{\mathrm{P}}(r,t) + u^{\mathrm{S}}(r,t), \tag{11.50}$$

$$u^{\mathrm{P}}(r,t) = 2(e_R\cdot\boldsymbol{\nu})(e\cdot e_R)\frac{M_0\dot{S}\left(t-\dfrac{R}{\alpha}\right)}{4\pi\rho\alpha^3 R}e_R, \tag{11.51}$$

$$u^{\mathrm{S}}(r,t) = [(e\cdot e_R)\boldsymbol{\nu} + (e_R\cdot\boldsymbol{\nu})e - 2(e_R\cdot\boldsymbol{\nu})(e\cdot e_R)e_R]\frac{M_0\dot{S}\left(t-\dfrac{R}{\beta}\right)}{4\pi\rho\beta^3 R}. \tag{11.52}$$

S 波可进一步分解为 SV 波和 SH 波. 因此

$$u(r,t) = u^{\mathrm{P}}(r,t) + u^{\mathrm{SV}}(r,t) + u^{\mathrm{SH}}(r,t), \tag{11.53}$$

式中, $u^{\mathrm{P}}(r,t)$ 由式(11.51)所示, 而

$$u^{\mathrm{SV}}(r,t) = (u^{\mathrm{S}}\cdot e_{i_h})e_{i_h},$$

$$u^{\mathrm{SV}}(r,t) = [(e\cdot e_R)(\boldsymbol{\nu}\cdot e_{i_h}) + (e_R\cdot\boldsymbol{\nu})(e\cdot e_{i_h})]\frac{M_0\dot{S}\left(t-\dfrac{R}{\beta}\right)}{4\pi\rho\beta^3 R}e_{i_h}, \tag{11.54}$$

$$u^{\mathrm{SH}}(r,t) = (u^{\mathrm{S}}\cdot e_\phi)e_\phi,$$

$$u^{\mathrm{SH}}(r,t) = [(e\cdot e_R)(\boldsymbol{\nu}\cdot e_\phi) + (e_R\cdot\boldsymbol{\nu})(e\cdot e_\phi)]\frac{M_0\dot{S}\left(t-\dfrac{R}{\beta}\right)}{4\pi\rho\beta^3 R}e_\phi. \tag{11.55}$$

注意到球极坐标系 (R, i_h, ϕ) 的基矢量 e_R, e_{i_h}, e_ϕ 有如下关系:

$$e_{i_h} = \frac{\partial e_R}{\partial i_h}, \tag{11.56}$$

$$e_\phi = \frac{1}{\sin i_h}\frac{\partial e_R}{\partial\phi}. \tag{11.57}$$

上述关系也可直接由式(11.47)—式(11.49)求得. 所以

$$u^{\mathrm{P}}(r,t) = \frac{\mathscr{F}^{\mathrm{P}}M_0\dot{S}\left(t-\dfrac{R}{\alpha}\right)}{4\pi\rho\alpha^3 R}e_R, \tag{11.58}$$

$$\boldsymbol{u}^{\mathrm{SV}}(\boldsymbol{r}, t) = \frac{\mathscr{F}^{\mathrm{SV}} M_0 \dot{S}\left(t - \dfrac{R}{\beta}\right)}{4\pi\rho\beta^3 R}\boldsymbol{e}_{i_h}, \tag{11.59}$$

$$\boldsymbol{u}^{\mathrm{SH}}(\boldsymbol{r}, t) = \frac{\mathscr{F}^{\mathrm{SH}} M_0 \dot{S}\left(t - \dfrac{R}{\beta}\right)}{4\pi\rho\beta^3 R}\boldsymbol{e}_{\phi}, \tag{11.60}$$

式中，P，SV 和 SH 波的辐射图形因子 $\mathscr{F}^{\mathrm{P}}$，$\mathscr{F}^{\mathrm{SV}}$ 和 $\mathscr{F}^{\mathrm{SH}}$ 分别为：

$$
\begin{aligned}
\mathscr{F}^{\mathrm{P}} &= 2(\boldsymbol{e}_R \cdot \boldsymbol{v})(\boldsymbol{e} \cdot \boldsymbol{e}_\phi), \\
&= \cos\lambda \sin\delta \sin^2 i_h \sin 2(\phi - \phi_\mathrm{s}) - \cos\lambda \cos\delta \sin 2i_h \cos(\phi - \phi_\mathrm{s}) \\
&\quad + \sin\lambda \sin 2\delta [\cos^2 i_h - \sin^2 i_h \sin^2(\phi - \phi_\mathrm{s})] \\
&\quad + \sin\lambda \cos 2\delta \sin 2i_h \sin(\phi - \phi_\mathrm{s}),
\end{aligned} \tag{11.61}
$$

$$
\begin{aligned}
\mathscr{F}^{\mathrm{SV}} &= (\boldsymbol{e} \cdot \boldsymbol{e}_R)(\boldsymbol{v} \cdot \boldsymbol{e}_{i_h}) + (\boldsymbol{e}_R \cdot \boldsymbol{v})(\boldsymbol{e} \cdot \boldsymbol{e}_R), \\
&= \frac{1}{2}\frac{\partial \mathcal{F}^{\mathrm{P}}}{\partial i_h}, \\
&= \sin\lambda \cos 2\delta \cos 2i_h \sin(\phi - \phi_\mathrm{s}) - \cos\lambda \cos\delta \cos 2i_h \cos(\phi - \phi_\mathrm{s}) \\
&\quad + \frac{1}{2}\cos\lambda \sin\delta \sin 2i_h \sin 2(\phi - \phi_\mathrm{s}) \\
&\quad - \frac{1}{2}\sin\lambda \sin 2\delta \sin 2i_h [1 + \sin^2(\phi - \phi_\mathrm{s})],
\end{aligned} \tag{11.62}
$$

$$
\begin{aligned}
\mathscr{F}^{\mathrm{SH}} &= (\boldsymbol{e} \cdot \boldsymbol{e}_R)(\boldsymbol{v} \cdot \boldsymbol{e}_\phi) + (\boldsymbol{e}_R \cdot \boldsymbol{v})(\boldsymbol{e} \cdot \boldsymbol{e}_\phi), \\
&= \frac{1}{2\sin i_h}\frac{\partial \mathcal{F}^{\mathrm{P}}}{\partial \phi}, \\
&= \cos\lambda \cos\delta \cos i_h \sin(\phi - \phi_\mathrm{s}) + \cos\lambda \sin\delta \sin i_h \cos 2(\phi - \phi_\mathrm{s}) \\
&\quad + \sin\lambda \cos 2\delta \cos i_h \cos(\phi - \phi_\mathrm{s}) - \frac{1}{2}\sin\lambda \sin 2\delta \sin i_h \sin 2(\phi - \phi_\mathrm{s}).
\end{aligned} \tag{11.63}
$$

这里定义的远场体波位移的辐射图形因子 $\mathscr{F}^{\mathrm{P}}$，$\mathscr{F}^{\mathrm{SV}}$ 和 $\mathscr{F}^{\mathrm{SH}}$ 是在质点运动方向分别为 $\boldsymbol{e}_R$，$\boldsymbol{e}_{i_h}$ 和 $\boldsymbol{e}_\phi$ 的情形下以标量形式表示的辐射图形因子.

3. S 波的偏振

S 波的质点振动方向在垂直于射线的平面上并不是毫无规则的，它有一个由震源性质决定的取向. 换句话说，S 波是平面偏振的. 包含射线和 S 波的质点振动方向的平面叫偏振面. 通常以 S 波质点振动和入射面的夹角表示 S 波偏振的性质，这个角叫偏振角. 今以 SH 和 SV 分别表示 S 波的质点运动在水平面和垂直面的分量，则偏振角 ε 的正切为(图 11.20)：

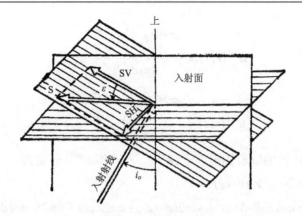

图 11.20　S 波的偏振角

$$\tan \varepsilon = \frac{\mathrm{SH}}{\mathrm{SV}}. \tag{11.64}$$

在乌尔夫网上，台站 S 的位置由离源角 i_h 和台站相对于震中的方位角 ϕ 决定 (Stauder, 1960a, b, c)．按前面的规定 (参见图 11.21 和图 11.22)，ϕ 以顺时针为正．在 S 点，偏振方向是由与过这点的大圆弧 $\overset{\frown}{OA}$ (投影在乌尔夫网上正好是一条直线) 成 ε 角的大圆弧 $\overset{\frown}{BC}$ 确定的．弧 $\overset{\frown}{BC}$ 在 S 点的切线方向就是该点的偏振方向 (图 11.21)．

如果以 ε' 表示 S 波偏振方向与 $\boldsymbol{e}_\theta$ 的夹角，则由 (11.49) 式可知，

$$\tan \varepsilon' = \frac{\mathrm{d}\hat{u}_\phi}{\mathrm{d}\hat{u}_0} = -\frac{\cos \theta \sin \phi}{\cos 2\theta \cos \phi}. \tag{11.65}$$

ε' 的意义如图 11.22 所示．由上式可以得知，在震源球球面上，位错点源产生的 S 波的偏振方向是从 P 轴发出、朝 T 轴汇聚的线段簇 (图 11.18c)．

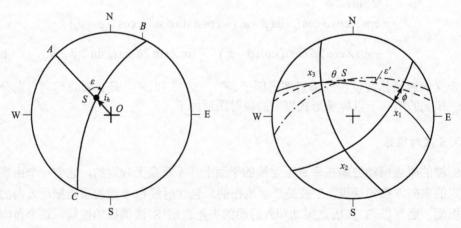

图 11.21　在乌尔夫网上表示 S 波的偏振方向的方法　　图 11.22　S 波的偏振方向与 $\boldsymbol{e}_\theta$ 的夹角 ε'

S 波的偏振可以用来确定断层面解．用 S 波的偏振确定断层面解有一个很大的优点．这就是 S 波偏振方向的确定和是否真正辨认出 S 波的初至无关．S 波的偏振方向是由空间的一条直线的取向决定的，如果错过了 S 波的初动，误把其后的半周期认为是初

动，同样可以确定出偏振方向. 这样定出的质点运动方向与正确的方向正好差180°，但定出的偏振方向仍是正确的.

11.3　破裂过程和震源参量

11.3.1　有限移动源

1. 单侧破裂

以位错点源表示地震辐射的 P 波初动和 S 波偏振是合适的. 但是实际的破裂过程是复杂的，它出现在有限的范围内，发生于有限的时段中. 为了得到地震破裂中震源辐射的弹性波场，应当对移动着的点源引起的位移场作连续的叠加. 这种由移动着的点源构成的大小有限的点源，叫有限移动源.

最简单的一种有限移动是单侧破裂方式的有限移动源. 现在来分析单侧破裂(unilateral rupture)的有限移动源辐射的体波远场位移及其频谱(Ben-Menahem, 1961, 1962; Ben-Menahem and Singh, 1981; Aki and Richards, 1980, 2002; Kasahara, 1981; 理论地震动研究会, 1994; Lay and Wallace, 1995; Udías, 1991, 1999; Udías et al., 1985, 2014; Bormann, 2002; Stein and Wysession, 2003). 为此选取如图 11.23 所示的震源坐标系. 设从时间 $t=0$ 开始，一个宽度为 W 的有限的位错线沿 x_1 轴以恒定的破裂速度(rupture velocity) v 扫过矩形面积，矩形断层面的长度为 L；假设与断层面的长度 L 相比，断层面的宽度 W 很窄，以至可以忽略不计，即 $L \gg W$；并设断层面上每一点 x_1' 的错距都为 D，且震源时间函数的形状都一样，只是时间上延迟了 x_1'/v：

$$\Delta u(\boldsymbol{r}',t) = DS\left(t - \frac{x_1'}{v}\right). \tag{11.66}$$

由式(11.58)可得，对于 P 波，$\boldsymbol{u}^{\mathrm{P}}(\boldsymbol{R},t) = u^{\mathrm{P}}(\boldsymbol{R},t)\boldsymbol{e}_R$：

$$u^{\mathrm{P}}(\boldsymbol{R},t) = \frac{\mu DW}{4\pi\rho\alpha^3 R}\mathscr{F}^{\mathrm{P}}\int_0^L \dot{S}\left(t - \frac{x_1'}{v} - \frac{R'}{\alpha}\right)\mathrm{d}x_1', \tag{11.67}$$

对于 SV 波与 SH 波，由式(11.59)与式(11.60)可得到类似的公式，只不过应将 $\mathscr{F}^{\mathrm{P}}$，α 换成相应的量. 式中，R'是位错元 $\mathrm{d}x_1'$ 至观测点 P 的距离. 可以证明，当 $\lambda R/2 \gg L^2$ 时，R' 可用 $R' \approx R - (\boldsymbol{r}' \cdot \boldsymbol{e}_R)$ 近似，所以

$$u^{\mathrm{P}}(\boldsymbol{R},t) = \frac{M_0}{4\pi\rho\alpha^3 R}\mathscr{F}^{\mathrm{P}}F(\alpha)\Omega_\alpha\left(t - \frac{R}{\alpha}\right), \tag{11.68}$$

式中，M_0 是地震矩：

$$M_0 = \mu DWL, \tag{11.69}$$

$\Omega_\alpha(t)$ 是 P 波远场位移波形因子：

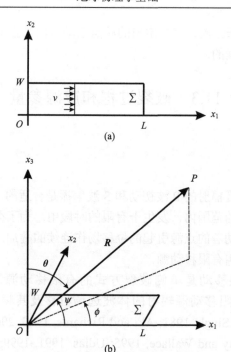

图 11.23　单侧破裂矩形断层模型

(a)长度为 L，宽度为 W 的矩形断层面 Σ. 破裂沿 x_2 方向（宽度方向）同时发生，但是沿 x 方向（长度方向）
即 $\psi=0$ 方向以有限的速度 v 扩展；（b）在直角坐标系 (x_1, x_2, x_3) 中，球极坐标系 (R, θ, ϕ) 的 $\theta=0$
的方向（x_3 轴方向）为断层面的法线方向，ψ 为观测点 P 的矢径 $\boldsymbol{R}$ 与 x_1 轴的夹角

$$\Omega_\alpha(t) = \frac{v}{L}\int_0^L \dot{S}\left(t - \frac{x_1'}{v}\left(1 - \frac{v}{\alpha}\cos\psi\right)\right)dx_1',$$

$$= \frac{v}{L}\left[S(t) - S\left(t - \frac{L}{vF(\alpha)}\right)\right], \tag{11.70}$$

而函数

$$F(\alpha) = \frac{1}{1 - \dfrac{v}{\alpha}\cos\psi}, \tag{11.71}$$

ψ 是 $\boldsymbol{R}$ 与破裂扩展方向即 x_1 轴的夹角. 对于 SV 波和 SH 波，亦有类似的结果，只不过应将 $\mathscr{F}^{\mathrm{P}}$，Ω_α，α 换成相应的量. 函数 $F(c)$ $(c=\alpha, \beta)$ 表明，因为破裂扩展效应，波的振幅受了调制（modulation）. 在破裂扩展方向上，振幅增大；在其反方向上，振幅减小. 调制效应的大小受到破裂速度与波扩展速度的比值即地震马赫数（seismic Mach number）M 的控制（Ben-Menahem and Singh, 1981）：

$$M = \frac{v}{c} \tag{11.72}$$

函数 $F(c)$ 称为调制因子. 因为调制效应，由 P 波与 S 波的辐射图形被调制成如图 11.24 所示的样子（Kasahara, 1981）. 单侧破裂情形下的远场位移辐射图形对于断层面 $x_3=0$ 是对称的，而对于其余两个平面则不对称．这一性质可以利用来从两个节平面中选择出真正的断层面．

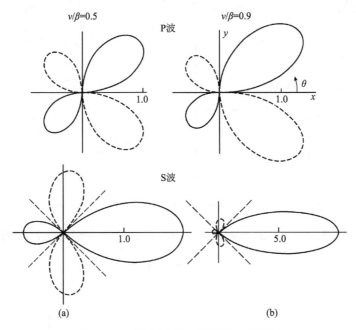

图 11.24　单侧破裂矩形断层的辐射图形

若震源时间函数是亥维赛单位阶跃函数（Heaviside unit step function）$H(t)$：

$$S(t) \equiv H(t) = \begin{cases} 0, & t < 0, \\ 1, & t > 0, \end{cases} \tag{11.73}$$

那么，由式（11.68）可得此情形的远场位移为：

$$u^{\mathrm{P}}(\boldsymbol{R}, t) = \frac{M_0}{4\pi\rho\alpha^3 R} \mathscr{F}^{\mathrm{P}} \frac{1}{T_r} \left[H\left(t - \frac{R}{\alpha}\right) - H\left(t - \frac{R}{\alpha} - T_r\right) \right], \tag{11.74}$$

其波形是持续时间为

$$T_r = \frac{L}{vF(\alpha)} = \frac{L}{v}\left(1 - \frac{v}{\alpha}\cos\psi\right) \tag{11.75}$$

的箱车函数（boxcar function）．T_r 是在不同方位观测到的破裂时间（rupture time）即地震波初动的半周期，也称为视破裂持续时间（apparent duration of rupture）（图 11.25）．由于破裂扩展产生的方位依赖性称为方向性（directivity）．因为破裂扩展效应，在破裂扩展方向上，由断层面上的每个小破裂发出的信号或者说辐射出的能量在较短的时间间隔内到达，因而视破裂持续时间即地震波的初动半周期变小，振幅则变大；在相反方向上，由断层面上的每个小破裂发出的信号或者说辐射出的能量在较长的时间间隔内到达，因而视破裂持续时间即地震波初动半周期变大，振幅则变小．破裂扩展效应包括两方面，即半周期缩短和振幅加大，或都反过来．但在任何一个方向上，位移波形曲线下的面积与破裂过程无关，都等于 $M_0\mathscr{F}^{\mathrm{P}}/4\pi\rho\alpha^3 R$. 这种情况类似于声学中的多普勒效应（图 11.26a），所以称为地震多普勒效应（seismic Doppler effect）（Ben-Menahem, 1961, 1962; Ben-Menahem and Singh, 1981）.

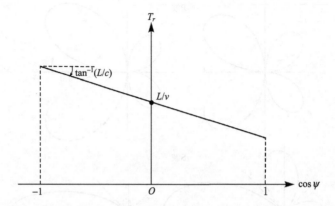

图 11.25　单侧破裂矩形断层辐射的远场体波的初动半周期随方位的变化

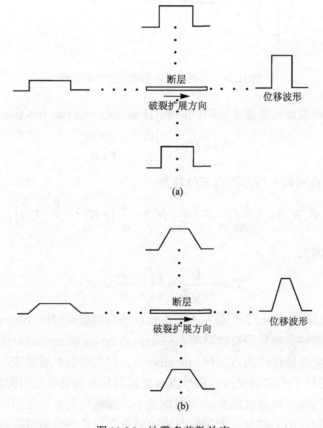

图 11.26　地震多普勒效应

(a)震源时间函数是亥维赛单位阶跃函数；(b)震源时间函数是斜坡函数

地震破裂时间的表示式(11.75)可以用来分析在什么情况下需要考虑震源的有限性，或者反过来说，在什么情况下可以把震源看作是一个点. 由式(11.75)可知，实际的破裂持续时间为 L/v. 显然，如果破裂时间 T_r 比所涉及的地震波的周期 T 小得多，即

$$\frac{T_r}{T} \ll 1 \tag{11.76}$$

时，可以忽略震源的有限性，将震源视为一个点源. 由于 $T_r \approx L/v$, $T = \lambda/c$, v 与 c 同数量级，所以 $T_r/T \ll 1$ 的条件，也就是

$$\frac{T_r}{T} \approx \frac{L/v}{\lambda/c} \approx \frac{L}{\lambda} \ll 1, \tag{11.77}$$

即断层长度 L 比地震波波长 λ 小得多的条件. 这就是说，用长波是"看"不清破裂过程的细节的. 对于现在讨论的体波，因为破裂速度 v 和波速 c 同数量级，所以会出现下述情况：一个 $M6.0$ 地震，其断层长度约 10 km，与周期 1 s，波速约 8 km/s 的体波的波长 8 km 大体相当，因而应考虑其震源的有限性. 但是与周期为 50 s，波速约 4 km/s 的面波的波长 200 km 相比，则小得多，可视其为点源. 可是，对于 $M8.0$ 大地震，其断层长度可达 300 km，对上述体波和面波而言，其断层的有限性均不能忽略.

如果震源时间函数是上升时间(rise time)为 T_s 的斜坡函数(ramp function)(图 11.27a)：

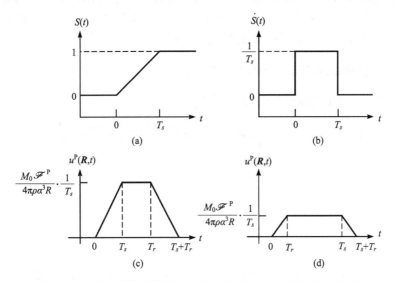

图 11.27 单侧破裂矩形断层辐射的远场体波的波形(以 P 波为例)

(a)震源时间函数是上升时间为 T_s 的斜坡函数；(b)震源时间函数的导数是持续时间为 T_s，振幅为 $1/T_s$ 的箱车函数；(c)当破裂时间 $T_r > T_s$ 时的波形；(d)当 $T_r < T_s$ 时的波形

$$S(t) \equiv R(t) = \begin{cases} 0, & t < 0, \\ \dfrac{t}{T_s}, & 0 \leqslant t \leqslant T_s, \\ 1, & t > T_s, \end{cases} \tag{11.78}$$

那么它的导数便是持续时间为 T_s，振幅为 $1/T_s$ 的箱车函数(图 11.27b)：

$$S(t) \equiv R(t) = \begin{cases} 0, & t < 0, \\ \dfrac{t}{T_s}, & 0 \leqslant t \leqslant T_s, \\ 1, & t > T_s, \end{cases} \tag{11.79}$$

而式 (11.70) 所表示的远场位移的波形便是持续时间为 T_r+T_s 的梯形波. 若 $T_r>T_s$, 其上升时间与下降时间均为 T_s (图 11.27c); 若 $T_r<T_s$, 则其上升时间与下降时间均为 T_r (图 11.27d). 相应地, 地震多普勒效应如图 11.26b 所示.

这个具有代表性的单侧破裂矩形断层模式是哈斯克尔 (Haskell, 1964) 提出的, 称为哈斯克尔断层模式. 表征哈斯克尔模式的震源参量共有 5 个, 包括 3 个运动学参量: 断层长度 L, 宽度 W, 断层面上的平均错距 D; 2 个动力学参量: 破裂扩展速度 v 以及断层面上质点滑动的持续时间, 即震源时间函数的上升时间 T_s, 或等价地, 断层面上质点滑动的平均速度 $\langle \dot{u} \rangle$.

利用这个模式, 哈斯克尔详尽地研究了地震辐射能、谱密度及近场效应等问题 (Haskell, 1964, 1966). 在 20 世纪 60 年代末至 20 世纪 70 年代期间, 哈斯克尔模式被广泛地运用于解释观测得到的体波、面波、地球自由振荡和近场地震图, 较可靠地测量得到了许多地震的 L, W 与 D 等参量. 与 W 或 D 相比, L 的测量比较容易, 因为较长周期的地震波受复杂的传播路径影响较小, 比较容易用它来研究断层长度的效应. 要可靠地测定 D 和 T_s, 则需要有较难获取的近场观测资料.

2. 单侧破裂矩形断层辐射的体波远场位移谱

在频率域, 与式 (11.68) 相应的表示式是:

$$\hat{u}^{\mathrm{P}}(\boldsymbol{R}, \omega) = \frac{M_0}{4\pi\rho\alpha^3 R} \mathscr{F}^{\mathrm{P}} \mathrm{e}^{-\mathrm{i}\frac{\omega}{\alpha}R} \left(\mathrm{e}^{-\mathrm{i}X_s} \frac{\sin X_s}{X_s} \right) \left(\mathrm{e}^{-\mathrm{i}X_s} \frac{\sin X}{X} \right), \tag{11.80}$$

式中,

$$X_s = \frac{\omega T_s}{2}, \tag{11.81}$$

$$X = \frac{\omega L}{2} \left(\frac{1}{v} - \frac{\cos\psi}{\alpha} \right), \tag{11.82}$$

函数 $\exp(-\mathrm{i}X_s)X_s^{-1}\sin X_s$ 表示震源时间函数 (通过 T_s 体现) 对频谱的效应; 函数 $\exp(-\mathrm{i}X)X^{-1}\sin X$ 表示断层的有限性 (L) 及破裂的扩展 (v) 对频谱的影响, 称为有限性因子 (finiteness factor) (Ben-Menahem, 1961, 1962). 由于地震多普勒效应, 在某方位的观测点上观测到的体波发生相消干涉 (destructive interference), 其振幅谱上出现了一系列的称为 "洞" (hole) 的节点 (图 11.28). 这些节点或洞的位置由下式决定:

$$X = n\pi, \quad n = 1, 2, 3, \cdots. \tag{11.83}$$

与节点相应的频率 f_n 由下式决定:

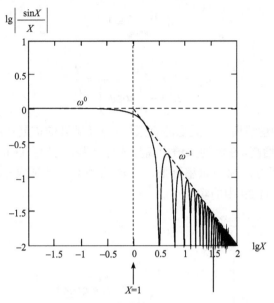

图 11.28　断层的有限性因子

$$f_n = \frac{n}{\dfrac{L}{v}\left(1 - \dfrac{v}{\alpha}\cos\psi\right)}, \qquad n = 1, 2, 3, \cdots.$$　　　　(11.84)

对比式(11.75)与上式, 不难发现第一个节点的频率 f_1 的倒数 $1/f_1$ 正是初动半周期 T_r, (图 11.25):

$$\frac{1}{f_1} = T_r = \frac{L}{v}\left(1 - \frac{v}{\alpha}\cos\psi\right).$$　　　　(11.85)

f_1 与 T_r 之间的这种联系毫不足怪, 因为两者是同一个效应(地震多普勒效应)分别在频率域和时间域中的表现. 因为这个缘故, 由上式所表示的体波初动半周期或其振幅谱的节点的频率与方位角的关系, 可以用来鉴别断层、确定破裂扩展速度与断层长度. 考虑到破裂速度一般更接近于 S 波速度, S 波的地震马赫数 M 更接近于 1, 因此, 对于 S 波, 上述效应尤为明显. 换句话说, S 波更宜用于确定上述参量.

由式(11.80)可见, 当 $\omega \to 0$ 时, 该式右边的因子 $\exp(-iX_s)\,X_s^{-1}\sin X_s$ 与 $\exp(-iX)X^{-1}\sin X$ 都趋于 1, 所以 $\hat{u}^{\mathrm{P}}(\boldsymbol{R}, \omega)$ 趋于与地震矩 M_0 成正比的极限:

$$\hat{u}^{\mathrm{P}}(\boldsymbol{R}, 0) = \frac{M_0}{4\pi\rho\alpha^3 R}\mathscr{F}^{\mathrm{P}}.$$　　　　(11.86)

这实际上是前面已经得到的结果, 说明了震源时间函数与有限性因子对位移频谱的零频水平没有影响.

当 $\omega \to \infty$ 时, 因子 $\left|X_s^{-1}\sin X_s\right|$ 与 $\left|X^{-1}\sin X\right|$ 均与 ω^{-1} 成正比. 以有限性因子 $\left|X^{-1}\sin X\right|$ 为例(图 11.28), 其高频趋势也即其高频包络线由 X^{-1} 表示. 该有限性因子在零频时的包络线即在 $\omega \to 0$(从而 $X \to 0$)时趋于 1, 称为零频趋势, 以 X^0 表示. X^0 与 X^{-1} 的交点确定了相应的拐角频率 ω_L, 即

$$X^{-1}\big|_{\omega=\omega_L} = 1 , \qquad (11.87)$$

也就是

$$\omega_L = \frac{2v}{L\left(1 - \dfrac{v}{\alpha}\cos\psi\right)} = \frac{2}{T_r} . \qquad (11.88)$$

如图 11.29 中的虚线所示，震源的有限性(L)及破裂的扩展(v)导致了在破裂扩展方向的前方，拐角频率增高，在波的频谱中高频成分增强，例如当$\psi=0$时，$\omega_L=2v/L(1-v/\alpha)$；在破裂扩展方向的后方，拐角频率降低，在波的频谱中高频成分减弱，例如当$\psi=\pi$时，$\omega_L=2v/L(1+v/\alpha)$（图 11.29 中的实线）.

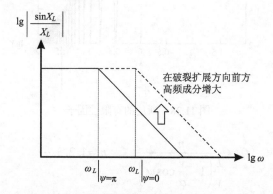

图 11.29　震源的有限性及破裂的扩展对体波远场位移频谱的影响

体波远场位移波形因子[式(11.70)]实质上是长度为dx_1'的无限小断层远场位移波形$\dot{S}(t-R/\alpha)$在视破裂时间段(L/v)内的滑动平均. 发生于长度为 L 的有限断层上的破裂扩展实质上起着光滑运动位移波形$\Omega_\alpha(t-R/\alpha)$的作用.

在频率域，破裂扩展的光滑作用(或者说效应)在破裂扩展方向的前方($\psi=0$ 方向)最小，而在破裂扩展方向的后方($\psi=\pi$方向)最大. 因此，在$\psi=0$ 方向上，高频成分增强；在$\psi=\pi$方向上，高频成分减弱.

地震多普勒效应与声波多普勒效应虽然类似，但两者之间又有本质区别. 声波多普勒效应是指一个激发出频率为ω的声波的振动源，当它以速度 v 运动时，波的频率将会发生变化，变为$\omega/\left(1-\dfrac{v}{a}\cos\psi\right)$. 若以这里使用的符号，声波多普勒效应相当于式(11.67)中的$\dot{S}\left(t-\dfrac{x_1'}{v}-\dfrac{R'}{\alpha}\right)$，应代之以$\mathrm{e}^{\mathrm{i}\omega(t-R'/\alpha)}\delta\left(t-\dfrac{x_1'}{v}-\dfrac{R'}{\alpha}\right)$. 也就是式(11.67)变为：

$$
\begin{aligned}
u^{\mathrm{p}}(\boldsymbol{R}, t) &= \frac{\mu DW}{4\pi\rho\alpha^3 R}\mathscr{F}^{\mathrm{P}}\int_0^L \mathrm{e}^{\mathrm{i}\omega\left(t-\frac{R'}{\alpha}\right)}\delta\left(t-\frac{R'}{\alpha}-\frac{x_1'}{v}\right)\mathrm{d}x_1' \\
&= \frac{\mu DW}{4\pi\rho\alpha^3 R}\mathscr{F}^{\mathrm{P}}\int_0^L \mathrm{e}^{\mathrm{i}\omega\left(t-\frac{R'}{\alpha}+\frac{x_1'\cos\psi}{\alpha}\right)}\delta\left(t-\frac{R'}{\alpha}+\frac{x_1'\cos\psi}{\alpha}-\frac{x_1'}{v}\right)\mathrm{d}x_1',
\end{aligned}
\qquad (11.89)
$$

$$u^{\mathrm{P}}(\boldsymbol{R},t) = \frac{\mu DW}{4\pi\rho\alpha^3 R} \mathscr{F}^{\mathrm{P}} \frac{v}{\left(1-\dfrac{v}{\alpha}\cos\psi\right)} \mathrm{e}^{\mathrm{i}\frac{\omega}{\left(1-\frac{v}{\alpha}\cos\psi\right)}\left(t-\frac{R}{\alpha}\right)}$$

$$\left\{H\left[t-\frac{R}{\alpha}\right] - H\left[t-\frac{R}{\alpha}-\frac{L}{\alpha}\left(1-\frac{v}{\alpha}\cos\psi\right)\right]\right\}. \tag{11.90}$$

如上式表示，波的频率由 ω 变为 $\omega \Big/\left(1-\dfrac{v}{a}\cos\psi\right)$；相应地，振动的持续时间变为 $(L/\alpha)\left(1-\dfrac{v}{a}\cos\psi\right)$. 前者反比于因子 $\left(1-\dfrac{v}{a}\cos\psi\right)$，后者则正比于因子 $\left(1-\dfrac{v}{a}\cos\psi\right)$. 地震多普勒效应则是由于断层面上的破裂先后不同，由断层面上不同部位发出的地震波的相消干涉，使得有限性因子 $X^{-1}\sin X$ 的节点的频率 $\omega_n = 2\pi f_n$ 发生变化，变为：$\omega_n = 2\pi n(v/L)/[1-(v/c)\cos\psi]$，$n=1, 2, 3, \cdots$. 相消干涉效应起着光滑掉高频成分的作用，而声波多普勒效应则无相消干涉效应，因为它只涉及单个频率的声波振动源.

表征断层面两边质点相对运动时间进程的震源时间函数频谱的振幅 $\left|X_s^{-1}\sin X_s\right|$ 也有与 $|X^{-1}\sin X|$ 类似的性质，相应的拐角频率

$$\omega_s = \frac{2}{T_s}, \tag{11.91}$$

所以单侧破裂矩形断层的 P 波远场位移振幅谱的总体特征可以由下式所示的包络线表示：

$$\left|\hat{u}^{\mathrm{P}}(\boldsymbol{R},\omega)\right| = \begin{cases} \dfrac{M_0\mathscr{F}^{\mathrm{P}}}{4\pi\rho\alpha^3 R}, & \omega < \omega_L, \\[3mm] \dfrac{M_0\mathscr{F}^{\mathrm{P}}}{4\pi\rho\alpha^3 R} \cdot \dfrac{1}{(\omega/\omega_L)}, & \omega_L \leqslant \omega \leqslant \omega_s, \\[3mm] \dfrac{M_0\mathscr{F}^{\mathrm{P}}}{4\pi\rho\alpha^3 R} \cdot \dfrac{1}{(\omega/\omega_L)} \cdot \dfrac{1}{(\omega/\omega_s)}, & \omega > \omega_s. \end{cases} \tag{11.92}$$

振幅谱的高频趋势为 ω^{-2}，对应的拐角频率 ω_c 为：

$$\omega_c = \sqrt{\omega_L \omega_s}. \tag{11.93}$$

图 11.30 表示了单侧破裂矩形断层远场位移振幅谱及其包络线. 在双对数图上它是由 $\lg(M_0\mathscr{F}^{\mathrm{P}}/4\pi\rho\alpha^3 R)$，$\lg(M_0\mathscr{F}^{\mathrm{P}}/4\pi\rho\alpha^3 R)+\lg(\omega/\omega_L)^{-1}$ 及 $\lg(M_0\mathscr{F}^{\mathrm{P}}/4\pi\rho\alpha^3 R)+\lg(\omega/\omega_L)^{-1}+\lg(\omega/\omega_s)^{-1}$ 三条直线相交而成的，对应于 ω_L 与 ω_s 两个拐角频率. 当 ω_L 与 ω_s 相距较近以至不易区分时，与 $(\omega/\omega_L)^{-1}$ 相应的高频趋势不容易看出，因此总体上振幅谱的高频趋势按 ω^{-2} 变化，此时只能看到如式(11.93)所示的拐角频率.

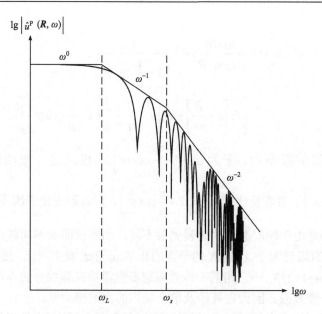

图 11.30　单侧破裂矩形断层远场位移振幅谱及其包络线

11.3.2　对称双侧破裂矩形断层模式

1. 对称双侧破裂矩形断层辐射的体波远场位移

以上分析的是破裂朝一侧扩展的简单情形. 实际的地震破裂过程是很复杂的, 其中一种可能的情形是破裂从一点开始, 朝相反方向扩展. 这种情形称为双侧破裂(bilateral rupture). 如果破裂以相同的速率朝相反方向扩展, 则称为对称的双侧破裂(图 11.31). 仍以 P 波为例. 对于这种情形的远场位移 $u^P(\boldsymbol{R}, t)$ 可由式(11.68)—(11.71)求得. 朝 $+x_1$ 方向扩展的一侧对 $u^P(\boldsymbol{R}, t)$ 的贡献由式(11.68)表示; 朝 $-x_1$ 方向扩展的一侧对 $u^P(\boldsymbol{R}, t)$ 的贡献也由式(11.68)表示, 只是其中的 ψ 应当换成表示矢径 $\boldsymbol{R}$ 与 $-x_1$ 方向的夹角 $\pi-\psi$, 于是对于对称的双侧破裂矩形断层, 我们便得到:

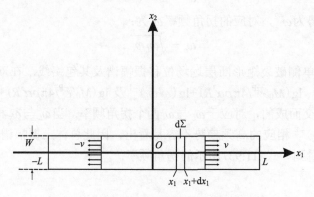

图 11.31　对称的双侧破裂矩形断层模式

$$u^{\mathrm{P}}(\boldsymbol{R},t)=\frac{M_0}{4\pi\rho\alpha^3 R}\mathscr{F}^{\mathrm{P}}\left\{\frac{vF(\alpha)}{2L}\left[S\left(t-\frac{R}{\alpha}\right)-S\left(t-\frac{R}{\alpha}-\frac{L}{vF(\alpha)}\right)\right]\right.$$
$$\left.+\frac{vF_1(\alpha)}{2L}\left[S\left(t-\frac{R}{\alpha}\right)-S\left(t-\frac{R}{\alpha}-\frac{L}{vF_1(\alpha)}\right)\right]\right\}. \tag{11.94}$$

在现在讨论的问题中，断层的长度是 $2L$，所以式(11.94)中的地震矩

$$M_0=\mu DW\cdot 2L , \tag{11.95}$$

而 $F_1(\alpha)$ 则由将式(11.71)中的 ψ 换成 $\pi-\psi$ 求得：

$$F_1(\alpha)=\frac{1}{1+\dfrac{v}{\alpha}\cos\psi} . \tag{11.96}$$

对于 SV 波和 SH 波亦有类似的结果. 这种情形下的 P 波和 S 波辐射图形如图 11.32 所示.

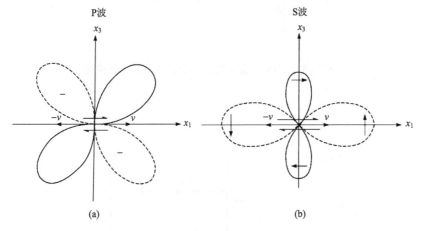

图 11.32　对称的双侧破裂矩形断层的辐射图形因子

2. 对称的双侧破裂矩形断层辐射的体波远场位移谱

在频率域，与式(11.94)相应的表示式是

$$\hat{u}^{\mathrm{P}}(\boldsymbol{R},\omega)=\frac{M_0}{4\pi\rho\alpha^3 R}\mathscr{F}^{\mathrm{P}}\mathrm{e}^{-\mathrm{i}\frac{\omega}{\alpha}R}\frac{\mathrm{i}\omega\hat{S}(\omega)}{2}\left(\frac{\mathrm{e}^{-\mathrm{i}X}\sin X}{X}+\frac{\mathrm{e}^{-\mathrm{i}X_1}\sin X_1}{X_1}\right), \tag{11.97}$$

式中，X 如式(11.82)所表示，而

$$X=\frac{\omega L}{2}\left(\frac{1}{v}+\frac{\cos\psi}{\alpha}\right) . \tag{11.98}$$

这种情形下的 P 波远场位移谱如图 11.33 所示(Khattri, 1973).

若震源时间函数是亥维赛单位阶跃函数，那么不难求得初动半周期即破裂持续时间

$$T_b=\frac{L}{v}\left(1+\frac{v}{c}|\cos\psi|\right) . \tag{11.99}$$

图 11.34 表示了双侧破裂矩形断层远场体波的初动半周期与 $\cos\psi$ 的关系.

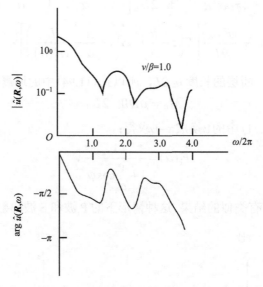

图 11.33　双侧破裂矩形断层辐射 P 波远场位移谱

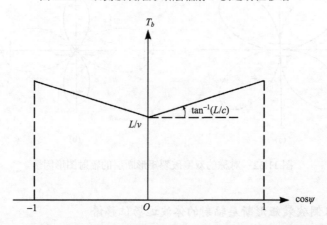

图 11.34　对称的双侧破裂矩形断层辐射的远场体波的初动半周期随方位的变化

11.3.3　震源参量

1. 点源的参量

1) 位置和发震时刻

如果震源至台站的距离 R 比震源尺度 L 大得多 $(R \gg L)$, 就可以把它当作空间中的一个点; 如果地震波的周期 T 比完成破裂过程所花费的时间 L/v_f 大得多 $(T \gg L/v_f)$, 就可以不考虑破裂传播的细节, 把它当作时间轴上的一个点. 破裂速度 v_f 是和波传播速度 c 相当的量; $v_f \sim c$, 所以 $T \gg L/v_f$ 意味着波长 λ 比震源尺度 L 大得多 $(\lambda \gg L)$. 因此, 在 $R \gg$ L 和 $\lambda \gg L$ 这两个条件下, 我们把地震的震源当作时间上和空间中一个点. 依此前提求得的最简单的、也是人们最早求得的一组震源参量是：震中的经纬度、震源深度、发震时刻和(假定是匀速情形时)震源处的地震波速度.

2) 震级和地震波能量

由地震波的振幅可以求出地震的震级.

由地震记录可以估算给定距离处的地震波能量. 关于震级和地震能量的测定，我们在第八章 8.1 节中已经专门述及，这里不再重复.

3) 断层的几何参量

P 波初动符号的象限分布，S 波的偏振，体波、面波的频谱或地震图都可以用来确定地震断层在空间的取向，即断层面的走向ϕ，倾向，倾角δ，滑动矢量和走向之间的夹角(滑动角λ). 这些参量描述了震源(断层面)的几何情况，叫作断层的几何参量.

2. 运动学参量

在不能把震源视为点源的情况下，必须增添若干参量来描述它. 如果把震源理想化为长度为 L，宽度为 $W(L \gg W)$ 的矩形断层，并设破裂是以恒定的破裂速度 v_f 从断层的一端向另一端扩展，那么 L，W 和 v_f 以及由此得出的断层面面积等和破裂的运动学过程有关的参量，我们把它们叫作破裂的运动学参量.

3. 静力学参量

构造地震的震源可以理想化为连续的弹性介质中一个位移间断面(位错面). 从这个观点出发建立和发展起来的震源理论叫地震位错理论. 从另一个角度看，地震是地壳介质中的应力松弛过程. 因此，构造地震的震源可以理想化为地球介质中某一个面上或某一个区域内应力的突然松弛. 从这个观点出发建立和发展起来的震源理论叫应力松弛理论.

根据地震位错理论，给定断层面上的位错分布及其上各点的震源时间函数，原则上便可以求得介质中各点的位移场，并可由此求得断层面上以及介质中各点的应力变化. 在这个理论中，位错分布及震源时间函数是假定已知的，而介质中各点的位移和应力变化是导出的. 地震位错理论是运动学理论.

按照应力松弛理论，原则上可以计算弹性介质中某一个面或某一个区域应力突然松弛后介质中各点的位移，包括断层面上各点的位移间断(位错的分布)及其历程(震源时间函数). 在这个理论中，应力的突然松弛的情况是预定给定的. 断层面上的位错分布及震源时间函数以及整个位移场则是导出的. 应力松弛理论是动力学理论.

由此可见，地震震源位错理论和应力松弛理论是从不同角度描述震源性质的理论，它们互相补充，相得益彰.

最简单的应力松弛理论是静力学理论. 今考虑如图 11.35 左图所示的理论地震断层模式. 这个断层模式是一个二维的模式，宽度为 $2a$. 设初始应力为 $p_n = \tau$. 如果把地震看作断层面上的应力 p_{21} 突然从 τ 降为零，那么根据这个条件，可以求出断层面两盘的位移分布，断层面两盘的位移总是沿 x_1 方向，其分布为(图 11.36)：

$$U_1(x_1) = \frac{\tau a}{2} \frac{(\lambda + 2\mu)}{\mu(\lambda + \mu)} \left(1 - \frac{x_1^2}{a^2}\right)^{\lambda/2}, \qquad |x_1| \leqslant a. \tag{11.100}$$

$U_1(x_1)$ 如图 11.36 的上图所示.

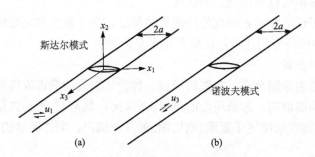

图 11.35　无限介质中的二维地震断层

(a) 斯达尔倾滑断层模式；(b) 诺波夫走滑断层模式

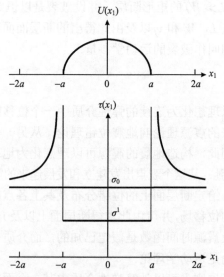

图 11.36　沿 x_1 轴的位移和应力的分布

对于斯达尔模式，U 表示 U_1，τ 表示 p_{21}；对于诺波夫模式，U 表示 U_3，τ 表示 p_{23}

由上式可以求得当 $\lambda = \mu$ 时最大相对位移

$$U_m = 2U_1(0) = \frac{3}{2} \frac{\tau a}{\mu}, \tag{11.101}$$

并且可以求得平均位错

$$\bar{U} = \frac{\pi}{4} U_m. \tag{11.102}$$

断层形成前，原点处的应力为 τ；形成后，应力松弛到零. 因此断层面上的应力变化 (应力降) $\Delta \tau$ 为 (设 $\lambda = \mu$)：

$$\Delta\tau = \tau - 0 = \frac{2}{3}\frac{U_m\mu}{a} = \frac{8}{3\pi}\frac{\bar{U}\mu}{a}. \tag{11.103}$$

断层形成后，介质中各点的应力并非完全松弛掉，可以求出断裂面沿 x_1 轴的切应力分布是：

$$\begin{cases} p_{21}(x_1) = -\tau, & |x_1| \leqslant a, \\ p_{21}(x_1) = \tau\left[\dfrac{x_1}{(x_1^2 - a^2)^{1/2}} - 1\right], & |x_1| > a. \end{cases} \tag{11.104}$$

由图 11.35 的左图可见，如果把 x_1 轴的方向设想为深度方向，那么这个理论模式可以看作无限介质中的一个宽度为 $2a$ 的、无限长的倾滑断层. 这个断层模式是斯达尔(Starr, 1928)最早提出的，叫斯达尔模式.

和斯达尔模式不同，诺波夫(Knopoff, 1958)分析了如图 11.35 右图所示的理论断层模式. 这个模式是无限介质中一个宽度为 $2a$ 的无限长的断层面. 在这个面上($x_2=0$, $|x_1| \leqslant a$)，切应力 p_{23} 从 τ 松弛为零. 分析表明，由于断层面上应力的松弛所产生的位移总是沿着断层的长度方向(x_3 方向)，在断层所在的平面($x_2=0$ 平面)上，其分布为：

$$U_3(x_1) = \frac{\tau a}{\mu}\left(1 - \frac{x_1^2}{a^2}\right)^{1/2}, \qquad |x_1| \leqslant a. \tag{11.105}$$

$U_3(x_1)$ 如图 11.36 的上图所示. 由上式可以求得断层上的最大相对位移为：

$$U_m = \frac{2\tau a}{\mu}, \tag{11.106}$$

而平均位错和最大位错的关系和斯达尔模式的相同[式(11.101)].

由上式容易求得断层面上的应力变化(应力降)$\Delta\tau$ 为：

$$\Delta\tau = \tau - 0 = \frac{1}{2}\frac{U_m\mu}{a} = \frac{2}{\pi}\frac{\bar{U}\mu}{a}. \tag{11.107}$$

可以求得，断层形成后沿 x_1 轴的切应力 p_{23} 为：

$$\begin{cases} p_{23}(x_1) = 0, & |x_1| \leqslant a, \\ p_{23}(x_1) = \dfrac{\tau x_1}{(x_1^2 - a^2)^{1/2}}, & |x_1| > a. \end{cases} \tag{11.108}$$

所以这种断层的出现相当于在原来的均匀切应力场 $P_{23}=\tau$ 上增加一个应力于 $x_2=0$ 平面，这个应力的分布是：

$$\begin{cases} p_{23}(x_1) = -\tau, & |x_1| \leqslant a, \\ p_{23}(x_1) = \tau\left[\dfrac{x_1}{(x_1^2 - a^2)^{1/2}} - 1\right], & |x_1| > a. \end{cases} \tag{11.109}$$

由图 11.37 的右图可见，如果把 x_1 轴的方向设想为深度方向，那么这个断层模式可以看作是无限介质中一个宽度为 $2a$ 的、无限长的走向滑动断层. 通常把这个模式叫作诺波夫模式. 当 $x_1=0$ 时，$p_{12}=0$，所以诺波夫模式也适用于延伸到地表面的走向滑动断层(图 11.37). 这种情况下，可以把诺波夫模式看作是半无限介质中一个宽度为 a 的、无限长的走向滑动断层. 斯达尔模式不能运用于延伸到地表面的倾向滑动断层，因为在那种情况下，当 $x_1=0$ 时，$p_{12}\neq0$.

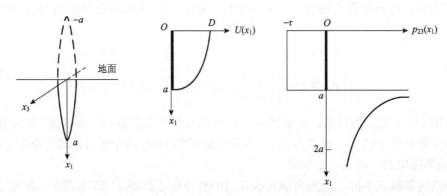

图 11.37　诺波夫模式运用于延伸到地面的走滑断层

上述两种二维断层模式都假定断层形成后，断层面上的应力 p_{21}，p_{22}，p_{23} 都松弛到零. 如果断层是张开的，作这种假定是适宜的. 但是因为在地球内，介质处于受到围压的状态，断层面是接触面，震后断层面上的应力一般不为零. 设破裂后断层面上的应力为 τ'，则应力降

$$\Delta\tau = \tau - \tau'. \tag{11.110}$$

在这种情形下，地震可以看作是在断层面上施加切应力

$$p(x_1) = -\Delta\tau, \qquad |x_1|\leqslant a, \tag{11.111}$$

而位移

$$U(x_1) = 0, \qquad |x_1|\geqslant a. \tag{11.112}$$

上两式中 p 和 U 表示 p_{21} 和 U_1（斯达尔模式）或 p_{23} 和 U_3（诺波夫模式）. 只要把上述两种模式的解答中的 τ' 换成这里的 $\Delta\tau$ 就可以得到这种情形下的解答.

就浅源大地震而言，其上部边界为地表面所限制，下部边界因为摩擦应力随深度增加也受到限制，因此以长度和宽度不一样的断层面（例如上述矩形断层面或椭圆形断层面）模拟它是合适的. 和浅源地震的情况不同，对中、小地震来说，上述两种限制不那么显著，以相等尺度的位错面（例如圆盘形或正方形的断层面）模拟它则更合适些. 如果以 $x_2=0$ 平面上半径为 a 的圆盘上的切应力从 $p_{21}=\tau$ 松弛为零作为断层模式，可以求得沿 x_1 方向的位移（Eshelby, 1957, 1973; Keylis-Borok, 1959）：

$$U(x_1) = \frac{4\tau a}{\pi\mu}\frac{(\lambda+2\mu)}{(3\lambda+4\mu)}\left(1-\frac{x_1^2}{a^2}\right)^{1/2}, \qquad 0\leqslant x_1\leqslant a. \tag{11.113}$$

最大错距 U_m 发生于圆心处，在 $\lambda=\mu$ 情形下，

$$U_m = \frac{24}{7\pi}\frac{\tau a}{\mu}. \tag{11.114}$$

不难求出，平均错距

$$\bar{U} = \frac{2}{3} U_m . \tag{11.115}$$

应力降(若$\lambda=\mu$时)

$$\Delta \tau' = \tau' - 0 = \frac{7\pi}{24} \frac{U_m \mu}{a} = \frac{7\pi}{16} \frac{\bar{U}\mu}{a} . \tag{11.116}$$

对于切应力从$p_{21}=\tau$松弛到τ'的情形,只要将以上各式中的τ换成$\Delta\tau=\tau-\tau'$,就可得到相应的结果,我们可以把断层面上的应力降的一般表示写成:

$$\Delta\tau = c \frac{\bar{U}\mu}{S^{1/2}} , \tag{11.117}$$

式中,c是和断层面的几何形状有关的无量纲因子,叫几何因子,S是断层面面积. 自然,$S^{1/2}$是断层面的线性尺度.

由地震矩的定义[式(11.44)]和上式可得:

$$M_0 = c'\Delta\tau S^{3/2} , \tag{11.118}$$

c'也是一个几何因子,$c'=1/c$.

如果以E表示地震时释放的能量,那么,

$$E = \bar{\tau}\bar{U}S , \tag{11.119}$$

$\bar{\tau}$是震前应力τ和震后应力τ'的平均值(平均应力):

$$\bar{\tau} = \frac{\tau + \tau'}{2} . \tag{11.120}$$

错距(最大错距U_m和平均错距$\bar{U}$),应力降$\Delta\tau$,地震矩M_0都是表示断层形成前后震源处状态变化的参量,它们不涉及破裂过程和断层面两盘滑动的过程的具体情况,所以我们把它们叫作震源的静力学参量.

4. 动力学参量

设地震效率为η,则地震波能量

$$E_s = \eta E = \eta\bar{\tau}\bar{U}S . \tag{11.121}$$

利用地震矩的定义[式(11.44)]可以从上式导出:

$$\eta\bar{\tau} = \frac{\mu E_s}{M_0} . \tag{11.122}$$

$\eta\bar{\tau}$叫视应力,它和震源辐射的地震波能量有关,也就是和断层面上的应力变化速度、地震过程中断裂是如何发生的、断层面两盘如何滑动的等因素有关. 因此,视应力是一个和震源动力学过程有关的量,是一个动力学参量.

11.4 震 源 物 理

11.4.1 概述

鉴于地震学家和业余地震工作者在世界各地一再报道观测到大量地震前兆(例如

Aggarwal et al., 1973)，所以很容易想到，只要掌握一些可靠的前兆手段就可以有效地预报地震(Kisslinger and Suguki, 1978). 实际上，不少例子表明，尽管许多前兆可能是确定性的前兆，但它们和地震的简单对应关系迄今还没有找到过(如果不是说没有的话)(Wyss, 1991, 1997). 这使人们认识到，只有认识地震孕育和发生的物理过程才能实现地震预报(Rikitake, 1975). 当前，国际地震学界一般认为，虽然不知道地震的物理过程也可能做一些地震预报，但相信只有了解了震源的物理过程才能真正实现地震预报. 基于这种思想，无论是美国、苏联，还是日本、中国以及其他国家，许多人都倾向于通过野外观测、实验室实验与实地可控试验以及理论研究等三个方面来探讨各种可能的地震前兆及其发生机制，阐明地震过程，以达到地震预报(金森博雄，1991).

人们对震源物理的研究是和地震学的诞生同时的. 1910 年雷德提出的关于地震直接成因的弹性回跳理论实际上就是一个把地震和地球介质内的破裂过程联系起来的理论. 不过在这以后地震学的发展基本上是沿着研究地震波的传播和地球内部的结构与组成的路子进行的，对震源物理的研究比较少. 原因是研究地壳和地球内部结构在学术上和国民经济上都具有重要意义，而对震源物理的研究也确实需要以地球介质和地震波传播规律的知识作为基础.

自从拜尔利(Byerly, P. D.)在 20 世纪 20 年代末发现了节平面(Byerly, 1926, 1928, 1930)后，对震源物理的研究就逐渐展开，并且取得了很大的进展. 在那以后的数十年间，震源物理研究的主要特点是震源机制的研究，和破裂物理的研究几乎各不相扰. 震源机制研究主要是从地震观测资料中去提取震源信息(顾浩鼎等，1976)，而破裂物理主要是研究材料的强度以满足生产和军事部门对结构利用的需求. 到了 20 世纪 60 年代中期，在地震学研究成就(包括地震震源机制研究)和破裂物理(特别是破裂力学)研究成就的基础上，才开始了以探索地震预报为目标的地震孕育物理过程的研究，也就是现在说的震源物理的研究. 在这个意义上来说，震源物理是地震学中一个只有几十年历史的新的分支.

11.4.2 震源物理实验研究

20 世纪 60 年代以来，为了寻找地震预报的物理基础，许多国家的地震学家开始做实验模拟地震. 当然，在实验室中能够处理的仅仅是大小很有限的岩石样品，所以将实验室中得到的结果应用于地壳中的实际现象时有一定的局限性，必须注意尺度效应. 尽管如此，从实验中还是得到了许多很有用的结果，为地震预报理论提供了很好的物理基础.

地震是由突然的应力降产生的. 所以自然要在实验室里研究在地壳内的温度和压强条件下岩石产生突然的应力降的机制. 现已知道有两种情况可以产生突然的应力降，一种是完整岩石的脆性破裂，另一种是在已有的断层上的黏滑. 这两种情况统称为破裂(rupture). 在实际断层上，这两种情况是密切联系在一起的，但为方便起见，常将它们分开研究. 它们的区别仅在于在围压下脆性破裂开始时物质是完整的，而发生黏滑时物质中已有裂纹或其他间断面.

1. 岩石破裂试验

(1)微破裂和主破裂

日本的茂木清夫(Mogi, K.)是最早注意到在应力作用下脆性物质的微破裂对地震研究的重要意义的地震学家. 在 20 世纪 60 年代初, 他就做了岩石破裂试验, 研究微破裂和主破裂的关系. 他把加工成正四棱柱体的岩石样品抛光, 然后沿轴向加压, 直至破裂. 当岩石样品的应变超过弹性限度进入塑性状态时就开始产生微破裂. 所产生的微破裂引起了小震动. 在金属学的类似研究中这种小震动叫声发射(acoustic emission, 缩写为AE). 茂木用贴在样品上的传感器记录下了微破裂引起的小震动, 结果发现, 当应力速率恒定时, 如果样品很均匀(如松香), 则在主破裂前没有微破裂发生(图 11.38a); 如果样品不均匀(如花岗岩), 则在主破裂前有许多微破裂发生(图 11.38b); 如果样品很不均匀(如泡沫岩), 则发生许多微破裂而不发生大的破裂(图 11.38c).

茂木的实验为解释三种类型的地震(主震-余震型、前震-主震-余震型和震群型)提供了物理基础(Mogi, 1967, 1985).

(2)围压下的实验

布雷斯(Brace, W. F.)和他的合作者把茂木的实验推广到相当于地壳处的围压条件下. 他们发现(Brace, 1960, 1961, 1972, 1980, 1984; Brace and Bonbalakis, 1963; Brace and Byerlee, 1966, 1970; Brace and Kohlstedt, 1980; Brace and Mailin, 1968; Brace and Walsh, 1962; Brace et al., 1966), 在几千巴的围压下, 威斯利特花岗岩在应力达到破裂应力的95%时微破裂的数目显著地增加(图 11.39).

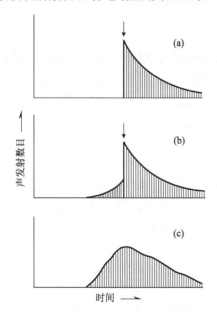

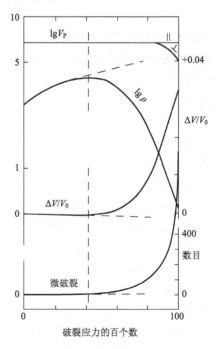

图 11.38　三种类型的地震

(a)主震-余震型; (b)前震-主震-余震型; (c)震群型

图 11.39　威斯利特花岗岩的物理性质在围压下随压应力的变化

　　图 11.40a 是花岗岩在 6.5 kbar 围压下的力–位移曲线. 破裂时, 沿生成的断层发生几千巴的应力降. 图 11.40b 是有切割面的情形.

　　拜尔利(Byerlee, J. D.)发现(Byerlee, 1967, 1968, 1977, 1978), 在高围压下, 不但原先没有破裂的岩石可以支持很高的应力(图 11.40a), 而且已经破裂了的岩石也可以支持很高的应力. 图 11.40b 是有锯口的花岗岩的运动情况. 和完整岩石的脆性破裂不同, 在运动过程中不断出现许多次的应力降, 应力降的大小由数十巴到几千巴, 视围压大小而定. 这种运动叫黏滑.

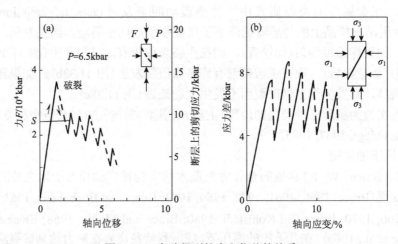

图 11.40　实验得到的力和位移的关系

(a)原先未破裂的威斯利特花岗岩；(b)有切割面的情形

　　(3) 围压对稳定性的影响

　　围压对滑动方式有重要影响. 提高有效围压一般有利于黏滑, 不利于稳滑. 图 11.41 表示一种辉长岩在三种不同围岩下的应力–应变曲线, 轴向应变达 20%. 在这些压强下, 断层失稳, 伴随巨大的突然应力降, 再现断层后断层面上的运动性质明显地依赖于围压. 低围压时也发生黏滑, 但应力降小, 只有数千巴.

　　(4) 孔隙度对稳定性的影响

　　多孔性倾向于造成稳滑. 低孔隙度的岩石, 其破裂和滑动都是不稳定的；多孔性岩石只有在极高的压力和很大的应变时才观测到黏滑. 图 11.42 表示致密的、压碎了的花岗岩砂在三轴应力实验中的情况. 在低围压下形变是稳定的, 没有明显的产生断层的趋势. 但在接近 8 kbar、应变达 15% 后, 开始出现断层作用和黏滑.

　　(5) 断层泥厚度对稳定性的影响

　　孔隙度通过断层泥的厚度也起作用. 一般说来, 断层泥厚有利于稳滑. 实验中, 一般是用颗粒直径范围很宽的磨碎了的岩石模拟断层泥. 当观测锯开的缝的滑动时, 要使黏滑发生的围压比在已有的断层中的滑动发生的围压要低；锯开的缝的断层泥厚度接近于零, 在断层中, 断层泥的厚度可以是很大的. 图 11.42 所示的压碎了的花岗岩砂, 可以看作是断层泥很厚的极端情况. 这种花岗岩砂在一很大的围压范围内形变是稳定的, 而在同一围压范围内, 锯开的缝和断层是不稳定的.

(6)矿物对稳定性的影响

图 11.43 是两种橄榄岩在各种围压下实验得到的应力–应变曲线，由此可以看出矿物对稳定性的影响. 纯橄榄岩的破裂是不稳定的，在断层面上出现强烈的黏滑；而橄榄石颗粒界面上约有 3%纹石化的橄榄岩一直到应变为 20%时还是稳定的，既不发生断层，

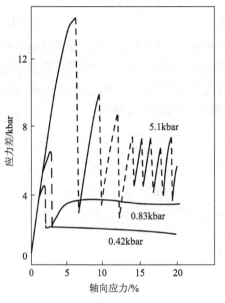

图 11.41　围压对稳定性的影响　　　　图 11.42　围压对压碎了的岩石稳定性的影响

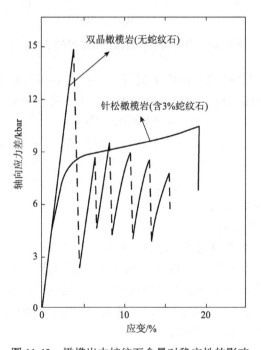

图 11.43　橄榄岩中蛇纹石含量对稳定性的影响

也不发生黏滑. 石灰岩、大理岩、蚀变辉长岩和多孔火山岩的性质和蛇纹石化的橄榄岩性质相似.

(7) 水对稳定性的影响

水在滑动现象中至少起两种作用. 第一, 水使有效围压降低. 实验表明, 在围压下, 岩石破裂时的剪切应力(图 11.44)

$$\tau = A + B\sigma_n, \tag{11.123}$$

式中, σ_n 是作用于破裂面的正应力, B 是摩擦系数, A 是围压为零、发生破裂时的剪切应力即剪切应力强度. 大多数岩石和模拟的断层泥, 都遵从这个关系式, 而这个公式与矿物成分、压强、温度(直到 600℃)、物性的关系都不大. $A=(0.6\pm0.1)\,\mathrm{kbar}$, $B=0.6\pm0.05$. 这个公式表明, 引起破裂的应力随着摩擦应力的增加而增加.

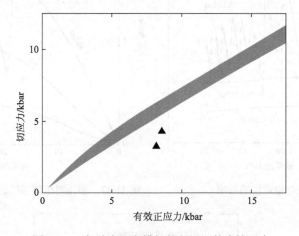

图 11.44　各种岩石和模拟的断层泥的摩擦强度

地壳中的岩石有许多孔隙. 在许多情况下, 孔隙中都充有水. 在有孔隙流体时, Hubbert 和 Rubey 指出(Hubbert and Rubey, 1959), 上式应修正为:

$$\tau = A + B(\sigma_n - P), \tag{11.124}$$

式中, P 是作用在破裂面上的孔隙压. 若 $\sigma_n=P$, 则剪切破裂强度就和正应力为零时一样.

这个式子说明, 在地壳深部和上地幔, 如果孔隙压足够高的话也可能发生脆性破裂.

第二, 水和岩石中的硅酸盐矿物发生化学反应, 使像石英、长石等强矿物弱化, 改变了摩擦特点, 趋向稳定滑动.

(8) 温度对稳定性的影响

温度有使脆性破裂和黏滑趋于稳定滑动的趋势. 图 11.45 表示了温度对辉长岩中断裂的影响. 辉长岩在 140℃时发生黏滑, 400℃时变成稳滑, 195℃时是过渡状态. 花岗岩、石英岩、斜长岩和纯橄榄岩都有类似现象, 只是转变的温度不同. 图 11.46 是花岗岩和辉长岩中稳定和不稳定滑动的界限. 一直到 700℃和 6 kbar, 黏滑一般发生在高压-低温时, 而稳滑发生于高温-低压时.

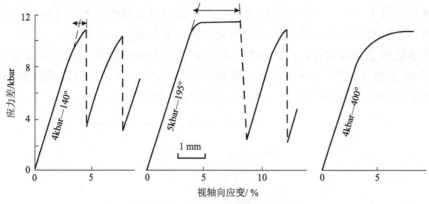

图 11.45　辉长岩中破裂面的滑动

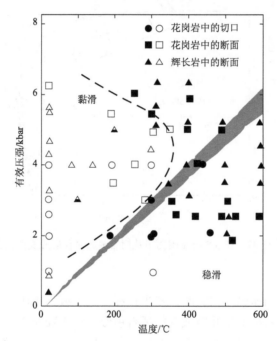

图 11.46　花岗岩和辉长岩的黏滑至稳滑的过渡

空心符号表示黏滑；实心，稳滑；半实心，过渡情形. 细点表示美国加利福尼亚州的地热梯度

总之，有效围压低、孔隙度高、弱矿物、断层泥厚、温度高都有利于稳定滑动.

2. 地震前兆的实验研究

从实验的角度研究地震前兆也就是要研究破裂之前的岩石的物理性质. 目前主要集中研究膨胀、波速、电阻率、前兆性蠕动等性质.

（1）膨胀

岩石在高剪切应力作用下发生形变时，其体积发生非常可观的非弹性变化，相对于弹性变化来说，体积增大，临破裂前体积变化率达 3%左右，这种变化叫膨胀. 膨胀是

　　由于在平行于最大主压应力轴的方向上新出现了裂缝以及裂缝在最小主压应力方向上张开. 通常, 膨胀发生于应力等于破裂时的应力的一半左右.

　　关于膨胀做了许多实验. 例如研究了膨胀和循环加载的关系. 如: 花岗岩或辉长岩在经历了 30 次循环加载后, 在应力达到破裂应力的 60%～90%时还有膨胀(图 11.47). 在围压为 0.5 kbar 时, 发生膨胀的应力随应力循环的次数而减小.

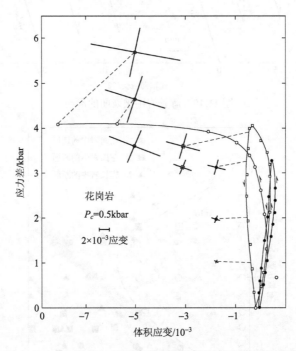

图 11.47　在 0.5 kbar 围压下花岗岩膨胀时径向应变的变化

　　(2) 波速变化

　　在单轴应力下, 当压强不太大时, 在平行和垂直于最大主压应力方向上的 P 波速度都增大, 这是因为岩石样品中孔隙或裂缝闭合所致. 在 1 kbar 以上的围压下, 当压应力增加时, 在最大主压应力的方向上波速不变或只减少百分之几(如图 $11.39 \lg V_P$ 的 "//" 曲线). 当载荷大约为破裂时的应力的一半时, 在垂直于最大主压应力方向上波速显著减小(如图 $11.39 \lg V_P$ 的 "⊥" 曲线).

　　在三轴应力下得到的结果与单轴情形得到的类似. 当样品趋近破裂时, V_S 的变化比 V_P 的变化小得多. 在最小主应力方向上, V_P/V_S 减少很厉害, 达 10%～20%; 在中间主压应力方向上变化只有百分之几; 在最大主压应力方向上没有什么变化.

　　(3) 电阻率的变化

　　布雷斯及其合作者也测量了水饱和的岩石中的电阻率(ρ). 在低压时, 电阻率随压强增大而增加. 这是因为孔隙在压缩下闭合的缘故(图 $11.39 \lg \rho$). 当压应力超过某个值时, 电阻率显著减小(图 $11.39 \lg \rho$). 这可能是因为发生了膨胀, 出现了与新产生的微裂隙有关的感应路径所引起的.

(4) 前兆性蠕动

在许多试验中都观测到前兆性的蠕动. 概括地说, 前兆性蠕动发生于很高的应力水平, 即发生黏滑的应力的 90%时 (图 11.41). 平均地说, 蠕动时应力不下降. 蠕动量 (剪切位移) 变化很大, 从小于 10 μm 到大于 1 mm 都观测到过.

11.4.3 震源物理理论

在野外观测和实验室研究的基础上, 许多人提出了地震发生的理论模式. 1971 年, 苏联大地物理研究所提出了 "膨胀-失稳模式" 以解释观测到的地震前兆. 这个模式也叫作 IPE (Institute of Physics of the Earth) 模式. 1972 年, 美国的努尔 (Nur, A.) 提出、肖尔茨 (Scholz, C.)、惠特柯姆 (Whitcomb, J. H.)、赛克斯 (Sykes, L. R.) 和阿加维尔 (Aggarwal, Y. P.) 推广了另一个模式, 叫 "膨胀-扩散模式", 简称 DD (Dilatancy-Diffusion) 模式. 后者是许多美国地震学家支持的模式. 在美国, 还有布雷迪 (Brady, 1969) 提出的 "包体模式", 斯图尔特 (Stuart, W. D.) 提出的模式; 在日本, 还有茂木提出的模式. 布雷迪等人的模式在许多方面与 IPE 模式很类似, 以下只简单介绍 IPE 模式和 DD 模式.

1. 膨胀-扩散模式

膨胀-扩散模式认为, 地震前, 在断层附近, 当岩石中的应力达到其极限强度 1/2～2/3 左右时, 那些与最大主压应力轴平行的裂纹就开始张开, 从而造成了体积非弹性地增加, 这就是膨胀 (dilatancy). 膨胀是土力学中早在 20 世纪五十年代就已熟知的现象, 但在 1945 年布雷季曼 (Bridgman, P. W.) 才第一个注意到岩石也有此种现象 (Bridgman, 1945). 不过, 土壤中的膨胀与颗粒间的空隙的形状有关, 而岩石的膨胀则是与晶粒间及切穿晶粒的新裂纹的张开有关. 按照 DD 模式, 地震孕育和发生过程有如下五个阶段 (图 11.48).

① 第 I 阶段

构造应力逐渐增加, 但岩石中的旧裂纹还没有张开, 新裂纹也就没有形成.

② 第 II 阶段 (岩石膨胀阶段)

在断层附近, 当岩石中的应力达到其极限强度的 1/2～2/3 时, 就发生膨胀, 岩石中的旧裂纹张开、新裂纹形成. 岩石体积的增加使得其中的孔隙压减小. 由于孔隙压减小, 岩石的破裂强度增高[参见式(11.124)], 这种现象叫 "膨胀-硬化". 膨胀硬化推迟了地震的发生, 这种情况一直持续到有足够的水流入这一区域并使压强恢复到原先的数值为止. 在这个阶段, 若岩石膨胀足够快, 以致岩石来不及被水所饱和, 则其弹性模量将大大减小, 从而纵波速度 V_P 将急剧下降. 相对说来横波速度 V_S 受影响较小, 因而 V_P/V_S 也将和 V_P 类似地急剧下降.

③ 第 III 阶段 [液体流动 (扩散) 阶段]

邻近区域的水逐渐流入膨胀区域, 扩散到裂纹中, 使孔隙压增加、岩石的破裂强度下降; 与此同时, 构造应力继续增加.

④ 第 IV 阶段 (主震阶段)

当应力达到了剪切破裂强度时, 便发生地震, 断层面上的应力突然释放.

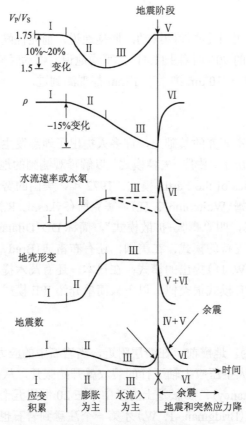

图 11.48　膨胀-扩散模式

⑤ 第Ⅴ阶段(震后调整阶段)

主震导致应力场重新分布，并使处于震源机制解的压缩区中的水逐渐扩散入膨胀区. 结果，膨胀区的孔隙压逐渐增高、剪切破裂强度逐渐下降，从而发生余震.

按照 DD 模式，波速比应当如图 11.48 所示地变化. 在膨胀期间，由于体积增大，可使地面高程变化达数厘米. 岩石的电阻率主要和岩石含水量有关，因此，在扩散阶段，电阻率应当会大幅度地下降. 此外，裂纹增加了岩石与水的接触面积，致使较多的放射性物质流入孔隙中，从而水中便会含有较多的氡等放射性气体. 膨胀硬化使得破裂更不容易发生，所以在地震之前地震活动性减弱，地震活动经历了"活跃—平静—前震—主震"的过程.

2. 膨胀-失稳模式

膨胀-失稳模式是在断裂力学和岩石力学实验的基础上发展起来的. 它也认为地震之前岩石要经历膨胀，但它认为地震并不一定要沿已有的断层发生. 这个模式的要点是：

① 统计上均匀的物质，在长期载荷下，由于裂纹类缺陷的数目和大小的增长而发生破坏.

② 在近于不变的应力条件下，缺陷会随时间而生长；缺陷形成速率随着应力的增高

而加快.

③ 总形变包括岩石固有的弹性形迹和由裂纹两边相对移动所造成的形变.

④ 宏观破裂(主断层形成)是总形变失稳的结果,它发生于裂纹雪崩式地增长到某一临界密度时.

⑤ 主断层的形成导致其周围应力水平降低,从而使新的缺陷停止生长,并使活动的裂纹的数目减少.

⑥ 破裂过程与尺度的关系不大.

根据这些观点,IPE 模式把地震的孕育和发生过程分为以下五个阶段.

① 第Ⅰ阶段(均匀破裂阶段)

在实际岩石中总是存在着随机分布的缺陷(微裂纹). 在剪切构造应力作用下,方向合适的微裂纹的大小和数目会缓慢地增加;并且还会有新的裂纹产生. 在统计上均匀的介质中,这种情形发生于整个体积中. 所以这个阶段叫作均匀破裂阶段. 在这个阶段中,平均形变速率 $\dot{\varepsilon}$ 随时间缓慢地变化(图 11.49 的Ⅰ). 在这个阶段中,介质的性质也会发生变化,例如有效弹性模量、介质的各向异性都会发生变化,但都很缓慢,所以没有出现前兆现象. 当大部分体积中的裂纹平均密度达到某一临界值时,就过渡到第Ⅱ阶段.

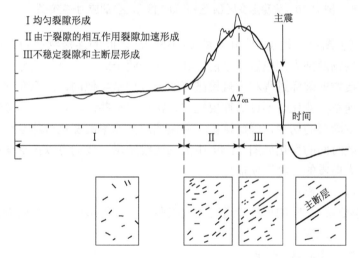

图 11.49　地震孕育和发生过程中平均形变速率的变化(IPE 模式)

② 第Ⅱ阶段(雪崩式破裂阶段)

由于裂纹的相互作用,裂纹开始加速增长,或者形象地说,叫作雪崩式地增长(图 11.49 中的Ⅱ). 这个加速阶段发生在微裂纹达到临界密度时,与载荷速率无关. 在这个阶段,由于在大部分体积中,微裂纹的数目急剧增加、尺寸急剧加大,所以总形变速率急剧增加、介质总体的物理性质也发生变化.

③ 第Ⅲ阶段

由于介质的不均匀性,裂纹逐渐集中于少数狭窄地带("局部化"). 在每一条狭窄地带内,在相近的平面上形成了若干个较大的裂纹. 在这些狭窄地带(图 11.50 中的 A 区)中,发生了失稳形变,即:形变增加,应力下降(如图 11.50 右图中的 γ_A 所示);而在狭窄地带(A区)的周围区域(图 11.50 中的 B 区),由于 A 区的应力下降,其应力也下降(如图 11.50 右图中的 γ_B 所示).B 区内应力的下降使得该区的小裂纹停止发展,甚而部分地愈合.在这个阶段,无论是 A 区还是 B 区,应力都下降.只占整个体积一小部分的 A 区内的形变继续增加,但占整个体积的大部分的 B 区的形变则减小,所以整个体积的形变速率总的说来是减小的,岩石总体的许多性质逐渐恢复原状.

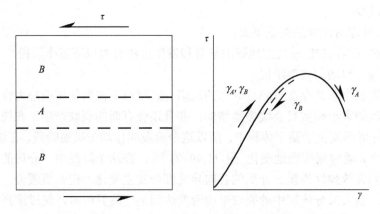

图 11.50　失稳形变区(A 区)和卸载区(B 区)的应力-应变关系

宏观破裂(主断层、地震)是由于裂纹(小断层)之间的连接物遭到大规模破坏造成的.在这些连接物遭到大规模破坏之前,其中的一两个或若干个陆续遭到破坏.定性地说,每一个连接物的破坏过程和大规模破坏的全过程是类似的,所以在它发生破坏之前也会发生形变速率的变化,不过周期要短些、幅度要小些.单是一个连接物的破坏还不足以造成整个主断层的切穿,因此这样一种短期形变速率的变化可能会有若干次,这就使得形变速率随时间的变化如图 11.49 中的细实线所示.我们可以把形变速率变化的这种波动视为较大前震的一种短期前兆.

④ 第Ⅳ阶段(主震)

当裂纹(小断层)之间的连接物遭到大规模破坏时,便造成了宏观破裂,也就是形成了主断层、发生了地震.

⑤ 第Ⅴ阶段(震后调整阶段)

在主震之后,断层面附近地区卸载,应力转移到新的断层边缘.由于卸载,许多小破裂可能反向运动,形变速度可能为负.

膨胀-失稳模式有两个重要的特点:第一,在第Ⅱ阶段,由于裂纹相互作用,裂纹雪崩式地增长,总形变加速;第二,在第Ⅲ阶段,当裂纹逐渐集中到少数狭窄地带("局部化")时,断层附近区域的形变速率和应力均越来越小.

与上述五个阶段相应的各种地震前兆随时间的变化定性地如图 11.39 所示.

根据这个模式,地面上两点之间的距离、地面高程的变化、地倾斜和地应变等与地形变有关的量的前兆变化曲线应当与图 11.51 中的 $\dot{\varepsilon}$-t 曲线的简单积分相同.

地震波速度主要取决于介质的有效弹性模量.因为微裂纹形成时,有效弹性模量下降,所以在第Ⅱ阶段弹性波速度急剧下降.在第Ⅲ阶段,大多数较小的裂纹闭合,而为数不多的较大的裂纹对有效弹性模量的影响不大,所以有效弹性模量将恢复正常,从而波速也将恢复正常.类似地,波速比也将按同样方式变化.

裂纹总面积是和地震能量 E 的 2/3 次方成正比的量.如前已述,裂纹面积的总和应当与平均形变速率的变化类似,即按图 11.51 中的 $E^{2/3}$ -t 曲线变化.

地震重复率曲线的斜率 b 值(或与 b 值等价的频度的对数-能级曲线的斜率 γ 值)由于在第Ⅱ阶段强前震数目增加而应有较大幅度的下降,到了第Ⅲ阶段则由于前震之间的相互作用逐渐减弱,b 值或 γ 值的下降速度变慢.

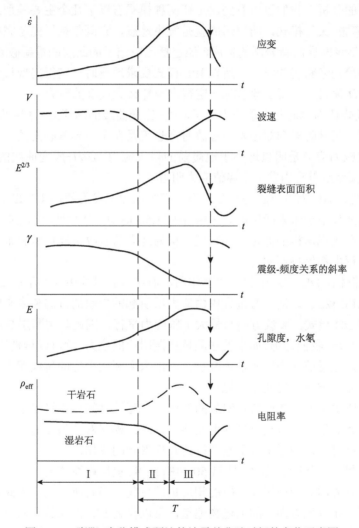

图 11.51　膨胀-失稳模式预计的地震前兆随时间的变化示意图

氡和其他放射性蜕变物质在水中的含量的增加,以及泉水流量的增加与岩石中裂纹生成的数量有关,因此,在第Ⅱ阶段,它们明显地增加,而在第Ⅲ阶段则趋于平缓.因为在紧邻地震前,许多小裂纹闭合,所以可以预料此时这种前兆的曲线将会下降.

干燥岩石的电阻率在第Ⅱ阶段应当增加,在第Ⅲ阶段则应减小.与此相反,在饱含水的岩石中，如果水来得及扩散到形成或张开的裂纹中，则在第II阶段电阻率应当明显地减小．在第III阶段，则应仍然继续下降，只是下降得慢了些．显然，大地电流也应有类似的变化．

以上分析适用于裂纹雪崩式增长和随后形成断层面的区域中的前兆的时间进程．在上述区域以外的区域，上述物理量主要取决于应力场，而不是取决于裂纹．

3. 膨胀-扩散模式和膨胀-失稳模式之比较

根据前面的分析，我们可以看到，上述两种模式有以下几个主要差别．

① 按照膨胀-失稳模式，断层形成就是发生地震，它既包括原先是完整的岩石的新的破裂，也包括老断层向新岩层的扩展，还包括已胶结了的断层的重新破裂．按照膨胀-扩散模式，地震是老断层的滑动．所以 IPE 模式要求地震时一定得出现尺度与主震相当的破裂；而 DD 模式则不要求地震时一定得出现什么大尺度的破裂．

② IPE 模式认为地震发生于应力过了应力-应变曲线的峰值之后(参见图 11.50)．应力的峰值出现在第II阶段向第III阶段过渡时，也就是在全部异常时间的一半时．此外，主震发生时的应力应当是明显地小于地震前的最大应力(应力-应变曲线的峰值)．相反地，DD 模式预言地震应当发生于峰值应力附近．

③ 两种模式都认为裂纹起先是在岩石体积中均匀地发展的，但按 IPE 模式，在临震前，裂纹会逐渐集中于未来断层附近区域(图 11.50 的 A 区)并且定向地排列；而按 DD 模式则认为不会出现这样的区域．DD 模式认为地震前裂纹可能扩展和张开，但其方向在整个孕震过程中都保持不变．

④ 孔隙流体在 DD 模式中起了主要作用，而在 IPE 模式中却并不需要水．

⑤ 按照 IPE 模式，地震孕育过程中由应力所引起的裂纹的方向和未来的主断层方向平行，而按照 DD 模式，裂纹方向与最大主压应力平行，因此与主断层是斜交的．

根据上述情况，我们知道，如果设法测量震源附近的应力，就可以辨别这两种模式．因为按 IPE 模式，主震前应力应明显地减小；与未来主断层平行的裂纹朝未来主断层方向集中会导致主应力方向随时间而变化．

DD 模式要求孔隙压在震前有明显的变化，其延续时间与震级成正比，并且孔隙压的变化还得大到足以造成可观测到的前兆异常．IPE 模式对孔隙压的变化却无此要求，固然孔隙压如果有变化的话也会引起裂纹的几何形状的变化．

按照 IPE 模式，形变失稳区(图 11.50 中的 A 区)里地震波速度、电阻率和其他物理性质的变化与其外围的卸载区(B 区)的相应量的变化应当有所差别，因此，测量异常期间与未来的断层相垂直方向上的上述物理量，可以作为 IPE 模式的一种检验．

两种模式所预言的裂纹的取向是不同的．裂纹方向不同应当表现为物理性质的各向异性．所以异常期间最大电导率增加的方向在 IPE 模式中应当是与未来的断层平行的方向，而在 DD 模式中则是与最大主压应力平行，也就是与未来断层斜交的方向．波速和波速比也应有类似的情况．

DD 模式原则上适用于美国加利福尼亚州的地壳中的浅源地震，即发生于已有断层上的地震；IPE 模式则可适用于板块内部的、原先未破损的岩石的破裂．但是，不论是哪一个模式，都只是定性地或半定量地解释了一些观测到的前兆现象，在后来的实践中接受进一步检验的结果，表明现在还没有充足的证据说明哪一个模式更切合实际，可能将来会出现能更好地反映震源物理过程的新的模式.

参 考 文 献

顾浩鼎, 陈运泰, 高祥林, 赵毅. 1976. 1975 年 2 月 4 日辽宁省海城地震的震源机制. 地球物理学报, **19**(4): 270-285.

[日]金森博雄. 1991. 地震の物理. 東京: 岩波書店. 1-279.

[日]理論地震動研究会. 1994. 地震動.その合成と波形処理. 東京: 鹿島出版会. 1-256.

Aggarwal, Y. P., Sykes, L. R., Simpson, D. W., Richards, P. G. 1973. Spatial and temporal variations of t_S/t_P and in P wave residuals at Blue Mountain Lake, New York: Application to earthquake prediction. *J. Geophys. Res.*, **80**: 718-732.

Aki, K., Richards, P. G. 1980. *Quantitative Seismology: Theory and Methods*. **1 & 2**. San Francisco: W. H. Freeman. 1-577. 安艺敬一, 理查兹, P. G. 1986. 定量地震学. 第**1, 2**卷. 李钦祖, 邹其嘉等译. 北京: 地震出版社. 1-620, 1-406.

Aki, K., Richards, P. G. 2002. *Quantitative Seismology: Theory and Methods*. 2nd edn. Sausalito, California: University Science Books. 1-700.

Anderson, E. M. 1905. Dynamics of faulting. *Trans. Geol. Soc. Edinburgh*, **8**: 387-402.

Anderson, E. M. 1942. *The Dynamics of Faulting*. London: Oliver and Boyd. 1-183.

Anderson, E. M. 1951. *The Dynamics of Faulting and Dyke Formation with Application to Britain*. 2nd edition. Edinburgh: Oliver and Boyd. 1-206.

Atkinson, B. K. 1987. *Fracture Mechanics of Rock*. London: Academic Press. 1-534.

Ben-Menahem, A. 1961. Radiation of seismic surface waves from finite moving sources. *Bull Seismol Soc Am.*, **51**: 401-435.

Ben-Menahem, A. 1962. Radiation of seismic body waves from a finite moving source in the earth. *J. Geophys. Res.*, **67**: 396-474.

Ben-Menahem, A., Singh, S. J. 1981. *Seismic Waves and Sources*. New York: Springer-Verlag. 1-1108.

Bormann, P. 2002. *IASPEI New Manual of Seismological Observatory Practice*. **1 & 2**. Potsdam: GeoForschungs Zentrum Potsdam. 1-737, 738-1109. 彼德·鲍曼. 2006. 新地震观测实践手册. 第**1, 2**卷. 中国地震局监测预报司译, 金严, 陈培善, 许忠淮等校. 北京: 地震出版社. 1-572, 573-1003.

Brace, W. F. 1960. An extension of the Griffith theory of fracture to rocks. *J. Geophys. Res.*, **65**: 3477-3480.

Brace, W. F. 1961. Dependence of the fracture strength of rocks on grain size. *Penn. State Univ. Min. Ind. Bull.*, **76**: 99-103.

Brace, W. F. 1972. Laboratory studies of stick-slip and their application to earthquakes. *Tectonophys.*, **14**: 189-200.

Brace, W. F. 1980. Permeability of crystalline and argillaceous rocks. *Int. J. Rock Mech. Min. Sci.*, **17**: 241-251.

Brace, W. F. 1984. Permeability of crystalline rocks – New in situ measurements. *J. Geophys. Res.*, **89**(NB6): 4327-4330.

Brace, W. F., Bombalakis, E. G. 1963. A note on brittle crack growth in compression. *J. Geophys. Res.*, **68**: 3709-3713.

Brace, W. F., Byerlee, J. D. 1966. Stick slip as a mechanism for earthquakes. *Science*, **153**: 990-992.

Brace, W. F., Byerlee, J. D. 1970. California earthquakes – why only shallow focus? *Science*, **168**: 1573-1575.

Brace, W. F., Kohlstedt, D. 1980. Limits on lithospheric stress imposed by laboratory experiments. *J. Geophys. Res.*, **85**: 6248-6252.

Brace, W. F., Martin, R. J. 1968. A test of the law of effective stress for crystalline rocks of low porosity. *Int. J. Rock Mech. Min. Sci.*, **5**: 415-426.

Brace, W. F., Walsh, J. B. 1962. Some direct measurements of the surface energy of quartz and orthoclase. *Am. Mineral*, **47**: 1111-1122.

Brace, W. F., Paulding, B. W., Scholz, C. H. 1966. Dilatancy in the fracture of crystalline rocks. *J. Geophys. Res.*, **71**: 3939-3953.

Brady, B. T. 1969. A statistical theory of brittle fracture of rock materials. *Int. J. Rock Mech. Min. Sci. I.*, **6**: 21-42.

Bridgman, P. W. 1945. Polymorphic transitions and geological phenomena. *Am. J. Sci.*, **243A**: 90-97.

Bullen, K. E. 1953. *An Introduction to the Theory of Seismology*. 2nd edition. Cambridge: Cambridge University Press. 1-296. 布伦, K. E. 1965. 地震学引论. 朱传镇, 李钦祖译, 傅承义校. 北京: 科学出版社. 1-336.

Bullen, K. E., Bolt, B. A. 1985. *An Introduction to the Theory of Seismology*. 4th edition. Cambridge: Cambridge University Press. 1-500. 布伦, K. E., 博尔特, B. A. 1988. 地震学引论. 李钦祖, 邹其嘉译校. 北京: 地震出版社. 1-543.

Byerlee, J. D. 1967. Frictional characteristics of granite under high confining pressure. *J. Geophys. Res.*, **72**: 3639-3648.

Byerlee, J. D. 1968. Brittle-ductile transition in rocks. *J. Geophys. Res.*, **73**: 4741-4750.

Byerlee, J. D. 1977. Friction of rocks. *Proc. Conf. II Experimental Studies of Rock Friction with Application to Earthquake Prediction, USGS*. 55-77.

Byerlee, J. D. 1978. Friction of rocks. *Pure and Applied Geophysics*, **116**: 615-626.

Byerly, P. 1926. The Montana earthquake of June 28, 1925. *Bull. Seismol. Soc. Am.*, **16**: 209-263.

Byerly, P. 1928. The nature of the first motion in the Chilean earthquake of November 11, 1922. *Am. J. Sci.*, **16**: 232-236.

Byerly, P. 1930. Love waves and the nature of the motion at the origin of the Chilean earthquake of November 11, 1922. *Am. J. Sci.*, **19**: 274-282.

Byerly, P. 1938. The earthquake of July 6, 1934: Amplitudes and first motion. *Bull. Seismol. Soc. Am.*, **28**: 1-22.

Chandra, U. 1971. Combination of P and S data for the determination of earthquake focal mechanism. *Bull. Seismol. Soc. Am.*, **61**: 1655-1673.

Chandra, U. 1972. Angles of incidence of S-waves. *Bull. Seismol. Soc. Am.*, **62**: 903-915.

Coulomb, C. A. 1785. *Theorie des Machines Simples//Memoires de Mathématique et de Physique de l'Académie Royale des Sciences*. 1-161.

Eshelby, J. D. 1957. The determination of elastic field of an ellipsoid inclusion and related problems. *Proc.*

Roy. Soc. London, **A241**: 376-396.

Eshelby, J. D. 1973. Dislocation theory for geophysical applications. *Phil. Trans. Roy. Soc. London*, **274**: 331-338.

Haskell, N. A. 1964. Total energy and energy spectral density of elastic wave radiation from propagating faults. *Bull. Seismol. Soc. Am.*, **54**: 1811-1841.

Haskell, N. A. 1966. Total energy spectral density of elastic wave radiation from propagating faults, Part II. *Bull. Seismol. Soc. Am.*, **56**: 125-140.

Herrmann, R. B. 1975. A student's guide to the use of P and S wave data for focal mechanism determination. *Earthquake Notes*, **46**: 29-39.

Honda, H. 1931. On the initial motion and the types of the seismograms of the north Idu and the Ito earthquakes. *Geophys. Mag.*, **4**: 185-213.

Honda, H. 1954. *The Seismic Waves*. 1-230 (in Japanese).

Honda, H. 1957. The mechanism of the earthquakes. *Sci. Repts. Tohoku Univ.*, Ser. **9**, *Geophys.*, (Suppl.): 1-46. *Pub. Dominion Obs. Ottawa.*, **20**: 295-340.

Honda, H. 1961. The generation of seismic waves. *Pub. Dominion Obs. Ottawa.*, **24**: 329-334.

Honda, H. 1962. Earthquake mechanism and seismic waves. *J. Phys. Earth*, **10**(suppl.): 1-98.

Honda, H., Emura, K. 1958.Some charts for studying the mechanism of earthquakes. *Sci. Repts. Tohoku Univ.*, Ser. **5**, *Geophys.*, **9** (Suppl.): 113-119.

Honda, H., Masatsuka, A. 1952. On the mechanisms of the earthquakes and the stresses producing them in Japan and its vicinity. *Sci. Repts. Tohoku Univ*, Ser. **5**, *Geophys.*, **4**: 42-59.

Hubbert, M. K., Rubey, W. W. 1959. Role of fluid pressure in mechanics of overthrust faulting 1. Mechanics of fluid-filled porous solids and its application to overthrust faulting. *GSA Bulletin*, **70**: 115-166.

Jaeger, J. C.1962. *Elasticity, Fracture and Flow, with Engineering and Geological Applications*. 2nd edition. London: Methuen. 1-212.

Jaeger, J. C., Cook, N. G. W. 1979. *Fundamentals of Rock Mechanics*. 3rd edition. London: Chapman and Hall. 1-593.

Jeffreys, H. 1942. On the mechanics of faulting. *Geol. Mag.*, **79**: 291-295.

Jeffreys, H. 1976. *The Earth: Its Origin, History, and Physical Constitution*. 6th edition. Cambridge: Cambridge University Press. 1-574. 杰弗里斯, H. 1985. 地球: 它的起源、历史和物理组成. 张焕志, 李致森译. 北京: 科学出版社. 1-437.

Kasahara, K. 1981. *Earthquake Mechanics*. Cambridge: Cambridge University Press. 笠原庆一. 1986. 地震力学. 赵仲和等译, 许忠淮校. 北京: 地震出版社. 1-248.

Keylis-Borok, V. I. 1957. The determination of earthquake mechanisms using both longitudinal and transverse waves. *Ann. di Geofis.*, **10**: 105-128.

Keylis-Borok, V. I. 1959. On estimation of the displacement in an earthquake source and source dimension. *Ann. Geofisica.*, **12**: 205-214.

Keylis-Borok, V. I. 1961. Some new investigations of earthquake mechanisms. *Pub. Dominion Obs. Ottawa*, **24**: 335-341.

Khattri, K. 1973. Earthquake focal mechanism studies—A review. *Earth Sci. Rev.*, **9**: 19-63.

Kisslinger, C., Suzuki, Z. 1978. *Earthquake Precursors*. Center for Academic Publications Japan, Japan

Scientific Societies Press. 柳百琪, 李兴才, 顾平译, 陈运泰校. 1980. 地震前兆. 北京: 地震出版社. 1-161.

Knopoff, L. 1958. Energy release in earthquakes. *Geophys. J. MNRAS*, **1**: 44-52.

Mogi, K. 1967. Earthquakes and fractures. *Tectonophysics*, **5**: 35-55.

Mogi, K. 1985. *Earthquake Prediction*. Tokyo: Academic Press. 1-355.

Pho, H.-T. (黄同波), Behe, L. 1972. Extended distances and angles of incidence of P waves. *Bull. Seismol. Soc. Am.*, **62**: 885-902.

Reid, H. F. 1910. The Mechanism of the Earthquake. In: Andrew, C., Lawson (Chairman). Report of the State Earthquake Investigation Commission. Publication **87**, *The California Earthquake of April 18, 1906*. Vol. **2**. Washington, DC: Carnegie Institution of Washington. 1-192.

Reid, H. F. 1911. The elastic-rebound theory of earthquakes. *Univ. Calif. Bull. Dep. Geol. Sci.*, **6**: 413-444.

Rikitake, T. 1975. *Earthquake Prediction*. Tokyo: Inst. Technol. J. Textbook, Elsevier Sci. Pub. Company. 1-357.

Ritsema, A. R. 1955. The fault technique and the mechanism in the focus of the Hindo-Kush earthquakes. *Indian J. Metero. Geophys.*, **6**: 41-50.

Scheidegger, A. E. 1957. The geometrical representation of fault plane solutions of earthquakes. *Bull. Seismol. Soc. Am.*, **47**: 89-110.

Scheidegger, A. E. 1958. On the fault plane solution of earthquakes. *Geofis. Pura Appl.*, **39**: 13-18.

Starr, A. T. 1928. Slip in a crystal and rupture in a solid due to shear. *Proc. Camb. Phil. Soc.*, **24**: 489-500.

Stauder, S. J. W. 1960a. S waves and focal mechanisms: The state of the question. *Bull. Seismol. Soc. Am.*, **50**: 333-356.

Stauder, S. J. W. 1960b. Three Kamchatka earthquakes. *Bull. Seismol. Soc. Am.*, **50**: 347-388.

Stauder, S. J. W. 1960c. S-waves: Alaska and other earthquakes. *Bull. Seismol. Soc. Am.*, **50**: 581-597.

Stauder, S. J. W. 1962. The focal mechanism of earthquakes. In: Landsberg, H. E., Mieghem, J. V. (eds.). *Advances in Geophysics* **9**. New York: Academic Press. 1-76.

Stein, S., Wysession, M. 2003. *An Introduction to Seismology, Earthquakes, and Earth Structure*. Malden, MA: Blackwell Publishing. 1-498.

Turcotte, D. L., Schubert, G. 1982. *Geodynamics*. 1st edition. Cambridge: Cambridge University Press. 1-450.

Turcotte, D. L., Schubert, G. 2001. *Geodynamics*. 4th edition. Cambridge: Cambridge University Press. 1-456.

Udias, A. 1991. Source mechanism of earthquakes. *Adv. Geophys.*, **33**: 81-140.

Udías, A. 1999. *Principles of Seismology*. Cambridge: Cambridge University Press. 1-475.

Udías. A., Munoz, D., Buforn, E. 1985. *Mecanismo De Los Terremotos y Tectonia*. Madrid: Facultad De Ciencias Fisicas, Universidad Complutense. 1-232.

Udias, A., Madariaga, R., Buforn, E. 2014. *Source Mechanisms of Earthquakes. Theory and Practice*. Cambridge: Cambridge University Press. 1-302.

Wyss, M. 1991. *Evaluation of Proposed Earthquake Precursors*. Washington, DC: AGU. 1-94.

Wyss, M. 1997. Second round of evaluations of proposed earthquake precursors. *Pure Appl. Geophys.*, **149**: 3-16.

第十二章　地球内部构造

构造这个词在地球物理学术语中有两个含义：一是结构，二是组成. 前者主要是几何关系，如分层、断裂等等；后者是岩石、矿物或化学成分. 固体地球物理学的目标之一就是利用地面观测和试验来推断地球内部深不可见的情况. 前几章论述的各种地球物理场的理论都有助于这种推断.

12.1　地球的表面形态和内部的主要分层

地球表面最大的两个构造单元是大陆和海洋. 大陆上有稳定的地盾和地台，有比较活动的地槽和内陆山系. 大陆边缘地带还可能有海岸山脉(如南美的安第斯山). 海洋约占地球表面的十分之七. 在海洋覆盖下的海底也不平坦. 大洋中有峻峭的海岭. 高出海底几千米，绵延几万千米；还有高地、海底峡谷、海底火山、平顶山、珊瑚岛、深海沟等.

大陆与海洋之间的过渡带可分为活动的与不活动的两类. 在不活动的大陆边缘，地震较少. 这和扩张的海洋(如大西洋或印度洋)有联系，所以叫作大西洋式的大陆边缘. 边缘处常有大陆架和大陆坡. 大陆架是由海岸线向海洋中延伸到水深约 200 m 的一片坡度平缓的地带. 地震勘测表明大陆架下面沉积很厚，可能蕴藏丰富的石油. 沉积下面的地壳性质和大陆是相同的，所以大陆架应是大陆的一部分. 由大陆架再往深海延伸，海底的坡度突然加大(陡度大于 1/10). 在不到 50 km 的宽度内就达到深海. 这个地带叫作大陆坡. 大陆坡常为许多深海峡谷所割切. 大陆地壳的性质经由大陆坡向海洋地壳过渡. 在大陆坡与深海平原之间，有时还存在着一段略为隆起但坡度平缓的地带. 此处沉积很厚，但下面的地壳则完全是海洋地壳性质的.

太平洋式的大陆边缘是另外一种形式. 按照近代海底扩张的假说，太平洋正在缩小. 在环太平洋地震带上，地震有浅源的、中源的和直到七百多千米的深源的. 震源多集中在一个斜面附近，这个面以约 45° 角倾向大陆(叫作贝尼奥夫面). 在大陆边缘以外，存在着深海沟；海沟与大陆之间则有岛弧或边缘山脉(如南美西岸). 大陆架在此处很窄或不存在，但岛弧所包围的海域可能很大(如日本海).

深海沟是极重要的一种地表形态，大多数都在太平洋，其他各洋较少. 秘鲁-智利海沟长达四千多千米. 海沟最深处约达 10000—11000 m，位于西太平洋. 海沟的宽度不到 100 km，截面为 V 字形，向大陆一面较陡. 近年来的观测表明：①海沟地区的地壳是不均衡的，重力异常为负值，表明质量短缺；②海沟下面的地壳是海洋性质的，厚度与别处的海洋地壳差不多；③负重力异常是地壳弯到地壳以下较重介质中的结果；④海沟内充填的沉积物一般并不很厚，所以海沟的下沉并非沉积的重量所造成的. 根据现代板块大地构造学说的观点，海沟的形成是大陆向海底上面逆掩或海底向大陆下面俯冲的结果.

以上各种表面形态, 绝大部分是可以直接观测的, 但若涉及地球内部的结构, 就必须借助于物理的方法, 尤其是地震的方法. 根据第九章所阐述的地震射线理论, 人们可以从地面所测到的地震走时, 计算地下不同深度的地震波传播速度. 许多地震学家都对这个问题有所贡献, 但最著名的要属古登堡和杰弗里斯与布伦的工作. 他们根据多年来地震学家所积累的地震走时资料, 计算了由地面到地心地震体波 P 和 S 的速度分布. 图 12.1 是他们的结果. 实线是杰弗里斯工作的结果, 虚线是古登堡工作的结果. 两组结果是非常接近的, 只有细节上的不同. 根据这个速度分布曲线, 布伦 (Bullen, K. E., 1942) 将地球分为 A, B, C, D, E, F, G 七层, 各层的深度也标在图上. 以后他又将 D 层分为 D′ 和 D″ 两层. 这个分层模式一直为各国地震学家所采用.

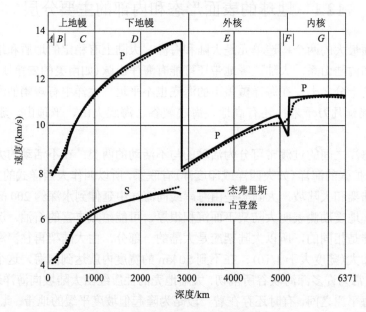

图 12.1 地下各深度地震波速度的分布

A 层相当于地壳, 它的结构很复杂而且厚度也很不均匀, 由几千米 (海洋地壳) 到六七十千米 (青藏高原下面). 但无论如何, 地壳的厚度比地球半径要小得多. 它在图 12.1 中已经察觉不出来. 在研究地球大尺度的结构时, 它可以作为单一的薄层来对待, 厚度约为 35 km.

由 A 层往下直到约 400 km 深度, 速度几乎是直线上升. 这被解释为在个区域内, 地球介质是均匀的, 速度的变化完全是压缩的结果. 这层称为 B 层. 在 B 层以下, 速度梯度显著增大, 由 400 km 至 1000 km 的区间, 速度梯度连续变化. 这一层称为 C 层. 这里速度的变化并不完全是压缩的结果, 而是附有物质组成的变化. C 层又称为过渡层, 它的性质和起源曾引起许多学者的注意. 由约 1000 km 深度起直到 2900 km 深度的地幔边界, 速度梯度的变化是平缓的, 表明这一区域的物质组成是均匀的, 速度和密度的增加主要是压缩的结果. 这层称为 D 层. 以后又发现在 D 层的最下 200 km 内, 速度几乎不变，所以人们又把 D 层分为 D' 和 D'' 两部分，D'' 的物理意义也是引起推测的问题. 在 D 层以下，P 波速度突然大幅度降低，而 S 波不见了. 这就到达液体地核的边界. 由 2900 km 至 4980 km 深度的区间称为 E 层. E 层中的速度梯度变化不大，表明这里的物质组成是均匀的. 这就是地核的外层. 在此之下，在深度为 4980—5120 km 的极窄区间内，杰弗里斯在 1939 年根据当时的资料，认为那里的速度梯度是负的. 他假定这个梯度是常量，从而得到图 12.1 中那个 "V" 形区域. 这就是 F 层. 其实杰弗里斯这个结果并没有什么物理依据，以后的作者也没有能证实这个负梯度区的存在. F 层是一个过渡区，其中的速度变化细节至今还不是很清楚. 在 F 层以下就是 G 层，这就是地球的内核 (表 12.1).

地壳以下至 C 层的底部叫作上地幔，也就是 B 层加 C 层. 但还有一种划分方法是将 B 层叫作上地幔，C 层叫作过渡层，D 层叫作下地幔.

表 12.1　地球的分层

分层		深度/km	
地壳 A (莫霍面)		0—35	
地幔	B C D' D''	35—400 400—1000 1000—2700 2700—2900	上地幔 下地幔
(核-幔边界)			
地核	E F G	2900—4980 4980—5120 5120—6371	外核 过渡层 内核

12.2　地壳、地幔和地核

地壳这个词给人一个内软外坚的印象. 十九世纪末，人们认为地球的内部是熔融的液体，表面上凝固着一层硬壳. 现在这个概念已经过时了，因为观测证明地球内部一般比钢还硬. 然而这个词已经沿用多年，不宜再改. 我们只需记住它仅仅是地球的最上层，并无硬壳的含义.

12.2.1　研究地壳的地震方法

地壳是 1909 年南斯拉夫地震学家莫霍洛维奇 (Mohorovičić, A.) 首先发现的，他在近地震观测中，发现了现在所谓的 Pn 和 Sn 震相. 他假定在地下几十千米的深处，存在着一个地震波速度的间断面，下面的速度突然增加. Pn 波或 Sn 波就是以临界角入射而又以临界角出射这个面的地震波. 这个间断面以后就称为莫霍面或 M-面. 这个面以上的介质称为地壳，以下的称为地幔. 按照射线的原理 (方法见第九章 9.3 节)，可以计算地壳厚度和 M-面上、下的地震波速度，这个方法叫作地震折射法，在浅层的地壳结构探测(包括地震勘探)中是一个极有效的方法．虽然如此，这种"折射波"的性质早期曾引起很多争议．它显然不是普通的折射波，因为后者在以临界角入射后就不会折回了；它也曾被人叫作行进反射波，因为它不是反射在一点，而是在一定距离之后，连续可以观测到；它也曾叫过界面衍射波，但也不确切，因为它的传播方向是确定的．直到 20 世纪 30 年代晚期，这种波的性质才算基本弄清楚．原来在界面以下，地震扰动是以速度 V_2 传播的．如果它大于界面以上的速度 V_1 而界面两边的扰动又是耦合的，则这种情况和子弹在空气中以超声速飞行一样，根据惠更斯原理，将在低速的介质中产生一种首波(图 12.2)．不同之处是在高速介质那一边，首波并不存在，所以只是一个半首波．也有人管它叫侧面波，但首波这个词现在已经广泛使用了．从几近的射线理论，这种波的强度应极微弱，但严格的波动计算证明这种波的强度是不小的．

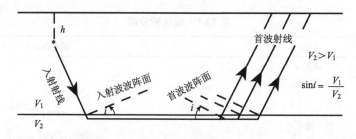

图 12.2　地震首波

折射法是一个经济有效的方法．利用同一个震源，可以在很大面积上同时进行测量，但是它有一个重要的缺点．根据以上的讨论，首波的存在必须下层介质中的速度高于上层．如果在一系列地层中有一层不符合这个条件，则应用折射法就不能得到这层以下的信息．但反射法就没有这种限制(具体的方法见第九章)．不过反射法更多的是用在反射角比较小的时候．所以反射法虽然深度的辨别能力比较强，但横向的有效范围却比较小．实际测量时，常两者兼用．

无论是折射波法还是反射法，所用的都是地震体波．但是研究地壳的结构时，还可以利用地震面波．在成层介质中，瑞利式和勒夫式的面波都有频散．频散曲线的形状和介质各层的参量有关．假定了地壳的成层模式，就可以计算出理论的频散曲线(第九章9.4 节)，以与观测曲线做对比．所谓的地震反演问题就是如何调整地壳结构的参量以使得理论计算可以和观测结果最好地拟合．但是此处应指出，反演问题的解并不能证明是单一的．良好的拟合与多种的拟合只不过增加可信度而已．

除了利用地震波的走时外，还可利用地震波的振幅．在给定震源类型和结构的参量后，地震波在不同时间的振幅是可以计算的，这就是所谓的理论地震图或称合成地震图．将理论地震图与实际观测的地震图相比较，就可据以修改原来给定的参量以求得更好的拟合．这样反复几次直至得到最佳的结果．这虽不能证明是唯一的解答，但由于可以对比的震相常有好几个，所以可信的程度也就比较大．这个方法计算量很大，但对于研究细结构是一个强有力的方法．

前章所讨论的各种地球物理场其实都可用来研究地球内部构造，特别是重力和地磁，不过它们的分辨率都不如地震. 这是因为重力异常和地磁异常都是反映总体的和准静态的影响(电法和电磁法也是),而地震波,由于它的传播速度不太大,是可以追踪的. 虽然如此,当地下介质有显著的密度差别或磁性差别时,重力和磁力也就成为有效的工具. 但必须注意,重力和地磁的反演也是不唯一的. 这两种方法应当尽可能地与地震法联合应用.

12.2.2 大陆和海洋下面的地壳

地壳的厚度在全球各处是不均匀的. 大陆之下,地壳平均约厚 35 km,但变化很大. 我国青藏高原下面的地壳厚度约在 65 km 以上,而华北地区有些地方,还不到 30 km. 海洋下面的地壳,厚度只有 5 km 到 8 km.

在大陆的稳定地区,地壳约厚 35—45 km,一般分为两层. 上层中的 P 波速度由每秒 5.8—6.4 km 随深度递增到下层的每秒 6.5—7.6 km,但递增的情况各处不同. 在有些地区,上下层中存在着一个速度间断面,叫作康拉德(Conrad, V.)间断面,或叫 C 间断面,但在另一些地区,速度随深度的增加是连续的, 由地壳下部过渡到地幔一般是很快的,P 波速度由 7 km/s 以上在几千米深度之内就增加到 8—8.2 km/s. M–界面的细结构现在仍是引人兴趣的问题.

地壳的上、下两层以前曾分别叫作花岗岩层和玄武岩层,但这两个词并不十分确切. 从结晶基底以及其他岩石的分析,上层岩石的化学成分介于酸性和基性岩浆岩之间,更近于花岗岩闪长岩. 根据矿物组合稳定性的考虑,下层岩石可能是一种酸性到中性的麻粒岩(这是酸性到中性岩石的高压形式),也可能是闪岩. 上层中的地震波震相一般用 $\bar{P}$, $\bar{S}$, (或 P_g, S_g) 表示,下层中有用 P*,S* 表示,不过因为 C 界面并不普遍存在,P*,S* 也不一定存在.

在大陆造山带地区,地壳构造比稳定地区复杂. 地壳厚度较大并且还时常出现速度为 7.2—7.8 km/s 的深部岩层. 在有些地区,M–界面并不明显,表明速度是连续变化的. 在南美安第斯山和北美阿巴拉契亚山地区,地壳厚度约有 65 km,在阿尔卑斯地区,厚度约有 55 km,在青藏高原,地壳厚度可达 65 km 以上. 这些地区的上层地壳一般是酸性的,速度为 6.0—6.5 km/s,厚约 20—30 km. 在这层下部,有时还存在一个低速层. 在 30 km 以下,速度连续由 6.5 km/s 增加到 8.2 km/s. 这种下地壳的来源有几种可能的解释:①它们是闪岩;②石榴麻粒岩;③超基性岩和榴辉岩与酸性—中性岩石的混合物;④地壳物质与地幔物质的混合物.

海洋地壳的结构是用海上地震测量来确定的,它和大陆地壳有显著的差别(表 12.2). 海水的平均深度约为 4.5 km. 海底地壳主要有三层. 第一层是未凝结的沉积,厚度变化很大,约 0—2 km,P 波速度为 2 km/s. 第二层是孔隙度很大的玄武岩碎屑,厚约 0.5—2 km,P 波速度约 4.6 km/s. 第三层是海洋地壳的主要层次,厚度和 P 波速度都比较均匀,各为 4.7 km 和 6.7 km/s. 一般认为这层直接覆盖在地幔之上,但也有人认为中间还有一夹层,厚约 3 km,P 波速度为 7.4 km/s. 无论有无夹层,地壳与地幔之间的间断面(M–界面)仍有一定的厚度(可能不超过 1 km). 人工地震探测还可测出它的细结构. 关于第三层的组成曾有过一些争论. 有人认为它是蛇纹岩化的橄榄岩. 如果是这样,则 P 波速度虽然与观测值差不多，但 S 波速度则略嫌太小，只有 3.5 km/s，而观测值是 3.7 km/s．还有一些其他的困难．现在多数人认为第三层是一种铁镁质的岩石，与玄武岩很相近．

表 12.2　海底地壳的结构

层次	厚度/km	密度/(g/cm³)	速度/(km/s)
海水	4.5	1	1.5
第一层	0—2	2.0	2
第二层	0.5—2	2.4	4.6
第三层	4.7	3.0	6.7
地幔顶部		3.3	8.1

　　大洋中的另一形态是海岭．图 12.3 是横过大西洋中脊上面的重力及地震剖面．自由空气异常很小，表明洋中脊是均衡的，但布格异常是负的，表明下面有质量短缺．地震剖面表明此处没有第一层．玄武岩质的第二层出露海底并且较厚．但第三层则较薄并且逐渐过渡到地幔．此处地幔的速度特别低，M–界面也不明显．别处的海岭也有大致类似的结构．高热流、低密度和低波速、玄武岩喷发以及结构的不均匀性都指向海岭乃是地幔对流上升的地带，此处发生着岩石的部分熔融和分异，形成新的玄武岩地壳并由海岭向外扩张．

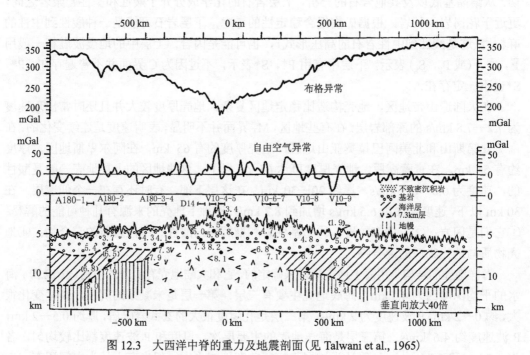

图 12.3　大西洋中脊的重力及地震剖面（见 Talwani et al., 1965）

　　海洋中的岛屿有时断续地联成弧形，叫作岛弧，西印度群岛、阿留申群岛、日本列岛等都是例子．观测表明，从岛弧向大陆，依次有以下各种形态：①海沟（海槽或海渊）；②浅源地震和负重力异常成带地出现在海沟凹的一边，此处常有出露的海岭，形成非火山性的小岛；③正重力异常的最大值，此处地震深度约为 60 km，常常很大；④白垩纪晚期或第三纪的主构造弧和火山，地震深度约为 100 km；⑤次构造弧，晚期的火山活动，地震深度增至 200—300 km；⑥深源地震，可达 300—700 km. 这些形态具体情况随地而异，也不一定全部出现. 图 12.4 是三个岛弧地区的剖面. 深海沟和岛弧地区的地壳是不均衡的. 在海沟向海的一边，M–界面急剧向下弯曲，地壳积累着很大的应变能. 这说明为何这里时常发生极大的地震.

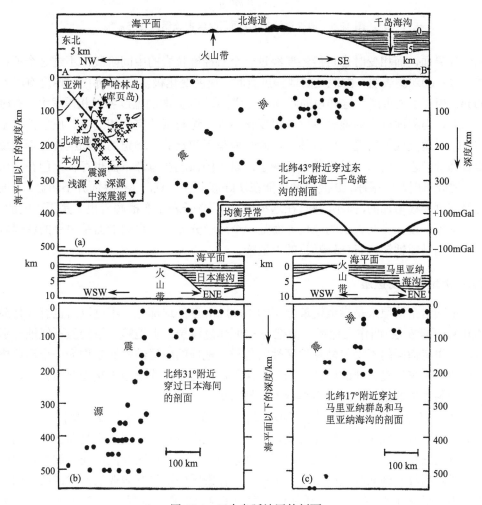

图 12.4　三个岛弧地区的剖面

海洋与大陆地壳如何过渡是一个引人注意的问题. 联合使用地震和重力的方法可以得到过渡带地壳构造的轮廓. 图 12.5 是一个例子.

在稳定的大陆地区，M–界面是一个明显的速度间断面，P 波速度由地壳底部约 7 km/s 一跃而达到地幔顶部约 8.1 km/s 并且各地都相当一致. 关于这个界面的性质以前曾是一个长时期争议的问题. 一派认为地壳底部的岩石是辉长岩性质的，而地幔顶部则是榴辉岩性质的. M–界面上下的岩石化学成分基本相同，只是结晶相不同，所以 M–界面是一

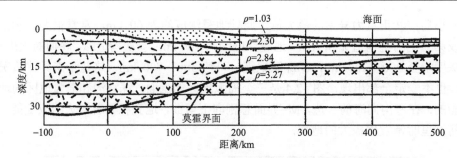

图 12.5　地壳过渡带的剖面(取自古登堡，1965)

个相变分界面，而相变时也可能还要经过一个石榴麻粒岩的中间阶段．不过这个解释有一些困难：①观测表明，由地壳向地幔过渡时，速度变化极快，M–界面的厚度有时不到1000 m．相变不大可能在这样短的距离内完成．②M–界面的温度各地相差很大，有时达到 200℃，但界面以上的地壳厚度一般变化不大．这与试验室的相变温、压条件是不相符的．③在地壳底部的温、压条件下，辉长岩是不稳定的．稳定的矿物组合将形成榴辉岩或石榴麻粒岩，所以不发生相变问题了．以上的情况在海洋下面也存在．但在造山带地区，地壳下层有时很厚．P 波速度可能在 7 km/s 以上．这时 M–界面并不明显．P 波速度是随深度连续增加的，但不间断．在这种情况下，辉长岩相变榴辉岩也不是不可能的．基于这些论证，现在多数人认为 M–界面是一个化学分界面．它的上面是中等的铁镁岩石地壳，下面是超铁镁岩石(橄榄岩)的上地幔．

12.2.3　上地幔和低速层

上地幔这个词原来是指地幔最上层约 1000 km 厚的这部分，不过以后也有人将最上约 400 km(即 B 层)叫作上地幔，而把 C 层叫作过渡层．上地幔的结构虽不似地壳那样复杂，但也有横向的不均匀性和地区性的差异．地球的成层结构原是作为一个简单模式而提出的，用来研究地球的内部．当工作深入后，这个模式就越来越需要修补了，不过横向不均匀性毕竟是不大的，不影响宏观的结果．

地球内部的地震波速度一般是随深度而增加的，因此产生首波或弯回地面的折射波．但若地下有一低速层，情况就复杂了，因为地震波穿入这层后不是向上而是向下弯曲．只有当它穿过这层又入射到高速层时，才在比较远的地区弯回地面．这样在地面上就有一段距离收不到地震波而出现一个影区．在影区中，只有微弱的衍射或散射的波，振幅很小．早在 1926 年，古登堡就已注意到了这个现象．他发现 P 波振幅起初逐渐随距离减小，直到约 1600 km 时，振幅又回升起来，以后又慢慢随距离衰减掉．古登堡认为这个现象是由于地幔上部存在一个低速层．对于 P 波，这个层在北美西部约深 60—150 km，波速最低处约在 100 km 的深度(图 12.6)．S 波的低速层约深 60—250 km，最低处约在 150 km．低速层的存在最初颇有人怀疑，但以后人工爆破和地球自由振荡的观测充分证实了古登堡的观点．

S 波的低速层几乎是全球性的，但 P 波低速层在地震地区并不明显．低速层的厚度和深度在海洋和大陆下面略有不同，对于 P 波和 S 波也不相同，不过最低点都是在一百

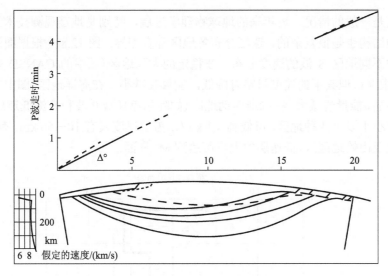

图 12.6　低速层的 P 波射线及走时

多千米的深度．低速层的存在还有一个有意义的旁证．在地下核爆炸的地震监视中，人们发现，约在震中距离 1000—2500 km 范围内，核爆炸的地震信号最不规则而不易分辨；在 2500 km 之外，反而容易侦察．这也是低速层的影响．

　　低速层是怎样形成的？现在不少人认为那个地方是温度已接近岩石的熔点，在有些晶体的边界上发生了部分熔化，所以使波速降低．那里的介质仍是固体，但在长期力的作用下，可表现相当塑性而发生流动．这就为板块运动提供了条件．有些人将低速层与地质学家的软流层等同起来，而把低速层以上这部分盖层叫作岩石层（或叫岩石圈）．其实这两对名词来源不同，其物理含义也可能不完全一样．图 12.7 是地壳和上地幔顶部的构造示意图．图的右边是大陆，左边是海洋．在隆起地区(E)地壳加厚，靠近海洋地区地壳变薄．A 处是深海沟，其外缘的地壳有显著拗陷．极左边的两条曲线表示地下温度 T 和岩石熔点 MT 随深度的变化．在低速层的地方，两条曲线很靠近但不相交．

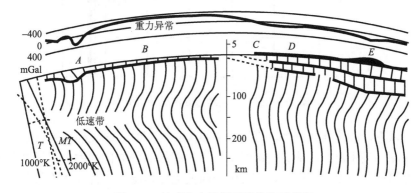

图 12.7　地壳和上地幔顶部构造示意图

以上只是一般的情况. 近年来的地球物理学进展, 特别是地震观测技术的进展, 发现上地幔的结构也是很复杂的, 速度分布各地区都有差异. 图 12.8 是根据面波的频散所得到的三种不同地区 S 波的速度分布. 在稳定的大陆地区(图中的 CANSD 是加拿大地盾), 盖层很厚, 但其下的速度只略有降低, 能量衰减小. 在海洋地区(图中的 8099), 低速层很明显, 能量衰减大. 在构造活动地区(如阿尔卑斯), P 波和 S 波低速层都存在. S 波最低速度小于以上两种地区, 可低到 4.1 km/s. 盖层厚度仅有 10—50 km. 有的地区(如美国的盆地及山岭地区), 低速层的上界可达到 M−界面.

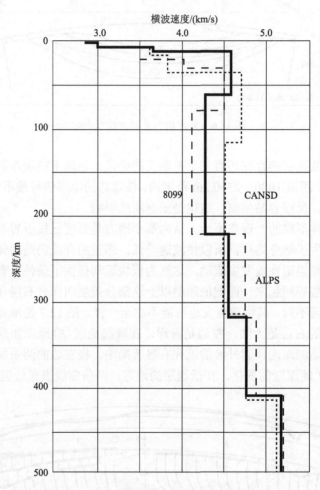

图 12.8　三种不同地区 S 波的速度分布

低速层以下, 波速连续增加, 直到约 400 km 深度时, 速度梯度突然增大并连续变化. 这个深度相当于震中距离为 20°时所计算的射线最低处的深度, 所以又称为 20°间断. 在杰弗里斯的速度分布图上, 有 20°间断但无低速层; 在古登堡的图上, 有低速层但无 20°间断. 其实这两种形态以后证明都存在, 不过在有些地区不都是很明显而已. 在 400 km 与 1000 km 深度之间, 速度梯度连续变化, 直到 D 层. 在 D 层内, 速度变化是均匀的, 梯度保持很小. 在接近核幔边界一二百千米时, 速度几乎不变.

12.2.4 地核

地核与地幔的分界是一个尖锐的速度间断面, V_P 由地幔底部的 13.72 km/s 突然降到地核顶部的 8.06km/s, S 波不见了, 密度则由 5.56 g/cm³ 升到 9.90 g/cm³. 这个界面可以产生清晰的反射波 PcP, ScS, PcS 和 ScP. 由于 V_P 急剧下降, 地面上在震中距离 105°—142°之间造成一个明显的影区. 由反射波的走时, 古登堡早在 1913 年就已确定核幔边界的深度为 2900 km.经过 100 年来反复修订并没有多大的变化(现在采用的数值为 2889 km). 近年来, 由于地球自由振荡的观测, 还由于影区内可以观测到微弱的衍射 P 波, 似乎表明地幔底部存在一个速度略低而密度略高的过渡层. 关于这层的成因现在还没有一致的意见, 可能和地球的形成机制有关系.

地球核内的地震波有多种类型, 统称为核震相. 由于核内还有一个间断面, 核震相的走时曲线非常复杂. 在外核(E)内, V_P 由 8.06 km/s 平缓地增至 10.36 km/s. 通过 F 层后, 又增到 11.03 km/s; 以后渐增至 12.26 km/s 而达到地心. 但在 F 层内如何变化, 由于观测不多, 尚无定论.

地球外核是液体, 因为没有观测到通过它的 S 波. 但仍有可能 S 波并非不存在, 而是完全被吸收掉了. 不过, 利用人工爆炸可能观测到在 E 层内部经过 7 次的反射纵波, 表明 E 层物质的吸收系数是很小的. 另外, 固体潮和地球自由振荡的观测也表明 E 层的刚性系数也必须很小. 所以 E 层是液体的结论是可以肯定的.

很早以前, 在解释核震相的走时曲线时, 就已发现地球内核的存在, 但是不能肯定它的物理状态. 以后发现 P 波速度在通过 F 层后增值约 7%. 若 F 层上下全是液体, 这就意味着容积弹性模量 k 增加约 14%, 而这是不大可能的. 一个可能的使 V_P 增值的办法是内核的刚性系数 μ 不等于零, 即是说内核是固体. P 波穿入内核后可以转换成 S; 穿出时, 又转换成 P. 这种震相以 PKJKP 表示. 它也可以不发生转换, 则震相以 PKIKP 表示. 内核中的 V_S 估计为 3.4—3.6 km/s. 震相 PKJKP 已由高分辨率的地震台阵找到. 图 12.9 也给出了 S 波在内核中的速度分布.

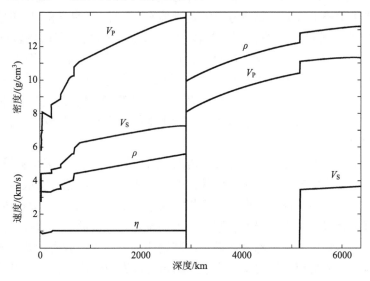

图 12.9 地球内核的速度分布

12.3　地球内部的物质组成

二十世纪五十年代和六十年代早期，许多人认为地球是由陨石物质积聚而成的，因此地球的物质组成可能和球粒陨石很相似．以后人们又发现若将地球表面的总热流除以地球的质量，所得结果恰好和单位质量的球粒陨石释放的热能很相近．这就加强了以上的信念并引到地球内部铀、钍、钾的丰度可能与球粒陨石相一致的设想．1958 年，伯奇(Birch, F.)将这个想法加以发展并推论地球的分异作用将约 60% 的铀、钍含量集中到地壳．奇怪的是，钾一般是与铀、钍一起分馏的，却不曾同样地集中于地壳，而估计有 80% 的含量仍留在地球内部．钾的匮乏一度曾引起相当的注意．到了 1960 年，喀斯特(Gast, P. W.)首先指出地壳及上地幔中铷/锶比值要比球粒陨石中相应的比值至少低四倍．他还发现在地壳及上地幔中，K，Rb，Cs 的丰度相对于 Ba，Sr，U 来说，也比球粒陨石低得多．他提出的一个解释是，在球粒陨石中，碱金属如 K，Rb，Cs 等可能由于容易挥发，在地球形成之前就已有所丢失．这就意味着，地球的组成与原来的球粒陨石并不一样．林伍德(Ringwood, A. E.)支持这个观点并加以发展．他的研究表明，地球相对于太阳星云中的原始物质来说，有一系列元素都是短缺的，而这些元素在高温、还原的情况下都是比较容易挥发的．于是地球组成的球粒陨石模式就难以成立了．但在另一方面，人们发现，有一种特殊的球粒陨石，叫作第一类含碳球粒陨石，它所缺失的元素比普通的球粒陨石要少得多．它与太阳光球相比时，所含的元素，除了最易挥发的 H，He，C，N，O 和隋性气体外，几乎丰度全是一样的．这种陨石的演化历史比较简单，似乎仍保留太阳星云中原始物质的相对丰度，可以作为讨论地球化学组成时更好的模式．现在许多人认为地球中不挥发的元素(即挥发性小于 Na 的元素)的相对丰度与第一类含碳球粒陨石是相似的．

地幔顶部地震波速度几乎各处相等，V_P 总是在 8.1 km/s 左右．这个特点以及岩石化学的考虑限制了地幔上部的矿物成分只能是橄榄石、辉石、石榴石和闪石的某种组合．由这些矿物造成的两种最重要的岩石就是橄榄岩(橄榄石-辉石)和榴辉岩(辉石-石榴子石)，两种都可能含有闪石．橄榄岩的密度约为 3.3 g/cm^3，榴辉岩约为 3.5 g/cm^3．上地幔的密度估计为 3.3 g/cm^3 至 3.4 g/cm^3 之间，所以近于橄榄岩．地震波速度的各向异性也支持介质主要是橄榄岩．从岩石学的观测来看，由深部来的包裹体和由地幔来的侵入体多数是以橄榄岩为主要成分．当然这并不排斥上地幔也含有少量的榴辉岩和其他岩石，但它们只占次要地位．

上地幔顶部存在着一层橄榄岩性质的岩石；地面各处又观测到大量喷发的玄武岩．玄武岩岩浆是上地幔物质部分熔融所产生的．但不能由此得出结论：玄武岩是由橄榄岩部分熔融所产生的，因为橄榄岩所含的“不相容元素”如 K，U，Th，Ba，Rb，La，Ti，P 等的丰度远不足以产生玄武岩的岩浆．合理的推论是：玄武岩和橄榄岩都是由另一种母岩产生的．当这种母岩发生部分熔融时，其熔化部分产生玄武岩岩浆，未熔(耐火)部分产生橄榄岩，二者是相辅的关系．这个更原始的母岩叫作地幔岩(pyrolite)，它的成分介于玄武岩与橄榄岩之间．人们在地面上观测到不同成分的玄武岩套，这和产生它们的地幔岩熔化程度有关系. 例如霞岩和碧玄岩是 1%—5%的熔化产生的, 碱性玄武岩是 5%—10%的熔化产生的, 拉斑玄武岩是 15%—25%的熔化产生的, 而在非洲发现的柯马蒂玄武岩(komatiite)则是地幔经过 30%—60%的部分熔化产生的. 与此相应的耐火部分则形成了橄榄岩套: 二辉橄榄岩, 方辉橄榄岩和纯橄榄岩. 地幔岩原是一种假想的岩石, 它的成分本不十分确定. 不过利用实验岩石学的方法并参考天然的玄武岩套和橄榄岩套的成分, 地幔岩的成分可以限制在一定范围之内. 表 12.3 给出它的平均主要成分. 对于大多数主要元素和相容的痕量元素, 地幔岩成分变化不大. 但对于不相容的痕量元素可能变化范围很大.

表 12.3　地幔岩的平均主要成分

成分	百分比/%	成分	百分比/%	成分	百分比/%
SiO_2	45.1	MnO	0.15	K_2O	0.03
TiO_2	0.2	NiO	0.2	P_2O_5	0.02
Al_2O_3	3.3	MgO	38.1	$\dfrac{MgO}{MgO+FeO}$	0.89
Cr_2O_3	0.4	CaO	3.1		
FeO	8.0	Na_2O	0.4		

用地幔岩作为上地幔上部成分的模式是有观测和实验根据的, 但它是否也适用于更深的部分还需进一步的考虑. B 层中的地震波速度随深度的均匀增加可以认为是介质压缩的结果, 物质的组成未变. C 层则不然. 在 400~1000 km 的深度范围内, 速度的分布曲线是弯曲的, 表明速度的增加不仅由于重力压缩, 而且有化学成分或晶体结构的变化, 不过伯奇(Birch)早在 1952 年就指出, C 层的不均匀性主要是由于矿物在超过一定的温度和压力时就变得不稳定而产生多形相变; 化学变化如果存在, 也只起次要的作用. 以后实验岩石学的工作证明这个预见是基本正确的. 现代的地震波速度分布图上(图 12.10), 在约 400 km 和 650 km 深度, 速度梯度有两个明显的间断性变化并各伴有一定

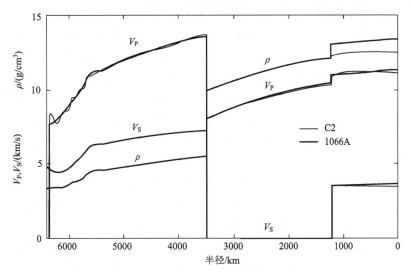

图 12.10　两种地球内部的速度结构

的密度跳跃. 除此之外, 上地幔中还存在一些较小的突变. 假定上地幔的物质是地幔岩, 实验证明, 在 350—420 km 的深度和约 1000℃ 的温度下, 橄榄石将过渡到 β 相, 并产生速度和密度的突变. 在约 550 km 的深度, β 相将过渡到尖晶石的结构. 到了 650 km 的深度, 介质的橄榄石部分就由尖晶石结构过渡到钙钛矿结构加盐结构的混合物, 其辉石和石榴子石部分则过渡到钛铁矿的结构. 这又产生速度和密度的突变. 其他较小的速度突变也都可以用相变来解释. 现代的速度模式比图 12.1 要复杂多了, 而各家的结果在大同中仍有小异, 对于具体的解释也不无分歧, 不过地幔岩的解释似乎是比较满意的一个.

到了 1000 km 深度以下, 速度梯度的变化不大; 约到 2700—2900 km 的深度时, 梯度几近于零. 这层介质是比较均匀的, 速度和密度的增加主要是重力压缩的结果. 伯奇曾以为在下地幔的温度和压强下, 物质只能歧化 (disproportionate) 为简单的氧化物, 所以那里的矿物成分将是方镁石 (MgO)、超石英 (SiO_2) 一类的氧化物的混合物. 不过这样的相变之外, 还必须有化学成分的变化, 特别是增加铁的含量. 由于地幔底部的压强已经在一百万大气压以上, 要验证以上的设想, 以前只能借助于冲击波的暂态试验和晶体结构相似的矿物的对比. 近年来, 高压技术大有改进, 静态的下地幔情况已经可以在实验中模拟. 虽然结果的解释还有分歧, 但可肯定地幔物质在高温高压下, 可以歧化成高压相的氧化物的混合物或岩盐加钙钛矿结构的晶体. 在此之前, 还可能发生一些中间性的相变和部分歧化. 根据刘林根的结果 (Liu, 1979), 如果上地幔的组成是地幔岩, 则由于相变, 下地幔的矿物成分将主要是斜方系钙钛矿相的 (Mg, Fe, Al) (Al, Si) O_3, 约占质量的 70%. 还有约 20% 是岩盐相 (Me, Fe) O. 有迹象表明, 比斜方钙钛矿相还重的晶体结构也是可能的. 以上这些矿相都可以给出所观测到的速度和密度. 因此可认为地幔岩的模式不但适用于上地幔, 也适用于下地幔, 虽然在下地幔中, 次要的化学变化也不是不可能的.

关于地核的化学成分, 很早以前人们就认为主要是铁, 不过那是在以下错误的前提下得出的推论, 即地磁场是由一个巨大的铁核产生的. 由于地球内部的高温, 这种设想显然不能成立. 但是地核是由铁镍组成的却仍有可靠的依据. 由太阳系和宇宙空间元素的丰度, 可以推断地球内部应含有大量的铁. 陨石和行星是同一来源, 陨石很可能是行星的碎片. 石质陨石与铁质陨石可以与地幔地核作对比. 更直接的根据是地震波速度与地球内部密度也与铁镍的地核最为符合. 虽然如此, 铁核的概念也曾引起过严重的怀疑. 1941 年, 有人提出在核-幔边界的压强下, 氢元素可能被压成金属的状态, 而地核的成分可能就是金属氢. 这个假说以后被否定了, 因为那里的压强还不够大, 并且那样形成的相变分界面也不可能很尖锐. 1948 年, 有人提出地核可能是硅酸盐物质的一种高压相. 地幔物质可能失去了电子壳层而变成一种高密度、低熔点和高电导率的物质. 这个假说曾一度引人注意, 但因以下事实而逐渐失去说服力. 利用爆炸的冲击波可以产生几百万大气压的暂时状态. 这样可以近似地得到在极高压强下, 物质密度 ρ 与压强 p 的关系, 从而得到 $dp/d\rho$. 这个量的平方根近似地等于纵波速度. 图 12.11 是伯奇得到的各种元素的密度在高压下与 $dp/d\rho$ 的关系曲线. 图中的数字是原子量, 虚线相当于地幔与地核, A 点是在 240 万大气压下, 橄榄石的数据. 由图可见, 地核的位置与铁族金属很近, 但和轻金属相距甚远. 这就否定了上述的假想. 这是铁镍地核最令人信服的证据. 然而，仔细的观测表明，外核的密度要比同样温、压条件下的铁、镍合金小，而速度却比纯铁高．一般认为这意味着地核中除铁、镍外，还含有 5%—15%的轻元素．硅、硫和氧都有人讨论过，但地球化学家尚未取得一致的意见．

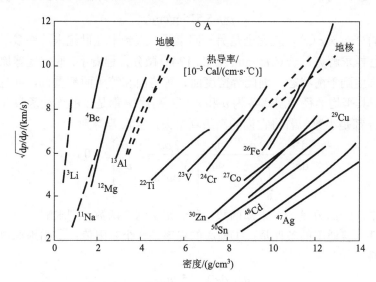

图 12.11　在地球深部的情况下各种元素的密度与 $dp/d\rho$ 的关系

12.4　地球的密度

地球的密度分布是一个经典的问题．十九世纪时，人们都认为地球是由液体凝固而成的，于是它的密度分布必然和它的形状有密切的关系．许多数学家和物理学家都从这个角度来探讨这个问题，但是都没有得到满意的结果．直到 20 世纪 30 年代，由于布伦（Bullen, K. E.）的研究，这个问题才开始突破．地球的密度分布和许多地球物理现象都有关系，到现在仍是地球物理学家所关心的课题．

12.4.1　经典的地球密度分布规律

地球是一个转动的扁球体，上层岩石的密度约只有平均密度的一半，所以密度必然随深度增加．如果地球是均匀的，它的转动惯量 I 应等于 $\frac{2}{5}Ma^2=0.4Ma^2$，M 和 a 各为地球质量和平均半径，但观测结果只有 $0.33Ma^2$，表明地球的质量是向地心集中．

地球的平均密度 ρ_m 是不难计算的．根据第二章的结果，重力加速度 g 的一级近似为

$$g = \frac{GM}{a^2}\left\{\left(1-\frac{2}{3}m\right)-\left(\frac{5}{2}m-e\right)\left(\frac{1}{3}-\cos^2\theta\right)\right\},$$

θ 是地心余纬度，$m=\omega^2 a^3/GM$．若在 $\theta=\cos^{-1}\frac{1}{\sqrt{3}}$ 处的重力值为 g_1，则

$$GM \approx a^2 g_1 \left(1 + \frac{2}{3} m\right).$$

G，m，g_1 都是可以独立测得的. 于是可以得 M，从而计算 ρ_m. 这样便得到

$$\rho_m = 5.515 \text{ g/cm}^3.$$

但若求密度的分布 $\rho = \rho(a)$，就完全是另一回事了. 直到十九世纪末，许多学者对待这个问题都是从怎样求解克雷若(Clairaut, A. C., 1743)微分方程着手. 假定地球原是一团转动的流体，内部达到平衡状态，因此等密度面、等势面和等压面都重合，并且都是扁率很小的扁球面，其平均半径和扁率各为 a 和 e. 参量 ρ 和 e 都是 a 的连续函数并在 $a=0$ 时为有限. ω^2 和 e 都是小数. 若将它们的高级项略去，克雷若得到

$$\frac{\mathrm{d}^2 e}{\mathrm{d}a^2} + \frac{2\rho a^2}{\displaystyle\int_0^a \rho a^2 \mathrm{d}a} \frac{\mathrm{d}e}{\mathrm{d}a} + \left(\frac{2\rho a}{\displaystyle\int_0^a \rho a^2 \mathrm{d}a} - \frac{6}{a^2} \right) e = 0 , \tag{12.1}$$

在这个方程中，$\rho = \rho(a)$ 是一个未知函数. 若给定了这个函数，则求解一个二阶微分方程还需两个条件. 普通用的条件是：①地心的扁率是一个有限值；②由地球内部的平衡条件，应用关系

$$\frac{a_1}{e_1} \left(\frac{\mathrm{d}e}{\mathrm{d}a} \right)_1 = \frac{5}{2} \frac{m_1}{e_1} - 2 ,$$

脚标 1 表示地面上的数值. 由这两个条件，可以解方程(12.1)，因而得到地面扁率 e_1. 但是 e_1 是可以直接测定的，所以可用它来验证密度定律是否正确. 除此之外，由 $\rho = \rho(a)$，还可以计算 ρ_1，ρ_m 和 I 以及岁差常量 H，因为

$$H = \frac{C - A}{C} = \left(e_1 - \frac{m_1}{2} \right) \frac{\displaystyle\int_0^a \rho a^2 \mathrm{d}a}{\displaystyle\int_0^{a_1} \rho a^4 \mathrm{d}a},$$

而这些数值都是可以直接测定的. 以下简述几个著名的尝试.

1. 勒让德-拉普拉斯定律

设

$$e \int_0^a \rho a^2 \mathrm{d}a = Ay ,$$

A 是一常量，则克雷若方程可以写为

$$\frac{\mathrm{d}^2 y}{\mathrm{d}a^2} = \left(\frac{a^2 \dfrac{\mathrm{d}\rho}{\mathrm{d}a}}{\displaystyle\int_0^a \rho a^2 \mathrm{d}a} + \frac{6}{a^2} \right) y . \tag{12.2}$$

若取 $\rho = \rho(a)$ 以使

$$a^2 \frac{\mathrm{d}\rho}{\mathrm{d}a} + n^2 \int_0^a \rho a^2 \mathrm{d}a = 0 , \tag{12.3}$$

则式(12.2)可以化简. 式(12.3)的解是

$$\rho a = c \sin(na + b) ,$$

n，c，b 都是常量. 当 $a=0$ 时，ρ 是有限值，故 $b=0$，

$$\rho = c \frac{\sin na}{a} . \tag{12.4}$$

这就是著名勒让德–拉普拉斯密度定律. 利用这个定律和以前说过的边界条件，式(12.1)可以完全解出，结果是

$$e = \frac{5n}{2} \frac{(\tan n - n)^2}{(n^2 - 2)\tan^2 n + n \tan n + n^2} \frac{(3 - n^2 a^2)\tan na - 3na}{n^2 a^2 (\tan na - na)} ,$$

$$\rho_m = 3c \frac{\sin n - n \cos n}{n^2} .$$

式(12.4)含有两个常量 c 和 n，可以由三个观测值 ρ_1，ρ_m，e_1 之中的任何两个来确定，但这样得到的结果不能满足岁差的条件.

2. 若氏(Roch, E.)，李普希次(Lipschitz, R. O.)和雷维(Lévy, M.)的定律

克雷若方程可以改写成以下形式：

$$\frac{1}{6} a^2 \frac{\mathrm{d}^2 e}{\mathrm{d}a^2} - e + \frac{a^3 \rho}{3 \int_0^a \rho a^2 \mathrm{d}a} \left(a \frac{\mathrm{d}e}{\mathrm{d}a} + e \right) = 0 . \tag{12.5}$$

令

$$\frac{3 \int_0^a \rho a^2 \mathrm{d}a}{a^3} = \rho_m = \rho_0 (1 - ka^2)^n ,$$

ρ_0，k，λ，μ 都是常量. 求微商，得

$$3\rho a^2 = \rho_0 \frac{\mathrm{d}}{\mathrm{d}a}\{a^3 (1 - ka^2)^\mu\} ,$$

故

$$\rho = \rho_0 (1 - ka^2)^{\mu-1} \left[1 - ka^\lambda \left(1 + \frac{\lambda\mu}{3} \right) \right] , \tag{12.6}$$

这个定律首先是由雷维于 1888 年得到的. 将式(12.6)代入式(12.5)，得

$$\frac{1}{6} a^2 \frac{\mathrm{d}^2 e}{\mathrm{d}a^2} - e + \frac{1 - ka^\lambda (1 + \lambda\mu/3)}{1 - ka^\lambda} \left(a \frac{\mathrm{d}e}{\mathrm{d}a} + e \right) = 0 .$$

这个方程的解是一超几何级数 F，

$$e = AF(\alpha, \beta, \gamma, x),$$

A 是一常量，可以由边界条件确定，$x = ka^\lambda$，$\alpha\beta = \dfrac{2\mu}{\lambda}$，$\alpha + \beta = \dfrac{5}{\lambda} + 2\mu$，$\gamma = \dfrac{5}{\lambda} + 1$.

地球内部可以几近地认为处于流体静平衡的状态. 略去扁率及转动的影响，立得

$$\nabla p = \rho\nabla\phi = -\rho g,$$

ϕ 是重力势. 由此可见，p 和 ρ 都是 a 的函数，故彼此有函数关系，而可写 $\mathrm{d}p = \psi(\rho)\mathrm{d}\rho$，

$$\mathrm{d}\rho = -\rho g\mathrm{d}a = -\frac{4\pi G\rho\displaystyle\int_0^a \rho a^2 \mathrm{d}a}{a^2}\mathrm{d}a = \psi(\rho)\mathrm{d}\rho. \tag{12.7}$$

拉普拉斯取 $\psi(\rho) = h\rho$，上式化为

$$\frac{a^2\dfrac{\mathrm{d}\rho}{\mathrm{d}a}}{\displaystyle\int_0^a \rho a^2 \mathrm{d}a} + \frac{4\pi G}{h} = 0. \tag{12.3.1}$$

此式与式 (12.3) 形式一样，因此得到定律 (12.4). 若氏则假定

$$\psi(\rho) = \frac{\mathrm{d}p}{\mathrm{d}\rho} = h\rho + h'\rho^2.$$

代入式 (12.7)，得

$$\frac{\mathrm{d}}{\mathrm{d}a}\left[a^2(h + h'\rho)\frac{\mathrm{d}\rho}{\mathrm{d}a}\right] + 4\pi G\rho a^2 = 0.$$

若氏不求通解而令

$$\rho = \rho_0(1 - k_1 a^2). \tag{12.8}$$

代入式 (12.7)，使 a^2 和 a^4 的系数各等于零，得

$$\rho_0 = \frac{3h}{h'}, \quad k_1 = \frac{4\pi G}{15h}.$$

若氏定律式 (12.8) 含有两个参量 ρ_0 和 k_1，它和勒让德定律有相同的缺点.

李普希次将式 (12.8) 略加推广，令

$$\rho = \rho_0(1 - ka^\lambda), \tag{12.9}$$

上式有三个参量 ρ_0，k，λ，但仍不能满足所有的给定条件. 从形式上看，式 (12.8)，式 (12.9) 两式都是式 (12.6) 式的特例. 将式 (12.9) 代入克雷若方程，可解出 e，仍得一超几何级数：

$$e = AF\left(\alpha + 1, \beta + 1, \gamma + 1, \frac{3k}{\lambda + 3}a^\lambda\right),$$

式中，

$$\left.\begin{array}{c}\alpha\\\beta\end{array}\right\}=\frac{1}{2\lambda}(5\pm\sqrt{25+12\lambda+4\lambda^2}),$$

$$\gamma=\frac{5}{\lambda}.$$

雷维定律有四个参量，看来似乎可以调整它们以适合四个观测条件，但事实上，无论μ取什么数值，都不能使计算的$(C-A)/C$与岁差的观测相符合. 普恩加莱(Poincaré, H.)于1888年曾证明，若假定地球内为液体而密度变化是连续的，则同时满足表面扁率和岁差的观测是不可能的.

3. 达尔文(Darwin, G. H.)定律

达尔文(Darwin, G. H.)定律也是带有两个参量的定律，形式比较简单：

$$\rho=Aa^{-n}\quad(0<n<3).\tag{12.10}$$

若$n=0$，则密度是均匀的；$n=3$导致地球质量为无限；$n>3$导致地球质量为负值. 所以都须排除. 由式(12.10)可得

$$\rho_m=\rho\left(1-\frac{n}{3}\right)^{-1}.$$

故ρ/ρ_m是一常数. 达尔文定律在计算上有许多方便之处，但最重要的缺点是当a减小时，ρ无限增大.

4. 维歇特(Wiechert, E.)定律

以上介绍的定律有一个共同的缺点，即它们都来源于算学上的假定，而没有物理的依据. 它们都不是物理定律！首先，将$\rho=\rho(a)$看成一个连续函数就是一个似是而非的假定. 最早由地球的实际出发来考虑地球密度问题的是维歇特(Wiechert, E.)，他也就是最早(于1897年)提出地球核的地球物理学家.

维歇特假定地球分为两层，每层密度都是均匀的. 较密的内层密度是ρ_0，外层密度是ρ_1；内层的半径是a_0，外层的半径是a_1. 令

$$a_0=\alpha a_1,$$
$$\rho_0=\rho_1(1+\mu),$$

故地球的质量M为

$$M=\frac{4}{3}\pi\rho_1 a_1^3(1+\mu\alpha^3),$$

转动惯量C为

$$C=\frac{8}{15}\pi\rho_1 a_1^5(1+\mu\alpha^5),$$

由观测结果知

$$C=0.334Ma_1^2.$$

将上式代入

$$\frac{2}{5} \cdot \frac{1+\mu\alpha^5}{1+\mu\alpha^3} = 0.334 \approx \frac{1}{3},$$

或

$$\frac{1}{\mu} = 0.334 \approx 5\alpha^3 - 6\alpha^5.$$

知道α, 可以求μ; 知道μ和ρ_m, 便可求ρ_0, ρ_1. 根据当时的资料, 维歇特取α=0.779, ρ_m= 5.58 g/cm^3, 得μ=1.63, ρ_0=8.2 g/cm^3, ρ_1=3.2 g/cm^3. 若用以后古登堡的数值α=0.545 及 ρ_m=5.53 g/cm^3, 则可得

$$\mu = 1.821, \quad \rho_0 = 12.04 \text{ g/cm}^3, \quad \rho_1 = 4.27 \text{ g/cm}^3.$$

维歇特的结果现在只有历史意义了, 但他的方法在地球密度的探讨中是一个重要的里程碑.

12.4.2　布伦的方法

因为旋转和扁率对于密度的影响不大, 此处只考虑一个处于静压力平衡的球对称的地球. 布伦的基本出发点是地震纵波和横波随深度的分布. 这是由地震观测计算出来的. 按定义,

$$V_P^2 = \frac{\lambda + 2\mu}{\rho} = \frac{k_s + \frac{4}{3}\mu}{\rho},$$

$$V_S^2 = \frac{\mu}{\rho},$$

k_s是绝热的容积弹性模量,

$$k_s = \rho\left(\frac{\partial p}{\partial \rho}\right)_s,$$

故

$$V_P^2 - \frac{4}{3}V_S^2 = \frac{k_s}{\rho} = \left(\frac{\partial p}{\partial \rho}\right)_s = \varphi.$$

静压强平衡条件是

$$\frac{dp}{d\rho} = -g\rho = -\frac{G\rho_m}{r^2} = -\frac{G\rho}{r^2}\int_0^r 4\pi r^2 \rho(r)dr.$$

在绝热条件下,

$$\frac{dp}{dr} = \left(\frac{\partial p}{\partial \rho}\right)_s \frac{dp}{dr} = -\frac{g\rho}{\phi} = -\frac{G\rho}{\phi r^2}\int_0^r 4\pi r^2 \rho dr. \tag{12.11}$$

若地球不是完全绝热的, 则内部的温度梯度dT/dz与绝热的温度梯度$(\partial T/\partial z)_s$略有差别, 设其为$\tau$, 则

$$\tau = \frac{dT}{dz} - \left(\frac{\partial T}{\partial z}\right)_s = \left(\frac{\partial T}{\partial s}\right)_P \frac{ds}{dz} = -\left(\frac{\partial T}{\partial s}\right)_P \frac{ds}{dr}.$$

但

$$\left(\frac{\partial T}{\partial s}\right)_P = \frac{\left(\frac{\partial \rho}{\partial s}\right)_P}{\left(\frac{\partial \rho}{\partial T}\right)_\rho} = \frac{1}{\alpha\rho}\left(\frac{\partial \rho}{\partial s}\right)_P.$$

式中，

$$\alpha = -\frac{1}{\rho}\left(\frac{\partial \rho}{\partial T}\right)_P,$$

是膨胀系数，故

$$\tau = \frac{1}{\alpha\rho}\left(\frac{\partial \rho}{\partial s}\right)\frac{ds}{dr}.$$

故

$$\frac{dp}{dr} = \left(\frac{\partial \rho}{\partial p}\right)_s \frac{dp}{dr} + \left(\frac{\partial \rho}{\partial s}\right)_P \frac{ds}{dr} = -\frac{g\rho}{\phi} + \alpha\rho\tau. \tag{12.12}$$

式(12.11)是威廉姆森(Williamson, E. D.)和阿达姆斯(Adams, L. H.)于1923年首先推出来的. 式(12.12)是伯奇1952年对威-阿方程的校正. 实际上，式(12.12)右端的第二项只是在地球上层略有影响，一般是可以忽略的.

除了温度的校正外，布伦1967年还对式(12.12)作了不均匀性的校正. 他假定状态方程中，除了p，S外，还包括原子系数Z. 由于化学不均匀性，Z随r而有变化. 于是式(12.12)需增补为

$$\frac{dp}{dr} = -\frac{g\rho}{\phi} + \alpha\rho\tau + \frac{\partial \rho}{\partial Z}\frac{dZ}{dr} = \frac{\partial \rho}{\partial r}\left[1 - \frac{\alpha\tau\phi}{g} - \frac{\phi}{g\rho}\frac{\partial \rho}{\partial Z}\frac{dZ}{dr}\right] = \eta\frac{\partial \rho}{\partial r}, \tag{12.13}$$

$$\eta = \frac{\frac{d\rho}{dr}}{\frac{\partial \rho}{\partial r}} = 1 - \frac{\alpha\tau\phi}{\phi} - \frac{\phi}{g\rho}\frac{d\rho}{dZ}\frac{dZ}{dr}, \tag{12.14}$$

η是表明偏离绝热状态与均匀状态的一个指标. 当变化是绝热的而介质是化学均匀的时候，τ及dZ/dr皆为零，$\eta = 1$.

η值可以由观测直接求到. 由$\phi = k_s/\rho$，立得

$$\frac{d\rho}{dp} = -\frac{1}{\phi}\frac{dk_s}{dp} - \frac{\rho}{\phi}\frac{d\phi}{dp},$$

$$\eta = \frac{\frac{d\rho}{dp}}{\frac{\partial \rho}{\partial p}} = \frac{k_s}{\rho}\frac{d\rho}{dp} = \frac{dk_s}{dp} - \rho\frac{d\phi}{dp} = \frac{dk_s}{dp} + \frac{1}{g}\frac{d\phi}{dr}, \tag{12.15}$$

而右端两项全是可以观测的. 由式(12.15)可得

$$\frac{\mathrm{d}k_s}{\mathrm{d}p} = \eta - \frac{1}{g}\frac{\mathrm{d}\phi}{\mathrm{d}r} = 1 - \frac{1}{g}\frac{\mathrm{d}\phi}{\mathrm{d}r} + \phi\frac{\partial\rho}{\partial Z}\frac{\mathrm{d}Z}{\mathrm{d}p} - \frac{\alpha\tau\phi}{g} . \tag{12.16}$$

η 对于化学组成的变化相当敏感. 布伦指出, 在 D 层, 若化学变化使在 100 km 厚度内 ρ 增加 1 g/km^3, 则 $(\partial\rho/\partial Z)\,\mathrm{d}Z/\mathrm{d}z\approx10^{-7}$ g/cm^4, 而 $(\partial\rho/\partial p)\,\mathrm{d}p/\mathrm{d}z$ 仅约为 $10^{-9}\times5$ g/cm^4. 此时 η 约为 20.

　　由于 $\phi=\phi(r)$ 可以由地震观测来确定, 所以在化学上均匀的地区, 式(12.11)可以数值积分. 温度的影响不大, 初步计算也可忽略. 布伦由 1936 年起直到 20 世纪 60 年代在这方面做过一系列研究, 奠定了地球内部密度分布的基本模式. 他在 B, D, E 各层应用式(12.11)求积分, 在其他各层则用简单的算式来代替. 为了确定具体的分布, 必须利用一些限制条件, 其中最重要的是地球的总质量 $M(5.973\times10^{27}$ g) 和转动惯量 $I(0.3308Ma^2)$. 在他的 A'' 模式中(表 12.4), 布伦假定 B 层顶部的密度为 3.32 g/cm^3. 在 C 层, 由于式(12.11)不能应用, 假定 $\rho=c_1+c_2r+c_3r^2$. D 层及 E 层顶部的密度各假定为 c_4 及 c_5. 在 B-C 边界, ρ 假定为连续; 在 C-D 边界, ρ 及 $\mathrm{d}\rho/\mathrm{d}r$ 都假定为连续. 这样在五个 c_i 中就有三个条件. 于是直到 E 层底部的密度分布中, 只有两个独立的待定参量. 在 E-F 边界, ρ 假定是连续的. 在 F 层中, ρ 随深度的增加假定是线性的, 其在 F 中的总增加量设为 Δ_1; 在 F-G 边界, ρ 不连续地增加了 Δ_2; 设 $\Delta_1=\Delta_2$. 在 G 层内, 设密度为若氏(Roch, E.)分布; 在地心, 设 $\rho_0=12.51$ g/cm^3. 连同已知的 M 和 I_1 作为限制条件, 这个密度分布

表 12.4 　布伦的模型 A''

层	深度 /km	V_P /(km/s)	V_S /(km/s)	ρ /(g/cm^3)	p	K /Mbar	μ	G /10^2 Gal	
A	0								
-------	33	(6.30)	(3.55)	(2.84)		(0.65)	(0.36)	9.822	
B		7.75	4.35	3.32	0.009	1.15	0.63	9.846	
-------	413	8.97	4.96	3.64	0.141	1.73	0.90	9.960	
C	984	11.42	6.35	4.55	0.379	3.49	1.83	9.966	
D	2000	12.79	6.92	5.11	0.87	5.10	2.45	10.01	
	2898	13.64	7.30	5.56	1.36	6.39	2.97	10.73	
-------	2898	8.101	0	9.98	1.36	6.55	0	10.73	10.73
E	4000	9.51	0	11.42	2.47	10.33	0	7.88	7.87
-------	4980	10.44	0	12.17	3.20	13.26	0	4.78	4.78
F	5120	9.40		12.25	3.28			4.31	
-------	5120	11.16		12.25	3.28				
G	6371	11.31		12.51	3.61				

就完全确定. 布伦还讨论过温度和化学不均匀性的影响,由于量级很小,此处就从略了. 另一方面,从容积弹性模量 k 及其变化率的考虑,布伦还提出另一类模式,叫作 B 模式. 虽然在绝对数值方面,两类模式相差不多,但 B 模式的理论基础略见逊色,未被普遍采用,此处也从略. 知道了 ρ 的分布,则从 V_P 和 V_S 的分布立刻可以得到 k 和 μ 的分布. 又从 $\mathrm{d}p=g\rho\mathrm{d}z$ 和 $g=Gm/r^2$,利用数值积分,可以得到 p 和 g 的深度分布. 值得注意的是,直到 2400 km 的深度,g 和 990 Gal 的偏离不到 1%,所以可以几近地看作常量. 在地核中,g 单调下降,在地心为零.

12.4.3　地球的自由振荡

在第十章已经推导过地球振荡的理论,此处只讨论它的应用. 在大地震时,许多简正振型都会被激发起来,而每一振型的周期都和地球的内部构造有关系,即是说和地球的 (ρ, k, μ) 或 (ρ, V_P, V_S) 的分布有关系,于是每一观测到的周期都给这些参量的分布提出一个限制条件. 初看起来,似乎由速度分布反演密度分布这样便可得到精确的解答. 其实不然!因为反演的不唯一性并未消除. 但是自由振荡的观测至少可起以下的重要作用:①验证已有的密度模式的可靠性;②提示已有的模式应如何修订;③有时对某些特殊现象可提供解释的线索;④对建立标准模式有所帮助. 以下就几个特殊问题讨论自由振荡的应用.

1. 横波的模式与地核半径

在 1960 年智利大地震之后,麦唐纳(MacDonald, G. J. F.)和内斯(Ness, N. F.)于 1961 年利用自由振荡资料反演一个地幔中 S 波分布模式. 在下地幔中,这个模式和杰弗里斯的模式约有 1%的偏高. 这意味着,S 的走时最大可能相差 25 s. 这是不可能的. 为了解决这个分歧,或是将地幔底部的 V_S 减低,或是将地核半径 r_c 加大;其实两种影响都存在. 杰弗里斯采用的 r_c 为 3473±3 km,地幔底部的 V_S 为 7.3 km/s. 近年来这两个数据是经过了反复的修订. 在安德生(Anderson, D. L.)和杰旺斯基(Dziewonski, A. M.)于 1981 年提出的地球标准模型中,这两个数据各取为 3480 km 和 6.9 km/s.

2. 基线问题

在用地球自由振荡和地震体波资料所得到的地幔模式中,S 的走时可能相差 4—8 s,这是使人困惑的. 不过大陆和海洋下面的地幔中,波速结构可能有所不同,但体波资料大部分来自陆上的台站,所以绝对的地震波走时资料是有偏倚的. 在远震距离,这种偏倚表现在时-距关系上,例如 PcP–P,ScS–S,等等. 也有人只采用"纯途径"的地震波以与地球自由振荡的资料相对比,这样他们得到大陆与海洋下面地幔的差别必须延伸到四五百千米以下.

但另一方面,近年观测表明,地球介质中的能量吸收所产生的频散是不容忽视的. 吸收和频散都与频率有关系. 体波的走时和振荡的周期现在的观测精度都高于 0.1%,而在地震频率范围内(10^{-4}—10^{1} Hz),频散的影响可达到 1%. 所以由于地球介质非弹性的影响,从地震体波所测得的弹性常量不能直接和面波、自由振荡和超声波相比较,必须加以校正．这种校正和地球内部 Q 值分布和模式有关系，而后者的研究现在还很不够．无论地震波资料或是自由振荡的资料都需要基线校正．从现有的资料出发，校正后所反演的模式要一致多了．

3. 反演问题和密度分布的争论

由地震和其他资料来推导地球内部某些物理性质的分布称为反演．熟知的例子就是根据地面上观测到的地震波走时来推导地球内部地震波速度的分布．如果 $dV/dr<V/r$ 而 V 又是连续变化的，这个问题的解答是确定的（唯一的），但实际的反演问题解答常常不唯一．利用电子计算机，现在解反演问题常用试错法以求从大量的模式中找到最满意的答案，不过不同的作者虽用相同的资料也常得到极不一致的结果．这是因为观测资料多少总带有误差而且常不够充分，不同作者在选取和处理这些资料时所用的原则也有不同．除此之外，更重要的是即使给定同样的资料，理论上也不能证明反演的结果必然唯一．事实上，反演问题的解可能唯一，可能不唯一，也可能准唯一，即是说在一定条件下才能唯一，例如在上例中，即使 V 为连续，若 $dV/dr<V/r$，解是唯一的，若这个条件不能满足，解就不唯一．然而这是一个特殊简单的例子，因为所得到的积分方程恰好有一个确定的解，所以它的唯一性的条件容易判断．如果不是这样，解的唯一性是很难证明的．

解地球内部模式的反演问题，现在常用的有两种方法．一种叫模式改进法（model refinement）．这是先选取一个能满足有限数据的模式，使模式中的参量发生微扰以满足更多的数据，直至模式可以最大限度地满足所有数据为止．这个方法与所选取的初始模式极有关系．地球自由振荡不同振型的周期现在可以识别出 1000 多个．结合地震波的数据后，现在提出的地球模式为数也很多．可惜的是，即使采用同样的数据，反演的结果有时竟相差不小．原因是地球自由振荡数据虽多，但还是不够完全，特别对上地幔的分辨力较差．这种数据不仅支持局部的解，也支持全局的解（global 或 G-far solution）．模式改进法可能导致某一局部解而将较远的其他局部解漏掉．

另一种方法叫蒙特卡洛法（Monte Carlo Method）．它利用一切可以掌握的观测数据，用电子计算机随机地产生大量的可能模式．这些模式必须层层通过事先确定好的某些限制条件的检验．普瑞斯（Press, F.）于 1968, 1970, 1972 年使用这个方法得到引人注目的结果．他的资料包括地球的质量和转动惯量，地震体波的走时，面波的频散，大量的自由振荡周期；他的限制条件包括他对当时地球物理观测的评价，例如 ρ 和 V 必须在一定范围之内，地球内部间断面的数目，地核半径的变化不超过 3473 ± 25 km，等等．利用大型电子计算机，他随机地产生了几百万个模式，但最后能通过各种检验的只不过 27 个．他的结果证实上地幔必须有横波的低速层，深度为 150—250 km．地核顶部的密度约为 9.9—10.2 g/cm^3．但在普瑞斯所有的模式中，在 70—150 km 深度范围内，地幔的密度不小于 3.4 g/cm^3．对这个结论许多地球物理学家和地球化学家都表示怀疑．有人觉得也许蒙特卡洛方法本身在此不适用．经过安德生（Anderson, R. S.）等于 1971, 1972 年的研究，证明问题不在方法本身，而是在选定的限制条件．普瑞斯在 300—600km 的深度内，所给予 V_S 的上、下限太窄了，这就使得 70—150 km 处的密度太高了．

12.5 状 态 方 程

地球介质中，密度 ρ 与压强 p 或温度 T 的关系叫作状态方程，但 p 和 T 都是不易直接测量的. 根据地震观测，各深度的 V_P 和 V_S 是可以计算的(虽然精确度不高). 如果能将地震波速度作为表示状态的参量，而 p，T 的影响只隐含在速度之内，则这样的状态方程应用时将更方便.

12.5.1 伯奇-莫尔那罕状态方程

根据实验的估计，地球内部物质的应变最大可达到 0.3，地幔中可达到 0.13，因此在本构方程中，应变的高次项有时不能忽略. 伯奇(Birch, 1952)应用莫尔那罕(Murnaghan, 1937)的有限应变理论提出一个地球介质的状态方程，用以研究地下物质的弹性和不均匀性.

介质发生形变时，介质中各点的相互位置发生变化. 设在形变之前，相邻两质点的矢径是 $\mathrm{d}x_i'$；形变之后，其矢径是 $\mathrm{d}x_i$. 若以形变后的坐标为参考，则 $\mathrm{d}x_i' = \mathrm{d}x_i - \mathrm{d}u_i$，这里 $\mathrm{d}u_i$ 是两点的相对位移. 设两点的距离在形变前、后各为 $\mathrm{d}l'$ 和 $\mathrm{d}l$，则 $\mathrm{d}l^2 = \mathrm{d}x_i^2$，$\mathrm{d}l'^2 = \mathrm{d}x_1'^2 = (\mathrm{d}x_i - \mathrm{d}u_i)^2$. 因 $\mathrm{d}u_i = \dfrac{\partial u_i}{\partial x_k}\mathrm{d}x_k$ (采用求和约定)，故

$$\mathrm{d}l'^2 = \mathrm{d}l^2 - 2\frac{\partial u_i}{\partial x_k}\mathrm{d}x_i\mathrm{d}x_k + \frac{\partial u_i}{\partial x_k}\frac{\partial u_i}{\partial x_i}\mathrm{d}x_k\mathrm{d}x_l\,,$$

式中，脚标 i，k 各等于 1，2，3. 上式右端第二项因系按 i，k 求和，故 $2\dfrac{\partial u_i}{\partial x_k}\mathrm{d}x_i\mathrm{d}x_k$ 可以写成 $\left(\dfrac{\partial u_i}{\partial x_k} + \dfrac{\partial u_k}{\partial x_i}\right)\mathrm{d}x_i\mathrm{d}x_k$. 第三项的脚标 i，l 可以互换. 于是得

$$\mathrm{d}l'^2 = \mathrm{d}l^2 - 2u_{ik}\mathrm{d}x_i\mathrm{d}x_k = (\delta_{ik} - 2u_{ik})\mathrm{d}x_i\mathrm{d}x_k\,,$$

张量 u_{ik} 定义为

$$u_{ik} = \frac{1}{2}\left(\frac{\partial u_i}{\partial x_k} + \frac{\partial u_k}{\partial x_i} - \frac{\partial u_l}{\partial x_i}\frac{\partial u_l}{\partial x_k}\right) = \varepsilon_{ik}\,,$$

称为应变张量，当 $i=k$，$\delta_{ik}=1$；当 $i \ne k$，$\delta_{ik}=0$. 当介质是各向同性并处于流体静压强状态时，切应变等于零(在地球上层，情况并不如此；但在约 100 km 深度以下，平均压强远远大于切应力，所以后者便可忽略了). 于是就有 $\varepsilon_{11}=\varepsilon_{22}=\varepsilon_{33}=\varepsilon$，

$$\mathrm{d}l'^2 = (1-2\varepsilon)(\mathrm{d}x_1^2 + \mathrm{d}x_2^2 + \mathrm{d}x_3^2) = (1-2\varepsilon)\mathrm{d}l^2\,,$$

在压强下，ε 恒为负值，故用 $f = -\varepsilon$ 较为方便. 故

$$\frac{\rho}{\rho_0} = \frac{v_0}{v} = \frac{\mathrm{d}l^2}{\mathrm{d}l'^3} = (1-2\varepsilon)^{1/2} = (1+2f)^{3/2}\,, \tag{12.17}$$

脚标"0"是未加应力时的数值. 设 ψ 为介质形变时的亥姆霍茨自由能，也即是形变能. 当形变极小时，形变能是应变的二次多项式. 当形变 f 为有限时，莫尔那罕取

$$\psi = af^2 + bf^3 + cf^4 + \cdots , \tag{12.18}$$

a，b，c，$\cdots$ 只是温度的函数. 由热力学公式 $P = -(\partial \psi / \partial v)_T$，得

$$p = -\left(\frac{\partial \psi}{\partial v}\right)_T \frac{\mathrm{d}f}{\mathrm{d}v} = \frac{1}{3v_0}(1+2f)^{5/2}(2af + 3bf^2 + \cdots). \tag{12.19.1}$$

根据式(12.17)，式(12.18)和容积弹性模量 $k_T = -v(\partial p / \partial v)_T$，式(12.19a)可以改写成

$$p = 3k_0 f (1+2f)^{5/2}(1-2\xi f) \tag{12.19.2}$$

$$= \frac{3}{2}k_0 \left[\left(\frac{\rho}{\rho_0}\right)^{7/3} - \left(\frac{\rho}{\rho_0}\right)^{5/3}\right]\left\{1 - \xi\left[\left(\frac{\rho}{\rho_0}\right)^{2/3} - 1\right] + \cdots\right\}, \tag{12.19.3}$$

k_0 是 k_r 在 $p \to 0$ 时的值，$\xi = \frac{3}{4}\left[4 - (\mathrm{d}k / \mathrm{d}p)_{p \to 0}\right]$ 是高次项的校正，二者都只与温度有关. 通过较繁但不难的计算还可得到

$$\begin{cases} k = k_0(1+2f)^{5/2}[1 + 7f - 2\xi f(2+9f)], \\ \left(\dfrac{\mathrm{d}k}{\mathrm{d}p}\right)_T = \dfrac{12 + 49f - 2\xi(2 + 32f + 81f)}{3 + 21f - 6\xi f(2+9f)}, \\ \phi = \phi_0(1+2f)[1 + 7f - 2\xi f(2+9f)], \end{cases} \tag{12.20}$$

上式中的 k 是指等温的. 实验表明，在许多情况下，都可以取 $\xi = 0$，这样式(12.19)，式(12.20)中各式都可以大大化简. 式(12.19)即是伯奇-莫尔那罕状态方程.

12.5.2　球层的均匀性

在应用阿-威公式时，须假定球层是均匀的，即是说，密度和弹性的变化只是重力压缩和温度变化的结果，但如何检验均匀性，布伦的讨论只是形式的，但伯奇则由热力学的观点做了较深入的阐述.

根据定义

$$\frac{1}{k_T} = \frac{1}{\rho}\left(\frac{\partial \rho}{\partial p}\right)_T, \quad \alpha = -\frac{1}{\rho}\left(\frac{\partial \rho}{\partial T}\right)_P,$$

k_T 是等温的容积弹性模量，α 是热膨胀系数，立得

$$\frac{\mathrm{d}\rho}{\mathrm{d}r} = \left(\frac{\partial \rho}{\partial p}\right)_T \frac{\mathrm{d}\rho}{\mathrm{d}r} + \left(\frac{\partial \rho}{\partial T}\right)_P \frac{\mathrm{d}T}{\mathrm{d}r} = -\frac{g\rho^2}{kT} - \rho\alpha \frac{\mathrm{d}T}{\mathrm{d}r}.$$

利用热力学公式

$$\left(\frac{\partial T}{\partial s}\right)_P = \frac{T}{c_P}, \quad \left(\frac{\partial T}{\partial p}\right)_S = \left(\frac{\partial v}{\partial s}\right)_P = \left(\frac{\partial v}{\partial T}\right)_P\left(\frac{\partial T}{\partial s}\right)_P = \frac{T}{c_P}\cdot\frac{\alpha}{\rho}.$$

设 τ' 为实际梯度与绝热温度梯度之差，则

$$\frac{\mathrm{d}\rho}{\mathrm{d}r} = -\left(\frac{\partial T}{\partial s}\right)_P \frac{\mathrm{d}p}{\mathrm{d}r} - \tau' = -\frac{T\alpha g}{c_P} - \tau'.$$

但由热力学公式，$k_T/k_S = 1 - T\alpha^2 k_T/\rho c_P$，故

$$\frac{\mathrm{d}\rho}{\mathrm{d}r} = -\frac{g\rho^2}{k_T}\left(1 - \frac{Tk_T\alpha^2}{\rho c_P}\right) + \alpha\rho\tau',$$

$$= -\frac{g\rho^2}{k_S} + \alpha\rho\tau' = -\frac{g\rho}{\psi} + \alpha\rho\tau'.$$

引入比值 $r = \alpha k_S/\rho c_P$ [称为格林奈森(Grüneisen)]常量，则上式化为

$$\frac{\mathrm{d}\rho}{\mathrm{d}r} = -\frac{g\rho}{\phi}\left(1 - \frac{\alpha\phi\tau'}{g}\right) = -\frac{g\rho}{\phi}\left(1 - \frac{\gamma c_P\tau'}{g}\right), \tag{12.21}$$

γ 的数值约为 1—2，取 $c_P \approx 10^7$ erg/(g·℃)，$g \approx 10^3$ Gal，则当温度梯度偏离绝热值的 1°/km 时，则上式第二项约为第一项的 10%—20%. 所以即使对于均匀层，温度的校正也是可观的.

按照定义 $k_S = \phi\rho$，由此不难得到

$$1 - \frac{1}{g}\frac{\mathrm{d}\phi}{\mathrm{d}r} = \frac{\mathrm{d}k_S}{\mathrm{d}p} + \alpha\phi\tau'/g.$$

其实右端第一项也隐含着温度的影响，因为

$$\frac{\mathrm{d}k_S}{\mathrm{d}p} = \left(\frac{\partial k_S}{\partial p}\right)_T + \left(\frac{\partial k_S}{\partial T}\right)_P\frac{\mathrm{d}T}{\mathrm{d}p},$$

$$= \left(\frac{\partial k_S}{\partial p}\right)_T + \left(\frac{\partial k_S}{\partial T}\right)_P\left(\frac{T\alpha}{\rho c_P} + \frac{\tau'}{\rho g}\right).$$

因

$$\left(\frac{\partial k_S}{\partial p}\right)_S = \left(\frac{\partial k_S}{\partial p}\right)_T + \left(\frac{\partial k_S}{\partial T}\right)_P\left(\frac{\partial T}{\partial p}\right)_S,$$

故上式可写为

$$\frac{\mathrm{d}k_S}{\mathrm{d}p} = \left(\frac{\partial k_S}{\partial p}\right)_S + \left(\frac{\partial k_S}{\partial T}\right)_P\frac{\tau'}{\rho g},$$

从而

$$1 - \frac{1}{g}\frac{\mathrm{d}\phi}{\mathrm{d}r} = \left(\frac{\partial k_S}{\partial p}\right)_S + \frac{\tau'\alpha\phi}{g}\left[1 + \frac{1}{\alpha k_S}\left(\frac{\partial k_S}{\partial T}\right)_P\right]. \tag{12.22}$$

利用 γ，可将 k_S 与 k_T 的关系写为

$$k_S = k_T(1 + T\alpha\gamma),$$

代入上式，得

$$1 - \frac{1}{g}\frac{\mathrm{d}\phi}{\mathrm{d}r} = \left(\frac{\mathrm{d}k_S}{\mathrm{d}p}\right)_T + T\alpha\gamma A + (T\alpha\gamma)^2 B + \frac{\alpha\phi\tau'}{g}C, \tag{12.23}$$

式中，

$$A = 2\left(\frac{\partial k_T}{\partial p}\right)_T - 1 + \gamma + \frac{3}{\alpha k_T}\left(\frac{\partial k_T}{\partial T}\right)_P,$$

$$B = \left(\frac{\partial k_T}{\partial p}\right)_T + \frac{3}{\alpha k_T}\left(\frac{\partial k_T}{\partial T}\right)_P + \frac{3}{\alpha^2}\left(\frac{\partial \alpha}{\partial T}\right)_P + 1 - \frac{1}{\alpha c_P}\left(\frac{\partial c_P}{\partial T}\right)_P,$$

$$C = 1 + \frac{1}{\alpha k_S}\left(\frac{\partial k_S}{\partial T}\right)_P$$

$$= 1 + \gamma + \frac{1}{\alpha k_T}\left(\frac{\partial k_T}{\partial T}\right) + T\alpha\gamma\left[1 + \frac{1}{\alpha k_T}\left(\frac{\partial k_T}{\partial T}\right)_P + \frac{2}{\alpha^2}\left(\frac{\partial \alpha}{\partial T}\right)_P - \frac{1}{\alpha c_P}\left(\frac{\partial c_P}{\partial T}\right)_P\right].$$

$T\alpha\gamma$ 的数值很小，它的平方一般是可以忽略的，于是式(12.23)可以大大化简．上式右端的参量可以由实验结果取得，左端可以由地震观测计算．两端比较，可以对地层的均匀性做一些判断．

在上式中，右端最重要的是第一项．按照式(12.20)，取 $\xi = 0$，得

$$\left(\frac{\mathrm{d}k_T}{\mathrm{d}p}\right)_T = \frac{12 + 49f}{3(1 + 7f)}. \tag{12.24}$$

所以当压强极小时，$(\mathrm{d}k_T/\mathrm{d}p)_T$ 趋于 4．伯奇将此式与 $1 - g^{-1}(\mathrm{d}\phi/\mathrm{d}r)$ 比较，证实在 1000—2900 km 深度之间，介质的变化只是一均匀层受到自身压缩的结果．他认为下地幔基本是均匀的，不存在重要的化学变化和相变．这个结论也适用于 $|\xi| < 1/2$．但在 300—900 km 之间，地震数据与均匀层的结果相差甚大，所以这个区域的物质是不均匀的．

设 $\xi = 0$，伯奇由式(12.20)计算 ϕ_0．对于下地幔物质，他得到 $\phi_0 = 60 (\mathrm{km/s})^2$．但对于上地幔中常见的矿物，如橄榄石和辉石，$\phi_0$ 只各为 30 和 40 $(\mathrm{km/s})^2$．所以它们不是下地幔的成分．可是有些氧化物的 ϕ_0 值很高，如 Al_2O_3–69，MgO–47，TiO_2–50 等等．这些高 ϕ_0 值主要是由于它们的晶体结构．所以伯奇认为下地幔的物质组成主要是一些紧密堆积的氧化矿物．对于过渡层(C 层)，他认为这主要是一个相变层，可能还伴随一些化学变化．这些相变过程到了 900 km 的深度时就基本结束了．以下的矿物组合是稳定的，所以下地幔是均匀的．应当指出，伯奇的结论是 1952 年做的．那时对于氧化物和硅酸盐的高压相变还知道得很少．那时还不知道辉石和橄榄石在高压下还可以有新的和更重要的相．另外，在某些情况下，$\xi = 0$ 和略去状态方程中的三次项都可能导致一些误差．不过总的说来，伯奇的工作仍是地球内部研究的一个里程碑．

12.5.3　速度与密度的关系

阿-威公式对于不均匀物质是不适用的，特别是 C 层．然而这层却占地球总质量的 25%，总转动惯量的 40%．地球密度模式的合理与否在一定程度上取决于如何处理 C 层．可惜的是，以前的处理方法多少带有一些任意性．

伯奇于 1961 年观察了大量的岩石和矿物，发现它们的密度 ρ 和纵波速度 V_P 有一个线性关系：

$$V_P = a(\bar{M}) + b\rho, \tag{12.25}$$

式中，参量 a 只和平均原子量 $\bar{M}$（分子量除以分子中的原子数目）有关，b 是直线的斜

率，约为 $3 (km/s)/(g/cm^3)$. 对不同 $\bar{M}$ 的介质，得到不同的平行直线. 这个关系，不管 ρ 的变化是由于压缩、相变或化学变化，伯奇都假设是适用的. 这个假设并未得到严格的证明，但用于地幔却得到比较合理的结果，例如用它得到的 ρ 随 V_P 在下地幔的增加比用阿-威公式的结果要平衡，在地幔底部的密度比布伦模式 A 约小 0.4 g/cm^3. 伯奇公式为研究 C 层提供了一个方法. 以后其他学者对于横波 V_S 和冲击声波 V_C $\left(V_C^2 = V_P^2 - \dfrac{4}{3} V_S^2 \right)$ 也发现类似的关系.

对于 $\bar{M} = 21 - 22$ 的岩石、矿物在低温条件下等温压缩时，b 值约为 $2.7 — 4.0$，但有些常见的岩、矿如花岗岩和长石除外. 在等压条件下，b 值约为 $4 — 6$. 以后的试验表明伯奇的直线公式很可能是一个幂函数在有限的密度范围内一种线性化. 有些作者理论上可以证明

$$V = k(\bar{M})\rho^n, \quad n = \gamma - \frac{1}{3}, \tag{12.26}$$

γ 是格林奈森常量，约等于 $1 — 2$. 伯奇公式相当于 $n=1$，但对于许多氧化物的测试表明 n 更近于 1.5. 不过由于数据相当分散，式(12.25)仍不失为很好的几近.

有许多理论上的论证可以将状态方程写成以下的形式：

$$p = (N - M)^{-1} k_0 \left[\left(\frac{\rho}{\rho_0} \right)^N - \left(\frac{\rho}{\rho_0} \right)^M \right], \tag{12.27}$$

k_0 和 ρ_0 是初始的容积模量和密度. 按 ρ 求微商，得

$$\frac{\partial p}{\partial \rho} = (N - M)^{-1} \frac{k_0}{\rho_0} \left[N \left(\frac{\rho}{\rho_0} \right)^{N-1} - M \left(\frac{\rho}{\rho_0} \right)^{M-1} \right],$$

因 $(\partial p / \partial \rho)_S = \phi = k_S / \rho$，上式又可写成

$$\phi = \phi_0 (N - M)^{-1} \left[N \left(\frac{\rho}{\rho_0} \right)^{N-1} - M \left(\frac{\rho}{\rho_0} \right)^{M-1} \right].$$

若压缩甚小，即 $\Delta\rho \ll \rho_0$，则上式可写为

$$\frac{\partial \ln \phi}{\partial \ln \rho} = N + M - 1,$$

或

$$\rho = A\bar{M}\phi^n, \quad n = N + M - 1. \tag{12.28}$$

安德森(Anderson, D. L.)称式(12.28)为地震状态方程，因为 ϕ 或 k_S/ρ 完全可以由地震观测得到. 对比式(12.27)和式(12.19)，可见若使 $N = 7/3$，$M = 5/3$，即得到的伯奇-莫尔那罕状态方程. 式(12.28)中的 n 值约为 $1/4 - 1/3$，与 γ 有关. 安德森证明式(12.28)可以适用于许多岩矿，从 $\bar{M} = 18$ 到 $\bar{M} = 90$.

由于 ϕ 和 k_S 的关系，有时讨论 k 与 ρ 的关系更方便些. 由式(12.25)，若 V_P/V_S 和 $\bar{M}$ 等于常量，则

$$V_P \propto \sqrt{k_S / \rho} \propto \rho,$$

故

$$k_S \propto \rho^3.$$

但安德森(Anderson, D. L.)总结许多氧化物($\bar{M} \sim 21 - 22$)的数据，得到$k_S \propto \rho^4$. 这相当于$V \propto \rho^{1.5}$. 由幂函数定律也可以得到这个结果：

$$\frac{dk_S}{dv} = \frac{dk_S}{dp}\frac{dp}{dv} = -\frac{k_S}{v}\frac{dk_S}{dp}.$$

但 $dk_S/dp \approx$ 常量$=4$. 故

$$\ln k_S = -4\ln v + 常量.$$

故

$$k_S \propto v^{-4} = \rho^4.$$

由式(12.28)，令$n=1/3$，也可以得到$k_S \propto \rho^4$.

压强的影响是不能忽视的. 按照式(12.20)或式(12.24)，dk_S / dp的数值由零压下的4渐渐减低到高压下的3. 这就意味着$k_S \propto \rho^4$可以在深处变到$k_S \propto \rho^5$. 所以现在就存在两个定律；$k_S \propto \rho^4$和$k_S \propto \rho^3$. 究竟哪一个最适合于地幔还不很确定. 前者对于低压低温下的岩石似乎更合适些，但是有不少例外. 后者对于高压下的均匀介质比较合适，特别是对于均匀相的热膨胀可以适用.

12.6　地球的滞弹性

地震学的理论发展主要是根据连续介质的弹性力学，然而地球介质的连续性和完全弹性只是两种几近. 在有必要时，介质的不连续性和滞弹性还是可以考虑的，不过计算要复杂多了. 有孔介质的力学在勘探地球物理中是一个有意义的课题，此处不拟讨论. 以下只讨论滞弹性的问题.

地震波的振幅总是随时间或传播距离而有所衰减的，表明能量在介质中消失. 在一个吸收介质中，地震波传播必有频散，即是说，吸收和频散总是伴生的. 这两种影响都不大，在早期的地震观测中，一般都忽略了. 近年来，测震技术大有改进，时间精度可达到0.1%；但由于频散，波速的变化可达到1%，完全在观测限度之内. 所以非弹性的效应就提到议事日程，不但在地震学，而且在其他一些地球物理现象中也需要考虑.

12.6.1　地球介质的品质因子 Q

实验表明，若介质的应变不超过10^{-5}或10^{-6}，介质的应力、应变关系仍是线性的，不过须包括时间的变化，即是说σ_{ik}，e_{ik}，$\dot{\sigma}_{ik}$，$\dot{e}_{ik}$是线性相关的. 此时，叠加原理仍可应用，于是大大简化了计算. 因此，近一步的近似可以将地球看成一个连续线性体. 对于这样的线性体，任一振动可通过富氏分析看成是许多简谐波的叠加并可应用$\partial/\partial t \to i\omega$. 本构方程仍保持虎克定律的形式，不过弹性模量则成为复数，其实部相当于波的传播, 虚部则相当于吸收.

测量吸收时, 可用驻波, 也可用行波. 位移振幅 A 一般随时间而指数衰减, 即 $A=A_0e^{-\gamma t}$, γ 称为衰减系数. 在周期 T 时间, 相邻两个同方向的振幅比值的自然对数称为对数减缩 Δ. 对于驻波, 显然 $\Delta=\gamma T$. 对于行波, 振幅也因几何扩散而减小, 但这与介质的吸收无关, 通常是与传播距离的某次方成反比. 相当于能量消失的振幅衰减通常是传播距离的指数函数, 即 $A=A_0e^{-\alpha x}$, α 称为振幅的吸收系数. 因能量与振幅的平方成比例, 故能量的吸收系数为 2α. 吸收系数是指空间变化, 衰减系数是指时间变化. 但这两个概念并不完全对称. 测量驻波时, 地点不变, 但在测量行波时, 时间并不固定. 实际上是测量最大振幅传播到不同地点时的变化, 而不是同一瞬时测量不同地点的振幅. 如仍采用对数减缩的概念, 也可以定义 Δ' 为在一个波长 λ 的距离, 两个最大位移比值的自然对数, 即 $\Delta'=\alpha\lambda$.

另一个表示能量消失的参量叫作品质因子, 通常以字母 Q 表示, 这个量是由电路学借用来的. 它的定义是

$$Q^{-1} = \Delta E / 2\pi E ,\tag{12.29}$$

ΔE 是一体积的介质经过一周的运动后所消耗的能量, E 是同一体积在一周运动中所存储的最大应变能. 在地球物理文献中, Q 值用得越来越普遍, 原因是 α 常和频率有关系, 而 Q 与频率的关系则不那样显著(早期以为 Q 与 ω 无关, 但现在发现并非如此).

对弹性振动来说, 弹性能比例于振幅 A 的平方. 设相邻两振幅各为 A_1 和 A_2. 则

$$\frac{\Delta E}{E} \approx \frac{A_1^2 - A_2^2}{A_1^2} \approx \frac{2(A_1 - A_2)}{A_1} = 2\left(1 - \frac{A_2}{A_1}\right) \approx 2\ln\frac{A_1}{A_2} = 2\Delta ,$$

即得

$$\frac{1}{Q} = \frac{\Delta}{\pi} = \frac{\gamma T}{\pi} = \frac{2\gamma}{\omega} .\tag{12.30}$$

取行波

$$\xi = Ae^{-\alpha x}\cos(\omega t - kx) ,$$

则最大能量密度为

$$D = \omega^2 A^2 \rho e^{-2\alpha x} ,$$

ρ 为介质的密度. 能量流为

$$\phi = \omega^2 A^2 e^{-2\alpha x} \rho v,$$

v 为波的相速度. 当波传播距离 δx 时, 能流的消失率为 $\dfrac{\partial \phi}{\partial x}\delta x$. 故每周的消失量为 $\dfrac{\partial \phi}{\partial x}\delta x \Big/ \dfrac{\omega}{2\pi}$; 存储的能量为 $D\delta x$. 故

$$\frac{\Delta E}{E} = \frac{4\pi\alpha v}{\omega} = \frac{2\pi}{Q} ,$$

或

$$\frac{1}{Q} = \frac{2\alpha v}{\omega} = \frac{\Delta'}{\pi} . \tag{12.31}$$

另一法求 Q 是利用共振. 取阻尼振动方程

$$\ddot{\xi} + 2\gamma\dot{\xi} + \omega_0^2\xi = f ,$$

γ 是阻尼常数, ω_0 是无阻尼时自由振动频率. 有阻尼时, 自由振动的解是

$$\omega = \mathrm{i}\gamma \pm \sqrt{\omega_0^2 - \gamma^2} ,$$

由此可见, γ 即是衰减系数, 而自由振动的频率 ω_1 为

$$\omega_1 = \sqrt{\omega_0^2 - \gamma^2} ,$$

对数减缩为

$$\Delta = \gamma T = \frac{2\pi\gamma}{\omega_1} .$$

若 $f = A\mathrm{e}^{\mathrm{i}\omega t}$, 则上式的解为

$$\xi = \frac{A\mathrm{e}^{\mathrm{i}(\omega t - \varphi)}}{[(\omega_0^2 - \omega^2)^2 + 4\gamma^2\omega^2]^{1/2}} ,$$

$$\varphi = \tan^{-1} 2\gamma\omega / (\omega_0^2 - \omega^2) .$$

相当于 ξ 最大值 ξ_m 的频率 ω_m 为

$$\omega_m^2 = \omega_0^2 - 2\gamma^2 = \omega_m^2 - \gamma^2 .$$

此时,

$$| \xi_m | = \frac{A}{2\gamma(\omega_0^2 - \gamma^2)^{1/2}} = \frac{A}{2\gamma\omega_1} .$$

ξ 与 ω 的关系是一种形曲线. ξ_m 值相当于 ω_m. 在其两边, ξ 值随 ω 的增加而减小. 现求 ξ 减到 ξ_m 的 β 倍时所相应的 ω. 由

$$\frac{1}{[(\omega_0^2 - \omega^2)^2 + 4\gamma^2\omega^2]^{1/2}} = \frac{1}{\beta}\frac{1}{2\gamma\omega_1} ,$$

得

$$\omega^2 = \omega_m^2 \pm 2\gamma\omega_1(\beta^2 - 1)^{1/2} ,$$

或

$$\Delta\omega^2 = 4\gamma\omega_1(\beta^2 - 1)^{1/2} .$$

共振时, $\omega = \omega_1$, 而 ξ_m 减小 β 倍时的频率宽度为

$$\Delta\omega = \frac{\Delta\omega^2}{2\omega_1} 2\gamma(\beta^2 - 1)^{1/2} ,$$

但 $\gamma = \dfrac{\omega_1}{2}Q^{-1}$, 故

$$Q^{-1} = \frac{\Delta\omega}{\omega_1} \frac{1}{(\beta^2-1)^{1/2}} .$$

共振曲线的宽度有不同的定义. 若理解为位移曲线的宽度, 则$\beta=2$, $Q^{-1} = \frac{1}{\sqrt{3}}\frac{\Delta\omega}{\omega_1}$. 若理解为功率曲线宽度, 则$\beta=\sqrt{2}$, $Q^{-1} = \Delta\omega/\omega_1$.

在观测方面, 由行波所测定的Q_x和由驻波所测定的Q_t是略有不同的. 用驻波时, 对数减缩Δ是用相隔一周期的振幅比. 用行波时, 对数减缩是用相隔一波长的振幅比. 在没有频散时, $\lambda=vT$, v是相速度, 则两种观测方法的结果是一样的. 在有频散时, 行波所相应的速度是最大振幅的传播速度, 即群速度U. 若使时间上的衰减和空间上的衰减相一致, 必须有$e^{-\gamma t} = e^{-\alpha x} = e^{-\alpha Ut}$. 故$\gamma=\alpha U$. 由此便得到

$$Q_x^{-} : Q_t^{-1} = \frac{\Delta'}{\pi} = \frac{\Delta}{\pi}\frac{v}{U} ,$$

或

$$vQ_x = UQ_t , \tag{12.32}$$

v是相速度, U是群速度.

驻波可以看作两个相反方向传播的行波的叠加, 所以它们的衰减应当是一致的. 此处只讨论行波. 取$\xi=f(x-vt)$. 与介质有关系的传播速度v, 而v^2=(弹性/密度). 对于频率为$\omega/2\pi$的简谐波来说, 弹性变为复数就相应介质有能量吸收. 于是v也变为复数, 其实部表示传播, 虚部表示振幅的衰减. 但$v=\omega/k$, 故ω或k均可为复数. 由$\xi=Ae^{i(\omega t-kx)}$, 若$\omega=\omega_r+i\omega_i$, 则$\gamma=\omega_i$; 若$k=k_r+ik_i$, 则$\alpha=-k_i$, 故

$$Q^{-1} = \frac{2\omega_i}{\omega_r} \quad \text{或} \quad -\frac{2k_i}{k_r} . \tag{12.33}$$

另一方面,

$$v \propto M^{1/2} = (M_r + iM_i)^{1/2} = |M|e^{i1/2}$$

M是弹性模量($M=\lambda+2\mu$或μ), $\tan\phi=M_i/M_r \ll 1$. 故当$Q^{-1} \ll 1$时, 立得

$$Q^{-1} = \tan\phi \approx M_i/M_r . \tag{12.34}$$

12.6.2　瑞利面波的Q值

介质中的能量消耗和原子间的距离变化有关系, 因此不同类型的波有不同的Q值, 特别是给波和横波的Q值, Q_P和Q_S是不同的. 瑞利面波包括纵波与横波两种成分, 所以Q_R和Q_P或Q_S都不同, 但与它们有关系. 一般推导这个关系的方法都太复杂, 此处采用一个新的方法.

设h, k, ξ各为P, S, R波的波数, 即$h=\omega/V_P$, $k=\omega/V_S$, $\xi=\omega/V_R$, 则它们应满足瑞利方程, 即

$$F(h^2, k^2, \xi^2) = (2\xi^2-k^2)^2 - 4\xi^2(\xi^2-h^2)^{1/2}(\xi^2-k^2)^{1/2} = 0 ,$$

故

$$\frac{\partial F}{\partial \xi^2}\Delta\xi^2 + \frac{\partial F}{\partial h^2}\Delta h^2 + \frac{\partial F}{\partial k^2}\Delta k^2 = 0 \, .$$

对于吸收介质，增量Δh，Δk，$\Delta\xi$按照式(12.33)应各为$\Delta h = -ih/2Q_P$，$\Delta k = -ik/2Q_S$，$\Delta\xi = -i\xi/2Q_R$，或$\Delta h^2 = -ih^2/Q_P$，$\Delta k^2 = -ik^2/Q_S\Delta\xi^2$，$\Delta\xi^2 = -i\xi^2/Q_R$. 代入上式，得

$$\frac{1}{Q_R} = -\left(\frac{\partial F}{\partial \xi^2}\right)^{-1}\left[\frac{h^2}{\xi^2}\frac{\partial F}{\partial h^2}\frac{1}{Q_P} + \frac{k^2}{\xi^2}\frac{\partial F}{\partial k^2}\frac{1}{Q_S}\right].$$

因F是ξ^2，h^2，k^2的齐次函数，故有

$$\xi^2\frac{\partial F}{\partial \xi^2} + h^2\frac{\partial F}{\partial h^2} + k^2\frac{\partial F}{\partial k^2} = 0 \, .$$

于是上式化简为

$$\frac{1}{Q_R} = m\frac{1}{Q_P} + (1-m)\frac{1}{Q_S} \, ,$$

式中，

$$m = \frac{2\xi^2 h^2(\xi^2 - k^2)}{2\xi^2(k^2 - h^2)(3\xi^2 - 2k^2) - k^4(2\xi^2 - k^2)} \, .$$

给定了介质的弹性常数，即可以求 h/k. 代入瑞利方程，即可以求 h/ξ和k/ξ. 令 $h^2/\xi^2 = (V_R/V_P)^2 = a$，$k^2/\xi^2 = (V_R/V_S)^2 = b$，则

$$m = \frac{2a(1-b)}{2(b-a)(3-2b) - b^2(2-b)} \, .$$

对于泊松固体，$\lambda = \mu$，$k^2 = 3h^2$，$\xi^2 = 1.183k^2$. 故得

$$m = 0.134, \quad (1-m) = 0.866, \quad Q_R^{-1} = 0.134Q_P^{-1} + 0.866Q_S^{-1} \, .$$

地球自由振荡时，振型 $_0S_0$ 只和介质的容积变化有关系. 这种波称为容积波，其速度为 $V_k = \sqrt{k/\rho}$. 由式(12.34)，$Q_k^{-1} = k_i/k_r$. 对于泊松固体，$k_r = \frac{5}{3}\mu_r$. 故 $Q_P^{-1} = \left(k_i + \frac{4}{3}\mu_i\right)\Big/3\mu_r$，$Q_S^{-1} = \mu_i/\mu_r$，$Q_k^{-1} = k_i/k_r$. 故 $5Q_k^{-1} = 9Q_P^{-1} - 4Q_S^{-1}$.

12.6.3　几种线性体的 Q 值

对于一个线性体，可以应用波尔茨曼(Boltzmann, L.)的叠加原理. 这个原理有多种形式，其中最简单的一个是这样：若介质表现有弹性后效，则在 t 时刻所表现的应力$\sigma(t)$是 t 以前各时刻τ所遗留下来的应力的总和. 若在τ时刻的应变是 $e(\tau)$，则在$\delta\tau$时间内，这部分 $e(\tau)$对于$\sigma(t)$的贡献将等于 $e(\tau)\cdot\delta(\tau)\cdot f(t-\tau)$. 所以总的$\sigma(t)$为

$$\sigma(t) = \int_{-\infty}^{t} e(\tau)f(t-\tau)\mathrm{d}\tau,$$

$f(\tau)$称为记忆函数. 换变量，上式可写为

$$\sigma(t) = \int_0^\infty e(t - \tau) f(\tau) \mathrm{d}\tau.$$

若 $f(x) = 0$，当 $\tau < 0$，则积分下限可写为 $-\infty$，于是积分为一卷积. 两端取富氏变换，得

$$\bar{\sigma}(\omega) = \bar{e}(\omega) \bar{m}(\omega).$$

$\bar{m}(\omega)$ 相当于弹性模量，一般是一复数. 以下是几种线性体的特例：

　　1. 麦克斯韦体

$$\dot{e} = \frac{\dot{\sigma}}{\mu} + \frac{\sigma}{\eta},$$

μ 是刚性系数，η 是黏滞性.

$$\mathrm{i}\omega e = \left(\frac{\mathrm{i}\omega}{\mu} + \frac{1}{\eta} \right) \sigma.$$

故

$$\bar{m}(\omega) = \left(\frac{\omega^2}{\mu} + \frac{\mathrm{i}\omega}{\eta} \right).$$

由式(12.34)，得

$$Q^{-1} = \mu / \eta\omega.$$

　　2. 开尔芬体

$$\sigma = \mu e + \eta \dot{e},$$
$$Q^{-1} = \omega\eta / \mu.$$

　　3. 其他非弹性体

令

$$\bar{m}(\omega) = \int_{-\infty}^\infty \mathrm{e}^{\mathrm{i}\omega t} f(t) \mathrm{d}t.$$

设上式之实部和虚部各为 C 和 S，则有

$$C(\omega) = \int_{-\infty}^\infty f(t) \cos \omega t \mathrm{d}t,$$

$$S(\omega) = \int_{-\infty}^\infty f(t) \sin \omega t \mathrm{d}t,$$

各为 $f(t)$ 的余弦变换和正弦变换.

$$V = (\bar{m} / \rho)^{1/2} = [(C + \mathrm{i}S) / \rho]^{1/2} ,$$

$$\frac{1}{v} = \mathrm{Re} \frac{1}{V}, \qquad \alpha = \omega \, \mathrm{Im} \frac{1}{V},$$

$$Q^{-1} = \frac{2\alpha v}{\omega} = 2\left[\frac{(C^2 + S^2)^{1/2} - C}{(C^2 + S^2)^{1/2} + C}\right]^{1/2} .$$

当 $Q \gg 1$, $C \gg S$,

$$Q^{-1} \approx S / C .$$

洛姆尼茨(Lomnitz, C.)提出一个对数蠕变定律, 即假定记忆函数为以下形式:

$$f(t) = q \ln(1 + at) ,$$

q 和 a 是两个待定参量. 由此可得到

$$Q^{-1} = \frac{q\left[\left(\dfrac{\pi}{2} - S_i \dfrac{\omega}{a}\right)\cos\dfrac{\omega}{a} + C_i \dfrac{\omega}{a}\sin\dfrac{\omega}{a}\right]}{1 + q\left[\left(\dfrac{\pi}{2} - S_i \dfrac{\omega}{a}\right)\sin\dfrac{\omega}{a} - C_i \dfrac{\omega}{a}\cos\dfrac{\omega}{a}\right]} ,$$

式中, C_i 和 S_i 各为余弦和正弦积分. 当 ω 或 Q 值很大时, $Q^{-1} \to qa / \omega$, 即当 ω 很大时, a 与 ω 无关. 这与观测不符.

按照线性理论, 如介质有吸收, 则波速必有频散, 但观测表明地震波虽有吸收, 频散并不显著. 对许多地球物质, 在地震频谱范围内, 吸收系数 α 几近地与频率成比例. 因此有人认为地震波的传播是非因果性的. 福特曼(Futterman, W. L.)的工作证明情况并非如此. 他由线性理论出发, 应用因果律的关系(即波未到达, 不会有位移), 得到频散与吸收的确定关系. 他所得到的一个模式是

$$v = C\left[1 - \frac{1}{\pi Q_0} \ln\left(\gamma \frac{\omega}{\omega_0}\right)\right]^{-1} ,$$

$$Q = Q_0\left[1 - \frac{1}{\pi Q_0} \ln\left(\gamma \frac{\omega}{\omega_0}\right)\right]^{-1} ,$$

C, Q_0, ω_0 都是常量, ω_0 是低频方面的截止频率. 当 $\omega \gg \omega_0$ 时, v 随 ω 的变化是很弱的, Q 也几乎与 ω 无关. ω_0 的选择很有伸缩, 约为 $\omega_0 \approx 10^{-3} \mathrm{s}^{-1}$.

12.6.4　能量消耗的机制

(1)散射: 在单晶体中, 只有当波的频率达到 10^9 周时才有显著的散射. 在多晶体中, 散射和 λ / d 比值有关系, d 是颗粒的直径. 在地幔中, $\lambda / d \gg 1$, 这时发生的散射叫作瑞利散射. 与此相应的 Q 值是

$$Q^{-1} \approx \frac{1}{\pi} C\tau f^3 S ,$$

C 是波速, τ 是颗粒体积, f 是频率, S 是一个散射因子, 与密度和弹性有关系. 在地幔中, 因散射而耗失的能量可以忽略.

（2）颗粒边界的阻尼：如果颗粒可以互相滑动，则摩擦阻尼将消耗能量，但当压强大于 1000 bar 时，这种滑动将难以发生，所以边界的阻尼作用只能在地壳上层起作用. 在更深处，边界的裂隙将被焊合. 这时边界阻尼不是由于摩擦，而是由于黏滞性. 当有应力作用，这就产生弛豫，弛豫时间 τ 和温度有关系，$\tau = \tau_0 e^{G*/kT}$，$G*$ 是激活能. 边界阻尼和频率有关，但与振幅无关.

（3）应力产生的成序效应：另一种阻尼机制是由应力产生的成序效应（stress-induced ordering），即在应力的作用下，晶体中的原子或缺陷的重新分布. 这种效应也导致阻尼，它也是与频率有关，与振幅无关.

（4）断错阻尼：晶体的断错也产生阻尼. 当温度较高时，阻尼是由于断错移动所产生的黏滞力. 这与频率有关，与振幅无关. 当温度低时，应力可能使断错与原子脱离因而产生阻尼. 这与频率无关，但与振幅有关. 两种断错阻尼对于地幔岩石的 Q 值都有影响.

（5）部分熔化：以上四种机制都假定地幔岩石为多晶多相的固体. 但若在地幔中任一深度发生部分熔化，外加应力可使流体在颗粒间流动，因而产生黏滞阻尼.

在以上各种机制中，其重要性依次为（2），（3），（4），在地幔中，（1）可以忽略，（5）只在低速层附近有影响. 能量吸收主要是由于哪种影响可能在不同深度或不同地区而有所不同，不过可以设想 Q 值与物质强度的关系要比与地震波速度的关系更密切一些，因为前者决定于晶体缺陷，而后者则决定于弹性和密度，它们对于缺陷和断错是不敏感的.

12.6.5　Q 值的测定

最直接的地震测定方法显然是地面上不同地点对比地震体波的振幅，然而这样做要遇到许多困难，因为震源类型、接收仪器的性能、地震波传播途径都会影响观测结果，而且在地面观测时，地震波振幅沿着同一条射线的衰减一般是量不到的. 然而这些困难常常可以用适当的观测方法，或多或少地加以克服. 例如，使用长期面波不但可以减小介质中小尺度的不均匀性的影响，而且几乎等于在相同的射线上取样. 使用地球自由振荡最大振幅的衰减或使用环绕地球的长周期瑞利波或勒夫波通过同一台站时振幅的变化就消除了震源和传播途径的影响. 使用地面与地核边界之间返复垂直反射的 S 波 ScS 或 sScS 也可以消除传播途径差异的影响. 为简便计，以下只举体波的观测计算为例.

对于一条给定的射线，几何扩散可由下式计算（Bullen, 1963）：

$$F = \sqrt{\frac{\sin\theta}{r^2 \sin\Delta \cos\theta_0} \left|\frac{d\theta}{d\Delta}\right|},$$

r 是地球半径，Δ 是震中距离，θ 是射线离源角，θ_0 是射线在地面的出射角. 设 n 为在地核边界的反射次数. 对于垂直入射，n 次与 $n+1$ 次反射振幅比 ScS_{n+1}/ScS_n 为

$$\frac{ScS_{n+1}}{ScS_n} = R\bar{R}e^{-2\alpha_1 h_1} e^{-2\alpha_2 h_2} \frac{F_{n+1}}{F_n},$$

R 和 $\bar{R}$ 各为地核边界和地面的反射系数，h_1 是震源深度，$h_2 = H - h_1$，H 是地核深度，α_1 和 α_2 是震源以上和以下介质的平均吸收系数，F_n 是 n 次反射的几何扩散因子. 对于垂直入射，R 及 $\bar{R}$ 都几近于 1. 求地幔的平均衰减，可在上式中设 $\alpha_1 \approx \alpha_2 = \alpha$. 于是得到

$$\alpha = -\ln\left(\frac{\mathrm{ScS}_{n+1}}{\mathrm{ScS}_n} \cdot \frac{F_n}{F_{n+1}}\right)\Big/2H,$$

而

$$Q = \pi f/V_{\mathrm{S}}\alpha, \qquad f\,\text{表示频率}.$$

参 考 文 献

傅承义. 1972. 大陆漂移、海底扩张和板块构造. 北京: 科学出版社. 1-46.

傅承义. 1976. 地球十讲. 北京: 科学出版社. 1-181.

Aki, K. 1972. Earthquake mechanism. *Tectonophysics*, **13**: 423-446.

Anderson, D. L. 1967. A seismic equation of state. *Geophys. J. R. Astr. Soc.*, **13**: 9-30.

Birch, F. 1952. Elasticity and constitution of the Earth's Interior. *J. Geophys. Res.*, **57**: 227-286.

Birch, F. 1964. Density and composition of the mantle and core. *J. Geophys. Res.*, **69**: 4377-4388.

Bullen, K. E. 1963. *An Introduction to the Theory of Seismology*. 3rd edition. New York: Cambridge Univ. Press. 1-381.

Dziewonski, A., Anderson, D. L. 1981. Preliminary reference Earth model. *Phys. Earth Planet. Inter.*, **25**: 297-356.

Gutenberg, B. 1959. *Physics of the Earth's Interior*. New York and London: Academic Press. 1-240. 古登堡, B. 1965. 地球内部物理学. 王子昌译, 傅承义校. 北京: 科学出版社. 1-226.

Liu, H. P., et al. 1976. Velocity dispersion due to anelasticity. *Geophys. J. R. Astr. Soc.*, **47**: 41-58.

Liu, L. G. (刘玲根). 1979. Phase transformation and the constitution of the deep mantle. In: McElhinney, M. W. (ed.). *The Earth, Its Origin, Structure and Evolution*. Chapter 6. New York: Academic Press. 177-202.

Ringwood, A. E. 1975. *Composition and Petrology of Earth's Mantle*. New York: McGraw-Hill. 1-618.

附表 公元前 2222 年至公元 2019 年全球著名的一些破坏性地震

编号	时间(UTC) 年.月.日	地区 经度，纬度	震级 M	震中烈度	地震死亡人数/人	说明
1	公元前 2222.-.-	中国山西永济蒲州 34.9°N，110.4°E	5	VII		帝舜三十五年(公元前 2222 年)，地震泉涌. 最早有历史记载但未指明地点的地震
2	公元前 1831.-.-	中国山东泰山 36.3°N，117.1°E				夏帝发七年，泰山震(据《竹书纪年》). 最早有历史记载并指明了地点的地震
3	公元前 780.-.-	中国陕西岐山 34.5°N，107.8°E	≥7	≥IX		周幽王二年西周(都镐，今长安西北)三川(泾、渭、洛)皆震. ……是岁，三川竭，歧山崩(据《史记·周本纪》). 烨烨震电，不宁不令. 百川沸腾，山冢崒崩. 高岸为谷，深谷为陵
4	公元前 225.-.-	希腊罗德岛 (Rhodes)			75000	
5	公元前 33.-.-	巴勒斯坦		IX	30000	
6	公元 19.-.-	叙利亚			120000	
7	63.-.-	意大利维苏威附近				地震持续了 16 年，以著名的、掩埋了庞贝和赫丘兰尼姆(Herculaneum)城的公元 79 年维苏威火山喷发而告终
8	342.-.-	土耳其			40000	安提奥奇(Antioch)毁灭
9	365.7.21	地中海东部亚历山大，塞浦路斯科里恩 (Kourion)		X	50000	古罗马城科里恩全部毁灭. 地中海巨大海啸
10	844.9.18	叙利亚			50000	大马士革毁灭
11	856.12.-	希腊科林斯			200000	死亡人数一说 45000 人. 自突尼斯至伊朗，许多城市毁坏
12	893.3.-	印度			180000	死亡人数一说 150000 人. 大范围毁坏
13	1038.1.9	中国山西定襄、忻州间 38.4°N，112.9°E	$7\frac{1}{4}$	X	32300	忻、代、并三州地震，地裂涌水，坏庐舍城郭，覆压官民. 死 32300 余人，伤 5600 余人；死牲畜 50000 余头. 弥千五百里而及都下(开封)，随后十年震动不止. 太原以北地区许多村镇毁坏
14	1057.3.30 (1057.3.24)	中国河北幽州 (北京市) 39.7°N，116.3°E	$6\frac{3}{4}$	IX	25000	坏城郭. 覆压死者数万人. 雄州(今河北雄县)北界、幽州(今北京西南)治地大震
15	1068.3.18	巴勒斯坦		IX	25000	许多村镇被毁坏
16	1138.9.8	叙利亚阿勒颇		XI	230000	阿勒颇毁灭
17	1202.5.20	中东			30000	130 多万平方千米地区有感
18	1268.-.-	小亚细亚西里西亚		IX	60000	

编号	时间(UTC) 年.月.日	地区 经度,纬度	震级 M	震中烈度	地震死亡人数/人	说明
19	1290.10.4 (1290.9.27)	中国内蒙古 41.6°N, 119.3°E	$6\frac{3}{4}$	IX	100000	地陷,黑砂水涌出,人死伤数万(有说数十万).辽宁武平(今宁城)尤甚.大明塔顶崩,塔身裂.坏仓库局 480 间,民居不可胜数.压死官民 7200 余人
20	1293.5.20	日本镰仓			30000	镰仓遭受巨大破坏
21	1303.9.25 (1303.9.17)	中国山西赵城–洪洞 36.3°N, 111.7°E	8.0	XI	15000	洪洞及邻近区域遭受巨大破坏.地裂成渠,泉涌黑砂,孝义、赵城村堡陟移,汾州城陷,坏官民庐舍十万计,宫观摧毁者一百四十余所,道士死伤千余人,人民压死不可胜计
22	1356.10.18	瑞士巴塞尔		XI	300	大范围内的 80 多个城堡毁灭,厨房壁炉炉膛倒塌,引发火灾,延烧多日
23	1455.12.5	意大利那不勒斯			40000	那不勒斯严重破坏
24	1531.1.26	葡萄牙里斯本 39.0°N, 8.0°W		XI	30000	
25	1556.2.2 (1556.1.23)	中国陕西华县 34.5°N, 109.7°E	$8\frac{1}{4}$	IX	830000	已知历史上最大的自然灾害.秦晋之交,地忽大震,声如万雷,川原坼裂,郊墟迁移,道路改观,树木倒置,阡陌更反.五岳动摇,寰宇震殒遍.陵谷变迁,起者成阜,下者成壑,或岗阜陷入平地,或平地突起山阜.涌者成泉,裂者成涧.地裂纵横如画,裂之大者水文涌出.或壅为岗阜,或陷作沟渠,水涌沙溢,河渭泛.城垣、庙宇、官署、民庐倾颓摧圮十居其半.军民因压、溺、饥、疫、焚而死者不可胜数,其奏报有名者八十三万有奇,其不知名未经奏报者复不可数计
26	1627.7.30 10:50	意大利那不勒斯 41.7°N, 15.4°E	6.8	X–XI	5000	
27	1663.2.5 22:30	加拿大魁北克沙勒沃伊–卡穆拉斯卡 (Charlevoix-Kamouraska) 47.6°N, 70.1°W	7	0		当地时间 5:30
28	1667.11.18	阿塞拜疆撒马尔罕 37.2°N, 57.5°E	6.9		12000	
29	1668.7.25	中国山东郯城 34.8°N, 118.5°E	$8\frac{1}{2}$	≥XI	47615	北京时间 20:00.山东全省遭受巨大破坏,鲁、苏、浙、皖、赣、鄂、冀、晋、辽、陕、闽诸省及朝鲜有感.山东郯城、沂州、莒州破坏最重.地裂泉涌,地裂处宽不能越,深不可探,泉涌高喷二三丈,地陷塌如阶级,有层次.城楼、仓库、衙署、民房并村落、寺观倒塌如平地.震塌房屋约数十万间.郯城、莒县压死 3 万余人
30	1668.8.17	土耳其安那托利亚 40.5°N, 35.0°E	8		8000	
31	1692.6.7	牙买加皇家港 17.8°N, 76.7°W	8.0		3000	大范围砂土液化引发皇家港约 1/3 沉入海平面以下 4 m

续表

编号	时间(UTC) 年.月.日	地区 经度,纬度	震级 M	震中烈度	地震死亡人数/人	说明
32	1679.9.2	中国河北三河-平谷 40.0°N, 117.0°E	8.0	XI	45500	当地时间 11:00. 震之所及, 东至辽宁沈阳, 西至甘肃岷县, 南至安徽桐城, 凡数千里, 而三河平谷最惨, 远近荡然一空, 了无障隔, 山崩地陷, 裂地涌水, 土砾成兵, 尸骸枕藉, 官民死伤不计其数, 有全家覆没者. 四面地裂, 黑水涌出, 地陷数尺, 北京德胜门下裂一大沟, 水如泉涌. 城堡房屋, 存者无几, 北京坏房屋数万间, 死者以万计. 三河县地震死亡 2677 人, 平谷县死亡 1 万余人
33	1693.1.11 13:30	意大利卡拉布里亚 (Calabria) 37.1°N, 15.0°E	7.4	XI	54000	
34	1700.1.26	喀斯喀迪亚俯冲带 加拿大北部至温哥华岛	9			
35	1715.8.5	阿尔及利亚			20000	阿尔及尔毁灭
36	1755.6.7	波斯北部 34.0°N, 51.4°E	5.9		1200	
37	1755.11.1 10:16	葡萄牙里斯本 36.0°N, 11.0°W	8.5	XI	62000	科学地描述了一些地震效应. 整个大西洋海啸, 为有史以来最大海啸, 海啸浪高超过 20 英尺. 海啸后大火. $1.6×10^6$ km^2 有感. 阿尔及尔毁灭. 虽然在过去的 500 年里有好几个意大利地震的死亡人数目比这个大, 超过了 150000 人, 但这次地震是欧洲有史以来有详尽报告的死亡人数最多的一次地震
38	1783.2.5 12:00	意大利卡拉布里亚 38.4°N, 16.0°E	6.9	XI	35000	第一个由科学委员会研究的地震
39	1797.2.4 12:30	厄瓜多尔基多 1.7°S, 78.6°W	8.3		40000	
40	1811.12.16 8:15	美国密苏里州新马德里 36.6°N, 89.6°W	7.7	X	许多	当地时间 02:15. 当天 13:15(当地时间 07:15)与 1812 年 1 月 23 日 15:15(当地时间 9:15)、1812 年 2 月 7 日 9:45(当地时间 3:45)又分别发生 $M6.8~7.0$, $M7.5$ 与 $M7.7$ 地震. 240 km ×60 km 面积下沉了 1~3 m, 密西西比河改道, 4 次大震(1811 年 12 月 16 日两次;1812 年 1 月 23 日与 1812 年 2 月 7 日)连续发生. 垂直向移动达 7 m. 大范围砂土液化. $5×10^6$ km^2 范围有感
41	1819.6.16 2:00	印度卡其 23.3°N, 70.0°E	8.3		1440	最早详尽报道观察到伴随地震的断层, 形成 6 m 高、80 km 长的断层崖("阿拉邦德"断层崖)
42	1822.9.5	小亚细亚阿勒颇 35.0°N, 36.0°E			22000	
43	1823.6.2 8:00	美国夏威夷基拉韦 南麓 19.3°N, 155°W	7			

编号	时间(UTC) 年.月.日	地区 经度,纬度	震级 M	震中烈度	地震死亡人数/人	说明
44	1828.12.17 20:00	日本三陆越后 37.6°N, 138.9°E	6.9		1681	当地时间 12 月 18 日 07:00
45	1835.2.20 15:30	智利康塞普西翁 36.0°S, 73.0°W	8.1		许多	查尔斯·达尔文详细描述过这个地震. 引发海啸
46	1836.6.10 15:30	美国加州 旧金山湾区南部 36.96°N, 121.37°W	6.5			
47	1838.6.-	美国加州旧金山 半岛 37.27°N, 122.23°W	6.8			
48	1843.1.5 02:45	美国阿肯色马克特 特利 35.5°N, 90.5°W	6.3			
49	1857.1.9 16:24	美国加州特洪堡	7.9	X	2	圣安德烈斯断层上最大的两次大地震之一
50	1857.12.16 21:15	意大利那不勒斯 40.4°N, 15.9°E	7.0	X	10939	现代地震学发端于马利特的野外工作, 他写了著名的报告《观测地震学第一原理》
51	1868.8.16 06:30	厄瓜多尔与哥伦 比亚 0.3°N, 78.2°W	7.7	X	40000	
52	1868.10.21 15:53	美国加州海沃德 37.7°N, 78.2°W	6.8		30	
53	1871.2.20 08:42	美国夏威夷州莫洛 凯(Molokai) 21.2°N, 156.9°W	6.8			
54	1872.3.26 10:30	美国加州欧文斯谷 36.5°N, 118.0°W	7.4		27	
55	1872.12.15 05:40	美国华盛顿州喀斯 喀德北部 47.9°N, 120.3°W	6.8			
56	1873.11.23 05:00	美国加州-俄勒冈州 海 岸 42.2°N, 124.2°W	7.3			
57	1886.9.1 02:51	美国南卡罗来纳州 查尔斯顿32.9°N, 80.0°W	7.4	X	60	当地时间 1886 年 8 月 31 日 21:51. 美国东部的最大地震. 该地区在 1680 年至 1886 年从未观测到有地震. 有感范围 5×10^6 km². 14000 处烟囱损坏或破坏, 90%建筑物损毁或损坏
58	1890.4.24 11:36	美国加州科拉利 托斯 36.96°N, 121.78°W	6.3			

续表

编号	时间(UTC) 年.月.日	地区 经度，纬度	震级 M	震中烈度	地震死亡人数/人	说明
59	1891.10.27 21:38	日本美浓-尾张 35.6°N，136.6°E	8.0		7273	当地时间 1891 年 10 月 28 日 06:38. 建筑物全坏 142177 间，半坏 81840 间. 自此地震起，日本开始系统地研究地震
60	1892.4.19 10:50	美国加州瓦卡维尔 38.50°N，121.82°W				
61	1896.6.15 10:32	日本本州三陆冲 39.5°N，144.0°E	8.2		22000	当地时间 19:32. 海啸浪高达 35 m，吉滨为 24.4 m，绫里为 21.9 m. 席卷三陆冲海岸 10000 余间房屋
62	1897.6.12 11:06	印度阿萨姆 26.0°N，91.0°E	8.3	XII	1500	迄今最大的、极强烈有感地震，在有些地方地面运动加速度超过 1g，2.8×10^6 km^2 有感. 奥尔德姆(R. D. Oldham)详细研究过这个地震
63	1902.4.19 02:23	危地马拉的克察尔特南戈和圣马科斯之间 14.0°N，91.0°W	7.5		2000	这次地震在墨西哥恰帕斯州的塔帕丘拉也造成了破坏. 远至哈拉帕、韦拉克鲁斯和墨西哥城都有感. 地震在墨西哥的持续时间估计为 1 min 至 1.5 min
64	1902.12.16 05:07	乌兹别克斯坦安集延 (Andizhan) 40.8°N，72.3°E	6.4	IX	4725	在安集延-马尔吉兰(Margilan)地区，41000 座建筑物被摧毁. 安集延火车站一辆列车被抛出轨道. 主震后约 40 min 的一个强余震加重了破坏与损失
65	1903.4.28 23:39	土耳其马拉兹吉尔特(Malazgirt) 39.1°N，42.7°E	7.0		3500	在马拉兹吉尔特-帕特诺斯(Patnos)地区，大约 12000 座房屋被摧毁，20000 头牲畜死亡. 远至埃尔祖鲁姆与比特里斯都有轻微破坏
66	1903.5.28 03:57	土耳其(奥斯曼帝国)古尔 40.9°N，42.8°E	5.4	VII–VIII	1000	多个村庄被毁. 死亡人数可能被高估了，如阿姆布拉塞斯(N. N. Ambraseys)所说，这次地震"据称死了 1000 多人"
67	1905.4.4 00:50	印度坎格拉 (Kangra) 33.0°N，76.0°E	7.8	X	20000	相距 250 km 的坎格拉与德赫拉顿(Dehra Dun)两地均遭受破坏
68	1905.7.9 09:40	蒙古国 49.0°N，99.0°E	8.5			
69	1906.1.31 15:36	厄瓜多尔埃斯梅拉达斯 (Esmeraldas)近海 1.0°N，81.5°W	8.6		1000	地震和海啸在哥伦比亚的图马科-厄瓜多尔的埃斯梅拉达斯地区造成了破坏. 地震破坏发生在内陆从卡利(哥伦比亚)到奥塔瓦洛(厄瓜多尔)约 100 km 范围内. 远至委内瑞拉的马拉开波湖区均有感. 在图马科观测到海啸的浪高达 5 m，幸运的是一部分海浪在到达城市前被近海的岛屿驱散了. 在哥伦比亚的谷阿皮(Guapi)地区，约 450 间房屋被 6 个成串的海浪所摧毁，其中最大的海浪高如大树. 在厄瓜多尔的曼塔港和哥伦比亚的布韦那文图拉港观测到了海岸抬升，最高达 1.6 m. 布韦那文图拉与巴拿马之间多处海底电缆被折断. 在波多黎各近海，也发生了电缆被折断事件，表明加勒比海也可能激发了海啸

编号	时间(UTC) 年.月.日	地区 经度,纬度	震级 M	震中烈度	地震死亡人数/人	说明
70	1906.3.16 22:42	中国台湾嘉义 23.6°N, 120.5°E	6.8		1258	当地时间 1906 年 3 月 17 日 06:42. 6700 多间房屋被摧毁, 半毁 3600 多间, 全市几毁灭. 出现了约 13 km 长、2.4 m 宽的地面断裂, 最大垂直错距为 1.8 m. 地裂喷砂. 死 1258 人, 重伤 745 人. 3 月 26 日、4 月 6 日、7 日和 13 日的余震, 增加了伤亡和破坏
71	1906.4.18 13:12	美国加州旧金山 38.0°N, 123.0°W	7.9	XI	3020	当地时间 05:12. M_W7.9, M_S8.3. 在 450 km 长的圣安德烈斯断层上发生 4 m 的滑动, 最大至 7 m. 极震区位于沿圣安德烈斯断层的破裂长达 10 km 量级的范围内. 在马丁(Martin)县, 篱笆错开 2.6 m. 有感范围南北总长度约 1170 km, 约 100 万 km². 地震引发大火燃烧 3 天 3 夜. 烧毁 521 街区, 28188 幢房屋. 火灾造成的损失比地震造成的大十余倍. 地震造成 315 人死亡, 700 余人失踪. 根据对这次地震的研究, 雷德(H. F. Reid)提出弹性回跳理论
72	1906.8.17 00:40	智利瓦尔帕莱索 33.0°S, 72.0°W	8.5		3760	瓦尔帕莱索大部分被摧毁. 许多报告称地震持续了 4 min. 智利中部从伊拉佩尔(Illapel)到塔尔卡(Talca)遭受严重破坏. 自智利塔克纳(Tacna)到蒙特港(Pueto Montt)有感. 产生海啸. 从萨帕拉(Zapalla)到伊科(Llico)大约 250 km 长的海岸隆起. 据巴特(M. Bâth)报告, 死亡人数为 20000 人; 但据智利大学提供的数据, 死亡人数为 3882 人
73	1907.1.14 21:36	牙买加金斯敦皇家港 18.2°N, 76.7°W	6.5		1000	金斯敦的每一座建筑物都遭受了这次地震和后来的大火破坏. 有报告称, 在牙买加北海岸有一次最大浪高约 2 m 的海啸
74	1907.10.21 4:23	塔吉克斯坦卡拉托格(Qaratag) 38.0°N, 67.0°E	7.2		15000	两次地震摧毁了塔吉克斯坦卡拉托格, 以及乌兹别克斯坦的吉萨尔(Gissar)和迭纳乌(Denau)地区的许多山村
75	1908.12.28 4:20:24.0	意大利墨西拿 38.00°N, 15.50°E	7.0	XI	82000	据 1901—1911 年的人口统计, 这次地震的死亡人数为 72000 人, 但也有一说 110000 人. 由于建筑物质量粗劣与地基土质条件差, 墨西拿与卡拉布里亚(Calabria) 的雷焦(Reggio)全部被地震摧毁, 墨西拿 40%的居民与卡拉布里亚 25%的居民因地震、海啸、(在墨西拿还有)火灾而死亡. 沿墨西拿以南的西西里海岸, 海啸浪高 6~12 m, 沿卡拉布里亚海岸, 海啸浪高 6~10 m. 余震延续至 1913 年
76	1909.1.23 02:48:18.0	伊朗(波斯) 33.00°N, 53.00°E	7.0		5500	大约 60 个村庄被地震摧毁或遭到严重损害. 130 个村庄死人. 在杜鲁德(Dorud)断层上可见 40 km 长的表面断裂. 余震持续近 6 个月

续表

编号	时间(UTC) 年.月.日	地区 经度，纬度	震级 M	震中烈度	地震死亡人数/人	说明
77	1912.8.9 01:29:00.0	土耳其(奥斯曼帝国) 穆莱夫特(Murefte) 40.50°N，27.00°E	7.6		2836	穆莱夫特至加利波利地区的 580 多个村、镇，大约有 25000 间房屋被摧毁，15000 间房屋遭破坏，致 80000 多人无家可归。从沙罗斯(Saros)海湾到马尔马拉海，横穿盖利波卢半岛北端，出现了长约 50 km、位错约 3 m 的地面断层。从震中向外 200 km 范围内，可看到砂土液化现象
78	1914.10.3 22:06:34.0	土耳其布尔杜尔 (Burdur) 37.50°N，30.50°E	7.1	IX–X	4000	布尔杜尔-埃利迪尔(Egridir)-蒂纳尔(Dinar)地区 17000 多座房屋被摧毁。从维尔(Vear)地区远至安塔利亚(Antalya)、博尔瓦丁(Bolvadin)和代尼兹利(Denizli)都有破坏。沿布尔杜尔湖东南岸沉陷约 23 cm，表明这可能是断层带
79	1915.1.13 6:52	意大利阿韦扎诺 (Avezzano) 42.0°N，13.7°E	7.0	XI	32610	阿韦扎诺-佩西纳(Pescina)地区遭受严重破坏。估计大约有 3000 人死于几个月后的地震间接效应中。整个意大利中部从威尼托(Veneto)至巴斯利卡塔(Basilicata)有感
80	1917.1.20	印度尼西亚巴厘岛 8.3°S，115.0°E	6.5		1300	伤亡大多是巴厘岛滑坡造成的。很多房屋遭到破坏。有一个报告称，伤亡达 15000 人。但对照破坏的分布图可见这一数值好像太大了
81	1918.2.13 06:07:14.0	中国广东南澳 23.54°N，117.24°E	7.2		1000	北京时间 14:07。南澳绝大多数房屋被摧毁，石山峰峦倾落山下，海水腾涌，滨海马路裂一大缝，喷热水。全县屋宇夷为平地。人民死伤十之八。汕头约 1000 人死亡或受伤。广东揭阳-福建云霄地区，超过 90%的房屋被摧毁或受损。远至福州都有破坏。死亡人数可能高达 10000 人，但计数很困难，因为，消息来源把死亡人数与受伤人数合并在一起，常常只给出死亡人数与受伤人数的比例，而不是两者的确切数值。安徽、福建、广东、广西、湖北、湖南、江苏、江西、台湾和浙江省有感
82	1920.12.16 12:05:54.7	中国甘肃海原 (今宁夏海原) 36.60°N，105.32°E	8.3	XII	235502	北京时间 20:05。M_W8.3，M_S8.5。东六盘山地区村镇埋没，地面或成高陵，或陷深谷，山河变异，山崩地裂，黑水喷涌。大规模砂土液化引发滑坡下滑超过 1.5 km。海原固原等四城全毁。海原全城房屋荡平，倒塌房屋 53610 间，仅海原一县即死 73027 人，全部地震死亡人数超过 200000 人。对海原地震的研究是中国近代地震学的发端
83	1922.11.11 04:32:45:2	智利阿塔卡马 (Atacama) 28.55°S，70.75°W	8.7		1000	M_W8.7，M_S8.3
84	1923.3.24 12:40:19.9	中国四川炉霍-道孚 30.55°N，101.26°E	7.2		3500	北京时间 20:40。炉霍-道孚地区严重破坏与滑坡，山坡到处崩塌，地裂很多。城墙、教堂、庙宇、官民房屋概行倒塌成废墟。乾宁有破坏与伤亡。死人 3000 以上

编号	时间(UTC) 年.月.日	地区 经度,纬度	震级 M	震中烈度	地震死亡人数/人	说明
85	1923.5.25 22:21	伊朗(波斯)托巴特·海达里耶(Torbat-e Heydariyeh) 35.3°N, 59.2°E	5.5		2219	在托巴特·海达里耶西南,有5个村庄被完全摧毁
86	1923.9.1 02:58:37.0	日本关东 35.40°N, 139.08°E	7.9		142807	当地时间11:58. M_W7.9, M_S8.2. 又称东京大地震. 死亡142807人, 伤103733人, 失踪43476人. 经济损失约28亿美元. 震中位于东京南面80km的骏河湾. 房屋倒塌, 烟囱折断, 公路开裂, 铁轨变形. 陆地最大沉降1.4m, 最大隆起(东南部沿海地区)1.8m. 该区内河川、港湾、公路、铁路、供水系统等均遭受严重破坏. 东京134处大火, 汇集成火暴. 地震与随后发生的大火致使东京与横滨遭受严重破坏, 东京旧市区房屋烧毁约50%, 横滨约80%. 房屋倒塌128266幢, 部分倒塌126233幢, 房屋被大火完全烧毁大约447128幢, 房屋部分或完全毁坏694000幢. 房总半岛和伊豆半岛以及大岛也遭受破坏. 骏河湾北岸有近2m的持久性上升, 房总半岛测量到大至4.5m的水平位移. 骏河湾海啸, 在大岛海啸波高高达12m, 在伊豆、三浦与房总半岛6m, 在本所(Honjo)出现冒砂与高达3m的间歇性喷泉. 关东地震促进日本近代地震研究的发展, 东京大学地震研究所因此于1925年创立
87	1925.3.16 14:42:18.8	中国云南大理 25.69°N, 100.49°E	7.0		5808	当地时间22:42. 点苍山低陷数米, 山顶裂缝, 平地裂缝涌黑水. 塔顶、铁栅震倒, 桥梁截断, 城楼被摧毁, 城垣坍塌, 全城官衙、民房、庙宇同时倾圮, 震后起火, 震倒和烧毁房屋76000余间. 大理地区有76000多房屋倒塌或被烧毁, 3600人死亡, 72000人受伤; 死牲畜五六千头. 凤仪、弥渡、宾川、邓川等县也有破坏和伤亡. 昆明有感
88	1927.3.7 09:27:42.1	日本丹后 35.80°N, 134.92°E	7.1		2925	当地时间18:27. 又称北丹后地震. 死2925人, 房屋全坏12584间, 烧失3711间. 蜂山1100余人与98%的房屋被地震与火灾所摧毁. 地震在鹿儿岛至东京有感. 在乡村(Gomura)断层与山田断层上观测到两条断层在丹后半岛的基底正交的断裂
89	1927.5.22 22:32:48.0	中国甘肃古浪 37.39°N, 102.31°E	8.0		41419	当地时间1927年5月23日06:32. 普遍地裂, 有的成深沟, 有的成阶地, 有的裂缝长达14km. 山头开裂或崩陷、滑坡. 河水干涸或出新泉. 建筑几乎全部倒塌, 窑洞全塌, 房屋倒塌十之九. 压死4000余人; 死牲畜3万余头. 震中位于连接中国与中亚的丝绸之路的祁连山脚下的古浪-武威地区. 古浪-武威地区遭受严重破坏, 40900人死亡, 250000头家畜死亡. 滑坡掩埋了古浪附近的一个村庄, 使武威县的一条小溪断流, 形成堰塞湖. 出现大的地裂缝与喷砂. 从兰州经民勤、永昌到景泰均有破坏, 远至距震中700km的西安有感

编号	时间(UTC) 年.月.日	地区 经度, 纬度	震级 M	震中烈度	地震死亡人数/人	说明
90	1929.5.1 15:37:37.1	伊朗科佩赫 (Coppeh) 37.96°N, 57.69°E	7.1		3257	在伊朗-土库曼斯坦边界区域造成了伤亡与严重破坏, 在伊朗的巴汉(Baghan)-吉凡(Gifan)地区死亡人数为 3250 人, 88 个村庄被摧毁或损坏. 在土库曼斯坦的吉尔马布(Germab), 几乎所有的建筑物都被毁灭. 土库曼斯坦包括阿什哈巴德有 57 个地方有破坏, 阿什哈巴德有伤亡. 在巴汉-吉尔马布断层上大约有 50 km 长的断层段上出现表面断裂. 余震一直延续到 1933 年
91	1930.5.6 22:34:27.8	伊朗(波斯)萨尔马斯 (Salmas) 38.15°N, 44.69°E	7.1	IX–X	2514	在萨尔马斯平原及周边山区, 大约有 60 个村庄毁灭. 人口为 18000 人的迪尔曼(Dilman)房屋全部夷为平地, 但因为在 07:03UTC 时有一个 5.4 级的前震, 致使主震的死亡人数为 1100 人. 前震导致了 25 人死亡, 但可能却因此拯救数千性命, 因为当天晚上许多人选择睡在户外. 在萨尔马斯和代里克(Derik)断层观测到断裂, 萨尔马斯断层最大垂直错距为 5 m, 最大水平错距为 4 m. 震后在废墟的西面重建迪尔曼, 称为斯哈赫普尔(Shahpur), 现在则称为萨尔马斯
92	1930.7.23 00:08	意大利皮尼亚 (Irpinia) 41.1°N, 15.4°E	6.7		1404	大部分破坏分布在阿韦利诺省、波坦察省和福贾省的阿里亚诺·伊尔皮诺(Ariano Irpino)-梅尔菲(Melfi)地区. 破坏远至那不勒斯. 从波河河谷(Po Valley)到卡坦扎罗省和莱切省, 都有感. 有报告称在震中区有地光
93	1931.3.31 16:02	尼加拉瓜马那瓜 12.2°N, 86.3°W	6.0		1000	地震与大火摧毁了马那瓜大部分
94	1931.4.27 16:50	亚美尼亚与阿塞拜疆交界处的赞格祖尔 (Zangezur)山区 39.4°N, 46.0°E	6.4		390	在亚美尼亚的锡西安至戈里斯(Goris)地区, 有 57 个村庄被摧毁或遭严重破坏. 在阿塞拜疆的奥尔杜巴德(Ordubad)地区, 有 46 个村庄被摧毁或遭严重破坏
95	1931.8.10 21:18:47.7	中国新疆富蕴 46.57°N, 89.96°E	7.9		10000	北京时间 1931 年 8 月 11 日 05:18. 富蕴-青河遭受严重破坏, 地裂隙、滑坡、喷砂和下陷. 阿尔泰有些矿井塌陷, 乌鲁木齐轻微破坏
96	1932.12.25 02:04:32.0	中国甘肃昌马 39.77°N, 96.69°E	7.6		275	北京时间 1932 年 12 月 26 日 10:04:32.0. 严重破坏. 地裂普遍, 有巨大的隆起、塌陷、山崩等. 裂缝涌水, 井泉干涸. 疏勒河绝流数日. 民房倒塌十之八九. 昌马堡乡 800 户全毁. 死 270 人, 伤 300 余人
97	1933.3.2 17:31:00.9	日本三陆冲 39.22°N, 144.62°E	8.4		3064	当地时间 1933 年 3 月 3 日 02:30. 死 3064 人. 由于这次地震发生在距离本州海岸大约 290 km 海中, 大多数的伤亡与损失是由次生的海啸、而不是原生的地震造成的. 日本大约 5000 间房屋被毁坏, 其中几乎有 4917 间是被海啸扫掉的. 倒 2346 间, 浸水 4329 间. 在本州里奥里湾观测到最大浪高达 28.7 m. 海

续表

编号	时间(UTC) 年.月.日	地区 经度，纬度	震级 M	震中烈度	地震死亡人数/人	说明
						啸还引起夏威夷轻微破坏，在纳波瓦(Napoopoo)记录到最大浪高约为 2.9 m
98	1933.8.25 07:50:32.5	中国四川茂汶叠溪 31.9°N，103.4°E	7.3		6865	北京时间 1933 年 8 月 25 日 15:50. 叠溪与该地区大约 60 个村庄完全被摧毁. 成都也有破坏与伤亡. 重庆、西安有感. 滑坡在岷江造成 4 个堰塞湖. 震后 45 天，堰塞湖崩溃造成滑坡，洪水淹没了村庄
99	1934.1.15 08:43:25.4	印度比哈尔-尼泊尔 26.77°N，86.76°E	8.0	X	10700	M_S8.3. 比哈尔平原出现裂缝、砂土液化
100	1935.4.20 22:02:02.9	中国台湾苗栗 24.36°N，120.61°E	7.1		3276	北京时间 1935 年 4 月 21 日 06:02:02.9. 伤12000 余人. 在新竹-台中地区，39000 座房屋毁坏或铁道下陷多至 2 m. 铁桥毁坏，隧道开裂，严重毁损. 几乎全台湾与福建福州有感. 在两处发现地表断裂. 北部断裂以垂直向位移占优势，最大达 3 m，南部断裂水平向位移为 1~1.5 m，垂直向位移最大达 1 m
101	1935.5.30 21:32:56.8	印度俾路支斯坦 (Baluchistan) (今巴基斯坦奎塔) 28.89°N，66.18°E	8.1	X	60000	奎塔城几乎全部被摧毁. 多处地表断裂与滑坡
102	1935.7.16 03:32	中国台湾新竹 24.6°N，120.8°E	6.5		2740	新竹地区 6000 人受伤，数千房屋毁坏. 远至福建福州有感. 可能是 1935 年 4 月 20 日中国台湾苗栗 M7.1 地震的余震
103	1939.1.25 03:32:00.0	智利奇廉(Chillán) 36.2°S，72.2°W	7.7	X	28000	考古内斯(Cauquenes)-奇廉地区严重破坏. 阿里卡(Arica)至艾森港(Puerto Aisen)有感
104	1939.12.26 23:57:22.6	土耳其埃尔津詹 39.77°N，39.53°E	7.7	XI~XII	32700	埃尔津詹平原与凯尔基特(Kelkit)河谷严重破坏. 图尔詹(Turcan)附近遭受可能是由 11 月 21 日发生的前震引起的破坏，西至阿马西亚(Amasya)，由锡瓦斯(Sivas)起，北至黑海海岸. 在塞浦路斯的拉纳卡(Larnaca)强烈有感. 在北安那托利亚断层带出现长达 300 km 的地裂缝，水平位移大至 3.7 m，垂直位移大至 2.0 m. 在土耳其的黑海海岸的法斯塔(Fasta)观测到小规模的海啸
105	1940.11.10 01:39:08.4	罗马尼亚弗朗恰 45.77°N，26.66°E	7.3		1000	在布加勒斯特-加拉茨地区，许多建筑物被毁，数千人受伤. 在普拉霍瓦河谷和普洛耶什蒂市，几乎所有建筑物被毁或严重受损，部分归因于炼油厂突发的大火. 在摩尔多瓦的基希讷乌，发生了严重破坏. 在保加利亚和乌克兰的切尔尼夫齐、第聂伯罗彼得罗夫斯克和敖德萨，也发生了破坏. 从法国马赛到俄罗斯莫斯科和圣彼得堡，至少南至土耳其伊斯坦布尔都有感

续表

编号	时间(UTC) 年.月.日	地区 经度,纬度	震级 M	震中烈度	地震死亡人数/人	说明
106	1942.12.20 14:03:11.1	土耳其埃尔巴 40.67°N, 36.45°E	7.2		3000	在埃尔巴-尼克萨尔地区,约 5000 座建筑物被毁或受损. 在安那托利亚断层区北部,从凯尔基特河谷中的尼克萨尔,至埃尔巴北部的叶西里马克河,发生了地面破裂,水平向位错量达 1.7 m. 请注意:这次地震的破裂区位于 1939 年埃尔津詹地震破裂区的西面,与其紧邻
107	1943.9.10 08:36:53.0	日本鸟取 35.25°N, 134.00°E	7.0		1083	当地时间 1943 年 9 月 10 日 17:36. 在鸟取地区,约 7500 间房屋被毁. 从新潟到九州熊本都有感. 在鸟取西南,能看到在两条相距约 3 km、几乎平行的断层上有地表破裂. 最长的一段地面破裂长约 8 km,兼有水平向与垂直向位错
108	1943.11.26 22:20:36.0	土耳其拉迪克 (Ladik) 41.0°N, 34.0°E	7.5		4020	拉迪克-维齐尔科普鲁(Vezirkopru)地区大约 75% 房屋被摧毁或损坏. 萨松姆(Sumsun)也有破坏. 在北安纳托利亚断层带从埃尔巴(Erbaa)西面的代斯泰克(Destek)峡谷到菲利约斯(Filyos)河约 285 km 的地段观测到地表断裂,水平向位移移 1.5 m,垂直向位移约 1 m
109	1944.1.15 23:49:30.0	阿根廷圣胡安 31.25°S, 68.75°W	7.1		8000	阿根廷历史上死亡人数最多的一次地震. 有人估计死亡人数可能高达 10000 人. 圣胡安市严重损毁,至少 12000 人受伤. 门多莎省也有损害. 阿根廷的高多巴(Cordoba)、拉里奥哈(La Rioja)和圣路易斯(SanLuis)省,智利的圣菲利佩(San Felipe)-佩托尔卡(Petorca)地区强烈有感(VI 度). 圣胡安北部的拉拉贾(La Laja)出现 7 km 长的表面断裂. 这个地区紧邻着 1942 年埃尔巴(Erbaa)地震的破裂带以西
110	1944.2.1 03:23:36.0	土耳其盖雷代 (Gerede) 41.50°N, 32.50°E	7.2		4000	在北安那托利亚断层区,从博鲁(Bolu),穿过盖雷代,到库桑鲁(Kursunlu),大约有 50000 间房屋被摧毁或遭严重破坏. 烈度为 VI 度的破坏发生在萨卡里亚(Sakarya)-宗古尔达克(Zonguldak)-卡斯塔莫努(Kastamonu)地区. 安卡拉有强烈震感. 从贝拉莫伦(Bayramoren)到阿班特(Abant)湖,能看到最大水平向位错 3.5 m、最大垂直向位错达 1 m 的地表断层. 该地震的破裂区位于 1943 年拉迪克(Ladik)地震破裂区的西面,与其紧邻. 在 4 年多一点的时间段内, 从埃尔津詹(Erzincan)到阿班特湖,北安那托利亚断层区总共破裂了大约 800 km
111	1945.11.27 21:56:50.0	巴基斯坦莫克兰 (Makran)海岸 24.50°N, 63.00°E	8.0		4000	在帕斯尼(Parsni)和奥尔马拉(Ormara)地区造成严重损害. 产生的大海啸在卡拉奇造成损失,在印度孟买造成损失和伤亡. 靠近欣格拉(Hingla)海岸的近海,新出现 4 个岛. 远至德拉伊斯梅尔汗(Dera Ismail Khan)和沙希华(Sahiwal)都有感
112	1946.4.2 12:28:54.0	美国阿拉斯加阿留申 52.75°N, 163.5°W	7.4			当地时间 1946 年 4 月 1 日 02:28:54.0. 大海啸毁坏一电站,夏威夷希洛(Hilo)海啸高达 7 m,经济损失 2500 美元

编号	时间(UTC) 年.月.日	地区 经度,纬度	震级 M	震中烈度	地震死亡人数/人	说明
113	1946.5.31 03:12	土耳其乌斯特克兰 (Ustukran) 40.0°N,41.5°E	6.0	VII– VIII	1300	多个村庄被毁
114	1946.11.10 17:42	秘鲁安卡什 (Ancash) 8.5°S,77.5°W	7.3		1400	在安卡什大区的锡瓦斯(Sihuas)-基齐斯(Quiches)-孔丘科斯(Conchucos)地区,几乎所有建筑物被毁或严重受损.发生了很多滑坡:有一个滑坡掩埋了阿科班巴村,另一个滑坡堵塞了佩拉加托斯(Pelagatos)河.从厄瓜多尔的瓜亚基尔到秘鲁的利马都有感.从基齐斯到哈西达玛雅,在一个长约18 km的区域内,能看到好几段纯倾滑(垂直向的)断裂,滑移量达3.5 m
115	1946.12.20 19:19	日本南海道 33.0°N,135.6°E	8.0		1330	当地时间1946年12月21日04:19.在本州南部和四国岛,2600多人受伤,102人失踪,36000余间房屋被摧毁或严重受损.另有2100间房屋被海啸冲走.这次海啸,在本州纪伊半岛的东海岸,以及四国岛的东海岸和南海岸,浪高达5–6 m.这些地区发生了滑坡、地面裂缝、隆升和下陷.从本州北部到九州都有感
116	1948.6.28 07:13:30.0	日本福井(Fukui) 36.50°N,136.00°E	7.0		3769	当地时间16:13:30.0.有一些报告说,死亡人数高达5390人.福井地区因地震与火灾有67000座房屋被毁坏.在冲积土地区,破坏特别严重.这个地区可以看到一些地裂缝.由茨城府、新潟府、本州到四国的宇和岛都有感.在主震后的一个月,有550个有感余震.迄今仅有的一例:一个人跌入地震产生的地裂缝
117	1948.10.5 12:12:05.0	土库曼斯坦阿什哈巴德 37.50°N,58.00°E	7.2		110000	阿什哈巴德及临近村庄遭受极严重的破坏,几乎所有砖建筑物全都倒塌,混凝土建筑物严重毁坏,货运列车脱轨.伊朗达雷加兹(Darreh Gaz)地区也有破坏与伤亡,阿什哈巴德西北与东南均出现地表破裂,许多来源报道死亡人数为10000人或19800人,但1988年12月9日公布的新数据显示死亡人数为110000人
118	1949.7.10 03:53:36.0	塔吉克斯坦哈伊特 (Khait) 39.00°N,70.50°E	7.6		12000	在长60–65 km、宽6–8 km的地带几乎所有的建筑物都被地震与滑坡所摧毁.一个长20 km、宽1 km的巨大的滑坡将哈伊特镇掩埋在30 m以下,在其上以100 m/s的速度滑行.亚斯曼(Yasman)河谷的这个滑坡与其他滑坡还掩埋了20个村庄.死亡人数仅是个估计
119	1949.8.5 19:08	厄瓜多尔安巴托 (Ambato) 1.5°S,78.3°W	6.8	XI	6000	大约为安巴托市人口2/3的瓜诺(Guano)等村镇完全被地震所毁灭.滑坡阻塞道路、阻断河流.昆卡(Cuenca)、瓜亚基尔(Guayaquil)和基多有感(IV度)

续表

编号	时间(UTC) 年.月.日	地区 经度，纬度	震级 M	震中 烈度	地震死亡 人数/人	说明
120	1950.8.15 14:09:30.0	中国西藏察隅 28.5°N，96.5°E	8.6	XI	4000	中-印边界区域遭受严重破坏，极为激烈的地面运动. 在西藏东部的林芝-昌都-扎木地区，至少死亡 780 人，很多建筑物倒塌. 该地区出现了喷砂、地面裂缝和大的滑坡. 墨脱地区，叶东村滑入雅鲁藏布江，并被冲走. 这次地震在中国西藏拉萨、四川和云南有感. 在印度阿萨姆邦锡伯萨伽-萨地亚 (Sibsagar-Sadiya) 地区和周围山区，也造成了严重破坏(烈度为 X 度). 在阿波(Abor)山区，大约有 70 个村庄被摧毁(主要是被滑坡摧毁的). 大滑坡堵塞了苏班西里河. 8 天后，这一天然水坝破裂，激发了 7 m 高的浪，淹没了多个村庄，淹死 536 人. 这次地震，远至印度的加尔各答都有感(烈度为 VI 度). 挪威的许多湖和峡湾以及英国的至少 3 个水库发生了湖震
121	1951.8.3 00:23	尼加拉瓜科西吉纳 (Cosiguina) 13.0°N，87.5°W	6.0		1000	这次地震揭开了科西吉纳火山的一边，从火山口释放出水. 随后的泥石流摧毁了波托西镇. 8 月 3 日 00:23，在同一地区发生了一次较大地震(6.0 级). 有些报告认为，泥石流是这次地震触发的
122	1953.3.18 19:06:13.0	土耳其耶尼杰 (Yenice)-戈嫩 (Gonen) 40.00°N，27.30°E	7.2		1103	在克恩(Can)-耶尼杰-戈嫩地区，成千座建筑物受损. 萨卡里亚(阿达帕扎勒)、布尔萨、埃迪尔内、伊斯坦布尔和伊兹密尔均有感(烈度 VI 度). 爱琴海群岛和希腊本土的大部分地区均有感. 保加利亚也有感. 耶尼杰东部出现了长约 50 km 的地面破裂，水平走滑错动量达 4.3 m. 经济损失估计为 357 万美元
123	1954.9.9 01:04	阿尔及利亚谢利夫 36.3°N，1.5°E	6.7		1409	在奥尔良维尔(Orleansville)地区(该地区重建后改名为阿斯南，现名为谢利夫)造成了严重破坏，约 3000 人受伤. 从穆斯塔加奈姆，向东到提济乌祖，向南到提亚雷特都有感. 在达赫拉地块南部边缘的一个 16 km 长区域内，发生了断裂和裂缝. 地震后，地中海海底电缆被震断，电讯中断了好几个小时. 发生了很多余震. 9 月 16 日 22:18 发生的一次强余震，加重了破坏(参见 1980 年 10 月 10 日阿斯南地震)
124	1957.7.2 00:42:28.5	伊朗马赞达兰省桑柴(Sang Chai)附近 36.07°N，52.69°E	7.1		1200	在厄尔布尔士山脉北边的奥比-伊加尔姆(Ab-e Garm)-曼葛乐(Mangol)-泽拉布(Zirab)地区，几乎所有村庄都被摧毁. 很多滑坡和落石堵塞了阿莫勒—德黑兰公路，滑坡和落石在一些村庄造成的损失几乎和地震造成的损失一样多. 德黑兰感强烈
125	1957.12.13 01:45	伊朗萨涅(Sahneh) 34.5°N，48.0°E	7.2		2000	在克尔曼沙阿省和哈马丹省的萨涅-桑戈-阿萨达巴德地区，约 900 人受伤，211 个村庄被毁或遭严重破坏. 沿着萨涅断层，在沉积层中能看到一些裂缝

编号	时间(UTC) 年.月.日	地区 经度，纬度	震级 M	震中烈度	地震死亡人数/人	说明
126	1958.7.10 6:15:58.2	美国阿拉斯加州利图亚(Lituya)湾 58.47°N，136.28°W	7.8		5	大滑坡滑入当地海湾，引发海啸，高达 60 m 的波浪将一座山的山麓扫至 540 m 远
127	1959.8.18 6:37:19.9	美国赫伯根湖 44.57°N，110.65°W	7.3		28	当地时间 1959 年 8 月 17 日. 大面积滑坡，其中之一使河流成堰塞湖. 160 个黄石间歇泉复活. 垂直向位移达 6.5 m
128	1960.2.29 23:40	摩洛哥阿加迪尔 (Agadir) 30.5°N，9.6°W	5.7		13100	地震持续时间少于 15 s. 是 20 世纪最具破坏性的"中等"大小的地震（震级小于 6 级的地震）. 与 1957 年 12 月 4 日蒙古国 8.1 级地震形成对照，该地震虽大，但人员死亡极少. 而在阿加迪尔地震中，阿加迪尔有 1/3 人口死亡，1/3 人口受伤，准确死亡人数难以统计，因为出于健康与安全考虑，大多数废墟均已被铲平，废墟中无一幸存者. "中等"大小的地震造成大损失的原因是震源浅，并且正好在城市下方. 此外，只有少数房屋是按照抗震规范建造的，因为人们认为该地区不会有严重的地震灾害风险，忘了在该地曾有一个叫作桑塔克鲁斯·德·阿盖尔的城镇于 1731 年毁于一次地震
129	1960.5.22 19:11:17.5	智利南部康塞普西翁附近特木科 (Temuco)- 瓦尔迪维亚 (Valdivia)地区 39.29°S，74.05°W	9.6	XI	5700	有史以来记录到的最大地震，断层面面积 800 km×200 km，滑动量 21 m，触发普耶韦(Puyehue)火山喷发，导致安第斯山大滑坡，引发大海啸. 远至瓦尔迪维亚-波托(Puerto)地区由于震动出现严重损坏. 大多数的伤亡和损失都是因为巨大的海啸，海啸引起沿智利海岸从莱布(Lebu)至艾森港(PuertoAisen)和太平洋许多地区的破坏. 萨维德拉港(PuertoSaavedra)完全被海啸波所毁灭，海啸波高达 11.5 m，携带废墟向着内陆侵入 3 km. 高 8 m 的大浪在科拉尔造成了许多破坏. 海啸在夏威夷（主要是在希洛）造成了 61 人死亡和严重破坏. 在那儿，海啸波浪上涌高达 10.6 m. 地震后大约 1 天，浪高达 5.5 m 的海啸袭击了日本本州北部，毁灭了 1600 多个家庭，致使 185 人死亡或失踪. 这次海啸袭击那些岛屿后，在菲律宾有 32 人死亡或失踪. 在复活节岛、萨摩亚岛和加利福尼亚，这次海啸也造成了破坏. 沿智利海岸，从阿劳科半岛南端到奇罗岛上的奎隆，发生了 1-1.5 m 的下沉. 在瓜福岛(Isla Guafo)，发生了高达 3 m 的隆升. 在智利湖区，从维拉里察湖到托多斯桑托斯(Todos los Santos)湖，发生了很多滑坡. 5 月 24 日，普耶韦火山爆发，喷出的灰和气高达 6000 m. 这次火山爆发持续了好几周时间. 这次地震前，发生过 4 次震级大于 7.0 的前震（包括 5 月 21 日发生的、在康塞普西翁地区造成严重破坏的 7.9 级地震）. 11 月 1 日发生了多次余震（其中有 5 次 7.0 级或更大震级的余震）. 这是 20 世纪最大的一次地震. 这次地

续表

编号	时间 (UTC) 年.月.日	地区 经度, 纬度	震级 M	震中烈度	地震死亡人数/人	说明
						震的破裂区从莱布至波多埃森, 估计约为 1000 km 长. 请注意: 由海啸造成的智利以外的死亡人数已包括在 1655 人的总数里了. 这个人数明显少于某些人给出的最高达 5700 人的估计数. 但是, 罗特 (J. P. Rothé) 和其他人说, 最初的那些报告远远高估了死亡人数. 这次巨大地震的死亡人数实际上少于可能的死亡人数是因为: 很多建筑物做了抗震设计; 地震发生在下午的中间时段; 再加上发生了很多次强前震使人们提高了警惕
130	1962.9.1 19:20	伊朗北部 35.6°N, 49.9°E	7.2		12225	91 个村庄被摧毁, 23 个遭受损害, 21000 余座几乎全是由质量低劣的建材建造的房屋毁坏. 德黑兰轻微破坏. 远至大不里士 (Tabriz)、伊斯法罕 (Esfahan) 和亚兹德 (Yazd) 有感. 根据对老建筑物的破坏所做的研究, 这次地震可能是该地区至少自 1630 年以来的最大地震. 在长约 100 km 的东-西向的伊帕克 (Ipak) 断层带, 发现有小错距的表面断裂. 有滑坡与喷砂. 在鲁达克 (Rudak) 地区, 地震前许多人看到 (红色至橘红色的) 地震光
131	1963.7.26 04:17	南斯拉夫其马其顿共和国斯科普里 42.0°N, 21.4°E	6.1		1070	斯科普里市约 75%的建筑物被毁或严重受损, 4000 多人受伤. 建在阿尔达河谷淤积层上的建筑物遭受了最严重的破坏. 斯科普里市以外的建筑物很少受损, 表明这次地震的震源很浅, 几乎恰恰位于这座城市下面. 伊利里亚人建的城市斯库皮被公元 518 年发生的一次地震摧毁了. 他们在原来那座城市附近重建了一座城市, 命名为贾斯汀娜·普里玛, 但时间很短暂, 后来很快就改名为斯科普里. 在奥斯曼帝国的一个时期, 曾称之为乌斯库布. 那座城市又被 1555 年发生的一次地震摧毁了
132	1964.3.28 03:36:12.7	美国阿拉斯加 61.02°N, 147.63°W	9.2		125	当地时间 1964 年 3 月 27 日 17:36. 有史以来记录到的美国最大地震, 迄今全球排行第二的大地震. 断层面面积 200 km ×3200 km, 滑动量 7 m, 大范围砂土液化, $2×10^5 km^2$ 地壳表面形变
133	1964.6.16 04:01:40.1	日本新潟 38.44°N, 139.23°E	7.6		26	当地时间 1964 年 6 月 16 日 13:02. 房屋全坏 1960 间, 半坏 6640 间, 浸水 15297 间. 砂土液化的突出例子
134	1965.10.8 20:46	美国加州圣何塞 37.21°N, 121.86°E	6.5			
135	1966.3.7 21:29:14	中国河北隆尧东部 37.35°N, 114.92°E	6.8			北京时间 1966 年 3 月 8 日 05:29:14. 参见下一条 1966.3.22 中国河北宁晋东南地震

编号	时间(UTC) 年.月.日	地区 经度，纬度	震级 M	震中 烈度	地震死亡 人数/人	说明
136	1966.3.22 08:19:46	中国河北宁晋东南 37.53°N，115.05°E	7.4	IX	8064	北京时间 1966 年 3 月 22 日 16:19:46. $M_W7.4$，$M_S7.2$. 与 1966 年 3 月 7 日 M_S 6.8 地震两次地震共造成 8064 人死亡，38000 人受伤，毁坏房屋 500 多万间，直接经济损失 10 多亿元人民币. 在河北省，180000 多间房屋倒塌，276000 间严重受损，宁晋-新河地区受灾最为严重，房屋几乎全部夷为平地. 在山东省，至少 10000 间房屋倒塌，超过 22000 间严重受损. 在山西省，超过 6000 间房屋和窑洞倒塌. 在河南省安阳地区，有一些房屋倒塌. 在北京和天津，发生了一些破坏. 远至呼和浩特和南京都有感. 在震中区，山石崩落. 大规模地裂，喷砂冒水. 地面陷落. 井水普遍外溢. 河堤坍塌. 大的地面裂缝纵横交错，并出现了很多喷砂现象. 堤岸垮塌到了滏阳河里
137	1966.8.19 12:22	土耳其瓦尔托 (Varto) 39.2°N，41.6°E	6.8	IX	2517	瓦尔托遭受严重破坏. 在宾戈尔(Bingol)、埃尔祖鲁姆(Erzurum)和穆斯(Mus)省，由于地震，大约有 1500 人受伤，108000 人无家可归. 在靠近北安纳托利亚断层带和东安纳托利亚断层带交汇处，出现滑坡和表面断裂
138	1967.12.10 22:51	印度柯依纳 17.7°N，73.9°E	6.5		180	
139	1968.4.3 02:25	美国夏威夷州东南 希勒阿(Hilea) 19.2°N，155.5°W	7.9		77	
140	1968.8.13	秘鲁和玻利维亚	8.5		25000	引发海啸
141	1968.8.31 10:47:40.0	伊朗达什泰·贝亚兹 (Dasht-i Biyaz) 34.0°N，59.0°E	7.2	X	15000	在达什泰·贝亚兹地区，5 个村庄完全被摧毁，由卡克洪(Kakhk)至萨拉扬(Salayan)的另外 6 个村庄至少有半数村庄的建筑物毁坏. 9 月 1 日的强余震毁坏了费尔道斯(Ferdows)镇. 在科拉森(Khorasan)这个人口比较稀疏的地区，总计 175 个以上的村庄毁灭或损坏. 这个地区的大多数建筑物是由黏土与很厚的(1–2 m 厚)的拱形屋顶建成. 墙倒塌时，成吨重的物质倾倒在房屋里面的人身上. 这便是为什么这次地震造成严重破坏、伤亡惨重的主要原因. 这次地震如果发生在午夜，死亡人数还得更大，因为会有更多的人在户内. 在这个地区，新的钢结构或砖与砂浆结构的建筑物一般只有小至中等的破坏，致使难以评定这次地震的最大烈度. 这次地震的最大烈度的评定结果从 VIII 度到 X 度都有. 表面断裂发生在约 80 km 的条带上. 在达什泰贝亚兹附近，最大走滑错距约为 4.5 m，垂直向错距约为 2 m. 在主断裂带南部，萨拉扬东部的林布鲁克(Limbluk)谷，发生了大规模的地表破裂与喷砂

续表

编号	时间(UTC) 年.月.日	地区 经度,纬度	震级 M	震中烈度	地震死亡人数/人	说明
142	1969.7.25 22:49:28	中国广东阳江 21.75°N, 111.75°E	6.4		33	北京时间 1969 年 7 月 26 日 06:49:28. 地震造成 33 人死亡, 1000 余人受伤. 山石崩落, 大量地裂, 喷砂冒水. 阳江县倒塌房屋 10700 余座, 严重损坏者大约 36000 座, 堤围破坏数十处. 广东新余-余南地区与广西滕县-荣县地区也有破坏. 香港轻微破坏. 沿该地区的海岸线与一些河流, 出现地裂缝、滑坡与喷砂
143	1970.1.4 17:00:40.3	中国云南通海 24.15°N, 102.46°E	7.2	X	15621	北京时间 1970 年 1 月 5 日 01:00:35. $M_W7.2$, $M_S7.8$. 地震造成 15621 人死亡, 19845 人受伤; 大牲畜死亡 16638 头. 山崩地裂, 地面大量变形, 裂缝带长达数十千米, 喷水冒砂普遍. 房屋倒平十之九, 仅残存个别木架
144	1970.3.28 21:02:25.7	土耳其盖迪兹 (Gediz) 39.17°N, 29.55°E	7.4	IX	1086	在库塔亚省盖迪兹-埃梅特地区, 12000 多间房屋被毁或严重受损. 这一地区的 53 个村庄中, 超过 50% 的建筑物遭到破坏. 大量破坏是由滑坡和地震引起的大火造成的. 布尔萨和亚洛瓦发生了一些破坏. 安卡拉、伊斯坦布尔、伊兹密尔和远在东部的埃尔津詹都有感. 希腊的希俄斯岛和莱斯沃斯岛也有感. 强余震明显加重了破坏. 在盖迪兹地区的好几个区域内(总长度达 61 km), 发生了显著的正断层(垂直、张性或"拉开"断裂, 在阿伊卡亚西断层上, 最大位错量为 275 cm. 很大一部分断层位移, 可能归因于地震后的蠕动, 而不是地震本身造成的. 在震中区发生了很多滑坡和热膨胀变化
145	1970.5.31 20:23:32.2	秘鲁奇博特 (Chibote) 9.25°S, 78.84°W	m_b 7.5		66794	大约 50000 人死亡, 20000 人失踪, 150000 人受伤. 近海地震引发大滑坡. 巨大滑坡 1.0×10^8 m³ 的岩石和冰滑落到安第斯山山脚下的尤盖(Yugai)镇, 掩埋了大约 20000 人, 直接经济损失达 5.3 亿美元
146	1970.7.31 17:08:06.1	哥伦比亚 1.49°S, 72.56°W	m_B 7.5		1	
147	1971.2.9 14:01	美国加州圣费尔南多 34.4°N, 118.4°W	6.4		58	2×10^5 km² 范围有感
148	1971.5.22 16:43	土耳其 38.8°N, 40.5°E	7.0		995	这次地震大约位于安卡拉东南 410 里处. 宾戈尔城几乎被毁. 死亡 1000 余人, 90%宾戈尔城的建筑物被毁, 该城居民中有 15000 人无家可归. 这次地震发生在安那托利亚断层的最东端
149	1972.4.10 02:06	伊朗南部 28.4°N, 52.8°E	6.8		5010	伊朗南部的法尔斯(Fars)省. 死亡 5000 人, 受伤 1700 人. 地震将这个地区的黏土房及粗岩石房击个粉碎. 人口 5000 人的吉尔(Ghir)67%的人口死亡, 80% 房屋夷为平地. 受难者多为妇女与儿童, 因为男人正好离家去地里干活. 45 个大小村庄毁坏, 有一些夷为平地. 虽然有许多余震报道有感, 增添了人们的忧虑, 但没有超过 5.1 级的地震

编号	时间(UTC) 年.月.日	地区 经度，纬度	震级 M	震中烈度	地震死亡人数/人	说明
150	1972.12.23 06:29	尼加拉瓜马纳瓜 12.3°N，86.1°W	6.2		6000	强震毁坏尼加拉瓜首都马纳瓜的大部分建筑物，成千人受伤. 初步估计马纳瓜大约 8 亿美元财产损失. 报告有成百个余震，但只有 2 个超过 5 级，这两个较大余震都发生在主震后 1 h 内
151	1974.5.10 19:25:15.5	中国云南昭通 永善-大关 28.2°N，104.1°E	7.1		1541	北京时间 1974 年 5 月 11 日 03:25:15.5. 受伤 1600 人. 大滑坡体毁坏村庄，阻塞河道，形成湖泊. 崩塌、滑坡、裂缝普遍. 道路、农田和水渠严重毁坏. 墙承重房屋半数倒塌，其他类型房屋破坏也较严重
152	1974.12.28 12:11	巴基斯坦巴坦 （Pattan） 35.0°N，72.8°E	6.2		5300	1974 年最具破坏性地震. 5300 人死亡，17000 人受伤，受影响人口 97000 人. 巴坦村与附近的小村庄全部被毁
153	1975.2.4 11:36:07.1	中国辽宁海城-营口 40.67°N，122.65°E	7.0	IX	1328	北京时间 1975 年 2 月 4 日 19:36:07.1. M_W7.0，M_S7.3，受伤 16980 人. 山区裂缝带断续延伸十余千米. 地面大量裂缝，喷砂冒水普遍，并有陷穴出现. 铁路路基变形，护坡塌陷，铁轨弯曲. 乡村民居倒塌十之五或倒平. 城镇砖木结构的平房与楼房大多数破坏或倒塌落架. 工业烟囱大多数破坏. 桥梁破坏严重. 成功预报的地震，估计拯救了约 10 万人的性命
154	1975.9.6 09:20	土耳其莱斯（Lice） 38.5°N，40.7°E	6.7	IX	2370	这次破坏性地震袭击了土耳其东部. 震中位于迪亚巴克尔省. 有报告称，这次地震死亡 2000 多人，伤 3400 人，在莱斯地区造成了严重财产损失. 地震发生在吃中饭时间，大多数人在屋里，孩子们已放学回家. 报告指出，大多数学校没遭严重破坏. 地方政府报告称，受地震袭击最严重的哈兹罗（Hazro）、哈尼（Hani）、库尔帕（Kulp）和莱斯几乎被完全毁灭. 主震后发生了很多强余震，致使本来已经部分受损的房屋倒塌，让幸存的居民们非常惊恐
155	1975.11.27	美国夏威夷州喀拉帕纳 （Kalapana）	7.1		148	基拉伊（Kilaea）火山南麓滑入海中. 1868 年以来夏威夷最大地震，引发波高最大达 22 m 的海啸. 在夏威夷海岸，波高达 14.6 m
156	1976.2.4 09:01	危地马拉 15.2°N，89.2°W	7.5	IX	22870	震中在危地马拉城东北 160 km. 死亡 23000 人，伤数千人. 大范围破坏. 危地马拉城偏远地区的大多数黏土坯型房屋完全毁坏，致使成千人无家可归. 该地区交通因多处滑坡受阻，食物与水的供应严重困难，有些地区断电与通讯数日. 主震后发生数千个余震，一些较大余震进一步造成生命与财产的损失
157	1976.5.6 20:00	意大利东北部 46.3 °N，13.3°E	6.1	XI~X	965	有报告称，地震死亡人数 1000 人，至少伤 1700 人，震中区发生了严重破坏. 报告称整个欧洲都有感. 主震前约 1 分 07 秒，发生过一次 4.6 级前震. 主震后发生了一些余震，至少有一次余震的强度达 5 级，造成了附加的破坏和人员伤害

续表

编号	时间(UTC) 年.月.日	地区 经度,纬度	震级 M	震中烈度	地震死亡人数/人	说明
158	1976.7.27 19:42:55.9	中国河北唐山 39.60°N，117.89°E	7.6	XI	242769	北京时间 1976 年 7 月 28 日 03:42:55.9.M_W7.6，M_S7.8. 主震后于当日 18:45:34.3，又在唐山附近的滦县发生 M_S7.1 地震. 巨大人员伤亡与经济损失. 242769 人遇难，16.4 万人重伤，经济损失 100 亿元人民币
159	1976.8.16 16:11:11.9	菲律宾棉兰老岛 6.29 °N，124.09°E	8.0	X	8000	震中位于马尼拉南 950 km 的棉兰老西海岸. 引发摩洛(Moro)湾海啸，造成相当大的损失与人员伤亡. 估计地震与海啸致使 5000~8000 人死亡，大量人员受伤，许多人无家可归. 主震后 12 h 大的余震造成附加的损失. 主震后发生许多 6.0 级及 6.0 级以下的余震
160	1976.11.24 12:22:17.1	土耳其-伊朗边界地区 39.08 °N ，44.03°E	7.0	X	3900	地震发生于土耳其-伊朗边界地区，估计至少死 5000 人，伤无数. 靠近伊朗边界的卡尔迪拉(Caldira)、穆拉迪耶(Muradiye)与周围的村庄完全损毁. 风雪严寒的天气妨碍救援队伍到达深山里的许多村庄. 伊朗北部也伤亡与破坏. 在亚美尼亚的埃里温地区也有感
161	1977.3.4 19:21:55.6	罗马尼亚弗朗恰 45.78°N，26.70°E	7.5	X	1581	这次地震的震中位于布加勒斯特东北约 170 km 处. 在罗马尼亚的布加勒斯特和其他地方，死亡 1500 人，受伤约 10500 人，并造成了严重破坏. 保加利亚报告称有 20 人死亡，165 人受伤. 南斯拉夫报告称有一些人受伤，并遭受了一些损失. 莫斯科报告称，苏联的摩尔达维亚共和国遭受了一些损失. 从罗马到莫斯科，从土耳其到芬兰都有感
162	1978.9.16 15:35:53.5	伊朗中部塔巴斯 (Tabas) 33.24°N，57.38°E	7.4		18220	震中位于德黑兰东南 600 km 的塔巴斯附近. 死亡人数 18220 人，许多人受伤，大范围破坏. 人口 13000 人的塔巴斯有 70%(约 9000 人)死亡；人口 3500 人的德塞克(Dehesk)有约 2500 人死亡；人口 3500 人的库里克(Kurit)有约 2000 人死亡；幸存者是周围地区的人
163	1980.10.10 12:25:25.5	阿尔及利亚阿斯南 36.14°N，1.40°E	7.1		5000	阿斯南地区遭受巨大破坏，有感范围遍及阿尔及利亚西北部与西班牙东南部. 至少死 5000 人，伤 9000 人. 大断层崖. 观察到约 42 km 长的断裂带
164	1980.11.23 18:34	意大利南部 40.9°N，15.3°E	6.7		2483	据官方统计，2735 人死亡，约 9000 人受伤，39400 人无家可归. 好几个大地震. 在巴西利卡塔(Basilicate)、坎帕尼亚(Campania)和部分普利亚(Pulia)地区造成广泛破坏(最大烈度 X 度)，康萨城堡(Castelnuovo di Conza)、康萨德拉坎帕尼亚(Conza della Campania)、拉维亚诺(Laviano)、利奥尼(Lioni)、圣安吉洛埃·隆巴迪(Sant'Angeloei Lombardi)和桑多梅纳(Santomenna)几乎全部毁灭. 巴西利卡塔和坎帕尼亚共有 77000 座房屋被毁灭，755000 座房屋被毁坏. 滑坡导致许多房屋倒塌，在该地区可见地裂缝. 从西西里至波河河谷(Po

编号	时间(UTC) 年. 月. 日	地区 经度, 纬度	震级 M	震中烈度	地震死亡人数/人	说明
						Valley)有感. 在卡拉伯里托(Kalabritto)造成巨大破坏
165	1981.6.11 07:24	伊朗南部克尔曼 (Kerman)附近 29.9°N, 57.7°E	6.7		3000	3000 人死亡, 多人受伤. 在克尔曼省造成了大范围的破坏, 戈尔巴弗(Golbaf)镇被毁灭
166	1981.7.28 17:22:24:1	伊朗南部克尔曼 (Kerman)附近 29.99°N, 57.77°E	7.3		1500	在克尔曼地区, 死亡 1500 人, 伤 1000 人, 50000 人无家可归, 并造成大范围破坏
167	1982.12.13 09:12	也门扎马尔 (Dhamar) 14.7°N, 44.4°E	6.0		2800	未经证实的报告称, 在也门, 地震致使 2800 人死亡, 1500 人受伤, 700000 人无家可归, 约 300 个村庄被毁或遭严重破坏. 在达兰(Dawran)至里萨巴(Risabah)地区, 最大烈度为 VIII 度. 地震断层横穿也门和沙特阿拉伯的纳吉朗(Najran)地区. 在震中区出现了滑坡. 在最长达 15 km 的一些区域内, 出现了北北西走向的张性地面裂缝. 这是也门扎马尔地区第一个用仪器测定震源位置的地震
168	1983.10.30 04:12	土耳其纳尔曼 (Narman)- 霍拉桑(Horsan) 40.3°N, 42.2°E	6.9		1400	在埃尔祖鲁姆省和卡尔斯省, 至少死亡 1342 人, 伤很多人, 534 人严重受伤, 25000 人无家可归, 50 个村庄完全被毁灭
169	1985.9.19 13:17:49.6	墨西哥米却肯 (Michoacan) 18.45°N, 102.37°W	8.0	IX	9500	死亡人数可能高达 35000 人. 由于沉积物盆地振荡, 强烈地震动持续了 3 min, 死亡近 1 万, 伤 3 万, 10 多万人无家可归. 经济损失达 30 亿美元. 墨西哥城一些部分与中墨西哥一些州损失严重. 受地震严重影响的地区约 825000 km², 经济损失 30 亿—40 亿美元. 2000 万人有感. 墨西哥城 430 座建筑物倒塌. 3124 座严重受损
170	1986.10.10 17:49	萨尔瓦多 13.8°N, 89.1°W	5.4		1500	在圣萨尔瓦多地区, 因地震至少死亡 1000 人, 伤 10000 人, 200000 人无家可归, 发生了严重破坏和滑坡. 在洪都拉斯特古西加尔巴, 发生了一些破坏. 在危地马拉和洪都拉斯的一些地方, 有强烈震感
171	1987.3.6 04:10:44.8	厄瓜多尔-哥伦比亚 0.08°N, 77.79°W	7.2		5000	在厄瓜多尔的纳波省和基多(Quito)-图尔坎(Tulcan)地区, 约死亡 1000 人, 失踪 4000 人, 20000 人无家可归, 并发生了严重破坏、滑坡和地面裂缝. 厄瓜多尔境内的(在拉戈阿格里亚和巴劳之间)大约 27 km 输油管被毁或严重受损. 哥伦比亚的帕斯托-马考地区, 发生了滑坡. 秘鲁的伊基托斯有感(烈度 IV 度). 厄瓜多尔的很多地方和哥伦比亚西南部有强烈震感. 哥伦比亚中部和秘鲁北部也有震感

续表

编号	时间(UTC) 年.月.日	地区 经度，纬度	震级 M	震中烈度	地震死亡人数/人	说明
172	1988.8.20 23:09	尼泊尔-印度交界地区 26.8°N，86.6°E	6.8		1450	在尼泊尔东部(包括加德满都山谷)，因地震死亡 721 人，伤 6553 人，64470 座建筑物受损. 最大烈度为 VIII 度. 在尼泊尔南部的一个 5500 km^2 区域内，观察到了砂土液化现象. 在印度比哈尔北部，尤其是在达尔彭加-马杜巴尼-瑟赫尔萨地区，至少死亡 277 人，伤数千人，发生了严重破坏. 在锡金甘托克地区和印度大吉岭地区，都发生了破坏. 印度北部的大部分地区(从德里到印-缅边界)和孟加拉国大部分地区有感
173	1988.12.7 07:41	亚美尼亚斯皮塔克 41.0°N，44.2°E	6.8	X	25000	两次事件相距 3 s 接连发生. 在苏联的亚美尼亚北部的列宁纳罕-斯皮塔克-基罗瓦罕地区，20 个城镇、342 个村庄受影响，其中 58 个完全毁坏. 经济损失达 162 亿美元. 破坏最大的地区(X 区)在斯皮塔克，IX 度区在列宁纳罕、基罗瓦罕、斯杰潘纳万地区. 表面断裂长 10 km，地面隆升最大达 1.5 m. 在震中区，输电线严重受损，滑坡掩埋了铁轨. 由于建筑物质量差，至少 25000 人死亡，19000 人受伤，500000 人无家可归
174	1989.10.18 00:04:15	美国加州洛马普列塔 37.0°N，121.9°E	6.9		63	当地时间 1989 年 10 月 17 日 17:04:15. $M_W6.9$，$M_S7.1$. 沿旧金山南圣费尔南多段的滑动，死 63 人，大多由于奥克兰高速公路的高架桥倒塌. 经济损失达 60 亿美元. 第 5 届世界杯足球锦标赛被迫中断
175	1990.6.20 21:00:13.2	伊朗西部卡斯皮翁(Kaspian)群岛 37.01°N，49.21°E	7.4	VII	35000	估计死亡人数可能高达 40000~50000 人，伤 6 万人，40 余万人无家可归. 表面断裂，大规模滑坡. 10 万建筑物损坏或毁坏. 700 个村庄全部被毁，300 个损坏. 经济损失达 52 亿美元
176	1990.7.16 07:26:36.0	菲律宾吕宋岛 15.72°N，121.18°E	7.7	VII	2430	在迪格迪格(Digdig)出现大破裂. 引发多处滑坡与大的表面断裂，大范围砂土液化. 在碧瑶(Baguio)-甲万那端(Cabanatuan)-达古班(Dagupan)地区，至少死亡 1621 人，伤 3000 多人，并发生了严重破坏、滑坡、砂土液化、地面下沉和喷砂. 在巴丹省和马尼拉，也发生了破坏. 震中区出现了大的裂缝. 沿菲律宾断层和迪格迪格断层出现了地表位错. 马尼拉地区有感(RF 烈度 VII 度)，Santa 有感(RF 烈度 VI 度)，楚比点(Cubi Point)有感(RF 烈度 V 度)，卡亚俄洞穴(Callao Caves)有感(RF 烈度 IV 度)
177	1992.6.28 11:57:38.4	美国加州兰德斯 34.18°N，116.53°W	7.3		1	$M_W7.3$，$M_S7.5$. 观测到的最大的表面逆冲断层崖. 沿 70 km 长的一段断层水平位移最大达 6 m，垂直位移最大达 2 m. 死 1 人，伤 400 人

续表

编号	时间(UTC)年.月.日	地区经度,纬度	震级 M	震中烈度	地震死亡人数/人	说明
178	1992.12.12 05:29:28.6	印度尼西亚弗洛里斯(Flores)群岛 8.49°S, 121.83°E	7.8		1740	毁坏建筑物 3 万.在弗洛里斯地区,至少 2200 人死亡或失踪,包括毛梅雷(Maumere)490 人和巴比(Babi)700 人.500 多人受伤,40000 人无家可归.在卡劳托阿岛(Kalaotoa),19 人死亡,130 座房屋毁灭.毛梅雷遭地震和海啸严重破坏,约 90%建筑毁灭;弗洛里斯 50%~80%的建筑物损坏或毁灭.桑巴(Sumba)和奥洛(Alor)也有破坏.在弗洛里斯海啸爬高达 300 m,波高 25 m,环岛多处滑坡和地面裂缝,海岸线大范围遭破坏.在弗洛里斯的拉兰图卡(Larantuka)有感(V 度);在苏拉威西的外加坡(Waingapu)、桑巴(Sumba)和望加锡(Ujung Pandang),IV 度;在帝汶的古邦(Kupang),II 度
179	1993.9.29 22:25	印度拉图尔(Latur)-基拉里(Khillari) 18.1°N, 76.5°E	6.2	VIII	9748	在稳定的大陆地区发生的最致命的地震,也是这个地区发生的已知最大的地震.由于建筑物质量低劣造成巨大人员死亡.至少 9748 人死亡,30000 人受伤,拉图尔-奥斯马纳巴德(Osmanabad)地区大面积破坏.基拉里村几乎所有的建筑都毁坏.印度中部与南部大部分地区有感.发生大量余震,有些大余震大到足以造成附加的损失与死亡
180	1994.1.17 12:30	美国加州北岭 34.2°N, 118.5°W	6.7		60	在洛杉矶一盲断层上破裂.地裂缝,砂土液化.伤 7000 人,20000 人无家可归.经济损失达 200 亿美元
181	1994.6.9 00:33:17.5	玻利维亚北部 13.88°S, 67.53°W	8.2			最大深震.深度达 635 km.有感范围远至加拿大
182	1995.1.16 20:46	日本大阪-神户 34.6°N, 135.0°E	6.9	VII	6432	当地时间 1995 年 1 月 17 日 05:46. M_W6.9,M_S6.8.迄今经济损失最大地震,估计为 1000 亿~2000 亿美元.36896 人受伤,310000 人无家可归,世界第三的港口遭受巨大破坏:193000 座建筑物损坏或损伤.震中区多处火灾,煤气管道、水管破裂,断电.在淡路岛北部,可观测到 9000 m 长的右旋表面断裂,水平位移 1.2~1.5 m
183	1997.5.10 07:57:31.9	伊朗北部 33.83°N, 59.80°E	7.2		1572	在伯尔詹德(Birjand)-恰营(Qayen)地区,死亡 1567 人,伤 2300 人,50000 人无家可归,10533 间房屋被毁,5474 间房屋遭破坏,并发生了滑坡.在阿富汗赫拉特地区,死亡 5 人,并造成了一些破坏.在伊朗的克尔曼(Kerman)、霍拉桑(Khorasan)、赛姆南(Semnan)、锡斯坦·瓦·俾路支斯坦(Sistan va Baluchestan)和亚兹德(Yazd)地区有感.野外调查工作证实,这次地震发生在阿比兹断层上.这个断层位于阿拉伯板块与欧亚板块碰撞带的北部.阿比兹断层在这一地区由好几个小断层组成,构造上非常活跃.最显著的区域性地震是 1968 年达什特-巴伊兹 7.3 级地震(该地震造成 12000~20000 人死亡).阿米兹地震和达什特-巴伊兹地震都是左旋走

续表

编号	时间(UTC) 年.月.日	地区 经度,纬度	震级 M	震中 烈度	地震死亡 人数/人	说明
						滑断裂
184	1998.2.4 14:33	阿富汗兴都库什 地区 37.1°N, 70.1°E	5.9		2323	至少死亡 2323 人,伤 818 人,8094 间房屋被毁,死亡 6725 头牲畜. 阿富汗罗斯塔格(Rostag)地区发生滑坡. 塔吉克斯坦杜尚别有感
185	1998.3.25 03:12:28.3	巴罗尼(Ballony)群岛西北 62.90°S, 149.61°E	8.1			迄今最大的海洋板块地震. 发生于澳洲-太平洋-南极洲三个板块间、以前无震地区的三联点
186	1998.5.30 06:22	阿富汗-塔吉克斯坦 边界区域 37.1°N, 70.1°E	6.6		4000	在阿富汗巴达赫尚(Badakhshan)省和塔哈尔(Takhar)省,4000 余人死亡,数千人受伤与无家可归. 阿富汗马扎里沙里夫(Mazare Sharif)强烈有感. 阿富汗喀布尔、巴基斯坦伊斯兰堡、白沙瓦、拉瓦尔品第与塔吉克斯坦杜尚别均有感
187	1998.7.17 08:49:14.3	巴布亚新几内亚 2.97°S, 142.69°E	7.0		2700	在锡萨诺地区激发的海啸,导致 2183 人死亡,数千人受伤,约 9500 人无家可归,500 人失踪. 最大浪高估计为 10 m. 有好几个村庄完全被毁,另有几个村庄遭严重破坏. 几个验潮站记录到的最大浪高(波峰至波谷的二分之一)如下:日本三宅岛站,20 cm;日本主要岛屿四国岛的石木祖站,15 cm;日本主要岛屿四国岛的室户站,13 cm;日本奄美大岛的名濑站,12 cm;日本种子岛站,10 cm;日本本州的串本町站,10 cm. 记录到的另外几个浪高数据(波峰至波谷)如下:加拿大杰克逊湾站,6 cm;新西兰凯库拉站,4.7 cm;密克罗尼西亚雅浦岛站,5 cm. 巴布亚新几内亚北部的大部分海岸有感
188	1999.1.25 18:19	哥伦比亚 4.5°N, 75.7°W	6.2		1900	至少 1185 人死亡,超过 700 人失踪和被认为已死亡,超过 4750 人受伤,250000 人无家可归. 受影响最大的城市是阿曼吉亚,在那里,死亡 907 人,约 60%的建筑物被毁,包括警察局和消防局. 在卡拉尔卡,约 60%的建筑物被毁. 在佩雷拉,约 50%房屋被毁. 滑坡堵塞了好几条公路(包括马尼萨莱斯—波哥大公路). 在卡尔达斯、乌伊拉、金迪奥、里萨拉尔达、托利马、考卡山谷省,都造成了破坏
189	1999.8.17 00:01:40.6	土耳其伊斯坦布尔 科贾埃利(Kocaeli) 萨卡里亚(Sakarya) 40.75°N, 29.94°E	7.6		17118	在伊斯坦布尔、科贾埃利和萨卡里亚省,至少 17118 人死亡,近 50000 人受伤,数千人失踪,500000 人无家可归,经济损失估计为 30 亿–65 亿美元
190	1999.9.20 17:47:19.7	中国台湾集集 23.79°N, 120.95°E	7.7		2470	北京时间 1999 年 9 月 21 日 01:47:19.7. M_W7.6,M_S7.7. 滑动量大至 10 m 的巨大表面断裂. 2470 人死亡,8700 人受伤,600000 人无家可归,大约有 82000 间房屋遭到这次地震及其余震破坏. 损失估计达 140 亿美元. 最大 JMA 烈度(Ⅵ 度)位于南投县和台中县. 有半个村庄沉入大安溪. 滑坡阻塞了清水溪,造成了一个堰塞湖. 震中附近后来的地面变形造成了另外两个湖. 地面位错沿 75 km 长的

编号	时间(UTC) 年.月.日	地区 经度, 纬度	震级 M	震中烈度	地震死亡人数/人	说明
						车笼埔断层发生. 嘉义和宜兰有感(JMA 烈度 V 度); 高雄、台北和台中有感(JMA 烈度 IV 度); 兰屿和澎湖岛有感(JMA 烈度 IV 度); 花莲有感(JMA 烈度 III 度). 福建、广东和浙江省有强烈震感. 香港有感(JMA 烈度 VI 度). 日本西表岛与那国岛也有感(JMA 烈度 II 度); 日本石垣岛、宫古岛和琉球群岛有感(JMA 烈度 I 度). 这是一次复杂地震: 一次小地震事件发生 11 s 后, 接着发生了一次较大地震事件
191	2001.1.26 03:16	印度古杰拉特(Gujarat) 23.39°N, 70.23°E	7.8		20085	在 Bhuj-Ahmadabad-Rajkot 地区和古杰拉特的其他地区, 至少 20085 人死亡, 166836 人受伤, 大约 339000 座建筑物损坏, 783000 座建筑物遭受破坏. 在古杰拉特, 许多桥梁与道路损坏. 复杂地震, 大事件后大约 2 s 紧跟着一小事件
192	2002.3.25 14:56	阿富汗兴都库什地区 36.06°N, 69.32°E	6.1		1000	在巴格兰省, 至少死亡 1000 人, 伤数百人, 数百人无家可归. 在纳赫林镇, 至少有 1500 间房屋被毁或受损. 在巴格兰省的其他地区, 多损毁数百间房屋. 在震中, 滑坡堵塞了很多公路. 阿富汗北部的大部分地区有强烈震感. 巴基斯坦的伊斯兰堡-白沙瓦地区和塔吉克斯坦的杜尚别也有感
193	2003.5.21 18:44	阿尔及利亚北部 36.96°N, 3.63°E	6.8		2266	至少死亡 2266 人, 伤 10261 人, 约 180000 人无家可归. 在阿尔及尔(Algiers)-布米尔达斯(Boumerdes)-德利斯(Dellys)-蒂尼亚(Thenia)地区, 43500 座楼房遭破坏或被毁(烈度 X 度). 发生了水下电缆被切断、滑坡、喷砂和砂土液化现象, 出现了地面裂缝. 在凯达拉(Keddara)记录到了 0.58g 的最大地面加速度. 破坏(或损失)估计在 6 亿和 50 亿美元之间. 从穆斯塔加奈姆(Mostaganem)到盖尔马(Guelma), 甚至南到比斯克拉(Biskra), 都有感. 西班牙东部的马略卡岛有感(烈度为 III 度), 西班牙伊比沙岛和梅诺卡岛有感(烈度为 II 度). 西班牙阿尔瓦塞特(Albacete)、阿尔坎塔里利亚(Alcantarilla)、阿利坎特(Alicante)、巴塞罗那、卡塔赫纳(Cartagena)、普莱纳城堡(Castellon de la Plana)、埃尔达(Elda)、塞古拉河畔莫利纳(Molina de Segura)、穆尔西亚(Murcia)、萨贡托(Sagunto)和法国巴黎别墅(Villafrance del Panades)也有感(烈度为 II 度). 摩纳哥、法国南部和意大利撒丁岛都有感. 沿阿尔及利亚海岸, 在雷哈尼亚(Reghaia)和泽莫利·艾尔·巴赫里(Zemmouri el Bahri)之间, 观测到了约 40–80 cm 的海底抬升. 最大估计浪高为 2 m 的一次海啸对停泊在西班牙巴利阿里群岛港口的船只造成了破坏. 尤其是在马洪港(Puerto de Mahon), 那儿有 10 艘船沉没. 验潮计记录到如下最大浪高(波峰至波谷):

续表

编号	时间(UTC)年.月.日	地区 经度,纬度	震级 M	震中烈度	地震死亡人数/人	说明
						在西班牙马略卡岛帕尔马(Palma de Mallorca),最大浪高为 1.2 m;在法国尼斯,最大浪高为 10 cm;在意大利热那亚,最大浪高为 8 cm. 在西班牙的阿利坎特海岸、卡斯特利翁(Castellon)海岸和穆尔西亚海岸,也观测到了这次海啸
194	2003.12.26 01:56	伊朗巴姆(Bam) 28.99°N, 58.31°E	6.6		31000	约 31000 人死亡,30000 人受伤,75600 人无家可归, 在巴姆,80%建筑物遭受破坏或损坏. 巴姆最大烈度为 IX 度, 在巴拉瓦特(Baravat),最大烈度为 VIII 度, 在克尔曼有感(V 度),经济损失估计为 3270 万美元. 在巴姆与巴拉瓦特间,观测到与巴姆断层有关的表面断裂. 巴姆记录到的最大加速度为 0.98g. 是该地区 2000 多年来最大的地震
195	2004.12.26 00:58	印度尼西亚 苏门答腊-安达曼 3.30°N, 95.87°E	9.2		227898	1900 年以来第三大地震,1964 年阿拉斯加地震以来第二大地震. 约 170 万人无家可归,波及南亚、东非 14 国. 死亡与失踪人数最初(2005 年元月)估计为 286000 人,后来(2005 年 4 月),印度尼西亚政府降低失踪人数 50000 人. 地震在苏门答腊的班达亚齐(IX 度)、米拉务(Meulaboh)(VIII 度)与棉兰(Medan)(IV 度),以及孟加拉、印度、马来西亚、马尔代夫、缅甸、新加坡、斯里兰卡、泰国的部分地区(III–V 度)有感. 海啸引起的死亡人数为有史以来之最. 印度洋、太平洋、大西洋、全世界的验潮站几乎都记录到海啸. 印度洋、美国观测到湖震(seiche),在苏门答腊观测到沉陷与滑坡,靠近安达曼群岛的巴拉唐(Baratang),有一座泥火山在 12 月 28 日复活,在缅甸的阿拉肯(Arakan)有关于气体排放的报道
196	2005.3.28 16:09	印度尼西亚 苏门答腊北部 2.07°N, 97.01°E	8.6		1313	在尼亚斯岛,至少死亡 1000 人,伤 300 人,300 座建筑物被毁;在锡默卢岛,死亡 100 人,伤很多人,好几座建筑物受损;在班尼亚克群岛,死亡 200 人;在苏门答腊米拉务地区,死亡 3 人,伤 40 人,发生了一些破坏. 锡默卢岛上的港口和机场遭到了一次 3 m 高的海啸破坏. 在尼亚斯岛的西海岸,观测到海啸涌高达 2 m;在苏门答腊的辛吉尔和米拉务,观测到海啸涌高达 1 m. 在斯里兰卡海岸撤离期间,至少死亡 10 人
197	2005.10.8 03:50	巴基斯坦克什米尔 34.53°N, 73.58°E	7.6		86000	巴基斯坦北部大规模破坏. 86000 人死亡,69000 人受伤. 最严重破坏发生于克什米尔穆扎法拉巴德(Muzaffarabad)地区,该地区全部村庄毁灭;乌里(Uri)地区 80%城镇毁灭

编号	时间(UTC) 年.月.日	地区 经度,纬度	震级 M	震中烈度	地震死亡人数/人	说明
198	2006.5.26 22:53	印度尼西亚爪哇 7.961°S, 110.446°E	6.3		5749	在班尤尔(Banyul)-日惹(Yogyakarta)地区,至少有5749人死亡,38568人受伤,600000人无家可归. 127000座房屋倒塌,451000座房屋损坏. 全部经济损失估计为31亿美元. 远至爪哇有感. 巴厘登巴萨(Denpasar)也有感
199	2007.1.13	东千岛群岛	8.1			
200	2007.8.15	秘鲁中部近海	8.0		519	
201	2007.9.12 11:10	印度尼西亚南苏门答腊 4.44°S, 101.37°E	8.5		25	
202	2008.5.12 06:28	中国四川汶川 31.002°N, 103.322°E	7.9		87587	北京时间2008年5月12日14:28. M_W7.9, M_S8.0. 死亡69195人,失踪18392人,受伤374177人. 10个省与地区共4550万人受影响. 1500万人撤离居住地,500万人失去住所. 估计有536万座建筑倒塌,在四川,以及在重庆、甘肃、湖北、陕西与云南部分地区共2100万建筑物倒塌,全部经济损失估计为860亿美元
203	2009.9.30 10:16	印度尼西亚苏门答腊南部 0.720°S, 99.867°E	7.5		1117	在巴东-帕里亚曼地区,至少死亡1117人,伤1214人,18165座建筑物被毁或遭破坏,约451000人被转移. 滑坡影响这一地区的供电和通信. 巴东有感(烈度VII);武吉丁宜有感(烈度VI度);明古鲁、杜里、木库莫科和锡博尔加有感(烈度IV度);北干巴鲁有感(烈度III度). 尼亚斯岛的贡古斯塔利(烈度IV度)和爪哇岛的雅加达(烈度II度)也有感. 整个苏门答腊和爪哇的大部分地区都有感. 新加坡和马来西亚的乔治市、新山市、吉隆坡市、必打灵查亚市、沙阿兰市和Sungai Chua市都有感(烈度III度). 马来西亚半岛的大部分地区有感. 遥远的泰国清迈市也有感. 在苏门答腊的巴东,记录到一次27 cm高(中点至波峰)的局部海啸
204	2010.1.12	海地太子港 18.443°N, 72.571°W	7.0		316000	官方估计316000人死亡,300000人受伤,130万人无家可归,97294座房屋倒塌,188383座房屋损坏. 引发海啸
205	2010.2.27 06:34	智利康塞普西翁 35.83°S, 72.67°W	8.8		577	
206	2010.4.13 23:49	中国青海玉树 33.165°N, 96.548°E	6.9		2968	在玉树地区,2698人遇难,失踪270人,伤12135人,15000座楼房遭破坏. 拉萨、嘎托(Qiatou)和西宁有感(烈度为IV度);豹子山、兰州和乌鲁木齐有感(烈度为II度). 阿克苏、达州、金昌、雅安、玉门和张掖有感. 不丹首都廷布有感(烈度为II度). 不丹中北部城市普那卡也有感. 印度迪布鲁格尔和Gezing有感. 尼泊尔加德满都和泰国清迈也有感

续表

编号	时间(UTC) 年.月.日	地区 经度, 纬度	震级 M	震中烈度	地震死亡人数/人	说明
207	2011.3.11	日本东北部 38.297°N, 142.373°E	9.2		20896	至少 15550 人死亡, 5344 人失踪, 5314 人受伤, 130927 人无家可归, 地震与海啸造成沿整条本州东海岸从千叶到青森, 至少 332395 座建筑、2126 条公路、56 座桥和 26 条铁道损坏或毁坏. 在岩手、宫城和福岛, 大多数人员死亡与损失是由于太平洋大范围海啸, 宫城的海啸最大爬升高度是 37.88 m. 全部经济损失估计为 3090 亿美元, 电、气和水的供应, 以及电讯与铁道交通中断, 大隈附近的核电站好几处的核反应堆严重受损. 千叶与宫城多处火灾. 在福岛, 由于一水坝遭破坏, 至少有 1800 座房屋毁坏. 在筑馆, 记录到的地面运动加速度为 2.93g. 观测到地面水平位移与下沉. 宫城发生滑坡. 千叶、御台场、东京、浦安观测到砂土液化
208	2011.1.23	土耳其-伊朗边境	7.3		1000	
209	2013.4.20 00:02	中国四川芦山	6.8		196	北京时间 08:02. 196 人遇难, 21 人失踪, 13486 人受伤(其中重伤 1063 人). 灾区房屋损毁严重, 交通、电力、供水、通信等设施遭受不同程度的破坏, 滚石、崩塌、滑坡严重
210	2014.8.3 08:30	中国云南鲁甸	6.5		617	北京时间 16:30. 617 人遇难, 112 人失踪, 3143 人受伤, 22.97 万人紧急转移, 108.84 万人受灾, 8.09 万间房屋倒塌. 地震导致乐红乡红石岩地区形成堰塞湖

彩　　　插

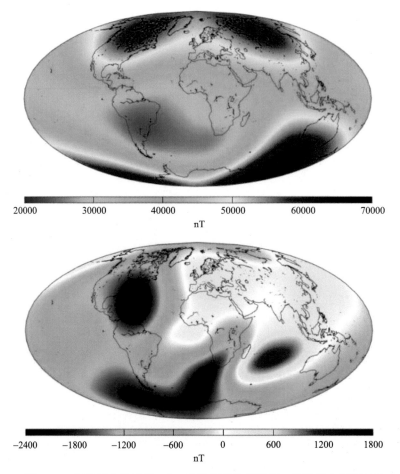

图 5.35　1980.0 至 2000.0 年代（下）总强度 F(nT/a) 长期变化等值图，为比较上图同时给出 2000.0 年代总强度等值线图

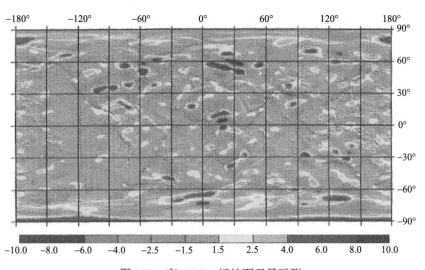

图 5.78　高 420 km 近地面卫星磁测

n=15—60 球谐级数（图 5.77）所得磁场的地面分布

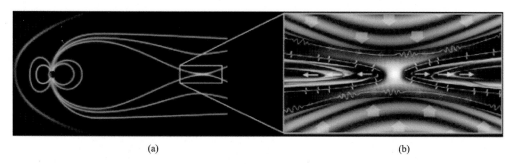

図 5.84　磁尾中性帯磁場指向地球(a)、背向地球(b)反向磁場重联示意图(Russell et al., 1990; Nagai et al., 2005)

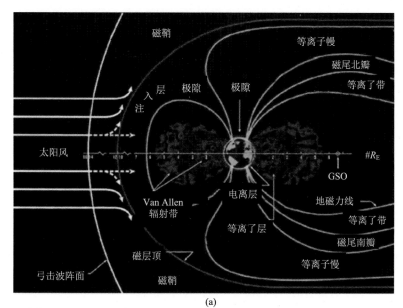

(a)

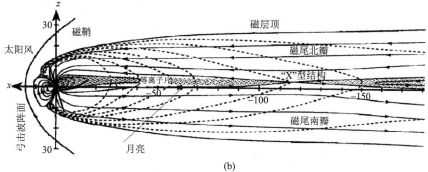

(b)

图 5.101　磁层分层结构

(a)紧连磁层顶的边界层：等离子幔、极隙、注入层和低纬边界层；内磁层：Van Allen 辐射带和
等离子层；磁尾：北、南磁尾瓣、等离子带和中性带(位于北和南等离子带间约 $2R_E$ 极薄的
片状体)；(b)磁尾伸展超过 $150R_E$，图中同时标识出磁场重联形成的 "X" 型结构(§5.6.1(2))

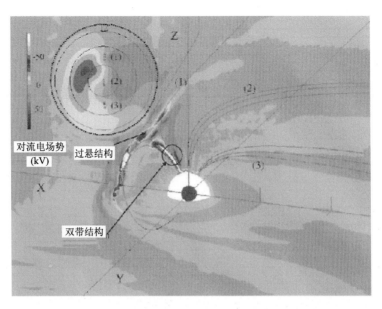

图 5.118　磁层对流三维电磁流体力学数值模拟结果

J·E 在 x，+z(子午)面，x，+y(下午晚上一侧赤道)面的分布，**J·E**>0，以黄、红、白顺序递增，**J·E**<0，则以黑、绿、蓝顺序
递增；三组磁力线(黑线)：起始于①磁隙电离层，②极盖区中心，③极盖区夜间区域；左上图对流和能量过程在电离层的
投影，颜色由白、红、黄(–值)、蓝(+值)，以递增顺序表示电势分布(Tanaka，2002)

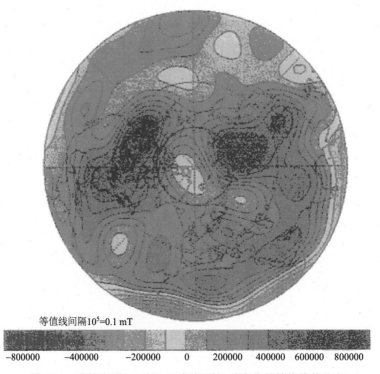

等值线间隔10^5=0.1 mT

−800000	−400000	−200000	0	200000	400000 600000	800000

图 6.35　液核表面 20 世纪 80 年代磁场垂直分量等值线的分布

北极俯视，间隔=×10^5nT=0.1 mT，数值范围由−0.9→0→0.9 mT，侧视图见图 6.73．围绕极点的圆为相切柱体与核面交线．图
中明显看出在柱面外两叶较强的磁场分布(Hallerbach and Gubbins，2007)

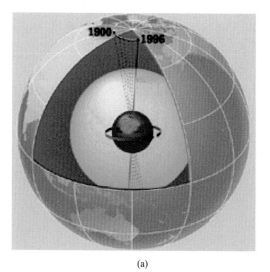

(a)   (b)

图 6.48　内核的重要作用

(a) G–R 发电机过程采用"快速"转动内核：相对地幔 1900—1996 年转动约 90°(1°/a)；(b) 瞬间拍下的地球液核内的运动，蓝色网为 CMB，红色为 ICB，黄色为剪切运动较强的区域，呈现明显的液核内相切柱体的几何特征

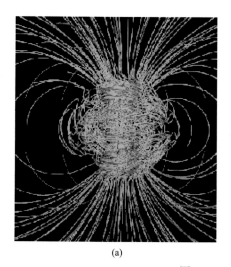

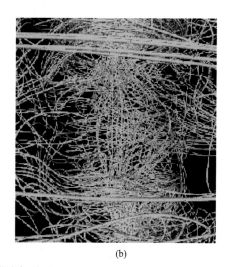

(a)   (b)

图 6.49　G–R 发电机结果

瞬间拍下的地磁场的三维结构 (a)，蓝色磁力线指向里，黄线向外；地核内放大后的三维结构 (b)，蓝色为液核内磁力线，黄色为内核中的磁力线分布

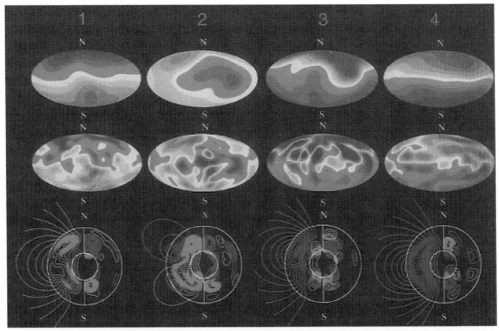

图 6.50　以 3000a 为间隔的 G-R 发电机过程磁场沿经度平均在子午面内的分布

小圆为内外核边界(ICB)，大圆为核幔边界(CMB)，子午面左侧为极型场的磁力线分布，蓝色为顺时针走向，红色为反时针走向；子午面右侧为环型场等值线图，蓝色为西向(顺时针)，红色为东向(反时针)，上图为 CMB 极型场与下图相同时间垂直分量等值线图. 在三个 3000 年间磁场由正常(相对现在而言)极性(左端)到反转极性(右端)；中间和顶部两行，则分别给出各时段核幔边界和地球表面径向分量的等值线. 如期所料，地表的偶极子特征无论倒转前，还是倒转后，都较核幔边界，特别是核内，更为显著

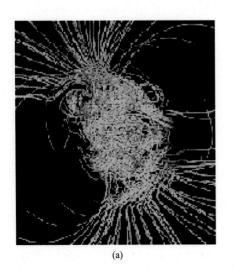

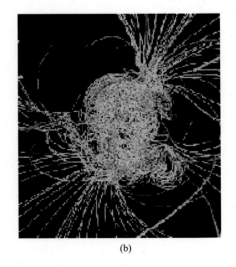

(a)　　　　　　　　　　　　　　　　　　(b)

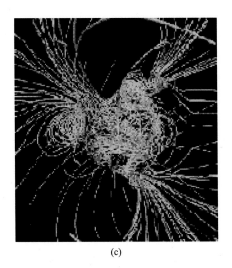

(c)

图 6.51 约 1000a 间磁场几近倒转 (a)，后又恢复原极性 (b)，中间似呈四极子状态的
磁场 (c) 演变立体图

值得注意的是，b 图虽几近反向但内核磁场却无显著变化 (与图 6.49 比较)

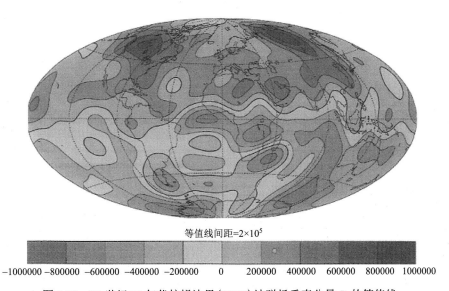

等值线间距=2×10^5

−1000000	−800000	−600000	−400000	−200000	0	200000	400000	600000	800000	1000000

图 6.73 20 世纪 80 年代核幔边界 (CMB) 地磁场垂直分量 B_r 的等值线

等值线间距 2×10^5nT=0.2 mT (俯视图见图 6.35) (Hallerbach and Gubbins, 2007)

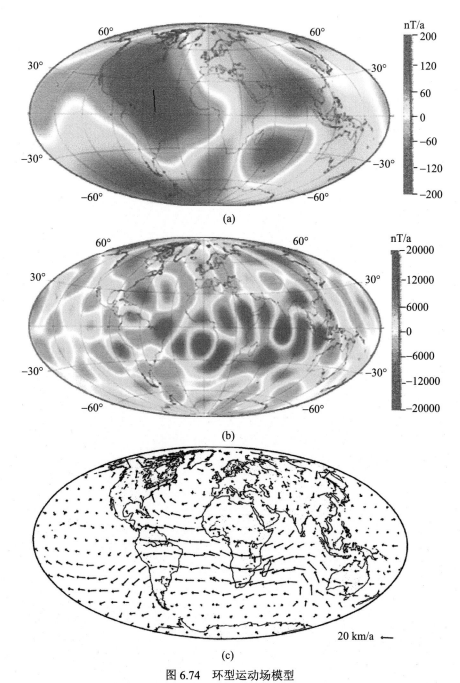

(a)

(b)

20 km/a ←

(c)

图 6.74　环型运动场模型

即式(6.253)计算所得地核表面 2003 年代速度 V_h 的分布以及 2005 年代地面、核幔边界垂直分量 $\boldsymbol{B}_r$ 年变率(nT/a)，(a)为地面 $\boldsymbol{B}_r$ 年变率，(b)为核幔边界 $\boldsymbol{B}_r$ 年变率，(c)为液核顶部环型运动

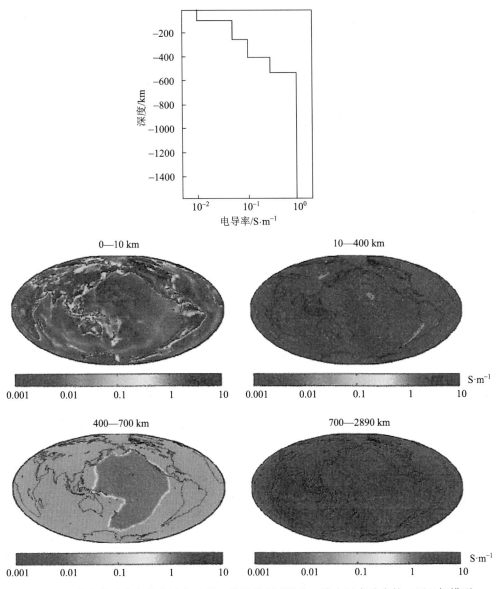

图 7.36 作为背景分布的电导率五层一维模型(上图)和三维电导率分布的三层目标模型

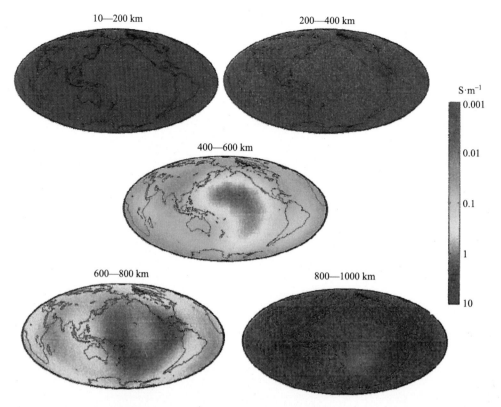

图 7.37　三维地幔电导率分布模型，太平洋地区较周围区域有较高的电导分布

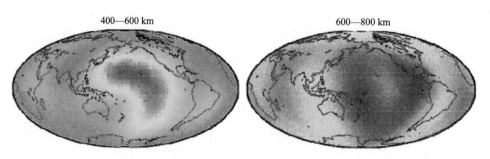

图 7.38　400—600 km，600—800 km 两层，外场只取 ε_1^0 的计算结果，与图 7.37 结果接近

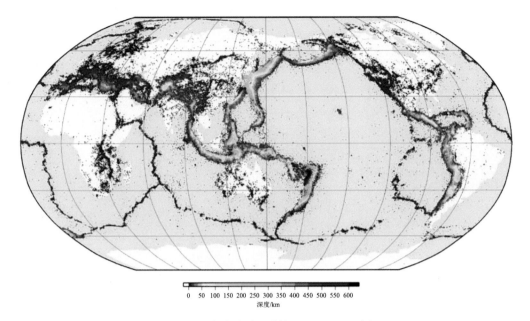

图 8.15　全球地震活动性(1964—2014 年)

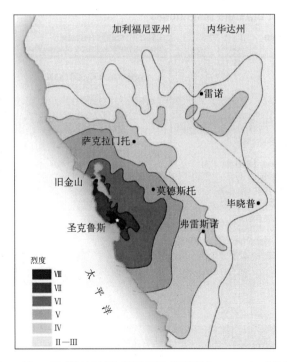

图 8.25　1989 年 10 月 17 日(当地时间)美国洛马普列塔(Loma Prieta)地震(M_W6.9, M_S7.1)
烈度分布图

图中, 白色五角星表示地震震中, 烈度(美国使用的修订的麦加利烈度)以罗马字表示. 震中烈度达Ⅷ度,
最大烈度区大体上就是震中所在地点, 但其他地震的情形未必都如此

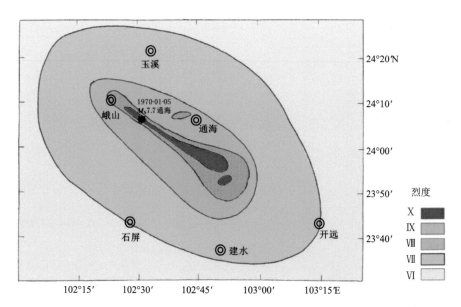

图 8.26　1970 年 1 月 5 日我国云南通海 M_S7.7 地震烈度分布图

罗马字表示中国地震烈度值

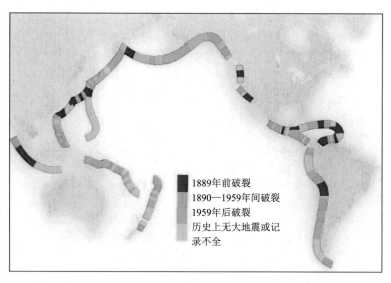

图 8.31　1989 年绘制的环太平洋地区的"地震空区"图

"地震空区"内的断层近期没有破裂，因此存在更大的地震危险性